高等学校规划教材

计算机应用基础

宋贤钧　童强　主编

CAF

COMPUTER APPLICATION FOUNDATION

化学工业出版社

·北京·

本教材是依据教育部考试中心制定的《全国计算机等级考试一级计算机基础及MS Office应用考试大纲（2018年版）》编写而成，内容包括计算机基础知识、计算机操作系统、Word 2010的使用、Excel 2010的使用、PowerPoint 2010的使用、因特网基础与应用等内容，着重介绍计算机的基本概念、基本原理和基本应用。

本教材为富媒体教材，每节后设置了典型练习，教材的主要内容均配备了微视频、测评系统题库等类型的资源，便于学习和测试。

通过本教材的学习，使读者对计算机的基本概念、计算机基本原理、多媒体应用技术和网络知识等有一个全面、清楚的了解，并能熟练掌握操作系统和办公软件的操作和应用。

本书可以作为中、高等学校及其他各类计算机培训班的MS Office应用教学用书，也可作为计算机爱好者的自学参考书。

图书在版编目 CIP）数据

计算机应用基础 / 宋贤钧，童强主编 .—北京：化学工业出版社，2018.8（2020.9重印）
高等学校规划教材
ISBN 978-7-122-32638-6

Ⅰ. ①计… Ⅱ. ①宋… ②童… Ⅲ. ①电子计算机 - 高等学校 - 教材 Ⅳ. ① TP3

中国版本图书馆 CIP 数据核字（2018）第 155641 号

责任编辑：姜 磊 窦 臻　　装帧设计：尹琳琳
责任校对：王素芹

出版发行：化学工业出版社（北京市东城区青年湖南街13号 邮政编码100011）
印　　装：大厂聚鑫印刷有限责任公司
787mm×1092mm 1/16 印张23¼ 字数557千字 2020年 9 月北京第1版第4次印刷

购书咨询：010-64518888　　售后服务：010-64518899
网　　址：http：//www.cip.com.cn
凡购买本书，如有缺损质量问题，本社销售中心负责调换。

定　　价：49.00元　

前言
Foreword

随着社会的发展，培养大学生的综合能力显得尤为重要，而对新时代的大学生来讲，信息技术素养是综合能力的重要组成部分。

在信息技术与人们日常生活高度融合的今天，熟练使用计算机、应用计算机网络已经成为当今社会各年龄层次的人群必须掌握的基本技能。近年来，党中央、国务院也高度重视信息化工作，更是将网络安全和信息化提升到国家战略的高度，作出实施网络强国战略、大数据战略、“互联网+”行动等一系列重大决策，开启了信息化发展新征程，为全面提升国民信息技术应用能力、迈向信息社会奠定了坚实基础。

信息时代要求信息参与者具有一定的信息素养，即具有信息意识、信息知识及获取技能、相应的信息道德素质，这是信息社会对人才的最基本要求，也是21世纪创新型人才必备的基本素质。作为大学生群体而言，信息素养直接体现的是大学生的自主学习能力，信息素养的培养为可持续发展、终身学习和继续教育奠定获取和再生知识能力的基础。因此，学校要把信息素养教育作为学生素质教育的重要组成部分，从思想认识上重视起来，从而成为信息素养教育的推动者和管理者，为信息素养教育营造一个良好的环境，把信息素养教育贯穿到学校教育教学的全过程，并在管理机制和手段上给予相应的政策扶持。

计算机应用基础课程作为高校、中高职院校各专业的公共基础课程、必修课程，肩负着提高学生信息技术应用能力的重要使命。该课程使学生在掌握计算机软硬件基础知识、操作系统相关知识、计算机网络安全与病毒防范知识等基础上，熟练掌握Word、Excel和PowerPoint等应用软件的使用，掌握因特网基础知识与简单应用。培养学生利用计算机以文档、演示文稿等多种形式表达信息的能力；利用计算机建立、处理报表，进行统计、分析等信息处理的能力；利用网络资源，通过浏览器搜索、整理并获取所需的专业知识及其他信息的能力；利用网络进行信息沟通与交流的能力。

本书特点

本书具有以下特点。

✧ 紧密贴合计算机等级考试，涵盖全国计算机等级考试一级计算机基础及MS

Office应用考试大纲（2018版）的全部内容

✧ 在总结多年计算机基础教学、计算机等级考试辅导经验的基础上，精心构建教学案例，便于教学准备和实施

✧ 精心设计典型课堂测验及课后习题，便于知识点及技能点的练习和巩固

✧ 以能力培养为核心进行课程内容的设计

✧ 建设了评测题库，便于进行练习和测试

✧ 建成了富媒体教材，配备完整的课程资源

本书提供完整的各类资源，包括：教材中的实例操作源文件（素材文件）、课堂测验（或课后习题）操作源文件（素材文件）、教学课件、课堂测验、课后习题参考答案、主要知识点与技能点的文本资源及微视频讲解资源。

读者定位与服务

本书可作为本科院校、高职高专院校各专业学生的计算机基础课程用书，也可作为有关培训机构全国计算机等级考试MS Office应用模块的培训教材。

本书由宋贤钧教授总体策划，由宋贤钧、童强任主编，孔令赟、何志刚、刘宗成参与了部分内容的编写。

由于编者水平所限，书中难免存在疏漏和不足之处，恳请广大读者给予批评指正。

本书的微课视频可通过书中的二维码扫码查看，书中实例操作所涉及的源文件可从化学工业出版社教学资源网（www.cipedu.com.cn）下载，或发E-mail联系作者获取。在使用本书过程中，如遇内容问题，请与作者联系（作者E-mail：360329603@qq.com或156262167@qq.com）。

编者

2018年4月

目录
Contents

01

第1章 计算机基础知识

02

第2章 计算机操作系统

03

第3章 Word 2010的使用

04

第4章 Excel 2010的使用

05

第5章 PowerPoint 2010的使用

06

第6章 因特网基础与简单应用

目录 二维码资源

01

第1章

Chapter one

计算机基础知识

本章学习要点

- 计算机的发展简史
- 计算机的特点、应用和分类
- 计算机的发展趋势
- 信息表示与数制转换
- 多媒体技术
- 信息安全和计算机病毒

随着信息技术的发展和广泛应用，尤其是“互联网+”时代的到来，人们的生活越来越离不开计算机。在本章中，我们将了解计算机的概念及其相关知识，重点是计算机的发展史、计算机的特点、数制和编码、多媒体技术，以及信息安全和计算机病毒的防治。在一级MS OFFICE考试中，对于该章知识点的考查均以选择题的形式出现。学习难点和考查重点在于数制的转换和概念的记忆。

1.1 计算机概述

电子数字计算机（Electronic Digital Computer）简称为电子计算机或计算机，即人们常说的“电脑”，它是一种能按照事先存储的程序，自动、高速、精确地进行大量数值计算，并且具有记忆（存储）能力、逻辑判断能力、性能可靠的数字化信息处理能力的现代化智能电子设备。计算机是20世纪人类最辉煌的成就之一，给人们的生产和生活带来了巨大变化，它的应用遍及社会的各个领域。

1.1.1 计算机发展简史

1946年2月，世界上第一台电子计算机ENIAC在美国宾夕法尼亚大学诞生，它的出现具有划时代的伟大意义。在ENIAC的研制过程中，美籍匈牙利数学家冯·诺依曼总结并归纳出了以下三点计算机的设计思路（被称为冯·诺依曼原埋）：

① 采用二进制；

② 存储程序控制；

③ 计算机具有运算器、控制器、存储器、输入设备和输出设备5大基本功能部件。

根据计算机所采用的电子元器件（逻辑元件）的不同，计算机的发展可划分为四个时代：电子管时代，晶体管时代，集成电路时代和大规模、超大规模集成电路时代。

（1）第一代计算机（1946 ～ 1958年）：电子管时代

第一代计算机的主要特征是使用了电子管逻辑器件，用穿孔卡片机作为数据和指令的输入设备，用磁鼓或磁带作为外存储器，使用机器语言编程。

第一代计算机体积庞大、运算速度低、存储容量小、可靠性低，几乎没有什么软件配置，主要用于科学计算。尽管如此，第一代计算机却奠定了计算机的技术基础，如二进制、自动计算及程序设计等，对以后计算机的发展产生了深远的影响。其代表机型有ENIAC、IBM650（小型机）、IBM709（大型机）等。如图1-1所示，ENIAC长30.48m，宽6m，高2.4m，占地面积约170m^2，30个操作台，重达30t，耗电量150kW，造价48万美元。它包含了17468根真空管（电子管）、7200根晶体二极管、1500个中转、70000个电阻器、10000个电容器、1500个继电器、6000多个开关，计算速度是每秒5000次加法或400次乘法，是使用继电器运转的机电式计算机的1000倍、手工计算的20万倍。ENIAC需要工作在有空调的房间里，如果希望它处理新问题，则需要把线路重新焊接。1949年发明了可以存储程序的计算机，这些计算机使用机器语言编程，可存储信息和自动处理信息，存储和处理信息的方法开始发生革命性的变化。

图1-1　第一台计算机

（2）第二代计算机（1958～1964年）：晶体管时代

第二代计算机的主要特征是使用晶体管代替了电子管，内存储器采用了磁芯体，引入了变址寄存器和浮点运算部件，利用I/O处理机提高了输入/输出能力。这不仅使计算机的体积缩小了很多，同时增加了机器的稳定性并提高了运算速度，而且计算机的功耗减小，价格也降低了。在软件方面配置了子程序库和批处理管理程序，并且推出了FORTRAN、COBOL、ALGOL等高级程序设计语言及相应的编译程序，降低了程序设计的复杂性。除应用于科学计算外，第二代计算机还开始应用在数据处理和工业控制方面。其代表机型有IBM7090、IBM7094、CDC7600等。

（3）第三代计算机（1965～1971年）：集成电路时代

第三代计算机的主要特征是用半导体、小规模集成电路（Integrated Circuit，IC）作为元器件代替晶体管等分立元件，用半导体存储器代替磁芯存储器，使用微程序设计技术简化处理机的结构，这使得计算机的体积和耗电量显著减小，而计算速度和存储容量却有较大的提高，可靠性也大大加强。在软件方面则广泛地引入多道程序、并行处理、虚拟存储系统和功能完备的操作系统，同时还提供了大量的面向用户的应用程序。计算机的发展开始走向标准化、模块化、系列化。此外，计算机的应用进入到许多科学技术领域。其代表机型有IBM360系列、富士通F230系列等。

（4）第四代计算机（1971年至今）：大规模、超大规模集成电路时代

第四代计算机的主要特征是使用了大规模和超大规模集成电路，使计算机沿着两个方向飞速向前发展。一方面，利用大规模集成电路制造多种逻辑芯片，组装出大型、巨型计算机，使运算速度向每秒十万亿次、百万亿次及更高速度发展，存储容量向百兆、千兆字节发展。巨型机的出现，推动了许多新兴学科的发展。另一方面，利用大规模集成电路技术，将运算器、控制器等部件集成在一个很小的集成电路芯片

上，从而出现了微处理器。微型计算机、笔记本型和掌上型等超微型计算机的诞生是超大规模集成电路应用的直接结果，并使计算机很快进入到寻常百姓家。完善的系统软件、丰富的系统开发工具和商品化应用程序的大量涌现，以及通信技术和计算机网络的飞速发展，使得计算机进入了一个快速发展的阶段。

我国在巨型机技术领域中研制开发了“银河”（1983年12月研制成功）、“曙光”和“神威”等系列巨型机。第一代微型计算机是IBM-PC/XT及其兼容机。我国在微型计算机方面，研制了长城、方正、同方、紫光、联想等系列微型机。

1.1.2 计算机的特点

（1）自动化程度高，处理能力强

计算机把处理信息的过程表示为由许多指令按一定次序组成的程序。计算机具备预先存储程序并按存储的程序自动执行而不需要人工干预的能力，因而自动化程度高。

（2）运算速度快，处理能力强

由于计算机采用高速电子器件，因此计算机能以极高的速度工作。现在普通的微机每秒可执行几十万条指令，而巨型机则可达每秒几十亿次甚至几百亿次。随着科技的发展，速度仍在提高。

（3）计算精度高

在科学研究和工程设计中，对计算的结果精确度有很高的要求。一般的计算工具只能达到几位数字，而计算机对数据处理结果精确度可达到十几位、几十位有效数字，根据需要甚至可达到任意的精度。由于计算机采用二进制表示数据，因此其精确度主要取决于计算机的字长，字长越长，有效位数越多，精确度也越高。

（4）存储容量大

计算机的存储器具有存储、记忆大量信息的功能，这使计算机有了“记忆”的能力。目前个人计算机的存储器容量已高达千兆乃至更高数量级的容量，并仍在提高，且具有“记忆”功能。

（5）具有逻辑判断功能

计算机不仅具有基本的算术运算能力，还具有逻辑判断能力，这使计算机能进行诸如资料分类、情报检索等具有逻辑加工性质的工作。这种能力是计算机处理逻辑推理的前提。

此外，微机还有体积小、重量轻、耗电少、功能强、使用灵活、维护方便、可靠性高、易掌握、价格便宜等特点。

1.1.3 计算机的应用

计算机具有存储容量大、处理速度快、逻辑推理和判断能力强等许多特点，因此已被广泛应用于多个领域，并迅速渗透到人类社会的各个方面，同时也进入了家庭。计算机主要有以下几个方面的应用。

（1）科学计算（数值计算）

主要解决科学研究和工程技术中产生的大量数值计算问题。

（2）信息处理（数据处理）

主要是对大量数据进行加工处理，如收集、存储、分类、检测、排序、统计和输出等，再筛选出有用信息。

（3）过程控制（实时控制）

主要是用计算机实时采集控制对象的数据，加以分析处理后，按系统要求对控制对象进行控制。

（4）计算机辅助工程

计算机辅助设计和辅助制造（分别简称为CAD和CAM）：在CAD系统的帮助下，设计人员能够实现最佳的设计模拟，提前作出设计判断，并能很快地制作图纸；CAM利用CAD输出的信息控制、指挥作业；将CAD、CAM和数据库技术集成在一起，形成CIMS（计算机集成制造系统）技术，可实现设计、制造和管理的自动化。

（5）网络与通信

通过电话交换网等方式将计算机连接起来，实现资源共享和信息交流，其应用主要有网络互联技术、路由技术、数据通信技术、信息浏览技术。

（6）生产过程的自动化控制和管理自动化

使用计算机进行自动化控制和自动化管理可大大提高控制的实时性和准确性，提高劳动效率和产品质量，降低成本，缩短生产周期。实时控制也称过程控制，实时控制能及时地采集检测数据，使用计算机快速地进行处理并自动地控制被控对象的动作，实现生产过程的自动化，目前被广泛用于操作复杂的钢铁企业、石油化工业、医药工业等生产中。

（7）嵌入式系统

通过把处理器芯片嵌入计算机设备中完成特定的处理任务，其应用主要有消费类电子产品和工业制造系统。

（8）在线学习

计算机辅助教学（Computer Aided Instruction，CAI）是利用计算机学习的最初形式，涉及的层面很广，从校园网到Internet、从课件的制作到远程教学、从辅助学生自学到辅助教师授课等都可以在计算机的辅助下进行，显著提高了教学质量和学校管理水平与工作效率。

（9）娱乐

计算机技术、多媒体技术、动画技术以及网络技术的不断发展使计算机能够以图像与声音的集成形式向人们提供最新的娱乐和游戏，人们可以在计算机上观看影视节目、播放歌曲和音乐、玩游戏等。

（10）智慧城市

运用信息和通信技术手段收集、分析、整合城市运行核心系统的各项关键信息，从而对民生、环保、公共安全、城市服务、工商业活动等各种需求做出智能响应。智慧城市主要依托物联网技术，物联网的核心和基础仍然是互联网，是在互联网基础上的延伸和扩展。

1.1.4 计算机的分类

可从不同的角度对计算机进行分类。

（1）按照性能指标（或规模）分类

① 巨型机：高速度、大容量。

② 大型机：速度快、应用于军事技术科研领域。

③ 小型机：结构简单、造价低、性能价格比突出。

④ 微型机：体积小、重量轻、价格低。

（2）按照用途分类

① 专用机：针对性强、特定服务、专门设计。

② 通用机：科学计算、数据处理、过程控制解决各类问题。

（3）按照原理分类

① 数字机：速度快、精度高、自动化、通用性强。

② 模拟机：用模拟量作为运算量，速度快、精度差。

③ 混合机：集中前两者优点，避免其缺点，处于发展阶段。

计算机是一种能够按照事先存储的程序，自动、高速地进行大量数值计算和各种信息处理的现代化智能电子设备。由硬件和软件所组成，两者是不可分割的。人们把没有安装任何软件的计算机称为裸机。随着科技的发展，现在出现的一些新型计算机有：生物计算机、光子计算机、量子计算机等。

1.1.5 计算机科学研究与应用

（1）人工智能

人工智能（Artifical Intelligence，AI）的主要内容是研究、开发能以与人类智能相似的方式做出反应的智能机器，包括机器人、指纹识别、人脸识别、自然语言处理等。人工智能技术让计算机更接近人类的思维，实现人机交换。

（2）网格计算

网格计算是专门针对复杂科学计算的新型计算模式。这种计算模式是利用因特网把分散在不同地点的电脑组织成一个“虚拟的超级计算机”，其中每一台参与计算的计算机都是一个“结点”，而整个计算就是由成千上万“结点”组成的“一张网格”，所以这种计算方式被称为网格计算。这样组织起来的“虚拟的超级计算机”有两个优势：一是数据处理能力强；二是能充分利用网上闲置的处理能力。

网格计算的特点如下：

① 能够提供资源共享，实现应用程序的互联互通；

② 协同工作；

③ 基于国际开发技术标准；

④ 网格可以提供动态服务，能够适应变化。

（3）中间件技术

顾名思义，中间件是介于应用软件和操作系统之间的系统软件。它们是通用的，都基于某一标准，所以可以被重复使用，其他应用程序可以使用它们所提供的应用程序接口调用组件，完成所需的操作。

（4）云计算

云计算（Cloud Computing）是基于因特网的相关服务的增加、使用和交付模式。美国国家标准与技术研究院（NIST）定义：云计算是一种按使用量付费的模式，这种模式提供可用的、便捷的、按需的网络访问，进入可配置的计算资源（包括网络、服务器、存储、应用软件、服务）共享池，这些资源能够被快速提供，只需投入很少的管理工作，或与服务供应商进行很少的交互。云计算的特点是：超大规模、虚拟化、高可靠性、通用性、高可扩展性、按需服务、廉价。

1.1.6 未来计算机的发展趋势

随着计算机应用的广泛和深入，人们向计算机技术提出了更高的要求——提高计算机的工作速度和存储容量。但专家们认识到，尽管随着工艺的改进，集成电路的规模越来越大，但在单位面积上容纳的元件数是有限的，并且它的散热、防漏电等因素制约着集成电路的规模，现在的半导体芯片发展将达到理论的极限。为此世界各国的研究人员正在加紧研制新一代计算机，从体系结构的变革到器件与技术革命都要产生一次量的飞跃。

（1）计算机的发展趋势

① 巨型化：指高速运算、大存储容量和强功能的巨型计算机。

② 微型化：指体积更小、功能更强、可靠性更高、携带更方便、价格更便宜、适用范围更广的计算机系统。

③ 网络化：利用现代通信技术和计算机技术，将分布在不同地点的计算机连接起来，按照网络协议互相通信，共享软件、硬件和数据资源。

④ 智能化：让计算机来模拟人的感觉、行为、思维过程，使计算机具有视觉、听觉、语言、推理、思维、学习等能力，成为智能型计算机。

（2）未来新一代计算机

① 模糊计算机。

② 生物计算机。

③ 光子计算机。

④ 超导计算机。

⑤ 量子计算机。

1.1.7 信息技术简介

信息社会的到来，给全球带来了信息技术飞速发展的契机，其主要动力就是以计算机技术、通信技术和控制技术为核心的现代信息技术的飞速发展和广泛应用。随着科学技术的不断进步，各种新技术层出不穷，必然推动信息技术更快的发展。

（1）数据与信息

数值、文字、语言、图形、图像等都是不同形式的数据。数据是信息的载体。

数据与信息的区别：数据处理之后产生的结果是信息；信息具有时效性、针对性；信息有意义，而数据没有。

补充提示

单纯的数据并没有意义，当数据以某种形式经过处理、描述或与其他数据比较时，便被赋予了意义，这才是信息，信息是有意义的。

（2）信息技术

联合国教科文组织对信息技术的定义是：应用在信息加工和处理中的科学、技术与工程的训练方法和管理技巧；上述方面的技巧和应用；计算机及其人、机的相互作用；与之相应的社会、经济和文化等事物。

补充提示

信息技术不仅包括现代信息技术，还包括现代文明之前的原始时代和古代社会中与之对应的信息技术。

（3）现代信息技术的内容

一般来说，信息技术（Information Technology，IT）包含3个层次的内容。

① 信息基础技术：新材料、新能源、新器件的开发和制造技术。

② 信息系统技术：有关信息的获取、传输、处理、控制的设备和系统的技术。

③ 信息应用技术：针对种种实用目的而发展起来的具体的技术群类。它们是信息技术开发的根本目的所在。

（4）现代信息技术的特点

① 数字化。

② 多媒体化。

③ 高速度、网络化、宽频带。

④ 智能化。

学习总结

计算机概述	
计算机的起源 → 计算机发展历史	重点：各阶段计算机所用的主要器件
计算机的特点	重点：计算机的处理能力、存储容量
计算机的应用	重点：CAD、CAM等含义
计算机分类	重点：各分类标准
计算机科学研究	重点：云计算等前沿科技
计算机发展趋势	重点：未来计算机发展趋势
信息技术简介	重点：信息技术的相关概念

课堂测验

选择题

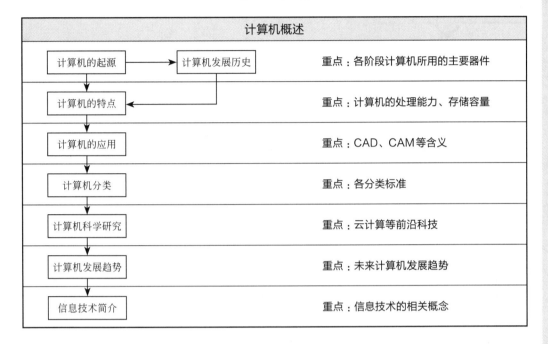

1. 1946年首台电子数字计算机ENIAC问世后，冯·诺依曼在研制EDVAC计算机时，提出两个重要的改进，它们是（　　）。

A. 引入CPU和内存储器的概念　　B. 采用机器语言和十六进制

C. 采用二进制和存储程序控制的概念　　D. 采用ASCII编码系统

2. 世界上公认的第一台电子计算机诞生的年代是（　　）。

A. 20世纪30年代　　B. 20世纪40年代

C. 20世纪80年代　　D. 20世纪90年代

3. Internet最初创建时的应用领域是（　　）。

A. 经济　　B. 军事　　C. 教育　　D. 外交

4. 下列关于世界上第一台电子计算机ENIAC的叙述中，错误的是（　　）。

A. 它是1946年在美国诞生的

B. 它主要采用电子管和继电器

C. 它是首次采用存储程序控制使计算机自动工作

D. 它主要用于弹道计算

5. 电子商务的本质是（　　）。

A. 计算机技术　　B. 电子技术　　C. 商务活动　　D. 网络技术

1.2 信息的表示与存储

计算机是一个可编程的数据处理机器，在计算机早期的发展中，编写程序的目的是为了完成对数值数据的计算。随着计算机技术的不断发展和应用范围的拓展，数据处理成为一个重要应用领域，此时的数据包括数值数据，也包括非数值数据，如字符串、图像等，处理既可以是算术运算，也可以是插入、删除、查找和排序等操作。在计算机系统上处理数据，首先要解决信息数据的表示与存储。

1.2.1 数据与信息

数据是由人工或自动化手段加以处理的事实、场景、概念和指示的符号表示。字符、声音、表格、符号和图像等都是不同形式的数据。

数据与信息的区别：信息是客观事物属性的反映，是经过加工处理并对人类客观行为产生影响的数据表现形式；数据则是反映客观事物属性的记录，是信息的具体表现形式。任何事物的属性都是通过数据来表示的，数据经过加工处理后成为信息，而信息必须通过数据才能传播，才能对人类产生影响。

例如，2、4、6、8、10、12是一组数据，其本身是没有意义的，但对它进行分析后，就可得到一组等差数列，从而很清晰地得到后面的数字。这便对这组数据赋予了意义，称为信息，是有用的数据。

1.2.2 计算机中的数据

计算机内所有的信息均以二进制的形式表示，其优点是技术实现简单、简化运算规则、适合逻辑运算、易于进行转换。

计算机使用的数据可以分为数值数据和非数值数据（字符数据等）。在计算机中，不仅数值数据用二进制数来表示，字符数据也用二进制数来进行编码。

（1）真值与机器数

机器数是指数在计算机中的表示形式，为了表示通常的数与机器数的对应关系，将通常的数称为机器数的真值。因此，在计算机中只有机器数，不存在数的真值。

（2）原码

原码是一种简单的机器数表示法，其符号位用0表示正号，用1表示负号，数值部分按二进制书写。其表示方法是：对于最左边的符号位，若为正数，则原码符号位为0；若为负数，则符号位为1，其余数值不变，写到符号位右边。

（3）反码

反码就是把二进制数按位求反，即原来若为1，求反则为0；原来若为0，求反则为1。表示方法为：对于正数，符号位为0，后面的数值位不变；若为负数，符号位为1，数值位按位求反。

（4）补码

补码是一种很好的机器数表示方法，补码可以把负数转化为正数，使减法转换为加法，从而使正负数的加减运算转化为单纯的正数相加的运算，简化了判断过程，提高了计算机的运算速度，并相应地节省设备的开销。因此，补码是应用最广泛的一种机器数表示方法。其表示方法是：对于正数，符号位为0，后面的数值位不变；若为负数，符号位为1，数值位按位求反，然后在最末位加1。

1.2.3 计算机中数据的单位

（1）计算机中数据的常用单位

位是度量数据的最小单位，代码只有0和1，采用多个数码表示一个数，其中每一个数码称为1位（Bit）。

字节是信息组织和存储的基本单位，一个字节由8位二进制数字组成。字节也是计算机体系结构的基本单位。为了便于平衡存储器的大小，统一以字节（Byte，B）为单位。常见的存储单位如表1-1所示。

表1-1 常见的存储单位

单位	名称	含义	说明
KB	千字节	1KB=1024B	适用于文件计量
MB	兆字节	1MB=1024KB	适用于内存、软盘、光盘计量
GB	吉字节	1GB=1024MB	适用于硬盘计量
TB	太字节	1TB=1024GB	适用于硬盘计量

（2）字长

随着电子技术的发展，计算机的并行能力越来越强，人们通常将计算机一次能够并行处理的二进制数的位数称为字长，也称为计算机的一个“字”。字长是计算机的一个重要指标，直接反映一台计算机的计算能力和精度，字长越长，说明计算机的数据处理速度越快。计算机的字长通常是字节的整倍数，如8位、16位、32位，发展到今天，微型机已达到64位，大型机已达128位。

1.2.4 进位计数制及其转换

（1）数制的基本概念

在进位计数的数字系统中，如果用R个基本符号（如0，1，2，…，R-1）来表示数值，则称其为“基R数制”。在各种进制中，基和位权这两个基本概念对数制的理解和多种数制之间的转换起到至关重要的作用。

① 基　称R为该数制的“基数”，简称“基”或“底”。例如，十进制数制的基R=10。

② 位权　数值中每一固定位置对应的单位称为“位权”，简称“权”。它以数制的基为底，以整数为指数组成。

对十进制数，R=10，它的基本符号有十个，分别为0，1，2，…，9。对于二进制数来说，则R=2，其基本符号为0，1。进位计数的编码符合“逢R进位”的规则。各位的权是以R为底的幂，一个数可按权展开成多项式。

为便于数值表示，在数字的末尾加上表示不同进制的后缀，以此来表示该数值是哪种进制的数值。

微视频：进制转换

各种进制的后缀如下：

B：二进制　　D：十进制　　H：十六进制　　O：八进制

（2）进制转换

① 十进制数转换为二进制数　方法：基数连除、连乘法。

原理：将整数部分和小数部分分别进行转换。

整数部分采用基数连除法，小数部分采用基数连乘法，转换后再合并。如：

（44.375）D=（　　）B

整数部分采用基数连除法，除基取余，先得到的余数为低位，后得到的余数为高位。

小数部分采用基数连乘法，乘基取整，先得到的整数为高位，后得到的整数为低位。计算过程如下：

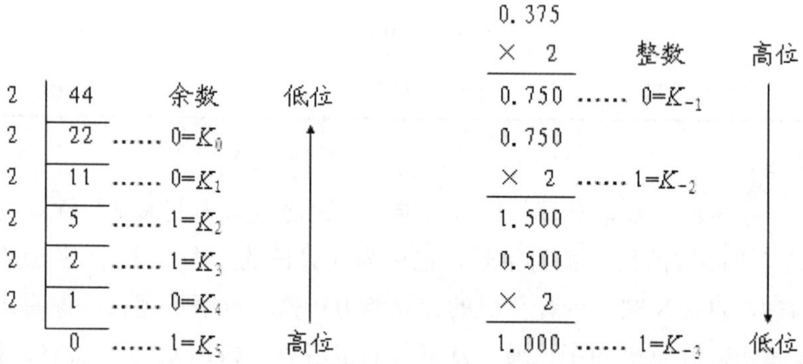

由此可得：

（44.375）D=（101100.011）B

② 二进制数与八进制数的相互转换　二进制数转换为八进制数：将二进制数由小数点开始，整数部分向左，小数部分向右，每3位分成一组，不够3位补零，则每组二进制数便是一位八进制数。

（0 0 1 | 1 0 1 | 0 1 0）B=（152.2）O

八进制数转换为二进制数：将每位八进制数用3位二进制数表示。

(374.26) O=(011 111 100 . 010 110) B

③ 二进制数与十六进制数的相互转换　二进制数与十六进制数的相互转换，按照每4位二进制数对应于一位十六进制数进行转换。

(0 0 0 1 | 1 1 0 1 | 0 1 0 0 . 0 1 1 0) B =(1D4.6) H

(AF4.76) H=(1010 1111 0100 . 0111 0110) B

④ 移位　非零无符号二进制整数之后添加一个0，相当于向左移动了一位，也就是扩大了原来数的2倍，如在非零无符号二进制整数之后去掉一个0，相当于向右移动了一位，也就变为原数的1/2。

1.2.5　字符的编码

字符包括西文字符（字母、数字、各种符号）和中文字符，即所有不可做算术运算的数据。

计算机以二进制数的形式存储和处理数据，因此，字符必须按特定的规则进行二进制编码才可进入计算机。

（1）西文字符的编码

用以表示字符的二进制编码称为字符编码。计算机中常用的字符（西文字符）编码有两种：EBCDIC码和ASCII码。

ASCII码是美国信息交换标准代码（American Standard Code for Information Interchange）的缩写，被国际标准化组织指定为国际标准，它有7位码和8位码两种版本。

微型计算机采用的是ASCII码，而国际通用的则是7位ASCII码，即用7位二进制数来表示一个字符的编码，共有2^7=128个不同的编码值，相应可以表示128个不同字符的编码。

（2）汉字的编码

我国于1980年发布了国家汉字编码标准GB 2312—80，全称是《信息交换用汉字编码字符集　基本集》，简称GB码或国标码，国标码由4位16进制数组成。国标码的字符集共收录了7445个图形符号和两级常用汉字等。用两个字节表示一个汉字，每个字节只有7位，与ASCII码相似。

区位码：也称为国际区位码，是国标码的一种变形，是由区号（行号）和位号（列号）构成，区位码由4位十进制数字组成，前2位为区号，后2位为位号。将GB 2312—80的全部字符集组成一个94×94的方阵，每一行称为一个“区”，编号为01～94；每一列称为一个“位”，编号为01～94，这样得到GB 2312—80的区位图，用区位图的位置来表示的汉字编码，称为区位码。区位码和国标码的关系是：国标码=区位码（转换为16进制）＋2020H。

区：阵中的每一行，用区号表示，区号范围是1～94。

位：阵中的每一列，用位号表示，位号范围也是1～94。

区位码：汉字的区号与位号的组合（高两位是区号，低两位是位号）。

实际上，区位码也是一种汉字输入码，其最大优点是一字一码即无重码，最大缺点是难以记忆。

（3）汉字的处理过程

从汉字编码的角度看，计算机对汉字信息的处理过程实际上是各种汉字编码间的转换过程，这些编码主要包括：汉字输入码、汉字内码、汉字地址码、汉字字形码等。

① 汉字输入码　汉字输入码是为使用户能够使用西文键盘输入汉字而编制的编码，也叫外码。好的输入编码应简短，可以减少击键的次数；重码少，可以实现盲打，便于学习和掌握，但目前还没有一种符合上述全部要求的汉字输入编码方法。

汉字输入码有许多种不同的编码方案，大致分为4类：音码、音形码、形码、数字码。

② 汉字内码　汉字内码是为在计算机内部对汉字进行处理、存储和传输而编制的汉字编码。它应能满足存储、处理和传输的要求，不论用何种输入码，输入的汉字在机器内部都要转换成统一的汉字机内码，然后才能在机器内传输、处理。

在计算机内部为了能够区分是汉字还是ASCII码，将国标码每个字节的最高位由0变为1（即汉字内码的每个字节都大于128）。汉字的国标码与其内码存在下列关系：内码=汉字的国标码+8080H。

③ 汉字字形码　汉字字形码是存放汉字字形信息的编码，它与汉字内码一一对应。每个汉字的字形码是预先存放在计算机内的，常称为汉字库。

描述汉字字形的方法主要有点阵字形和矢量表示方式。点阵字形法：用一个排列成方阵的点的黑白来描述汉字。矢量表示方式：描述汉字字形的轮廓特征，采用数学方法描述汉字的轮廓曲线。

④ 汉字地址码　汉字地址码是指汉字库（这里主要指汉字字形的点阵式字模库）中存储汉字字形信息的逻辑地址码。

在汉字库中，字形信息都是按一定顺序（大多数按照标准汉字国标码中汉字的排列顺序）连续存放在存储介质中的，所以汉字地址码也大多是连续有序的，而且与汉字机内码间有着简单的对应关系，从而简化了汉字内码到汉字地址码的转换。

（4）各种汉字编码之间的关系

汉字的输入、输出和处理的过程，实际上是汉字的各种代码之间的转换过程。汉字通过汉字输入码输入到计算机内。然后通过输入字典转换为内码，以内码的形式进行存储和处理。在汉字通信过程中。处理机将汉字内码转换为适合于通信用的交换码，以实现通信处理。

学习总结

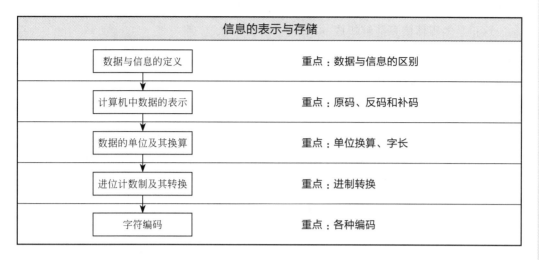

信息的表示与存储	
数据与信息的定义	重点：数据与信息的区别
计算机中数据的表示	重点：原码、反码和补码
数据的单位及其换算	重点：单位换算、字长
进位计数制及其转换	重点：进制转换
字符编码	重点：各种编码

课堂测验

选择题

1. 20GB的硬盘表示容量为（　　）。

A. 20亿个字节　　B. 20亿个二进制位

C. 200亿个字节　　D. 200亿个二进制位

2. 在一个非零无符号二进制整数之后添加一个0，则此数的值为原数的（　　）。

A. 4倍　　B. 2倍　　C. 1/2倍　　D. 1/4倍

3. 十进制数18转换成二进制数是（　　）。

A. 010101　　B. 101000　　C. 010010　　D. 001010

4. 十进制数29转换成无符号二进制数等于（　　）。

A. 11111　　B. 11101　　C. 11001　　D. 11011

5. 下列关于ASCII编码的叙述中，正确的是（　　）。

A. 一个字符的标准ASCII码占一个字节，其最高二进制位总为1

B. 所有大写英文字母的ASCII码值都小于小写英文字母“a”的ASCII码值

C. 所有大写英文字母的ASCII码值都大于小写英文字母“a”的ASCII码值

D. 标准ASCII码表有256个不同的字符编码

1.3　多媒体技术简介

多媒体技术是指能够同时对两种或两种以上媒体进行采集、操作、编辑、存储等综合处理的技术。多媒体与传统媒体相比，具有突出的特点——数字化、集成性、交互性和实时性。传统媒体信息基本上是模拟信号，而多媒体处理的信息都是数字化信息，这正是多媒体信息能够集成的基础。

1.3.1 多媒体的概念及特点

（1）媒体

媒体（Medium）是指传播信息的媒介。它是指人借助用来传递信息与获取信息的工具、渠道、载体、中介物或技术手段。也可以把媒体看作为实现信息从信息源传递到受信者的一切技术手段。媒体有两层含义：一是承载信息的物体，如文字、图形、声音、视频影像、动画等；二是指储存信息的实体，如磁盘、光盘、磁带、半导体储存器等。

（2）多媒体及多媒体技术

多媒体（Multimedia）是多种媒体的综合，一般包括文本、声音、图像、视频等多种媒体形式。在计算机系统中，多媒体指组合两种或两种以上媒体的一种人机交互式信息交流和传播媒体。多媒体技术是指利用计算机对文字、数据、图形、图像、动画、声音等多种媒体信息进行综合处理和管理，使用户可以通过多种感官与计算机进行实时信息交互的技术，又称为计算机多媒体技术。

（3）特点

① 集成性　多媒体技术中集成了多种单一技术，但对用户而言它们是集成一体的。多媒体的集成性，一是体现在信息载体的集成，二是体现在存储信息实体的集成。

② 交互性。在多媒体系统中用户可以主动地编制、处理各种信息，因而多媒体系统具有人机交互功能。

③ 多样性　多媒体信息是多样化的，包括文字、声音、图像、动画等。多媒体技术使计算机不再局限于处理数值、文本等，使人们能得心应手地处理更多种信息。

④ 实时性　在多媒体系统中声音及活动的视频图像是强实时的，是多媒体系统的关键技术。多媒体系统提供了对这些媒体实时处理和控制的能力。

1.3.2 多媒体个人计算机

多媒体技术与计算机技术是密不可分的，具有多媒体处理能力的计算机被统称为多媒体计算机。多媒体计算机由PC、CD-ROM、音频卡、视频卡组成，同时需配置相应的软件，首先是支持多媒体的操作系统，其次是多媒体的开发工具、压缩和解压缩软件等。

1.3.3 媒体的数字化

在计算机和通信领域，最为基本的3种媒体是声音、图像和文本。下面具体介绍声音和图像的数字化。

（1）声音

声音是一种重要的媒体，其种类繁多，如人的声音、乐器的声音等。

① 声音数字化的过程　计算机系统通过输入设备输入声音信号，并对其进行采样。量化，从而将其转换为数字信号，然后通过输出设备输出。

② 声音文件格式　常用的音频格式主要有：WAVE、AIFF、MP3等。

a. WAVE格式，以“.wav”作为文件的扩展名。WAVE（*.WAV）是微软公司开发的一种声音文件格式，它符合PIFFResource Interchange File Format 文件规范，用于保存WINDOWS平台的音频信息资源，被WINDOWS平台及其应用程序所支持。

b. AIFF（Audio Interchange File Format）格式，AIFF是音频交换文件格式的英文缩写。是APPLE公司开发的一种音频文件格式，是Apple苹果电脑上的标准音频格式，属于QuickTime技术的一部分。

c. MP3格式诞生于20世纪80年代的德国，是MPEG标准中的音频部分，也就是MPEG音频层。根据压缩质量和编码处理的不同分为3层，分别对应 *.mp1、*.mp2、*.mp3 这3种声音文件。

（2）图像

① 静态图像的数字化　一幅图像可以近似地看成由许多的点组成，因此它的数字化通过采样和量化来实现。采样就是采集组成一幅图像的点，量化就是将采集到的信息转换成相应的数值。

② 动态图像的数字化　人眼看到的一副图像在消失后，还将在人的视网膜上滞留几毫秒，动态图像正是根据这样的原理而产生的。动态图像是将静态图像以每秒n幅的速度播放，当$n \geqslant 25$时，显示在人眼中的就是连续的画面。

③ 点位图和矢量图　表示或生成图像有两种方法：点位图法和矢量图法。点位图法是将一幅图分成很多小像素，每个像素用若干二进制位表示像素的信息。矢量图是用一些指令来表示一幅图。

④ 图像文件格式　常用的图像格式主要有：BMP格式、TIFF格式、GIF格式、JPEG格式等。

a. BMP（位图格式）是DOS和Windows兼容计算机系统的标准Windows图像格式。BMP格式支持RGB、索引颜色、灰度和位图颜色模式，但不支持Alpha通道。BMP格式支持1、4、24、32位的RGB位图。

b. TIFF（标记图像文件格式）用于在应用程序之间和计算机平台之间交换文件。TIFF是一种灵活的图像格式，被所有绘画、图像编辑和页面排版应用程序支持。几乎所有的桌面扫描仪都可以生成TIFF图像。而且TIFF格式还可加入作者、版权、备注以及自定义信息，存放多幅图像。

c. GIF（图像交换格式）是一种压缩格式，支持多图像文件和动画文件。缺点是存储色彩最高只能达到256种。

d. JPEG（联合图片专家组）是目前所有格式中压缩率最高的格式。大多数彩色和灰度图像都使用JPEG格式压缩图像，压缩比很大而且支持多种压缩级别的格式，当对图像的精度要求不高而存储空间又有限时，JPEG是一种理想的压缩方式。

⑤ 视频文件格式　视频格式种类较多，常用的有：AVI、WMV、MPEG等。

a. AVI格式，比较早的AVI是Microsoft开发的，其含义是Audio Video Interactive，就是把视频和音频编码混合在一起储存。

b. WMV格式是微软公司开发的一组数位视频编解码格式的通称，ASF（Advanced Systems Format）是其封装格式。ASF封装的WMV文件具有“数位版权保护”功能。扩展名：wmv/asf、wmvhd

c. MPEG格式，是一个国际标准组织（ISO）认可的媒体封装形式，受到大部分机器的支持。其储存方式多样，可以适应不同的应用环境。

1.3.4　多媒体的数据压缩

多媒体数据之所以能够压缩，是因为视频、图像、声音这些媒体具有很大的压缩力。以目前常用的位图格式的图像存储方式为例，在这种形式的图像数据中，像素与像素之间无论在行方向还是在列方向都具有很大的相关性，因而整体上数据的冗余度很大；在允许一定限度失真的前提下，能对图像数据进行很大程度的压缩。

在多媒体计算系统中，信息从单一媒体转到多种媒体；若要表示，传输和处理大量数字化了的声音/图片/影像视频信息等，数据量是非常大的。例如，一幅具有中等分辨率（640*480像素）真彩色图像（24位/像素），它的数据量约为每帧7.37Mb。若要达到每秒25帧的全动态显示要求，每秒所需的数据量为184Mb，而且要求系统的数据传输速率必须达到184Mb/s，这在目前是无法达到的。对于声音也是如此。若用16位/样值的PCM编码，采样速率选为44.1kHz，则双声道立体声声音每秒将有176KB的数据量。由此可见音频、视频的数据量之大。如果不进行处理，计算机系统几乎无法对它进行存取和交换。因此，在多媒体计算机系统中，为了达到令人满意的图像、视频画面质量和听觉效果，必须解决视频、图像、音频信号数据的大容量存储和实时传输问题。解决的方法，除了提高计算机本身的性能及通信信道的带宽外，更重要的是对多媒体进行有效的压缩。

根据编码原理进行分类，大致有编码、变换编码、统计编码、分析－合成编码、混合编码和其他一些编码方法。其中统计编码是无失真的编码，其他编码方法基本上都是有失真的编码。

学习总结

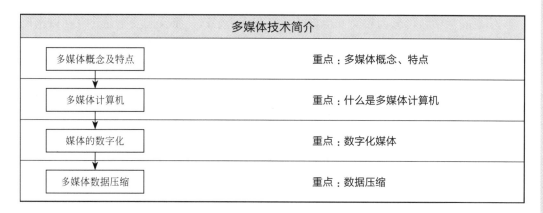

多媒体技术简介	
多媒体概念及特点	重点：多媒体概念、特点
多媒体计算机	重点：什么是多媒体计算机
媒体的数字化	重点：数字化媒体
多媒体数据压缩	重点：数据压缩

课堂测验

选择题

1. 下列有关多媒体计算机概念描述正确的是（　　）。

A. 多媒体技术可以处理文字、图像和声音，但不能处理动画和影像

B. 多媒体计算机系统主要由多媒体硬件系统、多媒体操作系统和支持多媒体数据开发的应用工具软件组成

C. 传输媒体主要包括键盘、显示器、鼠标、声卡及视频卡等

D. 多媒体技术具有集成性和交互性的特征

2. 下列不属于多媒体特点的是（　　）。

A. 模拟信号　　B. 集成性　　C. 交互性　　D. 实时性

3. 以下文件格式中（　　）是视频文件格式。

A. .avi　　B. .bmp　　C. .wav　　D. .mid

1.4　信息安全的概念和防控、计算机病毒与防治

信息作为一种资源，它的普遍性、共享性、增值性、可处理性和多效用性，使其对于人类具有特别重要的意义。信息安全的实质就是要保护信息系统或信息网络中的信息资源免受各种类型的威胁、干扰和破坏，即保证信息的安全性。根据国际标准化组织的定义，信息安全性的含义主要是指信息的完整性、可用性、保密性和可靠性。信息安全是任何国家、政府、部门、行业都必须十分重视的问题，是一个不容忽视的国家安全战略。但是，对于不同的部门和行业来说，其对信息安全的要求和重点却是有区别的。

1.4.1 信息安全的概念和防控

信息安全学科可分为狭义安全与广义安全两个层次，狭义的安全是建立在以密码论为基础的计算机安全领域，早期中国信息安全专业通常以此为基准，辅以计算机技术、通信网络技术与编程等方面的内容；广义的信息安全是一门综合性学科，从传统的计算机安全到信息安全，不但是名称的变更也是对安全发展的延伸，安全不再是单纯的技术问题，而是将管理、技术、法律等问题相结合的产物。

（1）增强信息安全防护意识

许多网络用户的信息安全防护意识薄弱，导致木马和病毒在网络中大肆泛滥和蔓延，尤其是在局域网内。由于使用网络应用系统的计算机用户对信息受到的木马、病毒、黑客的传播方式、感染途径和攻击方法不太了解，因此导致病毒、木马和黑客等通过网络、物理介质感染网络中传输的、存储的信息。为了能够杜绝病毒的传播和感染，可以加强信息管理人员、使用人员的教育培训工作，使得人们加强信息使用的规范程度，深入地了解病毒对信息的攻击、感染途径，在日常的工作过程中，对隐藏的信息安全潜在的威胁增强了警觉，提高网络安全意识。比如，信息使用人员在日常工作过程中访问的时候，不要随便地打开一些网络上来历不明的网页链接，下载的信息文件，要定期查杀病毒，特别小心U盘。移动硬盘等存储介质，在传输文件时要尽可能防止病毒感染，防止其在网络中传播。

（2）实施主动防御控制机制

由于人们可以通过各个终端节点访问服务器群，因此计算机网络上传播的病毒会通过各种途径感染服务器上存储的信息，比如通过网络浏览器、盗版系统、网络下载的内容等，因此，如果想要清除网络病毒，必须构建杀毒系统，实施主动的防御控制机制，用户终端可以选择金山毒霸、瑞星和360安全卫士等软件。在网络集群服务器应用系统中，建立多层次、立体的防病毒查杀体系，设置杀毒软件，可以有效地阻止网络中传播的病毒的复制和侵袭。另外，使用杀毒软件定期地扫描操作系统，可以将病毒在未流传至网络过程中，就可以将其查杀，以便有效地保证整个网络系统的安全。杀毒软件也要定期更新。

（3）实施信息加密，保证信息安全传输的安全

由于网络应用系统传输信息数据时，需要经过物理和逻辑的网络通道，在传输过程中非常容易受到黑客的侵袭，导致传输的数据信息受到篡改和盗用。因此，针对网络传输的数据信息采用加密措施，可以有效地防范数据信息的安全。数据加密技术包括公开密钥技术、不可逆加密技术等方法。其中公开密钥加密技术要求数据的收发双方都要采用同一个密钥，此时密钥的分发管理工作就会成为影响数据传输的安全性的重要因素，公开密钥加密技术应用范围有限，实际应用过程中，需要将用户的密钥与其他加密技术联合使用；不可逆加密技术不需要对密钥加密，但是传输的过程中，加密的数据无法还原，适用于传输数据较小的情况。

1.4.2 计算机病毒与防治

计算机病毒（Virus）是人为蓄意编制的破坏性程序，一旦进入计算机，就有可能导致系统资源的消耗、数据丢失，甚至导致计算机不能正常工作。

（1）计算机病毒的特征

① 传染性　计算机病毒会通过各种渠道（如：U盘、移动硬盘、计算机网络等）从已被感染的计算机传染到未感染的计算机，或者从一个文件传染到另一个文件。传染性是病毒的基本特征。

② 隐蔽性　病毒一般会隐蔽自己，使人们难以发现其存在，是具有较高编程技巧的、短小精悍的程序。

③ 潜伏性　病毒可在一段时间内隐藏在系统中，不会马上发作，而且在发作前人们很难发现其存在，只有在满足一定条件时才发作并启动其破坏功能。如著名的“黑色星期五”只在逢13号的星期五才发作。

④ 破坏性　病毒发作时，或多或少都会对系统或应用程序产生不同程度的影响。

⑤ 触发性　病毒一般都会有触发的条件，具备了触发条件病毒就会发作。

（2）计算机病毒的分类

各种不同种类的病毒都有着各自不同种类的特征，按照其破坏性可分为良性病毒和恶性病毒。

良性病毒一般没有破坏性，如只是在屏幕显示干扰信息、无故播放音乐等，这类病毒虽然没有破坏性，但会消耗系统资源、影响系统性能。

恶性病毒一般会恶意删除文件、破坏数据，甚至格式化磁盘，干扰计算机的运行、导致死机、破坏引导区或分区表等。

（3）计算机病毒的防治

病毒的传播途径主要有两种：一种是计算机之间使用可移动存储交换信息时伴随着有用信息传播出去；另一种是计算机之间通过网络交换信息时传播。因此，病毒的防治主要从如下几个方面考虑：

① 尽量避免使用不确定是否已经感染病毒的移动存储，必须使用时要进行杀毒处理。

② 发现某台计算机感染病毒时，告知其他人员，避免其他人员在不知情的情况下使用计算机并感染病毒。

③ 避免使用通过网络下载的来历不明的软件，通过网络共享文件时注意控制共享文件或文件夹的写入或修改权限。

④ 对于重要的数据和文件进行定期备份，避免在感染病毒后造成数据丢失；对于已感染病毒的计算机，在杀毒前对重要的文件或软件进行备份，避免杀毒后造成文件或软件的破坏。

⑤ 及时更新杀毒软件，定期使用杀毒软件对计算机进行病毒检测，及早发现并查杀病毒。

学习总结

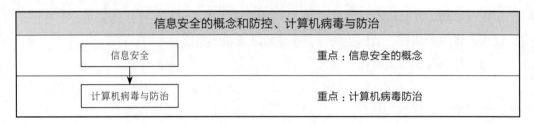

信息安全的概念和防控、计算机病毒与防治	
信息安全	重点：信息安全的概念
↓ 计算机病毒与防治	重点：计算机病毒防治

课堂测验

选择题

1. 计算机病毒是指能够侵入计算机系统并在计算机系统中潜伏、传播，破坏系统正常工作的一种具有繁殖能力的（　　）。

A. 流行性感冒病毒

B. 特殊小程序

C. 特殊微生物

D. 源程序

2. 下列关于计算机病毒的叙述中，正确的是（　　）。

A. 反病毒软件可以查杀任何种类的病毒

B. 计算机病毒是一种被破坏了的程序

C. 反病毒软件必须随着新病毒的出现而升级，提高查、杀病毒的功能

D. 感染过计算机病毒的计算机具有对该病毒的免疫性

3. 下列关于计算机病毒的说法中，正确的是（　　）。

A. 计算机病毒是一种有损计算机操作人员身体健康的生物病毒

B. 计算机病毒发作后，将造成计算机硬件永久性的物理损坏

C. 计算机病毒是一种通过自我复制进行传染的，破坏计算机程序和数据的小程序

D. 计算机病毒是一种有逻辑错误的程序

课后习题

选择题

1. 计算机字长是（　　）。

A. 处理器处理数据的宽度

B. 存储一个字符的位数

C. 屏幕一行显示字符的个数

D. 存储一个汉字的位数

2. 以下程序设计语言是低级语言的是（　　）。

A. FORTRAN语言　　B. JAVA语言

C. Visual Basic语言　　D. 80X86汇编语言

3. 存储一个48×48点阵的汉字字形码需要的字节个数是（　　）。

A. 384　　B. 288　　C. 256　　D. 144

4. 移动硬盘与U盘相比，最大的优势是（　　）。

A. 容量大　　B. 速度快　　C. 安全性高　　D. 兼容性好

5. 以下关于编译程序的说法正确的是（　　）。

A. 编译程序直接生成可执行文件

B. 编译程序直接执行源程序

C. 编译程序完成高级语言程序到低级语言程序的等价翻译

D. 各种编译程序构造都比较复杂，所以执行效率高

6. 微机上广泛使用的Windows是（　　）。

A. 多任务操作系统　　B. 单任务操作系统

C. 实时操作系统　　D. 批处理操作系统

7. 面向对象的程序设计语言是（　　）。

A. 汇编语言　　B. 机器语言

C. 高级程序语言　　D. 形式语言

8. 下列各软件中，不是系统软件的是（　　）。

A. 操作系统　　B. 语言处理系统

C. 指挥信息系统　　D. 数据库管理系统

9. 与高级语言相比，汇编语言编写的程序通常（　　）。

A. 执行效率更高　　B. 更短

C. 可读性更好　　D. 移植性更好

10. 微型计算机的硬件系统中最核心的部件是（　　）。

A. 内存储器　　B. 输入/输出设备

C. CPU　　D. 硬盘

11. 下列说法错误的是（　　）。

A. 计算机可以直接执行机器语言编写的程序

B. 光盘是一种存储介质

C. 操作系统是应用软件

D. 计算机速度用MIPS表示

12. 以下名称是手机中的常用软件，属于系统软件的是（　　）。

A. 手机QQ　　B. Android　　C. Skype　　D. 微信

13. 下列说法正确的是（　　）。

A. 与汇编编译方式执行程序相比，解释方式执行程序的效率更高

B. 与汇编语言相比，高级语言程序的执行效率更高

C. 与机器语言相比，汇编语言的可读性更差

D. 以上三项都不对

14. 用C语言编写的程序被称为（　　）。

A. 可执行程序　　B. 源程序

C. 目标程序　　D. 编译程序

15. 下列说法正确的是（　　）。

A. 编译程序的功能是将高级语言源程序编译成目标程序

B. 解释程序的功能是解释执行汇编语言程序

C. Intel8086指令不能在Intel P4上执行

D. C++语言和Basic语言都是高级语言，因此它们的执行效率相同

16. 计算机网络最突出的优点是（　　）。

A. 资源共享和快速传输信息　　B. 高精度计算和收发邮件

C. 运算速度快和快速传输信息　　D. 存储容量大和高精度

17. 操作系统中的文件管理系统为用户提供的功能是（　　）。

A. 按文件作者存取文件　　B. 按文件名管理文件

C. 按文件创建日期存取文件　　D. 按文件大小存取文件

18. 高级程序设计语言的特点是（　　）。

A. 高级语言数据结构丰富

B. 高级语言与具体的机器结构密切相关

C. 高级语言接近算法语言不易掌握

D. 用高级语言编写的程序计算机可立即执行

19. 在计算机内部用来传送、存储、加工处理的数据或指令所采用的形式是（　　）。

A. 十进制码　　B. 二进制码

C. 八进制码　　D. 十六进制码

20. Internet实现了分布在世界各地的各类网络的互联，其最基础和核心的协议是（　　）。

A. HTTP　　B. HTML　　C. TCP/IP　　D. FTP

02

第2章

计算机操作系统

Chapter two

本章学习要点

- 计算机硬件系统的组成、功能和工作原理
- 计算机软件系统的组成和功能，系统软件与应用软件的概念和作用
- 计算机的性能和主要技术指标
- 掌握操作系统的概念与功能
- 熟练掌握Windows 7的基本操作

计算机系统由硬件系统和软件系统两大部分组成。组成计算机的物理设备总称为硬件系统，单纯的硬件系统称为“裸机”，裸机是不能直接使用的，通过软件系统对硬件系统进行扩充后人们才能方便地使用计算机；而操作系统对硬件系统进行了首次扩充，人们使用和操作计算机是通过操作系统完成的，其他软件也运行在操作系统之上。

2.1 计算机的硬件系统

计算机的硬件是指组成计算机的各种设备，也就是我们所看得见、摸得着的实际物理设备，组成计算机的硬件合称为硬件系统。自第一台计算机ENIAC诞生以来，计算机系统的技术已经得到了很大的发展，但计算机硬件系统的基本结构仍然遵从冯·诺依曼原理，即：计算机硬件系统由运算器、控制器、存储器、输入设备和输出设备五个部分组成。计算机系统组成如图2-1所示。

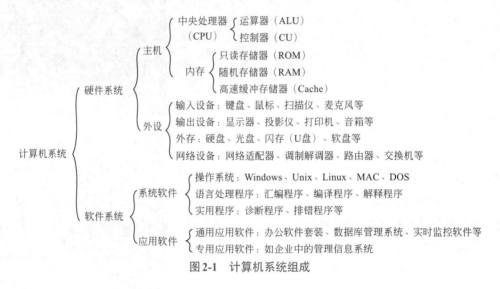

- 计算机系统
  - 硬件系统
    - 主机
      - 中央处理器（CPU）
        - 运算器（ALU）
        - 控制器（CU）
      - 内存
        - 只读存储器（ROM）
        - 随机存储器（RAM）
        - 高速缓冲存储器（Cache）
    - 外设
      - 输入设备：键盘、鼠标、扫描仪、麦克风等
      - 输出设备：显示器、投影仪、打印机、音箱等
      - 外存：硬盘、光盘、闪存（U盘）、软盘等
      - 网络设备：网络适配器、调制解调器、路由器、交换机等
  - 软件系统
    - 系统软件
      - 操作系统：Windows、Unix、Linux、MAC、DOS
      - 语言处理程序：汇编程序、编译程序、解释程序
      - 实用程序：诊断程序、排错程序等
    - 应用软件
      - 通用应用软件：办公软件套装、数据库管理系统、实时监控软件等
      - 专用应用软件：如企业中的管理信息系统

图2-1　计算机系统组成

2.1.1 计算机的硬件系统

2.1.1.1 中央处理器（CPU）

CPU主要由运算器、控制器和寄存器组成，是决定计算机性能的核心部件，也是整个系统最高的执行单位。图2-2所示为微型计算机的CPU芯片。

图2-2　CPU芯片

（1）运算器

运算器也称算术逻辑单元（Arithmetic and Logic Unit，ALU），功能是执行算术运算或逻辑运算。运算器的处理对象是数据，处理的数据来自存储器，处理后的结果通常送回存储器或暂存在运算器中。运算器的性能指标是衡量整个计算机性能的重要因素之一，主要指标包括计算机的字长和运算速度。

字长：指计算机运算部件一次能够并行处理的二进制数的位数。对于存储数据，字长越长，则计算机的运算精度就越高；对于存储指令，字长越长，则计算机的处理能力就越强。目前常见的Intel和AMD微处理器大多是32位和64位，表示该处理器可以并行处理32位或64位二进制数。

运算速度：指计算机每秒钟所能执行加法指令的数目，常用百万次/秒（MIPS）来表示，这是直观地反映机器速度的重要指标。

（2）控制器

控制器能指挥和控制整个计算机各部件自动、协调地工作。比如逐条读取事先存放在内存中的程序指令，并对指令进行译码，发出相应控制信号，控制器也记录操作中各部件的状态，使计算机能有条不紊地自动完成程序规定的任务。控制器主要由程序计数器、指令存储器、指令译码器等构成。

机器指令：是指为了让计算机能够按照人的想法正确运行而设计的一系列计算机可以识别并执行的计算机语言。机器指令由操作码和操作数两部分构成，如图2-3所示。

操作码	操作数	
	源操作数（或地址）	目的操作数（或地址）

图2-3 指令的基本格式

① 操作码：指出指令所要完成操作的性质和功能。

② 操作数：指出参与运算的对象，以及运算结果所存放的位置等。操作数又分为源操作数和目的操作数，源操作数指出参加运算的操作数来源，目的操作数指出保存运算结果的存储单元地址或寄存器名称。

2.1.1.2 存储器

存储器是指计算机中有记忆功能的器件，用于存放程序、参与运算的数据及运算结果。向存储器中存入数据称为写入，从存储器中取出数据称为读取。存储器分为内存储器（主存储器，简称内存）和外存储器（辅助存储器，称为外存）两种。内存的存取速度快，工作效率高，可以直接和CPU交换数据。外存一般用来存储需要长期保存的各种程序和数据，外存不能被CPU直接访问，必须通过内存才能和CPU交换数据。

（1）内存

内存是用来存放处理程序或记忆、待处理数据及运算结果的部件。内存一般采用半导体存储单元，存取速度快。包括随机存储器（RAM）、只读存储器（ROM）和高速缓冲存储器（Cache）。

① 随机存储器（RAM） RAM表示随机存储器，既可以从中读取数据，也可以写入数据。当计算机电源关闭时，其中的数据就会丢失，且不可恢复。计算机中常见的内存条就是将RAM集成块集中在一起的一块小电路板，如图2-4所示。

图2-4　内存条

② 只读存储器（ROM） ROM表示只读存储器，是一种只能读出、不能写入的存储器，其信息通常是厂家生产时写入的。ROM的最大特点是掉电后信息也不会消失，因此常用ROM来存放至关重要的、最基本的程序和数据，如监控程序、基本输入/输出系统模块BIOS等，采用ROM存放信息的BIOS模块如图2-5所示。

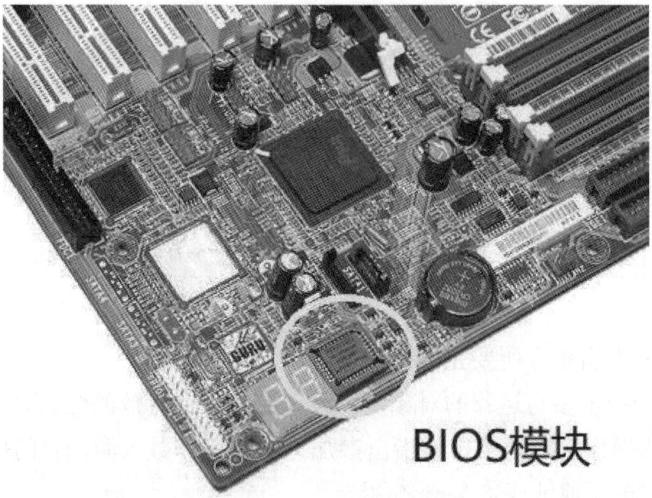

图2-5　只读存储器ROM

③ 高速缓冲存储器（Cache） Cache指高速缓冲存储器，主要是为了解决CPU和主存速度不匹配，为提高存储器读写速度而设计的。位于CPU与内存之间，是一个读写速度比内存更快的存储器。当CPU向内存中写入或读出数据时，这个数据也被存储进高速缓冲存储器中。当CPU再次需要这些数据时，CPU就从高速缓冲存储器中读取数据，而不是访问较慢的内存，当然，如果需要的数据在Cache中没有，CPU会再去读取内存中的数据。由于高速缓冲存储器的读写速度更快，而且将内存中使用最频繁的指令与数据存了进去，所以加快了CPU读写数据的速度，提高了计算机整体的性能。

④ 内存的性能指标　内存储器的主要性能指标有两个：存储容量和存取速度。

存储容量：是指一个存储器包含的存储单元总数。直接反映了存储空间的大小。目前常用的DDR3内存条存储容量一般为2GB、4GB和8GB，好的主板可以支持到16GB内存，服务器主板可以到32GB。

存取速度：一般用存储周期（也称读写周期）来表示，即两次独立的存取操作之间所需的最短时间，半导体存储器的存取周期一般为60 ～ 100ns。

（2）外存

外存储器（简称外存）是外部设备的一部分，用于存放当前暂时不需要使用的信息数据和程序，需要时可以把信息读入到内存中。外存具有存储容量大、成本低、可永久脱机保存信息等特点。它既是输入设备，也是输出设备。计算机常见的外存储器主要有硬盘、光盘和U盘等。

① 硬盘　硬盘存储器，简称硬盘，是计算机主要的外部设备，是内存的主要后备存储器。具有容量大、存取速度快等优点，操作系统程序、可运行程序文件及用户的日常使用数据文件都保存在硬盘上。硬盘分为机械硬盘和固态硬盘内部结构。

a. 机械硬盘（HDD）　机械硬盘简称为HDD，采用磁性碟片来存储，机械硬盘主要由盘片、马达、碰头和控制系统等部件构成。一个硬盘内部包含多个盘片，这些盘片被安装在一个同心轴上，每个盘片有上下两个盘面，每个盘面被划分为磁道和扇区。磁盘的读写单位是按扇区进行读写的。图2-6所示为机械硬盘内部结构。

图2-6　机械硬盘内部结构

机械硬盘的性能指标主要有三种。

硬盘转速：指硬盘电机主轴的旋转速度，即盘片在一分钟内旋转的最大转数。转速的快慢是标志硬盘档次的重要参数之一，也直接决定了硬盘传输数据的速度。硬盘转速单位为：r/min（转/分钟）。常见的硬盘转速有5400r/min和7200r/min两种。

硬盘接口：硬盘与主板的连接部分就是硬盘接口，常见接口有ATA（高级技术附件）、SATA（串行高级技术附件）和SCSI（小型计算机系统接口），如图2-7所示。ATA和SATA接口的硬盘主要在个人电脑上使用，SCSI接口的硬盘主要在中、高端服务器和高档工作站中使用。目前ATA并口已被SATA串口所取代，SATA使用嵌入式时钟信号，具备更强的纠错能力，而且还具有结构简单、支持热插拔等优点。目前最新的SATA标准是SATA3.0，传输速率为6GB/s。

图2-7　硬盘接口

硬盘容量：硬盘容量大小直接决定计算机存储容量的大小，常见的有320GB、500GB、1TB、2TB、3TB等。目前市场上能购买到的最大容量硬盘是4TB。目前主流的硬盘各参数为SATA接口、1TB容量、7200r/min转速和150MB/s传输速率。

b.固态硬盘（SSD）　固态硬盘简称为SSD，是指用固态电子存储芯片阵列而制成的硬盘，由控制单元和存储单元（FLASH芯片、DRAM芯片）组成。图2-8所示为固态硬盘内部结构。

图2-8　固态硬盘内部结构

SSD硬盘优点有以下几点。

读写速度快：持续写入的速度非常惊人，固态硬盘持续读写速度超过500MB/s。与之相关的还有极低的存取时间，最常见的7200r/min转机械硬盘的寻道时间一般为12～14ms，而固态硬盘可以轻易达到0.1ms甚至更低。

防震抗摔性：固态硬盘内部不存在任何机械部件，这样即使在高速移动甚至伴随翻转倾斜的情况下也不会影响到正常使用，而且在发生碰撞和震荡时能够将数据丢失的可能性降到最小。

无噪声：固态硬盘没有机械部件，工作时基本没有噪声。

工作温度范围大：典型的硬盘驱动器只能在5～55℃范围内工作。而大多数固态硬盘可在-10～70℃工作。

轻便：固态硬盘在重量方面更轻，与常规1.8in[1]硬盘相比，重量轻20～30g。

② 闪速存储器（Flash） 闪速存储器是一种新型非易失性半导体存储器（简称U盘），它既继承了RAM存储器速度快的优点，又具备了ROM的非易失性，即在无电源状态仍然能保持存储器内的信息，不需要特殊的高压电就可实现信息的擦除和重写。另外，U盘使用的USB接口支持即插即用，非常方便。近年来更多小巧、轻便、价格低廉、存储容量大的移动存储产品在不断涌现并得到普及。

USB接口的理论最大传输速率有：USB1.1为12Mbps（1.5MB/s），USB2.0为480Mbps（60MB/s），USB3.0为5Gbps（500MB/s）。

③ 光盘 光盘是以光信息作为存储信息的载体来存储数据的一种存储介质。现在常用的光盘分为两类：一类是只读型光盘，有CD-ROM和DVD-ROM；另一类是可记录型光盘，有CD-R、CD-RW、DVD-R、DVD+R、DVD+RW等。

只读型光盘CD-ROM和DVD-ROM，此种光盘只能被读取光盘内的数据而不能被写入或修改光盘中的数据。

一次写入型光盘CD-R，这种光盘只能写入一次，写完后的数据无法被修改，但可以被多次读取，可用于重要数据的长期保存。

可擦写型光盘CD-RW，这种光盘可以重复写入和擦除。

CD-ROM的升级产品是DVD-ROM。在与CD尺寸大小相同的光盘上，DVD可提供相当于普通CD盘片8～25倍的存储容量及9倍以上的读取速度。

蓝光光盘（BD），是DVD之后的新一代光盘产品，用以存储高品质的影音以及高容量的数据，蓝光光盘极大地提高了光盘的容量。

光盘容量：CD光盘的最大容量是700MB；DVD光盘单面最大容量是4.7GB、双面为8.5GB；蓝光光盘单面单层容量为25GB、双面容量为50GB。

倍速：衡量光盘驱动器传输速率的指标是倍速。光驱的读取速度以150KB/s的单倍速为基准。后来驱动器的传输速率越来越快，就出现了倍速、四倍速直至现在的32倍速、40倍速甚至更高。

2.1.1.3 输入设备

输入设备的功能是将程序、数据及其他信息（文本、图形图像、音频和视频等），转换成计算机能接收的信息形式，输入到计算机内部，供计算机处理，是人与计算机系统之间进行信息交换的主要设备之一。常见的输入设备有键盘、鼠标、麦克风、摄像头、扫描仪、光笔、手写板等。

（1）键盘

键盘是目前最常用的输入设备，主要用于输入字符信息。常见的键盘有101键盘、102键盘、104键盘、手写键盘、人体工程学键盘、红外线遥感键盘、多功能键盘和无线键盘。

---

[1] 1in=0.0254m。

键盘接口规格有两种：PS/2和USB。

图2-9　键盘、鼠标

（2）鼠标

鼠标也是计算机最常用、最基本的输入设备之一。可用来选择菜单、命令和文件，是多窗口环境下操作必不可少的输入设备，图2-9所示为键盘、鼠标。

鼠标按接口类型分为：PS/2接口鼠标和USB接口鼠标。按工作原理不同分为：机械鼠标和光电鼠标。按功能键可分为：两键鼠标、三键鼠标、滚轴鼠标和感应鼠标。目前市场出现了无线鼠标和3D振动鼠标，无线鼠标主要为红外线鼠标、蓝牙鼠标；3D振动鼠标是一种新型鼠标，它不仅可以当做普通的鼠标使用，而且具有振动功能，即触觉回馈功能。

（3）其他输入设备

除了以上介绍的键盘和鼠标外，还有很多其他的输入设备，如扫描仪、条形码阅读器、光学字符阅读器（OCR），触摸屏、手写笔、语音输入设备和图像输入设备等，如图2-10所示。

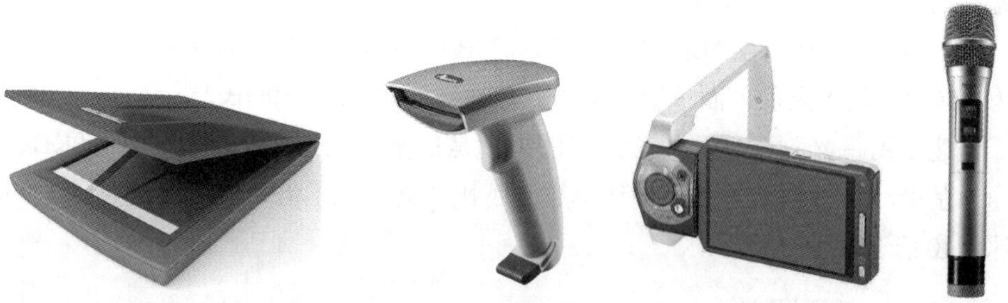

（a）扫描仪　（b）条形码阅读器　（c）图像采集设备　（d）语音输入设备

图2-10　输入设备

2.1.1.4　输出设备

输出设备是指把计算机内部的数据信息转换成外界能接收的表现形式的设备。常见的输出设备有显示器、打印机、投影仪、音箱设备等。硬盘和U盘即是输入设备又是输出设备。

（1）显示器

显示器是计算机的基本输出设备，也称为监视器。按显示方式分类有：阴极射线管（CRT）显示器、液晶LCD显示器、LED显示器和等离子显示器（PDP）四种。CRT显示器、液晶显示器、显示卡如图2-11所示。

（a）CRT显示器　　（b）液晶显示器　　（c）显示卡

图2-11　显示设备

显示器的主要性能如下。

像素与点距：屏幕上图像的分辨率或清晰度取决于能在屏幕上独立显示点的直径，这种独立显示的点称为像素，屏幕上两个像素之间的距离叫做点距，点距直接影响显示效果。点距越小，在同一个字符面积下像素数就越多，则显示的字符就越清晰。目前常见的点距有0.31mm、0.28mm、0.25mm等。点距越小，分辨率就越高，显示器清晰度越高。

分辨率：就是屏幕上显示的像素个数，也就是整个屏幕上像素的数目（列×行），这个乘积数越大，分辨率就越高，是衡量显示器的一个重要指标。常用的分辨率有：1027×768、1600×900等。如640×480的分辨率是指在水平方向上有640个像素，在垂直方向上有480个像素。

色彩度：LCD面板上是由1024×768个像素点组成显像的，每个独立的像素色彩是由红、绿、蓝（R、G、B）三种基本色来控制。大部分厂商生产出来的液晶显示器，每个基本色（R、G、B）达到6位，即64种表现度。也有不少厂商使用了所谓的FRC技术以仿真的方式来表现出全彩的画面，也就是每个基本色（R、G、B）能达到8位，即256种表现度。

除上以上几种性能指标外还有：对比值、亮度值、响应时间和扫描方式等。

显示器尺寸：以显示屏对角线的长度来确定尺寸。常见的尺寸有19in、21.5in、22in、23in、24in、27in、29in等。

显示卡：显示器和显示卡共同构成了计算机的显示系统。显示卡也称为显示适配器，简称显卡。显卡的功能是在显示驱动程序的控制下，负责接收CPU输出的显示数据，按照显示格式进行变换并存储在显存中，再把显存中的数据以显示器所需要的方式输出到显示器。目前主流显卡为PCI-E接口、2GB或4GB显存带有HDMI和DVI输出接口的显卡。

（2）打印机

打印机是计算机的重要输出设备之一，用于将计算机的处理结果（字符、图形、图像信息）打印在相关的介质上。常见的打印机有三种：点阵式打印机、喷墨打印机和激光打印机，如图2-12所示。

（a）点阵式打印机

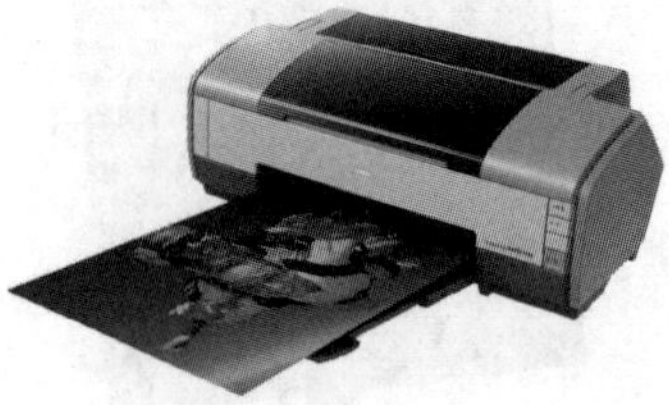
（b）喷墨打印机

（c）激光打印机

图2-12　打印机

① 点阵式打印机　点阵式打印机有9针、24针之分，24针打印机可以打印出质量较高的汉字。优点是耗材（包括色带和打印纸）便宜；缺点是依靠机械动作实现印字，打印速度慢、噪声大、打印质量差、字符轮廓不光滑、有锯齿形。

② 喷墨打印机　优点是无机械击打动作，设备价格低廉，打印质量高于点阵式打印机，还能彩色打印，无噪声；缺点是打印速度慢，耗材（墨盒）贵。

③ 激光打印机　非击打式打印机，优点是无噪声、打印速度快、打印质量最好，常用来打印正式公文及图表；缺点是设备价格高、耗材贵，打印成本是三种打印机中最高的。

（3）其他输出设备

日常生活中使用的输出设备还有绘图仪、音频输出设备、视频投影设备等。

2.1.2　计算机的结构

计算机硬件系统的五大部件并不是独立的，每个设备在处理信息时都需要相互连接和传输数据，计算机的结构说明了计算机各个组成部件之间的连接方式。现代计算机基本都采用总线结构。

总线：指系统部件之间传送信息的公共通道，每个部件由总线连接并通过总线传递数据和控制信号。它包含了运算器、控制器、存储器和I/O（输入设备和输出设备）部件之间进行信息交换和控制传递所需要的全部信号。

按照计算机所传输的信息种类，总线一般划分为以下三类：

（1）数据总线　用来在运算器、控制器、存储器和I/O部件之间传输数据信号的公共通道。一方面用于CPU向主存储器和I/O接口传送数据；另一方面用于主存储器和I/O接口向CPU传送数据。它是双向的总线。数据总线的位数是计算机的一个重要的指标，它体现了传输的数据能力，通常与CPU的位数相对应。

（2）地址总线　是CPU向主存储器和I/O接口传送地址信息的公共通道。地址总线传送地址信息，地址是识别信息存放位置的编号，地址信息可能是存储器的地址，也可能是I/O接口的地址。它是自CPU向外传输的单向总线。由于地址总线传输地址信息，所以地址总线的位数决定了CPU可以直接寻址的内存范围。

（3）控制总线　用来在运算器、控制器、存储器和I/O部件之间传输控制信号的公共通道。控制总线是CPU向主存储器和I/O接口发出命令信号的通道，又是外界向CPU传送状态信息的通道。

图2-13所示为总线结构示意图。

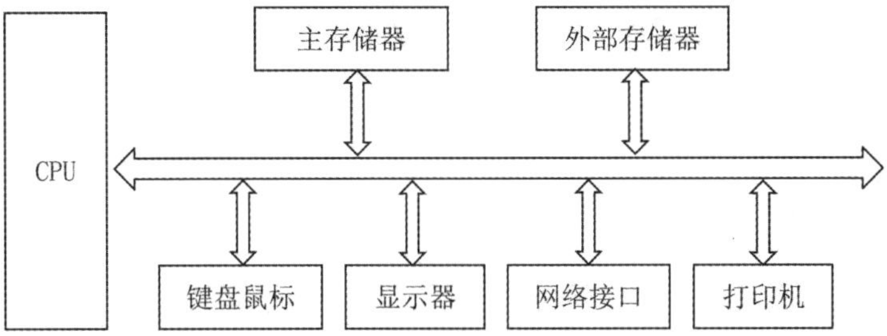

图2-13　总线结构示意图

常见的总线标准有ISA总线、PCI总线、AGP总线和EISA总线等。

① ISA总线是采用16位的总线结构，适用范围广。

② PCI总线是采用32位的高性能总线结构，可扩展到64位，与ISA总线兼容。目前主流计算机主板上都设PCI总线。这种总线标准性能先进、成本低、可扩展性好，现已成为计算机上普遍采用的外设接插总线。

③ AGP总线是随着三维图形的应用而发展起来的一种总线标准。AGP总线在图形显示卡与内存之间提供了一条直接的访问途径。

④ EISA总线是对ISA总线的扩展。

总线结构是目前计算机普遍采用的结构，其特点是结构简单清晰、易于扩展，尤其是在I/O接口的扩展能力中，用户几乎可以随心所欲地在计算机中加入新的I/O接口卡。

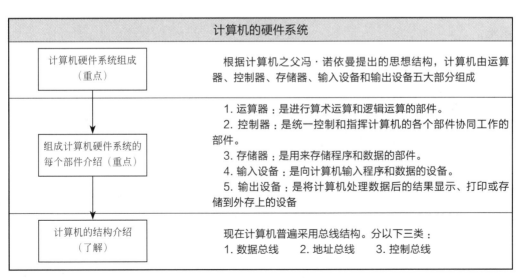

学习总结

计算机的硬件系统	
计算机硬件系统组成（重点）	根据计算机之父冯·诺依曼提出的思想结构，计算机由运算器、控制器、存储器、输入设备和输出设备五大部分组成
组成计算机硬件系统的每个部件介绍（重点）	1. 运算器：是进行算术运算和逻辑运算的部件。 2. 控制器：是统一控制和指挥计算机的各个部件协同工作的部件。 3. 存储器：是用来存储程序和数据的部件。 4. 输入设备：是向计算机输入程序和数据的设备。 5. 输出设备：是将计算机处理数据后的结果显示、打印或存储到外存上的设备
计算机的结构介绍（了解）	现在计算机普遍采用总线结构。分以下三类： 1. 数据总线　2. 地址总线　3. 控制总线

课堂测验

简答题

1.一个完整的计算机硬件系统包括哪些部分?

2.什么是机器指令及它的构成?

2.2 计算机软件系统

计算机软件指的是计算机程序及其有关文档，告诉计算机做些什么和按什么方法、什么步骤去做。软件系统是计算机各种程序、数据和文档的总称。没有软件系统的计算机是无法工作的，称之为“裸机”。

2.2.1 程序设计语言

软件是用户与硬件之间的接口，用户通过软件使用计算机硬件资源。

（1）程序

程序是按照一定顺序执行的、能够完成特定任务的一系列指令的集合。

（2）程序设计语言

程序设计语言就是用于书写计算机程序的语言。也就是说人与计算机之间沟通或计算机用户让计算机完成某项任务而设计程序时所使用的计算机语言，也称为程序设计语言。

① 机器语言　使用可以直接与计算机交流的二进制代码指令（由0和1组成）来表达的计算机程序语言就称为机器语言，计算机也只能接受和识别以二进制形式表示的机器语言。机器语言的缺点是程序员进行编写、调试、修改、维护都有非常大的困难。

② 汇编语言　为了解决机器语言的缺点，人们想到了直接使用英文单词或缩写来代替二进制代码进行编写程序，也就是将机器语言用符号和助记符来表示，这种方式称为汇编语言。汇编语言指令与机器语言指令是一一对应的。

计算机无法自动识别和执行汇编语言编写的程序，必须进行翻译，即使用语言处理程序将汇编语言源程序编译成机器语言（目标程序），再链接成可执行程序后在计算机中执行。汇编语言源程序的翻译过程如图2-14所示。

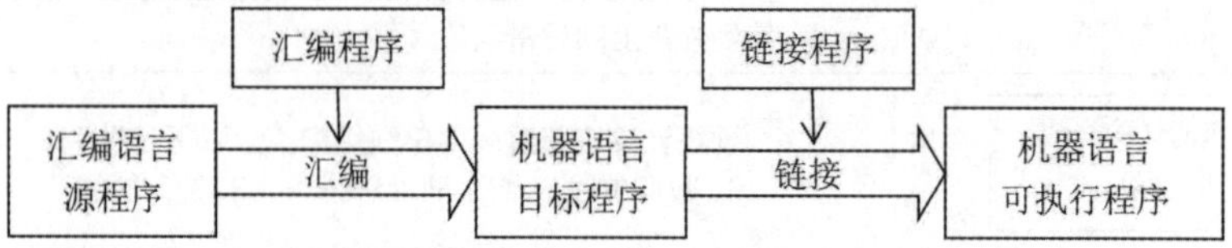

图2-14　汇编语言的翻译过程

③ 高级语言　高级语言是一种比较接近自然语言和数学表达式的计算机程序设计语言，编写高级语言程序时所使用的符号、标记更接近人们的日常习惯，便于理解、掌握和记忆。用高级语言编写的程序称为“源程序”，它也不能被计算机直接识别和执行，必须编译成机器语言程序，如图2-15所示。

常用的高级语言有：C++、C、Java、Visual Basic等。

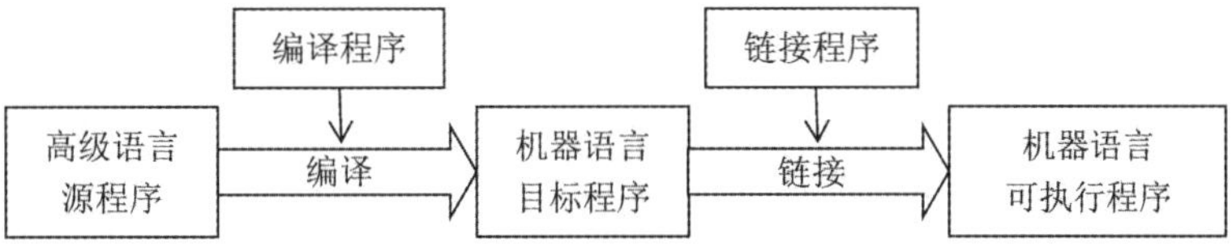

图2-15　高级语言程序的编译过程

（3）语言处理程序

由于用高级语言编写的程序，计算机不能识别和直接执行，所以必须要用语言处理程序将其翻译成计算机能够识别的形式，也就是说要想执行源程序，就必须把用高级语言编写的源程序翻译成机器指令。翻译的方式通常有编译和解释两种方式。

编译方式是将源程序整个翻译成目标程序（即机器语言程序），然后通过链接程序将目标程序链接成可执行程序，再由计算机执行。

解释方式是将源程序逐句翻译，翻译一句执行一句，边翻译边执行，不产生目标程序，由计算机执行解释程序自动完成。

2.2.2　软件系统的组成

计算机软件可分为系统软件和应用软件。

（1）系统软件

系统软件是指控制和协调计算机及外部设备，支持应用软件运行的软件。系统软件的主要功能是调度、监控和维护计算机系统；负责管理计算机系统中的各种软硬件设备。

常见的系统软件包括：操作系统、语言处理系统、数据库管理系统和系统辅助处理程序等。

① 操作系统　操作系统是高级管理程序，是系统软件的核心，是应用软件的基础；是操作计算机运行的平台，每台计算机必须安装操作系统，操作系统的主要作用是管理和控制计算机的软硬件资源，提高计算机的工作效率，提供良好的操作环境，是计算机与应用软件及用户之间的桥梁，用户是通过操作系统使用计算机的。常用的操作系统有Windows、Linux、DOS、Unix、MacOS等。

② 语言处理程序　随着计算机语言的发展，程序设计语言越来越接近于人的习惯。由于用高级语言编写的程序，计算机不能直接执行，所以必须要用语言处理程序将其翻译成计算机能够执行的形式。也就是说要执行源程序，就必须把用高级语言编写的源程序翻译成机器指令。

③ 数据库管理系统　数据库系统（DBS）主要由数据库（DB）和数据库管理系统（DBMS）组成，数据库管理系统的作用是管理数据库。具有建立、编辑、维护、访问数据库的功能，并提供给数据以独立、完整、安全的保障。常见的数据管理系统有FoxPro、SQL Server、Oracle等。

④ 系统辅助处理程序　系统辅助处理程序主要是指一些为计算机系统提供服务的工具软件和支撑软件，如编辑程序、调试程序、系统诊断程序等，这些程序主要是为了维护计算机系统的正常运行，方便用户在软件开发和实施过程的应用，如Windows中的磁盘整理工具等。

（2）应用软件

应用软件是用户为了解决某些特定具体的问题而开发和研制的各种程序，它往往涉及应用领域的知识，并在系统软件的支持下运行。常见的应用软件有：办公自动化软件、多媒体软件、信息管理软件等。

2.2.3　计算机的主要性能指标

计算机的主要性能指标其实我们在第2.1.1节中已经都有详细介绍，本节我们主要归纳总结一下主要的性能指标。

（1）字长

字长是CPU能够直接处理的二进制数位数，它直接关系到计算机的计算精度、功能和速度。字长越大，处理能力就越强。常见的字长有32位、64位和128位。

（2）运算速度

运算速度是指计算机每秒钟所能执行的指令条数，一般用MIPS为单位。

（3）主频

主频是指CPU的时钟频率。它的高低在一定程序上决定了计算机速度的高低。主频以兆赫兹（MHz）为单位，目前主流计算机主频都已达到千兆赫兹（GHz）。一般来说，主频越高，速度越快。

（4）存储容量

存储容量包括内存容量和外存容量，这里主要指内存储器的容量。显然内存容量越大，机器所能运行的程序就越大，处理能力就越强。尤其是当前微机应用多涉及图像信息处理，要求的内存容量会越来越大，甚至没有足够大的内存容量就无法运行某些软件。目前主流的微型计算机内存容量为2～8GB。

（5）存取速度

存取速度指存储器完成一次读取或写入操作所需的时间，称为存储器的存取时间或访问时间。连续启动两次读或写所需要的最短时间，称为存储周期。存取速度的快慢会直接影响到计算机的运行速度。

（6）可靠性

可靠性是指计算机连续无故障运行时间的长短。可靠性越好，无故障运行的时间就越长。

（7）兼容性

任何一种计算机中，高档机总是低档机发展的结果。

向下兼容：如果原来为低档机开发的软件不加修改就能在它的高档机上运行和使用，则称此高档机为向下兼容。

学习总结

计算机软件系统	
计算机软件系统介绍（了解）	软件系统是计算机各种程序、数据和文档的总称
程序设计语言介绍（重点）	1. 机器语言 2. 汇编语言 3. 高级语言 4. 语言处理程序
软件系统组成（重点）	计算机软件系统由两部分组成。 系统软件：操作系统、语言处理程序、数据库管理系统、系统辅助处理程序 应用软件：办公自动化软件、多媒体软件、信息管理软件等
计算机的主要性能指标（重点）	计算机的主要性能指标： 字长、运算速度、主频、存储容量、存取速度、可靠性、兼容性

课堂测验

简答题

1. 计算机程序设计语言都有哪些？

2. 计算机的主要性能指标有哪些？

2.3 操作系统简介

操作系统（OS）是管理和控制计算机硬件与软件资源的计算机程序，是直接运行在“裸机”上的最基本的系统软件，任何其他软件都必须在操作系统的支持下才能运行。

操作系统是用户和计算机的接口，同时也是计算机硬件和其他软件的接口。操作系统的功能包括管理计算机系统的硬件、软件及数据资源，控制程序运行，改善人机界面，为其他应用软件提供支持，让计算机系统所有资源最大限度地发挥作用，提供各种形式的用户界面，使用户有一个好的工作环境，为其他软件的开发提供必要的服务和相应的接口等。

2.3.1 操作系统的概念

操作系统中的重要概念有：进程、线程、内核态和用户态。

（1）进程

进程是操作系统中的一个核心概念，是指进行中的程序，即：进程=程序+执行。

进程是程序的一次执行过程，是系统进行调度和资源分配的一个独立单位。或者说，进程是一个程序与其数据一道在计算机上顺利执行时所发生的活动，简单地说，就是一个正在执行的程序。一个程序被加载到内存，系统就创建了一个进程，程序执行结束后，该进程也就消亡了。进程和程序的关系犹如演出和剧本的关系。其中，进程是动态的，而程序是静态的；进程有一定的生命期，而程序可以长期保存；一个程序可以对应多个进程，而一个进程只能对应一个程序。

调出进程：在任务栏空白处点单击鼠标右键，在弹出的菜单中选择“启动任务管理器”，点击“进程”标签即可显示当前的进程列表，如图2-16所示。

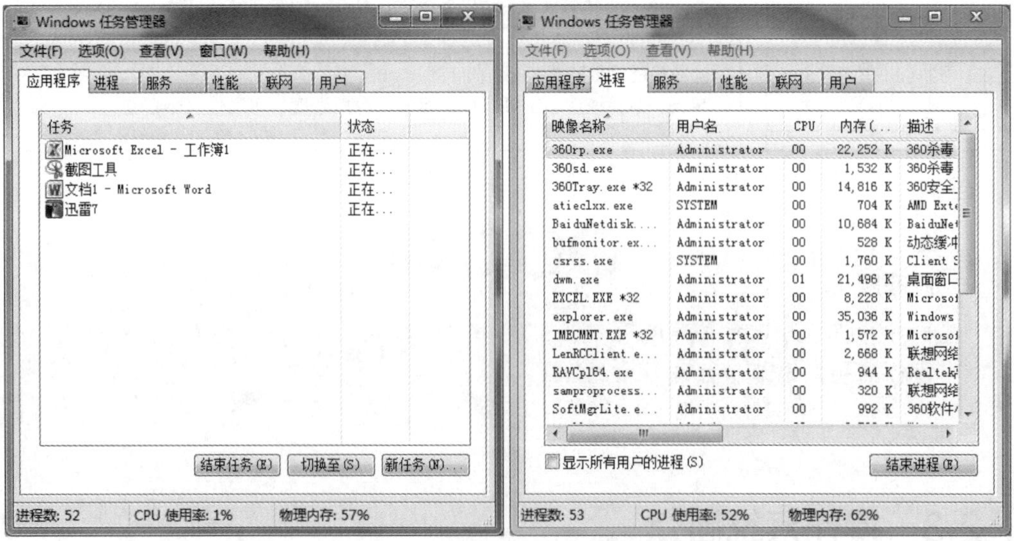

图2-16 Windows任务管理器

（2）线程

随着硬件和软件技术的发展，为了更好地实现并发处理和共享资源，提高CPU的利用率，目前许多操作系统把进程再细分为“线程”，线程又被称为轻量级进程。实际上它是进程概念的延伸。线程是进程的一个实体，是CPU调度和分派CPU资源的基本单位，是比进程更小的能独立运行的基本单位。

比如CPU有10个时间片，需要处理2个进程，则CPU的利用率为20%，为了提高运行效率，现将每个进程又细分为若干个线程，每个线程都要完成3个任务，则CPU会分别用20%的时间来同时处理3件事情，从而CPU的使用率达到了60%，这样便充分利用了CPU的空闲资源。

（3）内核态和用户态

由于操作系统需要限制不同的程序之间的访问能力，防止它们获取别的程序的内存数据，或者获取外围设备的数据，并发送到网络，因此CPU划分出两个权限等级：内核态和用户态。

① 内核态　CPU可以访问内存所有数据，包括外围设备，例如硬盘、网卡、CPU也可以将自己从一个程序切换到另一个程序。

② 用户态　只能受限的访问内存，且不允许访问外围设备，占用CPU的能力被剥夺，CPU资源可以被其他程序获取。

所有用户程序都是运行在用户态的，但是有时候程序确实需要做一些内核态的事情，例如从硬盘读取数据，或者从键盘获取输入等，而唯一可以做这些事情的就是操作系统，所以此时程序就需要先通过操作系统请求以程序的名义来执行这些操作。这时需要一个这样的机制，用户态程序切换到内核态，但是不能控制在内核态中执行的指令，这种机制叫系统调用，在CPU中的实现称之为陷阱指令。

2.3.2　操作系统的功能

为了使计算机系统能协调、高效和可靠地进行工作，同时也为了给用户一种方便友好地使用计算机的环境，在计算机操作系统中，通常都设有处理器管理、存储器管理、设备管理、文件管理、作业管理等功能模块，它们相互配合，共同完成操作系统既定的全部职能。

① 处理器管理　处理器管理最基本的功能是处理中断事件。处理器只能发现中断事件并产生中断而不能进行处理。配置了操作系统后，就可对各种事件进行处理。处理器管理的另一功能是处理器调度。处理器可能是一个，也可能是多个，不同类型的操作系统将针对不同情况采取不同的调度策略。

② 存储器管理　存储器管理主要是指针对内存储器的管理。主要任务是：分配内存空间，保证各作业占用的存储空间不发生矛盾，并使各作业在自己所属存储区中不互相干扰。

③ 设备管理　设备管理是指负责管理各类外围设备，包括分配、启动和故障处理等。主要任务是：当用户使用外部设备时，必须提出要求，待操作系统进行统一分配后方可使用。当用户的程序运行到要使用某外设时，由操作系统负责驱动外设。操作系统还具有处理外设中断请求的能力。

④ 文件管理　文件管理是指操作系统对信息资源的管理。在操作系统中，将负责存取的管理信息的部分称为文件系统。文件是在逻辑上具有完整意义的一组相关信息

的有序集合，每个文件都有一个文件名。文件管理支持文件的存储、检索和修改等操作以及文件的保护功能。操作系统一般都提供功能较强的文件系统，有的还提供数据库系统来实现信息的管理工作。

⑤ 作业管理　每个用户请求计算机系统完成的一个独立的操作称为作业。作业管理包括作业的输入和输出，作业的调度与控制（根据用户的需要控制作业运行的步骤）。

2.3.3　操作系统的发展

计算机发展起始是没有操作系统的，机器的整个执行过程完全由人来操作，即单一控制终端、单一操作员模式。随着科技的发展，计算机越来越复杂、功能越来越多，人已经没有能力来直接掌控计算机。于是编写了操作系统代替人来掌控计算机，将人从日益复杂繁重的任务中解脱出来。

（1）操作系统的发展阶段：

第一阶段：手工操作（无操作系统）。

程序员将对应用程序和数据已穿孔的纸带（或卡片）装入输入机，然后启动输入机把程序和数据输入计算机内存，接着通过控制台开关启动程序针对数据运行；计算完毕，打印机输出计算结果；用户取走结果并卸下纸带（或卡片）后，才让下一个用户使用计算机。

第二阶段：单道批处理操作系统。

第一阶段中机器和人速度不匹配，CPU永远都在等待人的命令。如果将每个人需要运行的作业事先输入到磁带上，交给专人统一处理，并由专门的监督程序控制作业一个接一个地执行，这样可以减少CPU的空闲时间。这就是批处理操作系统。这个时期的计算机内存中只能存放一道作业，所以称为单道批处理操作系统。因为多个作业都存放在磁带上，必须要以某种方式进行隔离，所以就出现了“文件”的概念。

第三阶段：多道批处理操作系统。

第二阶段中CPU和输入/输出设备是串行执行的，两者之间的速度不匹配导致CPU一直等待输入/输出设备读写结束而无法做其他工作。能否让输入/输出设备读写一个程序时，CPU同时也可以正常执行另一个程序，这就需要将多个程序同时加载到计算机内存中，这便出现了多道批处理操作系统。

第四阶段：分时操作系统。

在批处理系统中，用户编写的程序只能交给别人运行和处理，执行结果也只能靠别人告知。为了解决这一问题，便出现了既让使用者亲自控制计算机，又能同时运行多道程序，这就是分时操作系统。分时操作系统将机器等人转变为人等机器。如果CPU的使用时间划分合理，用户就感觉好像自己在独占计算机，而实际是由操作系统协调多个用户分享CPU。

第五阶段：实时操作系统。

虽然多道批处理系统和分时系统能获得较令人满意的资源利用率和系统响应时间，但却不能满足实时控制与实时信息处理两个应用领域的需求。于是就产生了实时系统，即系统能够及时响应随机发生的外部事件，并在严格的时间范围内完成对该事件的处理。

第六阶段：现代操作系统。

网络的出现，触发了网络操作系统和分布式操作系统的产生，两者合称为分布式系统。分布式系统的目的是将多台计算机虚拟成一台计算机，将一个复杂任务划分成若干简单子任务，分别让多台计算机并行处理。网络操作系统和分布式操作系统的区别在于网络操作系统是已有操作系统基础上增加网络功能，分布式操作系统是从设计之初就考虑到了多机共存的问题。

（2）操作系统的分类

操作系统的种类比较多，以功能和特性可分为：批处理操作系统、分时操作系统和实时操作系统；以同时管理用户数的多少可分为：单用户操作系统和多用户操作系统；以有无管理网络环境的能力可分为：网络操作系统和非网络操作系统。通常有以下五大类。

① 单用户操作系统　单用户操作系统是指一台计算机在同一时间只能由一个用户使用，一个用户独自享用系统的全部硬件和软件资源，而如果在同一时间允许多个用户同时使用计算机，则称为多用户操作系统。

早期的DOS操作系统是单用户单任务操作系统；Windows 95 是单用户多任务操作系统；Windows XP/7 则是多用户多任务操作系统；Linux、Unix是多用户多任务操作系统。

② 批处理操作系统　批处理是指用户将一批作业提交给操作系统后就不再干预，由操作系统控制它们自动运行。这种采用批量处理作业技术的操作系统称为批处理操作系统。IBM的DOS/VSE就是这类系统。

③ 分时操作系统　分时操作系统是一台主机连接了若干个终端，每个终端有一个用户在使用。分时操作系统也是多用户多任务操作系统；Unix便是国际上最流行的分时操作系统。

④ 实时操作系统　实时操作系统是指当外界事件或数据产生时，能够接受并以足够快的速度予以处理，其处理的结果又能在规定的时间之内来控制生产过程或对处理系统做出快速响应，调度一切可利用的资源完成实时任务，并控制所有实时任务协调一致运行的操作系统。提供及时响应和高可靠性是其主要特点。

⑤ 网络操作系统　通过网络，用户可以突破地理条件的限制，方便地使用远端的计算机资源，提供网络通信和网络资源共享功能的操作系统称为网络操作系统。常见的网络操作系统有：Windows中的Server类的系统、Netware系统、Unix系统、Linux等。

2.3.4 常用操作系统简介

按操作系统的功能特征来分类介绍，有以下四大类。

（1）服务器类操作系统

服务器操作系统是可以实现对计算机硬件与软件的直接控制和管理协调并安装在大型计算机上的操作系统。主要分为四大流派：Windows、Unix、Linux、Netware。

① Windows是美国微软公司设计的基于图形用户界面的操作系统，特点是生动友好的用户界面、简便的操作方法，成为现如今使用率最高的一种操作系统。服务器代表版本有：Windows NT Server 4.0、Windows 2000 Server、Windows Server 2003、Windows Server 2008 R2、Windows Server 2012。

② Unix系统是美国AT&T公司的操作系统。具有多用户多任务，支持多种处理器架构的特点。但Unix缺乏统一的标准，且操作复杂、不易掌握，可扩充性不强，这些都限制了Unix的普及应用。

③ Linux是一种开放源代码的类Unix的操作系统。用户可以通过Internet免费获取Linux源代码，并对其进行分析、修改和添加新功能。世界上运算速度最快的10台超级计算机上运行的都是Linux操作系统。但Linux图形界面不够友好，这是影响它推广的重要原因。而Linux带来的无特定厂商技术支持等问题也是阻碍其发展的另一因素。

④ Netware是Novell公司推出的网络操作系统。Netware最重要的特征是基于基本模块设计思想的开放式系统结构。Netware是一个开放的网络服务器平台，可以方便地对其进行扩充。Netware系统对不同的工作平台（如DOS、OS/2、Macintosh等），不同的网络协议环境如TCP/IP以及各种工作站操作系统提供了一致的服务。但Netware的安装、管理和维护比较复杂，操作基本依赖于命令输入方式，并且对硬盘识别率较低，很难满足现代社会对大容量服务器的需求。

（2）PC操作系统

PC个人计算机操作系统是指安装在个人计算机上的操作系统，如常见的操作系统有：DOS、Windows、Mac OS。

① DOS操作系统是微软公司开发的配置在PC机上的单用户命令行界面的操作系统。DOS系统功能简单、硬件要求低，但存储能力有限，而且命令行操作方式需要用户记住各种命令，使用起来很不方便。

DOS操作系统的操作界面和操作方式类似于现在的Windows操作系统提供的命令行操作方式。点击Windows 7操作系统任务栏左侧的“开始”菜单，在弹出的菜单中点击“运行”菜单项，在弹出的对话框中输入“cmd”后点击“确定”按钮，即可打开如图2-17所示的命令行窗口，在其中输入“dir”命令行字符串后按下回车，即可显示当前目录下的目录结构，如图2-18所示。

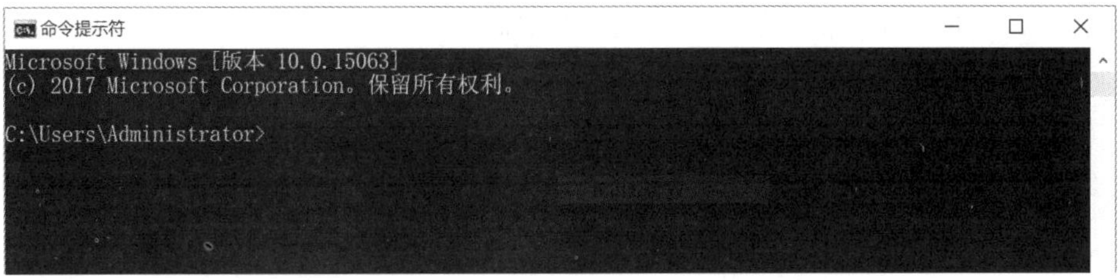

图2-17　Windows 7操作系统命令窗口（与DOS操作系统界面相似）

除dir命令外，DOS常用命令还有：md（创建目录）、cd（更改当前目录）、rd（删除目录）、copy（复制）、del（删除文件）、ren（重命名文件）、type（显示文本文件内容）等。

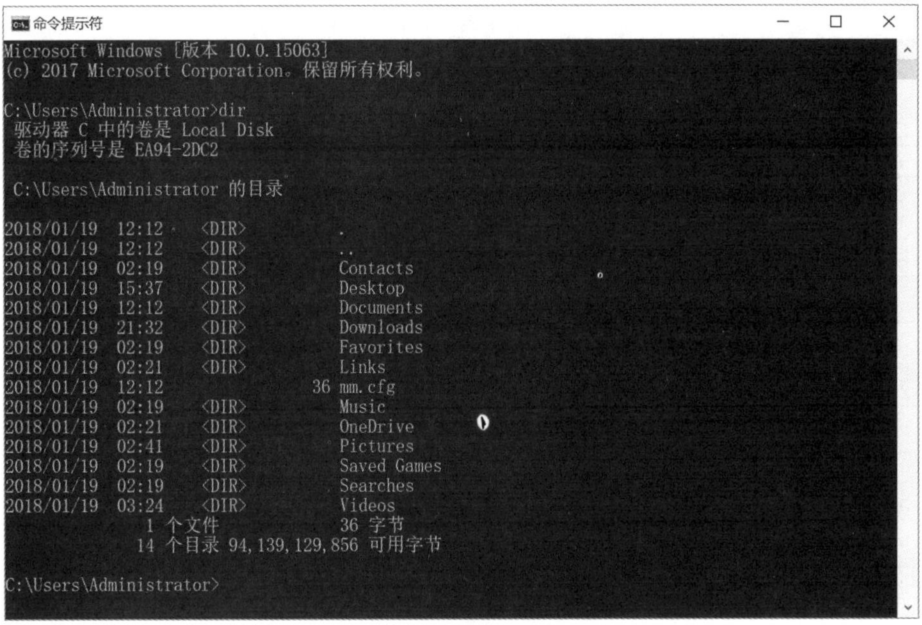

图2-18　dir命令执行结果

② 微软公司开发的Windows操作系统与DOS的最大区别是其提供了图形用户界面，使得用户的操作变得简单高效。Windows操作系统有很多种版本，有针对个人用户的操作系统，也有服务器版的操作系统。

③ Mac OS是由苹果公司自行设计开发的，专用于Macintosh等苹果机，一般情况下无法在普通计算机上安装。它具有较强的图形处理能力，广泛应用于图形图像处理和多媒体应用等领域。缺点是与Windows缺乏较好的兼容性，因此影响了它的普及。

（3）实时操作系统

实时操作系统是一种保证在一定时间限制内完成特定任务的操作系统。

如VxWorks，是美国风河公司开发的一种嵌入式实时操作系统，是嵌入式开发环境的关键组成部分。它具有良好的持续发展能力、高性能的内核以及友好的用户开发环境。它支持几乎所有现代市场上的嵌入式CPU。以其良好的可靠性和卓越的实时性被广泛应用在通信、军事、航空、航天等高精尖技术及实时性要求极高的领域中，如卫星通信、军事演习、弹道制导、飞机导航等。

（4）嵌入式操作系统

嵌入式操作系统（简称EOS），是以应用为中心，以计算机技术为基础，软件硬件可裁剪，适应应用系统对功能、可靠性、成本、体积、功耗要求严格的专用计算机系统。它与应用紧密结合，具有很强的专用性。目前在嵌入式领域广泛使用的操作系统有：嵌入式实时操作系统μC/OS-II、嵌入式Linux、Windows Embedded、VxWorks等，以及应用在智能手机和平板电脑的Android、IOS等。

学习总结

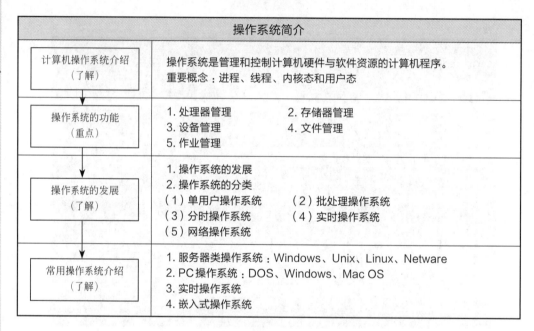

操作系统简介	
计算机操作系统介绍（了解）	操作系统是管理和控制计算机硬件与软件资源的计算机程序。 重要概念：进程、线程、内核态和用户态
操作系统的功能（重点）	1. 处理器管理　2. 存储器管理 3. 设备管理　4. 文件管理 5. 作业管理
操作系统的发展（了解）	1. 操作系统的发展 2. 操作系统的分类 （1）单用户操作系统　（2）批处理操作系统 （3）分时操作系统　（4）实时操作系统 （5）网络操作系统
常用操作系统介绍（了解）	1. 服务器类操作系统：Windows、Unix、Linux、Netware 2. PC操作系统：DOS、Windows、Mac OS 3. 实时操作系统 4. 嵌入式操作系统

课堂测验

简答题

1. 计算机操作系统有哪些功能？

2. 计算机操作系统的分类有哪些？

2.4 Windows 7操作系统

Windows 7 是由微软公司开发的操作系统，设计主要围绕五个重点——针对笔记本电脑的特有设计；基于应用服务的设计；用户的个性化；视听娱乐的优化；用户易用性的新引擎。这些新功能旨在让人们的日常电脑操作更加简单和快捷，为人们提供高效易行的工作环境，使Windows 7成为最易用的Windows。

2.4.1 初识Windows 7

Windows 7一推出就受到了广大用户的高度认可，主要原因是Windows 7的易用性，而易用性又体现在操作系统桌面功能的操作方式上，在Windows 7中，一些沿用多年的基本操作方式得到了彻底改进，如全新的任务栏、任务栏窗口动态缩略图、自定义任务通知区域、快速显示桌面等，半透明的Windows外观也为用户带来了新的操作体验。图2-19所示为Windows 7系统桌面。

图2-19　Windows 7系统桌面

2.4.2 Windows 7操作系统简介

Windows 7是微软公司开发的，针对个人、家庭和商业用户的操作系统，于2009年正式发布。2014年，微软公司宣布取消对之前被广泛使用的Windows XP操作系统的所有技术支持，Windows 7将是Windows XP的取代者。Windows 7操作系统有简易版（Windows 7 Starter）、家庭普通版（Windows 7 Home Basic）、家庭高级版（Windows 7 Home Premium）、专业版（Windows 7 Professional）、企业版（Windows 7 Enterprise）、旗舰版（Windows 7 Ultimate）几个版本。相对于之前的Windows系列操作系统，Windows 7系统在用户界面、简单易用、快速启动、系统安全和网络连接优化等方面做了大幅度改进。

（1）Windows 7硬件基本要求

与其他操作系统一样，Windows 7操作系统的正常安装和使用也对硬件配置有所要求，安装前请确保配置达到如下要求：CPU主频1GHz以上，内存2GB及以上，硬盘20GB以上，显卡128M以上显存；此外，如果需要通过Windows 7操作系统安装光盘安装操作系统还需配备DVD光驱。

（2）Windows 7操作系统的安装

① 安装准备　准备好Windows 7操作系统安装光盘和计算机，对计算机全新安装Windows 7操作系统。操作系统的安装可以使用系统安装光盘、U盘、硬盘等存储介质进行，在此我们介绍使用系统安装光盘安装Windows 7操作系统的方法。操作系统的安装方式可分为全新安装和升级安装，所谓升级安装主要是针对：计算机内已经安装同系列的低版本操作系统和其他软件，升级安装可以将当前低版本的操作系统更新到高版本并且保留原来安装好的软件（但不同的软件对计算机系统软硬件环境的要求可能不同，更新安装不能保证原有操作系统下安装好的软件在更新后的系统下也可正常运行）；而全新安装首先清除系统安装分区的原有数据，然后全新安装操作系统。此外，一台计算机上也可以同时安装多个操作系统，此时用户可以在计算机启动的过程中选择从哪个操作系统启动。

② 开始安装

步骤1：启动计算机，在系统启动时根据屏幕提示按相应的键（一般为Del或F2键）进入BIOS设置界面，将光驱调整为第一启动设备；打开光驱并将Windows 7系统安装光盘放入光驱中；按F10功能键保存设置，并重启计算机。

微视频：Windows 7操作系统的安装

步骤2：重启后自动开始安装过程，首先显示“Windows is loading files...”的载入系统安装文件界面；接下来按照安装向导的提示进行操作。

a.选择“要安装的语言”“时间和货币格式”“键盘和输入方法”，如图2-20所示，默认即可，点击“下一步”按钮。

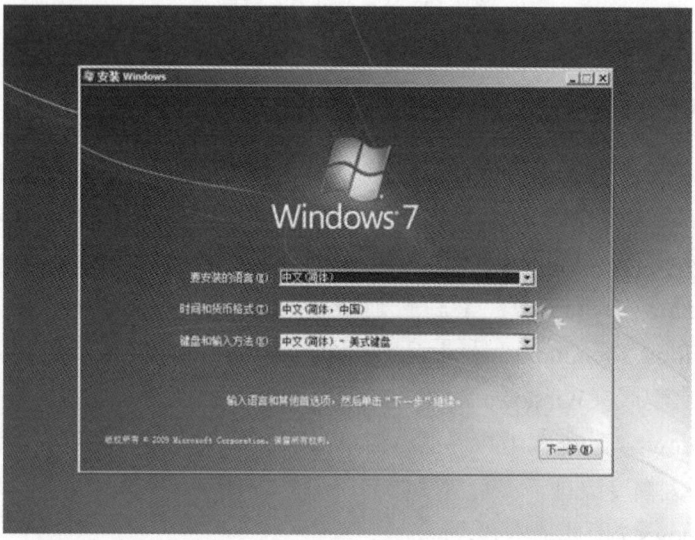

图2-20　选择安装语言等

b.出现“获取安装的重要更新”的界面，如图2-21所示，如果您想马上进行安装，请选择“不获取最新安装更新”。

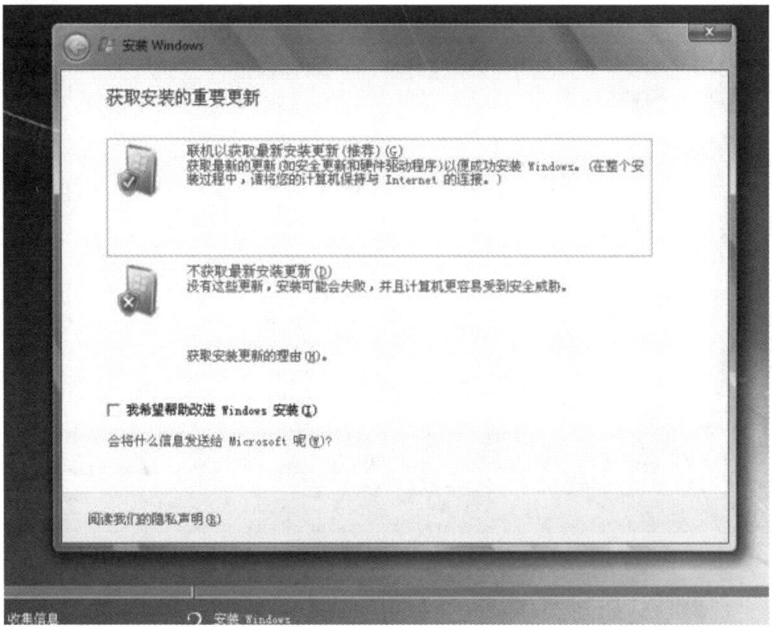

图2-21　选择是否获取安装的重要更新

c.阅读许可条款后选中“我接受许可条款”，如图2-22所示，然后点击“下一步”按钮。

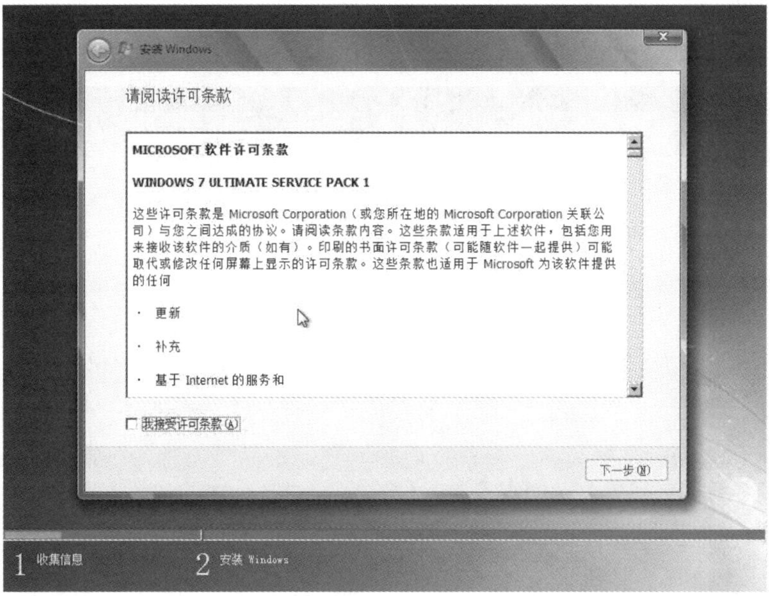

图2-22　阅读许可条款

d.选择安装类型，“升级”或“自定义（高级）”，选择“升级”则为升级安装，选择“自定义”即为全新安装，如图2-23所示。

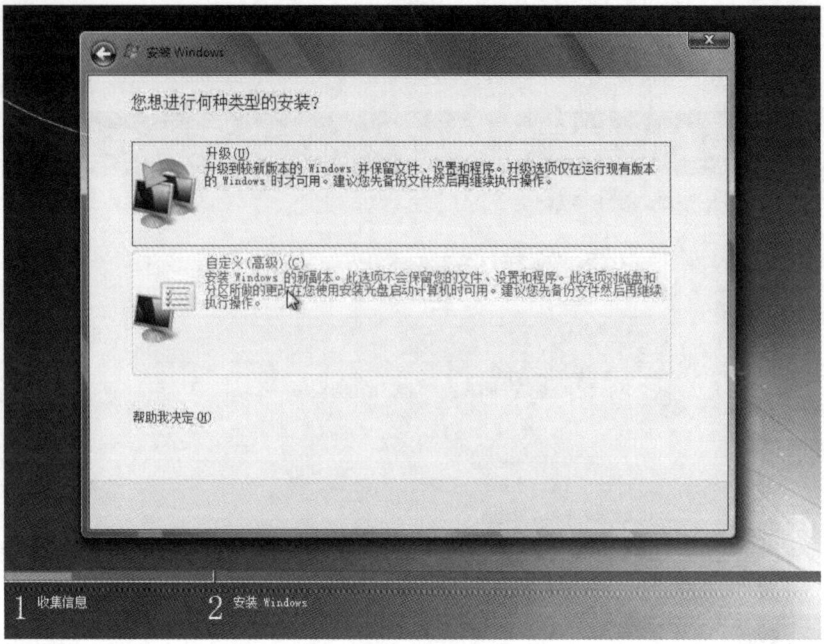

图2-23　选择安装类型

e.接下来选择安装的硬盘分区，此处可以看到当前的计算机硬盘分区情况。点击“驱动器选项（高级）”，可以对磁盘进行更多的操作，如创建分区、删除分区、格式化等；我们准备将操作系统安装第一个分区上，由于是全新安装不想该分区下有其他的文件，所以选择“分区1”，再点击“格式化”，此时系统弹出警告窗口“如果格式化此分区，此分区上的数据将丢失”，点击“确定”按钮后点击“下一步”按钮。

f.正式开始Windows 7系统安装过程，如图2-24所示，安装过程是自动的，安装

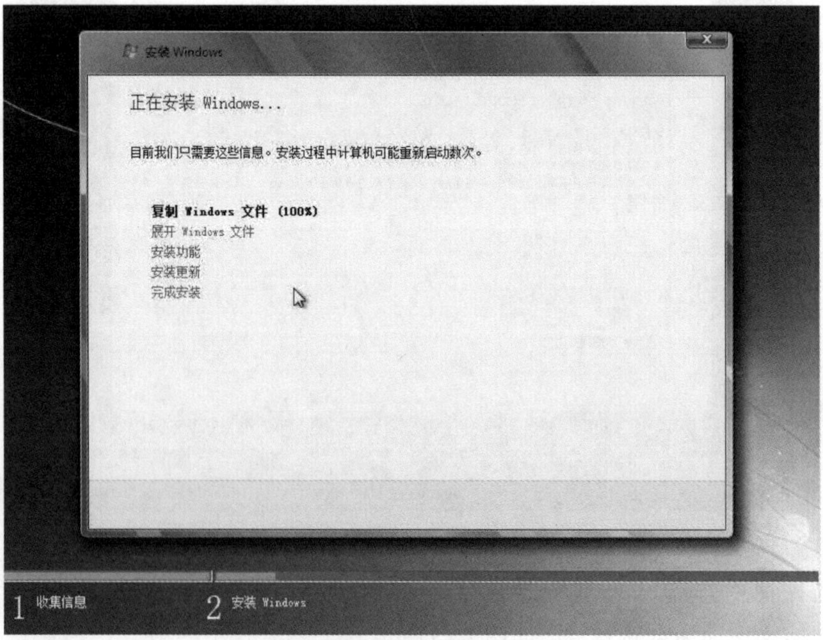

图2-24　开始安装过程

过程中会有几次自动重启；即将完成安装，按照提示创建账号、输入产品序列号、设置Windows更新方式（使用推荐设置）、时区日期时间设置、选择计算机当前位置；进入桌面，完成安装。

Windows 7操作系统的安装也可通过U盘、硬盘等存储介质来完成。

2.4.3 Windows基本术语

我们在使用Windows操作系统时，不仅要学会如何去操作它，而且还要能够正确的认识每一个你所遇到的对象的名称。

① 桌面　指计算机开机正常启动登录到系统之后看到的显示器主屏幕区域。

② 窗口　当我们打开一个文件或程序时所出现的界面称为窗口。

③ 任务栏　就是指位于桌面最下方的小长条，主要由开始菜单、活动任务区、语言栏、通知区域（或称系统托盘）等几部分组成，如图2-25所示。

图2-25　Windows任务栏

④ 活动窗口　即当前的工作窗口，又称当前窗口。在有多个打开的窗口时，只有一个是活动窗口，它就是位于最上层，不为其他窗口遮掩的那个窗口。典型的Windows 7窗口元素如图2-26所示。

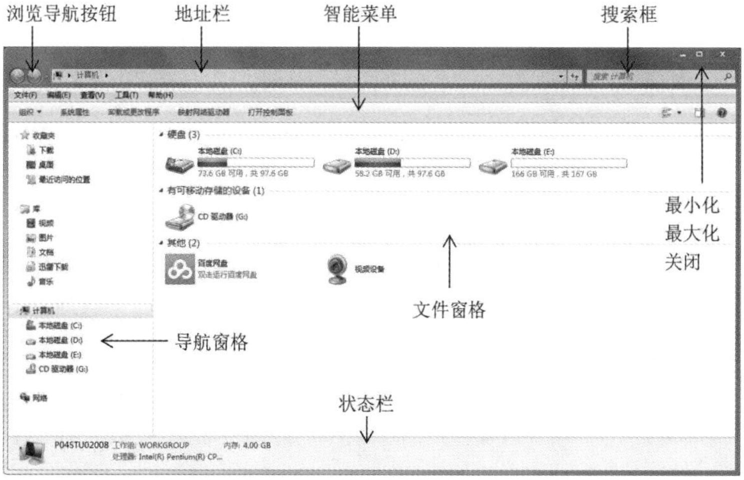

图2-26　典型的Windows 7窗口元素

⑤ 对话框　是指用户在对任务进行操作的过程中系统自动弹出的一个“小窗口”，对话框一般没有菜单栏、地址栏和工具栏，也没有最大化、最小化等按钮，如图2-27所示。

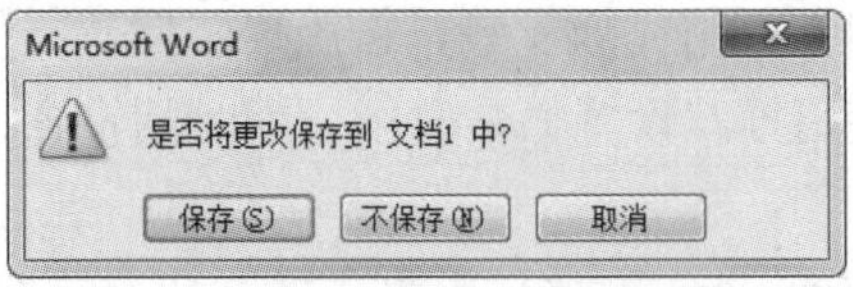

图2-27　对话框

⑥ 图标　是具有明确指代含义的计算机图形。其中桌面图标是软件标识，界面中的图标是功能标识，是计算机应用图形化的重要组成部分，如图2-28所示。

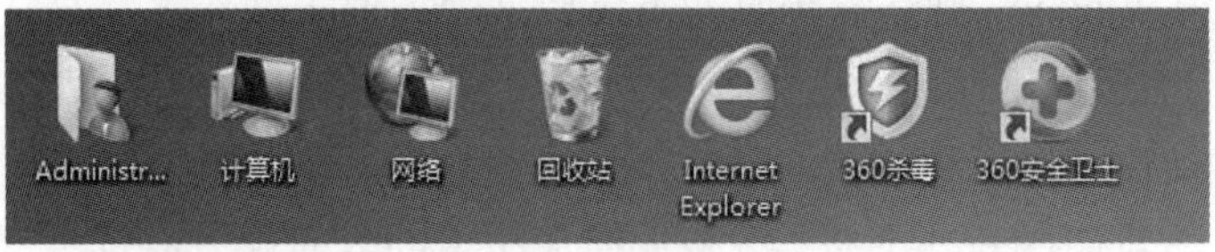

图2-28　图标

⑦ 按钮　窗口或对话框中的一种控件，其上面标有一定的控件功能。如图2-26窗口中的“最大化”、“最小化”按钮，还有图2-27中的“保存”或“不保存”按钮等。

⑧ 路径　是计算机中描述文件位置的一条通路。

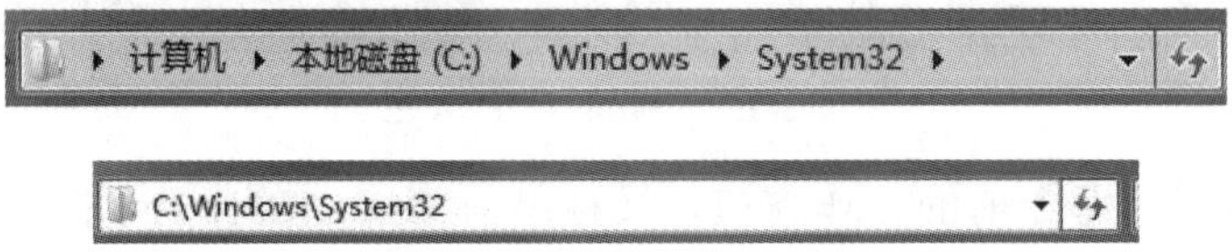

图2-29　路径的表示

如图2-29所示，两种都是Windows 7中的路径，都表示C盘下的Windows文件夹下的System32文件夹中。格式为：“盘符\文件夹名\子文件夹名\文件名”。

图2-30　快捷菜单

⑨ 快捷菜单　快捷菜单是使用鼠标右键单击对象而打开的菜单。在不同的窗口中所弹出的菜单内容也是不同的，如图2-30所示。

⑩ 剪贴板　是内存中的一块区域，是Windows内置的一个非常有用的工具，通过小小的剪贴板，架起了一座彩桥，使得在各种应用程序之间，传递和共享信息成为可能。然而美中不足的是，剪贴板只能保留一份数据，每当新的数据传入，旧的便会被覆盖。

⑪ 标签　在Windows中有些对话框包含多组内容，用标题栏下的一排标签标识，标签上标有对应该组内容的名称。如图2-31中最上面的“文件”和“开始”等。

⑫ 选项卡　单击标签后出现的每一组内容称为选项卡，选项卡由标签命名。如图2-31中下面的字体和段落等的组合区域称为选项卡。

⑬ 组合键　表示2个或3个键组合在一起使用，来实现某一项功能，如“CTRL+N”新建一个新的文件，“CTRL+O”打开“打开文件”对话框，“CTRL+P”打开“打印”对话框等。

图2-31　标签和选项卡

文件和文件夹在2.4.5节中有详细介绍。

2.4.4　Windows的基础操作

（1）鼠标与键盘的操作

鼠标和键盘是Windows 7操作系统主要的输入设备。用户使用计算机、向计算机发出操作指令主要是通过鼠标和键盘来完成的。默认情况下，计算机屏幕上显示的鼠标指针形状为“↖”。

① 鼠标的操作

a.指向　移动手中握着的鼠标，桌面上显示的鼠标指针也随着移动，将鼠标指针移动到桌面上的某一对象（图标）上（如“计算机”图标），但不按下鼠标时的状态。鼠标指向图标时，会显示提示信息或图标指向的文件或应用程序的保存位置。

b.单击鼠标左键（简称“单击鼠标”）　将鼠标指针指向某个对象上（如“计算机”图标），按下鼠标左键一次并释放。用来选中图标，选中后的图标四周多了边框。

c.双击鼠标左键（以后简称“双击鼠标”）　将鼠标指针指向某一目标对象如“计算机”图标，快速连续按下释放鼠标左键两次（即快速两次单击），将打开“我的电脑”窗口。

d.拖动　将鼠标指向某一对象（如“我的电脑”图标），按住鼠标左键移动至某个位置后，释放鼠标，则图标移动到桌面上新的位置。

e.右击鼠标　将鼠标指针放在桌面的不同位置（即指向不同图标或桌面空白处），按下鼠标右键一次并放开，将打开不同的快捷菜单，显示针对该对象的一些常用操作命令。

② 键盘的应用　台式计算机的标准键盘一般为104键或107键，键盘从功能上可分为5个区域，即：标准键盘区（又称大键盘区）、功能键区、状态指示灯区、编辑控制键区和数字小键盘区，键盘结构图如图2-32所示。键盘上常用键及功能见表2-1～表2-4。

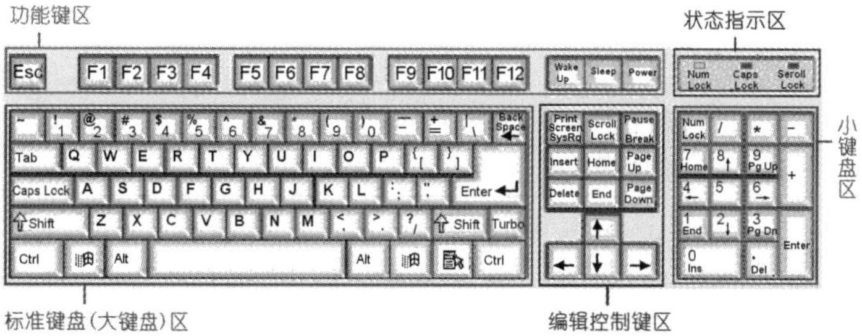

图2-32　107键键盘结构图

表2-1 常用操作键的用途

键 名	功 能
↵(Enter)	回车键。确定有效或结束逻辑行
←(Backspace)	退格件。按一次则删除光标左侧的一个字符
Shift	换挡建。按住此键不放，再按双字符键，则取双字符键上边显示的字符。对字母键，则取与当前所处状态相反的大写或小写字母形式
Caps Lock	大小写字母转换键。按下此键后键盘右上角的Caps Lock指示灯亮，键入字母为大写，再次按下时熄灭，键入否字母为小写
Num Lock	小键盘数字锁定键。控制小键盘的数字/编辑键之间的转换，按下此键后Num Lock灯亮，表示数字键盘有效，否则编辑键有效
Print Screen	拷屏键。按此键将屏幕图像复制到剪贴板中
空格键	用于输入空格，即输入空字符
⊞(Start)键	显示或隐藏“开始”菜单快捷键
☰(Application)键	显示项目的快捷菜单键，相当于组合键“Shift+F10”或鼠标右键

表2-2 常用控制键的用途

键 名	功 能
Ctrl	控制键。和其他键一起使用完成某一功能，例如：Ctrl + C复制选中内容到剪贴板
Alt	替代键。与其他键合用完成某种功能
Tab	制表键。按一次光标右移八个字符位置
Pause	暂停键。按此键暂停正在执行的命令或程序，再按任意键继续
Ctrl + Break组合	终止正在执行的命令或程序
Ctrl+Alt+Del组合	热启动组合键。启动任务管理器

表2-3 常用编辑键的用途

键 名	功 能
↑	按一次光标上移一行
→	按一次光标右移一列
↓	按一次光标下移一行
←	按一次光标左移一列
Home	光标移到行首（左侧）
End	光标移到行尾
Page Up	向上翻页键。按一次光标上移一页
Page Down	向下翻页键。按一次光标下移一页
Insert	插入/改写状态转换键
Delete	删除键。每按一次删除光标右侧的一个字符
Ctrl + Home组合	光标移到屏幕左上角

续表

键　名	功　　能
Print Screen SysRq	拷屏，将当前屏幕上的内容复制到剪贴板上
Scroll Lock	在某些环境下可以锁定滚动条，在右边有一盏Scroll Lock指示灯，亮着表示锁定
Pause / Break	用以暂停程序或命令的执行

表2-4　常用功能键的用途

键　名	功　　能
Esc	取消键。在不同环境中有不同用途
F1～F12	功能键。单击即可完成一定的功能，在不同环境中有不同的用途
Wake Up	唤醒键
Sleep	睡眠键
Power	断开电源键

③ 基准键位分布与指法

a.基准键　标准键盘区是我们平时最为常用的键区，通过它，可实现各种文字和控制信息的录入。打字键区的正中央有8个基本键，即左边的“A、S、D、F”键，右边的“J、K、L、；”键，它是用来把握、校正两手手指在键盘上的位置的。待操作时，左手小指放在“A”键上，无名指放在“S”键上，中指放在“D”键上，食指放在“F”键上：右手小指放在“；”键上，无名指放在“L”键上，中指放在“K”键上，食指放在“J”键上。其中的“F、J”两个键上都有一个凸起的小棱杠，以便于盲打时手指能通过触觉定位。在小键盘区的“5”键上也有一个凸起的小棱杠，以便于小键盘区的盲打。

b.手指的分工　基本键指法：开始打字前，左手小指、无名指、中指和食指应分别虚放在“A、S、D、F”键上，右手的食指、中指、无名指和小指应分别虚放在“J、K、L、；”键上，两个大拇指则虚放在空格键上。基本键是打字时手指所处的基准位置，击打其他任何键，手指都是从这里出发，而且打完后又须立即退回到基本键位，如图2-33所示。

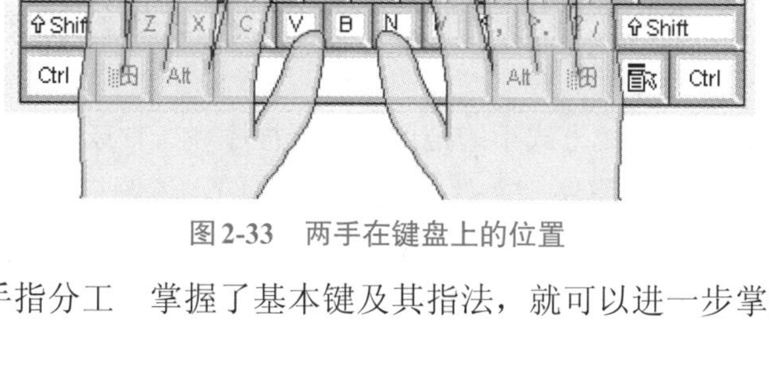

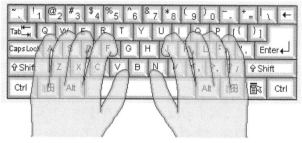

图2-33　两手在键盘上的位置

c.其他键的手指分工　掌握了基本键及其指法，就可以进一步掌握打字键区的其它键位了，左手食指负责的键位有“4、5、R、T、F、G、V、B”共八个键，中指负责“3、E、D、C”共四个键，无名指负责“2、W、S、X”键，小指负责“1、Q、A、Z”及其左边的所有键位。右手食指负责“6、7、Y、U、H、J、N、M”八个键，中指负责“8、I、K”三个键，无名指负责“9、O、L”三键，小指负责“0、P、；、/”及其右边的所有键位。这么一划分，整个键盘的手指分工就一清二楚了，击打任何键，只需把手指从基本键位移到相应的键上，正确输入后，再返回基本键位即可，如图2-34所示。

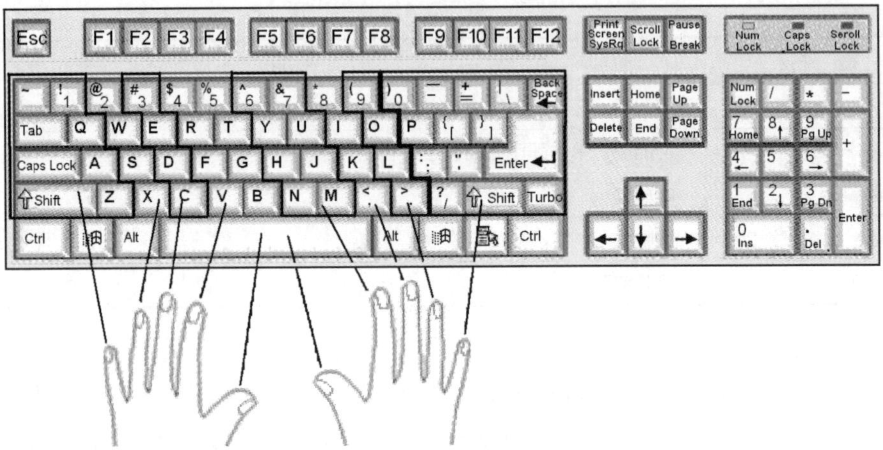

图2-34　各手指所负责的键位

d.打字注意事项

• 了解了键位分工情况，还要注意打字的姿势，打字时，全身要自然放松，腰背挺直，上身稍离键盘，上臂自然下垂，手指略向内弯曲，自然虚放在对应键位上，只有姿势正确，才不致引起疲劳和错误。

• 打字时禁止看键盘，即一定要学会使用盲打，只有学会盲打才可以保证打字的速度。初学者因记不住键位，往往忍不住要看着键盘打字，一定要避免这种情况，实在记不起，可先看一下，然后移开眼睛，再按指法要求键入。只有这样，才能逐渐做到凭手感而不是凭记忆去体会每一个键的准确位置。

• 还要严格按规范运指，既然各个手指已分工明确，就得各司其职，不要越权代劳，一旦敲错了键，或是用错了手指，一定要用右手小指击打退格键，重新输入正确的字符。

当文档窗口或对话输入框中出现闪烁着的插入标记时，就可以直接敲键盘输入文字。

键盘指法练习和打字练习可以使用金山打字等专门的打字练习软件进行训练。

（2）Windows 7基本操作

① 创建快捷方式　快捷方式指的是可以打开程序、文件或文件夹的快捷图标，它仅仅是个图标（而并非该程序、文件或文件夹本身），该图标包含了相应实体程序、文件或文件夹的存放位置，因此当我们双击它时就可以打开。对快捷方式进行删除、更名、移动等操作，不会对相应的实体程序、文件或文件夹对象有任何影响。

如：创建“wmplayer.exe”快捷方式的方法如下。

• 方法一

步骤1：在桌面空白处单击鼠标右键，在弹出的快捷菜单中选择“新建”菜单项，在弹出的级联菜单中点击“快捷方式”菜单项，打开如图2-35所示的对话框。

微视频：创建快捷方式

步骤2：单击“浏览”按钮，弹出如图2-36所示的“浏览文件或文件夹”对话框，从中点击“计算机”，按路径“C：\Program Files\Windows Media Player\ wmplayer.exe”找到文件wmplayer.exe后点击“确定”按钮。

步骤3：点击“下一步”按钮，输入新建快捷方式的名字，若不输入新名，系统默认将选定的程序名称“wmplayer”作为新建快捷方式的名称。

步骤4：单击“完成”按钮，即可发现桌面上名为wmplayer的快捷方式创建完成。

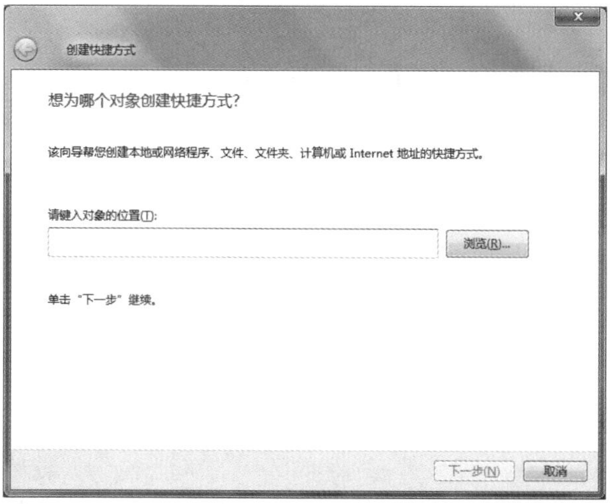

图2-35 创建快捷方式

图2-36 浏览文件或文件夹

• 方法二 单击“开始”菜单，选择“所有程序”子菜单，鼠标指针移动到“Windows Media Player”菜单项后，在该菜单项上单击鼠标右键打开快捷菜单，鼠标指向“发送到”，在弹出的级联菜单中单击“桌面快捷方式”，如图2-37所示，即可创建桌面快捷方式。

• 方法三 按路径“C：\Program Files\Windows Media Player\ wmplayer.exe”找到文件wmplayer.exe，在该文件图标上单击鼠标右键，在弹出的快捷菜单里选择“发送到”→“桌面快捷方式”也可进行快捷菜单的创建。

② 创建文件夹图标 在桌面创建名称为“张三”的文件夹，操作方法如下。

步骤1：在桌面空白处单击鼠标右键，弹出桌面快捷菜单；

步骤2：将鼠标指向“新建”菜单项，单击级联菜单中的“文件夹”菜单，在桌面即可创建一个默认名为“新建文件夹”的文件夹，此时光标停留在名称框内，可进行名称的修改；

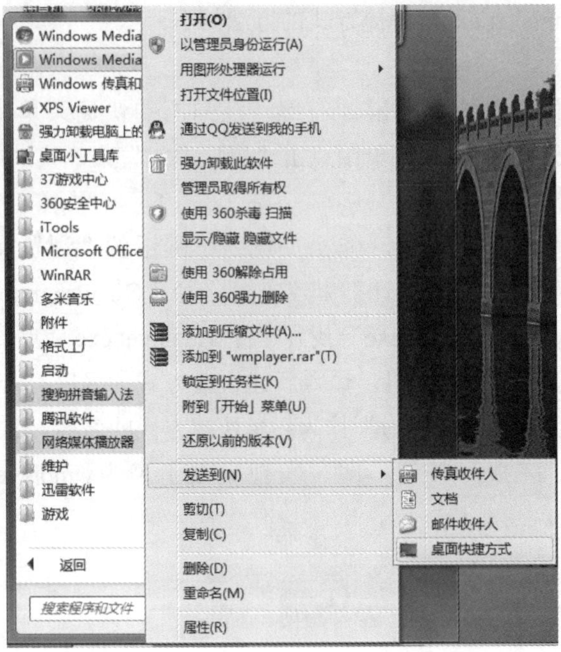

图2-37　通过开始菜单创建桌面快捷方式

步骤3：输入“张三”作为文件夹名后，按“Enter”键或在桌面空白处单击鼠标即可完成文件夹图标的创建。

③ 图标移动　将鼠标指向需移动的图标上，按下左键不放并拖动鼠标，此时图标即跟着鼠标移动，移动到合适的位置后释放鼠标左键即完成图标的移动。

补充提示

在图标设置为自动排列的情况下，图标始终会以若干列整齐排列，将图标移动到列外时会自动调回，此时能改变的仅仅是图标的先后顺序；要想随意移动并放置桌面图标，应先取消“自动排列”设置，操作方法是，桌面空白处单击鼠标右键，选择“查看”菜单项，取消“自动排列图标”菜单项的选中状态即可。

④ 图标的排列　在桌面空白处单击鼠标右键，弹出桌面快捷菜单，将鼠标指向“排列方式”菜单项，再分别选择其级联菜单中的“名称”“大小”“项目类型”“修改日期”菜单项，即可按选中的排列方式重新排列桌面图标，观察桌面图标的位置变化。

⑤ 图标的大小等显示属性　桌面空白处单击鼠标右键选择查看菜单项中的“大图标”“中等图标”“小图标”可改变图标的大小；选择“显示桌面图标”可控制桌面图标的显示和隐藏；选择“自动排列图标”或“将图标与网格对齐”可取消或应用该设置项。

⑥ 图标的重命名　将前面建立的“wmplayer”图标重命名为“播放器”。

在“wmplayer”图标上单击鼠标右键，从弹出的快捷菜单中选择“重命名”菜单项，图标下方的文字以反白显示（处于可编辑状态），使用键盘输入新名称“播放器”

后，按回车键或在桌面空白处单击鼠标即可完成重命名。

补充提示

在“wmplayer”图标上单击鼠标左键，再单击图标名“wmplayer”，图标下方的名字也可进入可编辑状态进行修改。

⑦ 删除图标与撤销删除图标　删除前面在桌面上的建立的“wmplayer”快捷方式图标。

a. 删除图标的方法主要有以下几种。

方法一：单击桌面上的“wmplayer”图标将其选中，按键盘上的“Delete”键，在出现“确实要将此快捷方式移入回收站？”提示框时，选“是”即可。

方法二：鼠标右击桌面上的“wmplayer”图标，从弹出的快捷菜单中，选择“删除”菜单项，在出现“确实要将此快捷方式移入回收站？”提示框时，选“是”即可。

方法三：将“wmplayer”图标用鼠标拖动至桌面上的回收站图标处，在出现“确实要将此快捷方式移入回收站？”提示框时，选“是”即可。

方法四：彻底删除图标。单击“wmplayer”图标将其选中，按下“Shift+Del”组合键，出现“确实要永久删除此快捷方式？”的提示框时，选“是”即可；这种方法删除的图标为真正删除，不能被还原。

b. 还原删除图标的方法。

方法一：双击桌面“回收站”图标，在打开的窗口中选中要还原的“wmplayer”图标文件，在“文件”菜单中选择“还原”命令即可。

方法二：双击桌面“回收站”图标，在打开的窗口中找到“wmplayer”图标文件，在该文件处单击鼠标右键，在弹出的快捷菜单中单击“还原”菜单项即可。

补充提示

回收站是系统中特殊的文件夹，删除有临时删除和永久删除之分，方法一、二、三的删除方法为临时删除，临时删除将文件移动到回收站存放，需要的时候可以还原；而方法四的删除方法为永久删除，永久删除并未放入回收站，而是直接删除，因此不能通过回收站还原。

⑧ 使用图标启动应用程序和打开文件或文件夹

方法一：移动鼠标到要启动的应用程序的快捷方式图标上，双击鼠标即可。用同样方法可打开文件或文件夹。

方法二：在要启动的应用程序的快捷方式图标上单击鼠标右键，在弹出的快捷菜单中选择“打开”即可。用同样方法可打开文件或文件夹。

⑨ 任务栏的操作　任务栏的移动和自动隐藏设置。

a. 将鼠标指向任务栏的空白处单击鼠标右键，在弹出的快捷菜单内取消“锁定任务栏”的选定。然后，按下鼠标左键并拖动任务栏到桌面的右侧后释放鼠标，任务栏被移动到桌面的右侧。同样可以将任务栏移动到桌面的左侧、上方或下方，最后将其复原。

b. 在开始菜单图标或任务栏空白处单击鼠标右键选择“属性”菜单项，在打开的对话框中勾选“自动隐藏任务栏”项即可将任务栏设置成自动隐藏。任务栏设置成自动隐藏后，一般情况下不显示任务栏，只有当鼠标移动到任务栏停靠的桌面边缘时才显示。设置成自动隐藏并查看应用效果后取消自动隐藏。

补充提示

任务栏默认情况下停靠在桌面的下方，用户可移动任务栏，但任务栏只能放置在桌面四周的位置。

⑩ 活动任务区　显示了当前已打开的、正在运行的应用程序窗口图标，用户可以通过单击这些图标来实现程序之间的切换；也可在这些图标上单击鼠标右键，在弹出的菜单中点击“关闭窗口”菜单项来关闭该程序。

⑪ 切换输入法　切换当前输入法为“智能ABC”输入法。

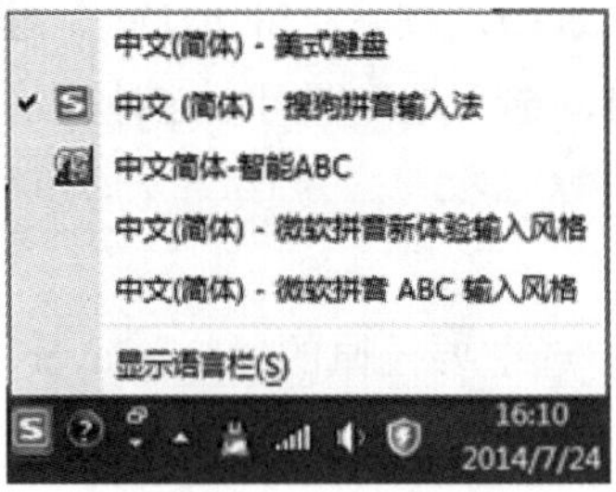

图2-38　输入法列表

a. 鼠标切换法　单击桌面或任务栏中的语言栏“ ”中的输入法图标“ ”（该图标是当前选定的输入法图标，也可能是其他形状的图标），弹出如图2-38所示的输入法列表，在其中单击所需的“中文简体-智能ABC”，即可切换成该输入法。

b. 键盘切换法　按“Ctrl+Space（空格键）”组合键，可在中文和英文输入法之间进行切换，先切换到中文输入法状态，再按“Ctrl+Shift”组合键在不同的中文输入法之间进行切换，直到切换至智能ABC输入法。

补充提示

输入法列表中列出的是当前启用的输入法，如果列表中未列出所需的输入法，可先添加输入法，然后再切换。添加的方法参照本章第3节的添加/删除输入法。

⑫ 通知区　通知区又称系统托盘，显示了部分正在运行的程序图标（如：QQ）、网络连接图标、扬声器控制图标、系统当前日期时间等。可用鼠标单击或双击其中的某一图标来设置或查看更多的相关信息。

⑬ 任务管理器　在任务栏空白处单击鼠标右键，在弹出的菜单中点击“启动任务管理器”菜单项即可打开任务管理器，如图2-39所示。在任务管理器中，可查看当前运行的应用程序信息、进程信息、服务运行状况、CPU和内存占用情况、网络连接情况等信息，也可以强行结束无响应的应用程序。

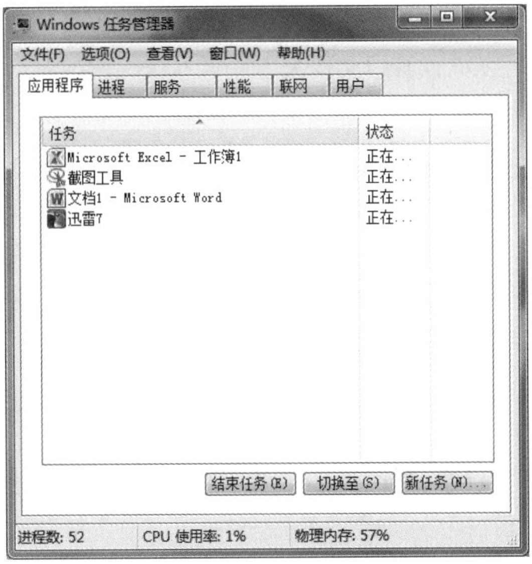

图2-39　任务管理器

补充提示

也可以通过“Ctrl + Alt + Del”组合键启动任务管理器。

2.4.5　文件与文件夹

（1）磁盘、文件和文件夹

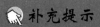

磁盘即存储器、驱动器，Windows操作系统中磁盘由字母加上后续的冒号来表示，称为盘符（如C：）。一般情况下，第1个磁盘驱动器和第2个磁盘驱动器都是软盘驱动器，分别用A：和B：表示。硬盘主分区通常被称为C盘，用C：表示，有多块物理硬盘或硬盘有多个分区，则也用相应的顺序号表示，如D：、E：、F：，看起来每个分区像是独立的磁盘，光盘驱动器、U盘、移动硬盘等其他存储器在Windows操作系统中也是用盘符来表示。

文件是一个具有名称的信息集合，例如程序、程序所使用的数据或用户创建的文档都可以称为一个文件。文件是Windows操作系统管理数据的基本单位，它使计算机能够区分不同的信息组，在Windows操作系统中文件显示为图标。文件的名称简称文件名，由主文件名和扩展名两部分组成，文件名和扩展名之间用“.”分割。不同的扩展名表示了不同的文件类型，如：扩展名为.exe的为可执行文件、.bat为批处理文件、.doc或.docx为Word文档、.xls或.xlsx为Excel文件等，不同扩展名的文件在计算机中可能显示为不同的图标。

文件夹是图形用户界面中用以整理和放置文件的容器，在Windows操作系统中用看起来像夹子的图标表示。文件夹是在存储器中用以分类整理文件的一种“容器”，其中可放置文件，也可以放置其他文件夹。

（2）文件和文件夹的操作

Windows 7操作系统对文件和文件夹的操作主要是通过Windows资源管理器来完成的。

① 启动资源管理器　双击桌面上的“计算机”图标或在“开始”菜单图标上单击鼠标右键，在弹出的菜单中选择“打开Windows资源管理器”菜单项，即可打开Windows资源管理器窗口，如图2-40所示。

图2-40　Windows资源管理器窗口

② 浏览文件夹　在Windows资源管理器左侧目录双击“C：”磁盘图标并依次点击“Program Files”文件夹图标，此时资源管理器右侧窗口显示“C：\Program Files”下的所有文件和文件夹，选择“查看”菜单中的“超大图标”“大图标”“中等图标”“小图标”“列表”“详细信息”“平铺”或“内容”菜单项，即可以相应的查看方式进行查看；另外，在不同的查看方式下，可以在“查看”菜单中设定不同的排序方式和分组方式。

③ 在“C：\Program Files”下创建名为“我的文件”的文件夹　在显示“C：\Program Files”文件夹的窗口右侧空白处右击鼠标，在弹出快捷菜单中依次选择“新建”→“文件夹”菜单项，即可创建一个默认名为“新建文件夹”的文件夹，此时光标停留在名称框内，可进行名称的修改；输入“我的文件”作为文件夹名后，按“Enter”键或在桌面空白处单击鼠标即可完成文件夹的创建。

此外，在资源管理器窗口中选择“文件”菜单→“新建”→“文件夹”菜单项也可进行文件夹的创建。

补充提示

文件的创建一般是通过相应的应用程序来完成的，如创建记事本文件的步骤是：打开记事本程序，然后编辑并保存文件。

④ 选定

a.选定一个文件或文件夹：在资源管理器中找到该文件或文件夹，单击该文件或文件夹即可选定。

b.选定连续排列区域中的所有文件和文件夹（区间内的文件或文件夹）：选定第一个文件或文件夹后，按住“Shift”键再选定连续排列的最后一个文件或文件夹。

c.选定多个文件或文件夹：按住“Ctrl”键，同时逐个单击文件或文件夹。

d.选定当前资源管理器窗口中所有的文件和文件夹：选择“编辑”菜单→“全选”菜单项，或者按“Ctrl+A”组合键，即可完成当前文件夹内所有文件和文件夹的选定。

⑤ 重命名　在要重命名的文件或文件夹图标上单击鼠标右键，在弹出的快捷菜单中选择“重命名”菜单项，此时该文件或文件夹名称处于可编辑状态，输入新的名称后按回车或在空白处单击鼠标即可完成重命名；也可先选定要重命名的文件或文件夹，然后选择“文件”菜单→“重命名”菜单项，此时该文件或文件夹名处于可编辑状态，输入新名称修改即可。

⑥ 复制　复制可通过如下三种方法来实现。

a.选定要复制的一个或多个文件或文件夹，在要复制的文件或文件夹上右击，在弹出的快捷菜单中选择“复制”菜单项。然后找到目标文件夹窗口，在窗口空白处右击，在弹出的快捷菜单中选择“粘贴”命令。

b.选定后，选择“编辑”菜单→“复制”菜单项，切换到目标文件夹窗口选择“编辑”→“粘贴”菜单项也可复制文件或文件夹。

c.选定要复制的对象，按下“Ctrl+C”键，切换到目标文件夹窗口，按下“Ctrl+V”键。

⑦ 移动　移动可通过如下三种方法来实现。

a.选定要移动的一个或多个文件或文件夹，在要移动的文件或文件夹上右击，在弹出的快捷菜单中选择“剪切”菜单项。然后找到目标文件夹窗口，在窗口空白处右击，在弹出的快捷菜单中选择“粘贴”命令。

b.选定后，选择“编辑”菜单→“剪切”菜单项，切换到目标文件夹窗口选择“编辑”→“粘贴”菜单项也可复制文件或文件夹。

c.选定要复制的对象，按下“Ctrl+X”键，切换到目标文件夹窗口，按下“Ctrl+V”键。

⑧ 删除　删除操作可通过如下四种方法来实现。

a.选定要删除的一个或多个文件或文件夹，在要删除的文件或文件夹上右击，在弹出的快捷菜单中选择“删除”菜单项。

b.选定要删除的一个或多个文件或文件夹，按下“Del”键。

c.选定要删除的一个或多个文件或文件夹，选择“文件”菜单→“删除”菜单项。

d.选定要删除的一个或多个文件或文件夹，直接将其拖到回收站中。

以上四种方法删除的文件或文件夹被移入回收站中，未彻底删除，可按照前面所述的桌面图标的恢复方法进行恢复；彻底删除的方法是，选定后，按下“Shift”键并按照上述四种方法进行删除。

微视频：文件或文件夹属性设置

⑨ 文件或文件夹属性设置　常用的文件或文件夹属性有两个：只读和隐藏。

只读：对于具有只读属性的文件，可以查看它的内容，它能被使用，也能被复制，但不能被修改内容。文件夹的只读仅应用于文件夹中的文件。

隐藏：对于具有隐藏属性的文件或文件夹，在系统常规设置下不显示该文件或文件夹。

在文件或文件夹图标上占点击鼠标“右键”，在快捷菜单中选择“属性”，如图2-41和图2-42所示，便打开了属性对话框。

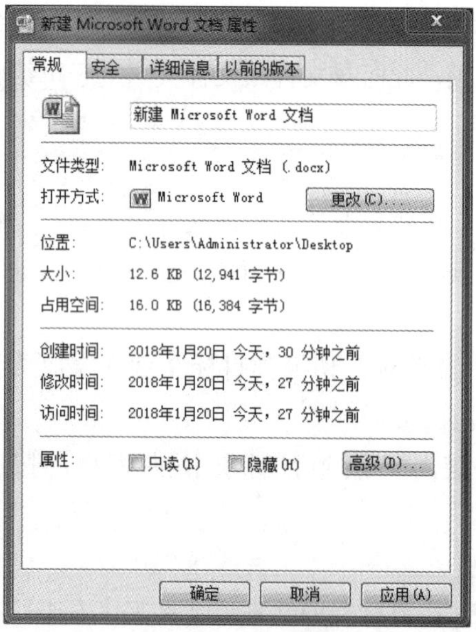

图2-41　文件属性

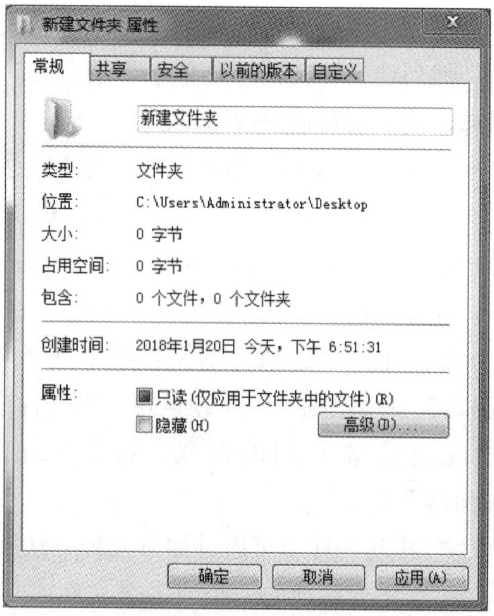

图2-42　文件夹属性

设置“只读”和“隐藏”属性时只需要在相应属性前的复选框中打钩后点击确定按钮即可，去除相应属性时将复选框中的打钩去掉就可以了。

如何显示已隐藏的文件或文件夹：在“开始”菜单中选择打开“控制面板”，在控制面板查看方式为“大图标”时找到并打开控制面板中的“文件夹选项”，如图2-43所示，在“查看”选项卡中“高级设置”内选中“显示隐藏的文件、文件夹和驱动器”前的单选框，点击“确定”按钮便可以在隐藏文件或文件夹所在位置看到相关内容了。

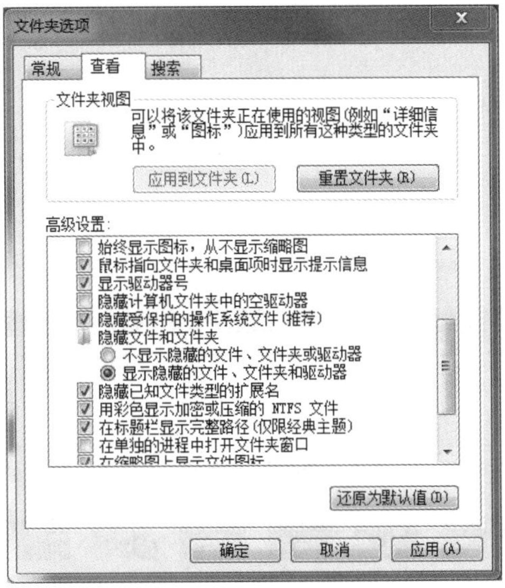

图 2-43　文件夹选项对话框

微视频：桌面外观设置

2.4.6　Windows系统环境设置

在Windows 7中，一些沿用多年的基本操作方式得到了彻底改进，如任务栏、窗口控制方式的改进，半透明的Windows Aero外观也为用户带来了丰富实用的操作体验。

（1）桌面外观设置

步骤1：右击桌面空白处，在弹出的快捷菜单中选择"个性化"，打开"个性化"面板，如图2-44所示。

图 2-44　"个性化"设置面板

步骤2：在“Aero主题”下预置了多个主题，直接单击所需主题即可改变当前桌面外观。

微视频：桌面背景设置

（2）桌面背景设置

步骤1：如果需要自定义个性化桌面背景，则在“个性化”设置面板下方单击“桌面背景”图标，打开“桌面背景”面板，如图2-45所示，选择单张或多张系统内置图片。

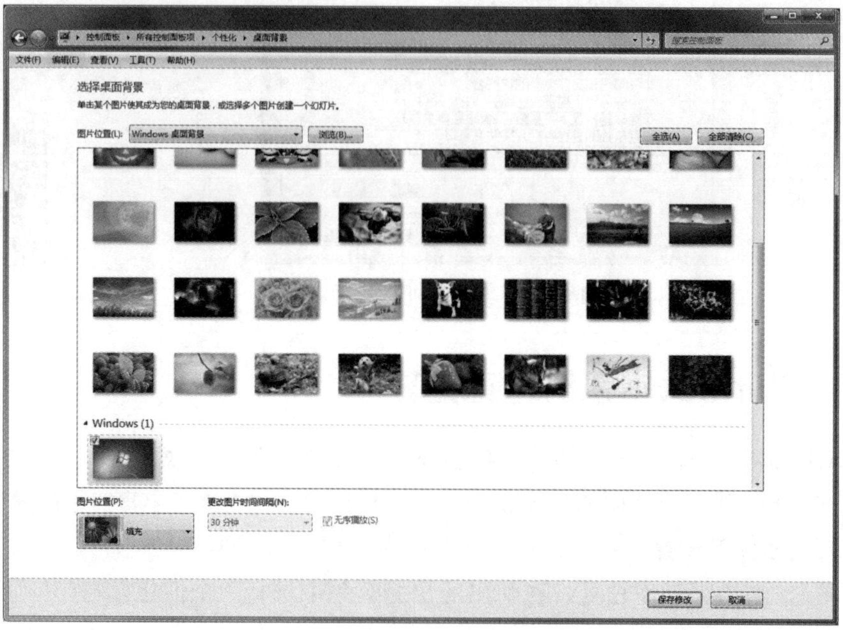

图2-45　自定义桌面背景

步骤2：当选择了多张图片作为桌面背景后，图片会定时自动切换。可以在“更改图片时间间隔”下拉菜单中设置切换间隔时间，也可以选择“无序播放”选项实现图片随机播放，还可以通过“图片位置”设置图片显示效果。

步骤3：单击“保存修改”按钮完成操作。

（3）桌面小工具使用

Windows 7中还提供了时钟、天气、日历等一些实用的小工具。桌面空白处点击右键，在弹出的快捷菜单中选择“小工具”，打开“小工具”管理面板，把要使用的小工具拖放到桌面即可。

（4）管理应用程序

应用程序安装可通过相应的安装程序来完成；如果程序无需安装，则复制到计算机的某个目录下即可运行。

应用程序的卸载操作步骤：选择“开始”菜单→控制面板菜单项，在打开的窗口中点击“程序和功能”即可打开“卸载或更改程序”窗口，如图2-46所示，窗口右侧列出了当前系统中安装的程序，双击要卸载的程序列表项，按照提示即可完成卸载。

图2-46 卸载或更改程序

（5）添加/删除输入法

输入法是指为了将各种符号输入到计算机或其他设备（如：手机）而采用的编码方法。英文文字由英文字母组成，英文字母只有26个，它们对应着键盘上的26个字母，所以，对于英文而言通过键盘上的相应键即可输入；而汉字的文字很多，而且各不相同、较为复杂，它们和键盘上的键原本是没有对应关系的，但为了通过键盘向电脑输入汉字，人们发明了根据汉字的拼音、字形等运用键盘上的字符对汉字进行编码的方法，并开发了相应的输入法程序。

微视频：添加/删除输入法

输入法的添加/删除步骤：在语言栏处单击鼠标右键，在弹出的菜单中选择“设置”菜单项，此时打开“文本服务和输入语言”对话框，如图2-47所示，在打开的对话框中的“常规”选项卡，此时左侧列表中列出了当前系统中已添加的输入法，选定要删除的输入法后点击“删除”按钮即可实现删除；点击“添加”按钮，此时打开“添加输入语言”对话框，将语言列表拖动到最后，勾选需要启用的输入法，点击“确定”按钮即可；如果该列表中也没有所需的输入法，则系统中未安装该输入法，可以通过网络搜索并下载

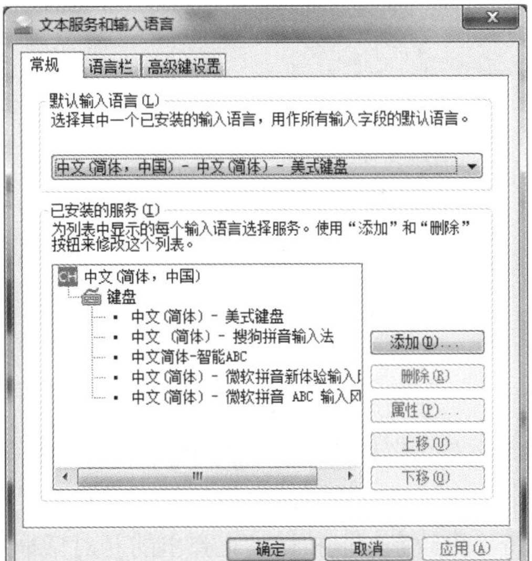

图2-47 “文本服务和输入语言”对话框

所需输入法的安装程序并安装，安装后即可在该列表中看到。

此外，添加/删除输入法也可通过控制面板打开“文本服务和输入语言”对话框来进行设置，操作方法是：选择“开始”菜单→控制面板菜单项，在打开的窗口中点击“区域和语言”打开“区域和语言”对话框，选择“键盘和语言”选项卡，在其中点击“更改键盘”按钮即可打开“文本服务和输入语言”对话框。

（6）添加字体

字体是指文字的显示样式或显示效果，同样内容的“计算机”三个字，以隶书字体的显示效果和以楷体的显示效果是不一样的。

选择“开始”菜单→控制面板菜单项，在打开的窗口中点击“字体”即可打开“字体”设置窗口，如图2-48所示，窗口右侧列出了当前系统中安装的字体，用户可在此处对字体文件进行删除或复制等操作，操作方法与普通文件的操作方法一致；在此处删除字体文件后，系统的字体即被删除；安装字体的方法是，将存放在其他地方的字体文件复制到此窗口中，或在要安装字体的字体文件上右击鼠标，在弹出的快捷菜单中选择“安装”菜单项即可完成字体安装。

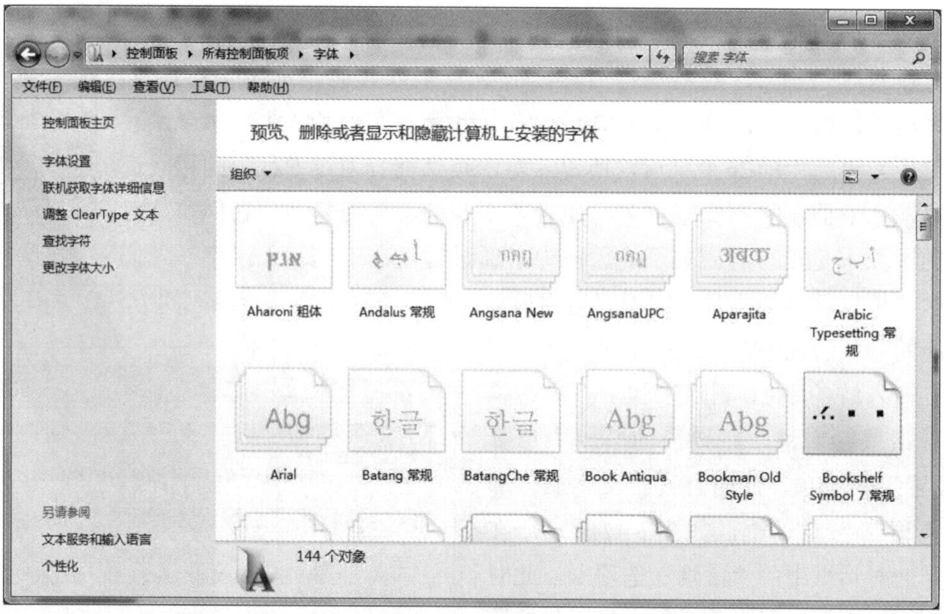

图2-48　字体设置

（7）日期/时间、时区的设置

在控制面板中点击“日期和时间”图标，即可打开“日期和时间”设置对话框，在该对话框的“日期和时间”选项卡中点击“更改日期和时间”按钮，打开新对话框，在其中点选日期、设置时间后点击“确定”按钮即可完成日期与时间的设置；点击“更改”时区按钮，在弹出的新对话框的时区列表中选择时区，点击“确定”按钮后完成时区的设置。

（8）鼠标的设置

控制面板中点击“鼠标”图标，打开“鼠标”设置对话框，可对鼠标键的主次按键、双击速度和鼠标指针进行设置。

微视频：
添加字体

（9）显示属性设置

控制面板中点击“显示”，打开“显示”属性设置对话框，可对屏幕分辨率、亮度、显示方向等进行设置。

（10）账户管理

控制面板中点击“用户账户”，打开“用户账户”对话框，如图2-49所示，窗口右侧显示了当前系统用户，可在此创建或更改密码，也可为用户更改图片；也可创建或删除其他账户，操作方法是：点击当前窗口的“管理其他账户”跳转到新的窗口，此处列出系统中的所有账户，点击相应账户图标进入该账户的详细设置窗口，即可进行账户的删除、更改等操作；点击“创建一个新账户”，然后输入账户名，即可完成账户的创建。

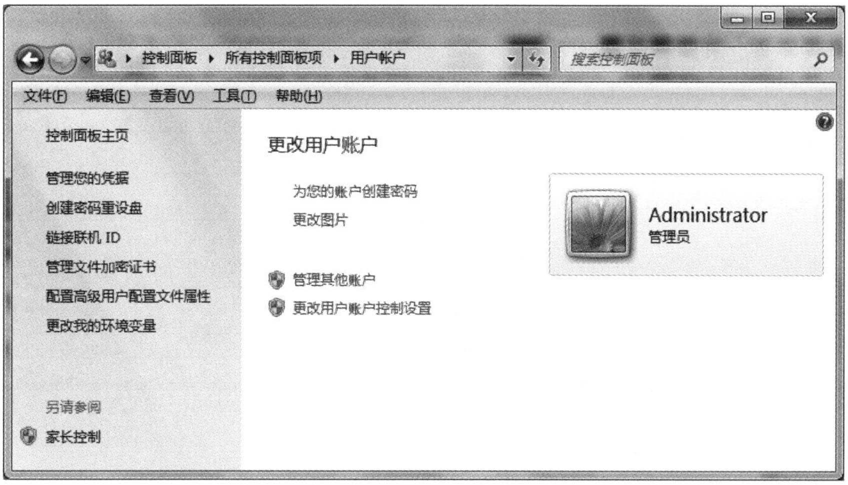

图2-49　账户管理

（11）便笺

便签主要是用于临时记录信息的工具，选择“开始”菜单→“所有程序”→“附件”→“便笺”菜单项，即可显示如图2-50所示的便笺，默认情况下便笺窗口显示在屏幕靠右上角，可通过键盘输入便笺内容或进行修改，或新增、删除便笺。新增便笺的方法是：点击图2-50所示的便笺窗口左上角的“+”图标，每点击一次新增一个；删除的方法是，点击便笺窗口右上角的“X”图标，每点击一次删除一个，便笺会自动保存，在任务栏关闭所有便笺窗口后重新打开创建的便笺信息没有变化。

图2-50　便笺

（12）画图

画图是Windows 7操作系统提供的简易图像制作和处理软件，选择“开始”菜单→“所有程序”→“附件”→“画图”菜单项，即可打开进行图形的制作如图2-51所示，也可对现有图像进行处理。如：按下键盘上的“PrtSc”拷屏键，然后在画图程序中选择“粘贴”命令，即可将屏幕显示的图形信息拷贝到画图程序窗口，进行必要的编辑和修改后选择“保存”菜单项，此时打开“另存为”对话框，选择保存位置并输入保存文件名后点击“保存”按钮即可保存为图片文件。

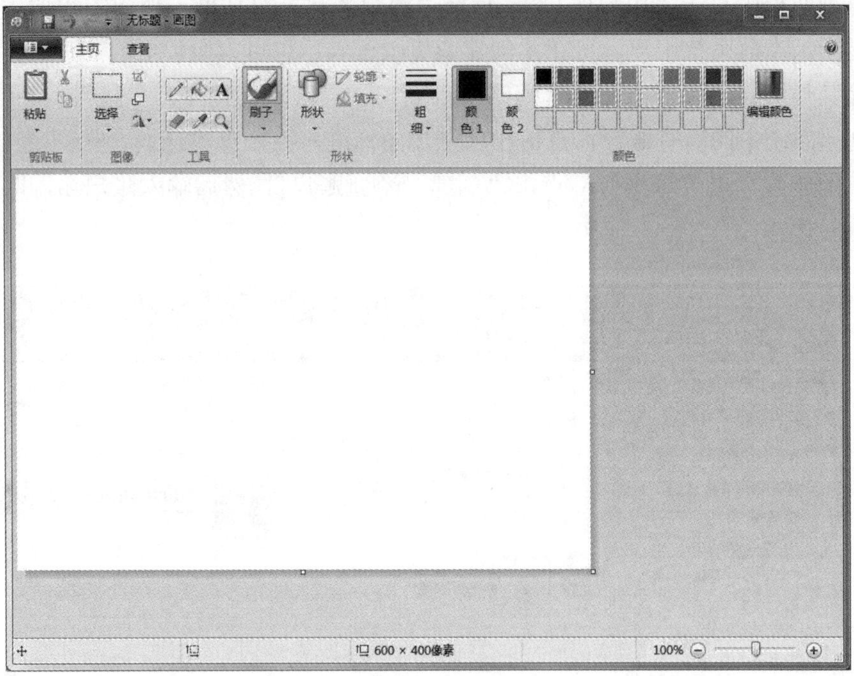

图2-51　画图

（13）库

Windows 7中的“库”是系统的一大亮点，它改变了以往的文件管理方式，使用了灵活方便的库方式来管理。库和文件夹也有很多相似之处，如在库中也可以包含各种子库和文件。库并不是存储文件本身，而仅保存文件快照（类似快捷方式）。如图2-52所示。

微视频：库的操作

在需要添加的目标文件上点击鼠标右键，弹出的快捷菜单中选择“包含到库中”命令，并在其子菜单中选择相对应类型的“库”即可。如图2-53所示。

（14）检索文件

Windows 7为了方便用户随时查找文件，在资源管理器的窗口右上角中集成了搜索栏。

在地址栏的右侧是搜索框，在这里可对当前位置的内容进行搜索。该功能不仅可以针对文件的名称进行搜索，还可以针对文件的内容来搜索。这里的搜索是动态进行

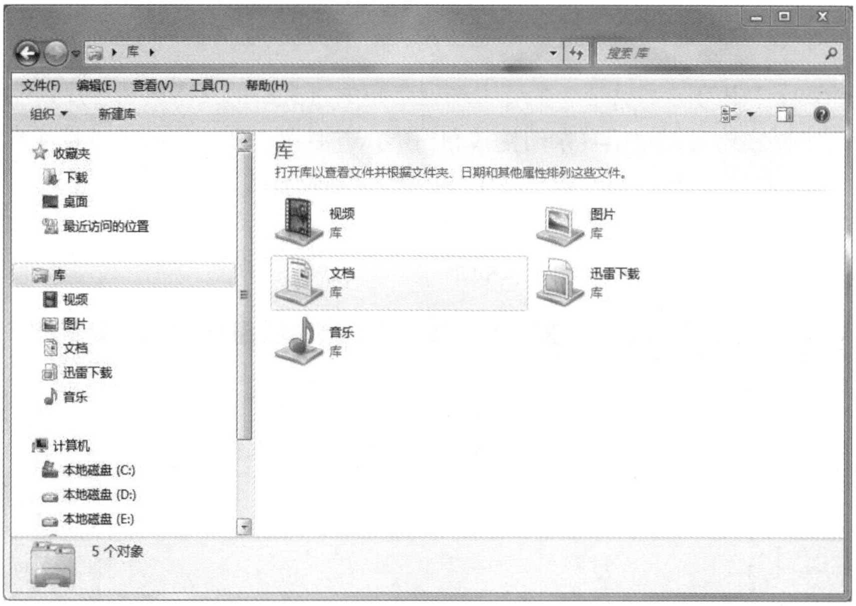

图2-52　库

图2-53　添加文件或文件夹到库

的，也就是说，如果要搜索的关键字是一个比较长的字符器，那么在输入过程中，搜索会动态进行搜索，而不需要输入完整的关键字。Windows 7中的搜索功能还可以进行搜索条件的设置，如搜索时按“修改日期”和“大小”，或者使用组合搜索，比如使用运算符（包括空格、AND、OR、NOT、＞或＜）可以组合出任意多的搜索条件，还可以进行模糊搜索，使用通配符（“*”或“？”）。

Windows 7中包含的搜索功能非常强大，通过该功能，用户可以快速找到所需要的任何文件。如图2-52所示图中右上角搜索栏。

2.4.7 写字板

Windows 7中的写字板是一个可用来创建和编辑文档的文本编辑程序。与记事本不同，写字板文档可以包括复杂的格式和图形，并且可以在写字板内链接或嵌入对象(如图片或其他文档等内容)。启动写字板程序有两种方法。

方法一：点击桌面左下角任务栏的“开始→所有程序→附件”，在附件下拉列表上就能找到写字板应用程序。如图2-54所示。

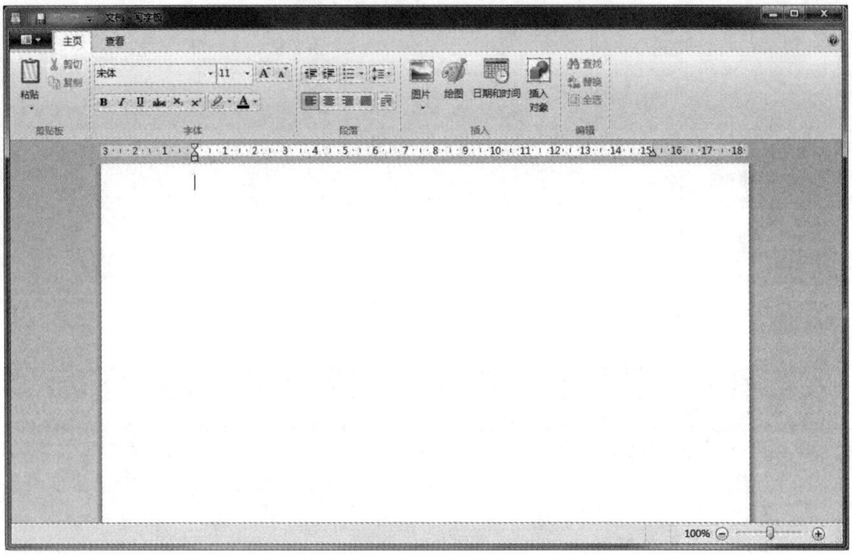

图2-54　写字板

方法二：通过运行命令来调出写字板。同样是执行“开始→运行”，在运行的输入框窗口上输入“wordpad”命令，然后点击“确定”按钮执行该命令即可打开写字板应用程序，如图2-55所示。

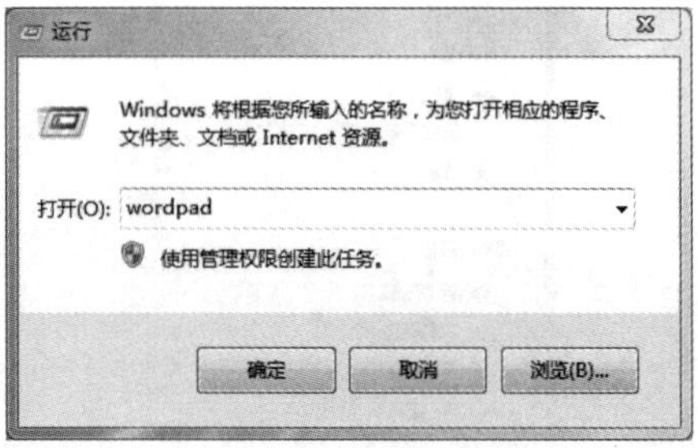

图2-55　运行

2.4.8 Windows 7网络配置与应用

现代的操作系统中，网络组件的设置已经不再是烦琐复杂的操作。事实上对于只包含Windows 7系统的网络，网络甚至无须设置，在安装并设置好Windows系统后，网络就立刻可以访问了。本节课程我们主要介绍Windows 7系统下的几种网络连接的使用。

（1）设置局域网

局域网一般应用在家庭或小型办公室网络，首先需要有一条Internet连接线路接进来，再准备一个路由器，将计算机与路由器等设备连接好

微视频：
IP地址的设置

后，根据路由器说明书设置好路由器。

打开“开始→控制面板→网络和共享中心→本地连接→属性”，如图2-56和图2-57所示。

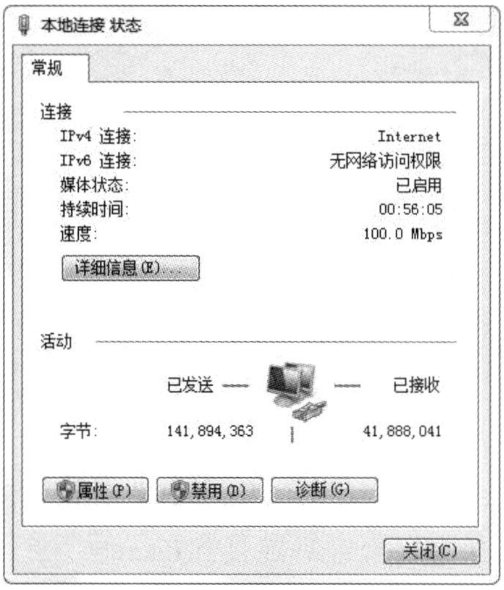

图2-56　本地连接状态

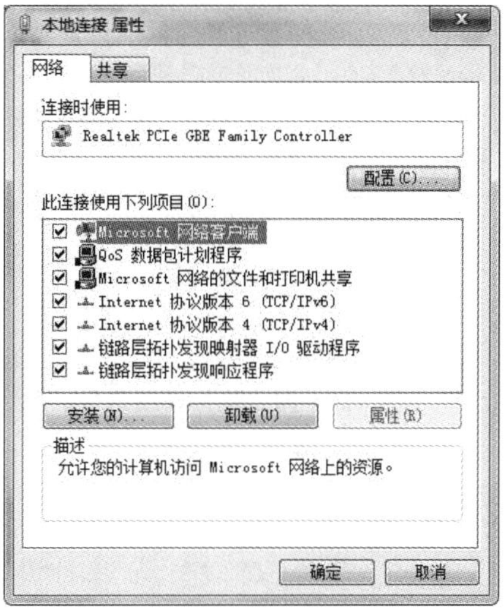

图2-57　本地连接属性

在“本地连接→属性→网络”中有两个地方需要注意和设置：TCP/IPv6和TCP/IPv4，如图2-58和图2-59所示。

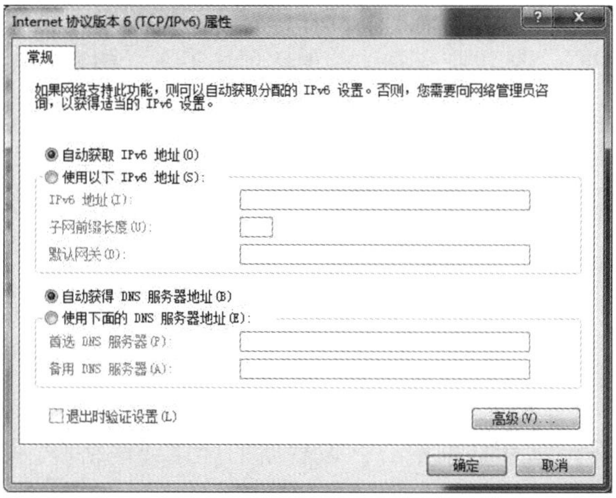

图2-58　TCP/IPv6

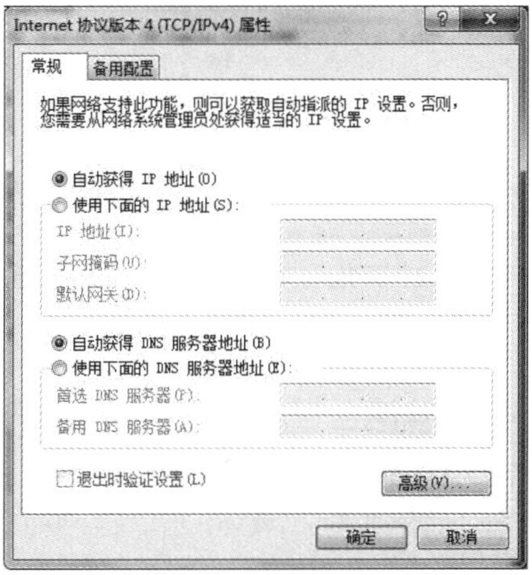

图2-59　TCP/IPv4

TCP/IPv6是未来很快会使用的IP地址连接方式，日常生活中暂时还没有用到，但TCP/IPv4是目前主要使用的一种连接方式，硬件设备连接好后我们只需要将图2-58和图2-59中均设置为“自动获取”，此时Windows 7系统会自动通过路由器的DHCP功能获取到相应的IP地址，局域网会自动连通且网络中的每台电脑都可以使用Internet。连接成功后点击图2-56中的“详细信息”按钮，可查看到通过DHCP自动获取到的IP地址。如图2-60所示。

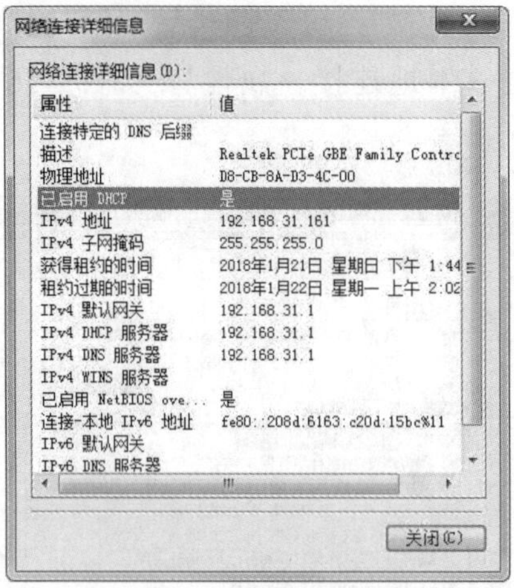

图 2-60　网络连接详细信息

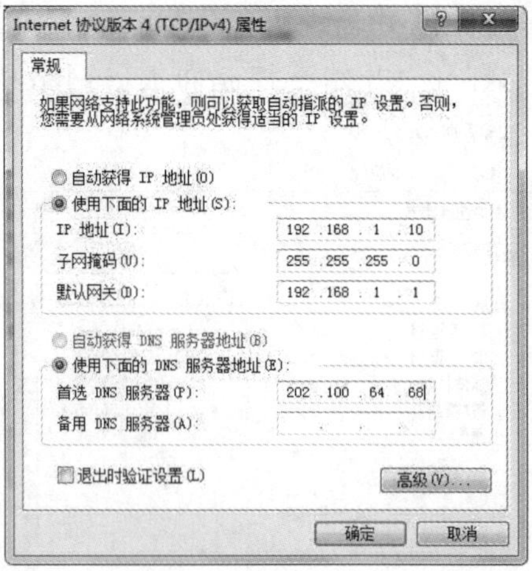

图 2-61　设置固定 IP 地址

（2）固定IP地址连接

有很多办公场所上网连接使用的固定IP地址进行连接，此时我们需要使用场所提供的相应IP地址进行网络配置后连接到Internet。首先打开图2-59的IP地址设置对话框，选择“使用下面的IP地址”，填入相应的IP地址后点击“确定”即可。如图2-61所示。

图 2-62　无线网络连接

（3）无线连接

连接无线网络计算机需要无线连接设备，一般笔记本电脑、平板电脑、一体机都配有无线网络连接设备，但是台式计算机一般没有配置，需要自己单独配。

单击任务栏通知区域的网络图标，在弹出的“无线网络连接”面板中双击需要连接的网络，如图2-62所示，如果无线网络设有安全加密，则需要输入安全密码即可连接。

（4）配置“宽带连接”

微视频：
建立宽带连接

一般家庭中使用都是宽带网络，需要配置“宽带连接”来进行Internet的连接。

① 单击“控制面板→网络和共享中心→设置新的连接或网络”，如图2-63所示。

② 在图2-64中选择“连接到Internet”，再选择“宽带（PPPoE）”命令，如图2-65所示。

③ 在图2-66中输入ISP提供的“用户名”“密码”以及自定义的“连接名称”等信息，单击“连接”，使用时只需要单击任务栏通知区域的网络图标，选择自建的宽带连接即可。

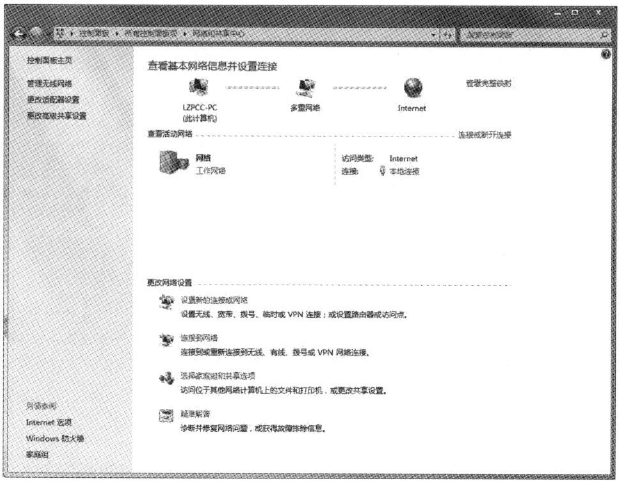

图 2-63　网络和共享中心

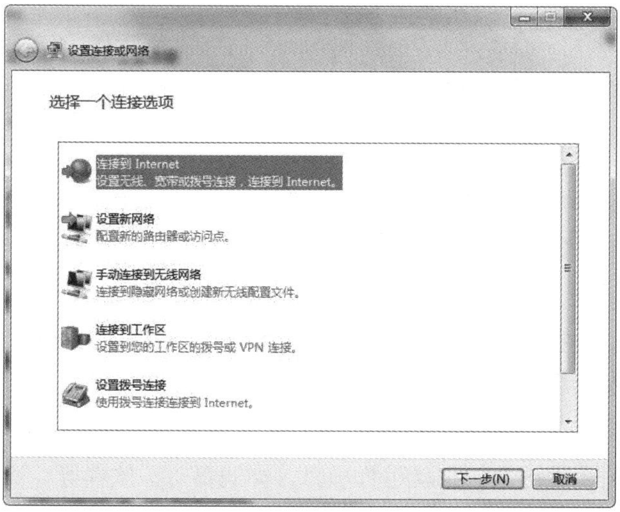

图 2-64　设置连接或网络

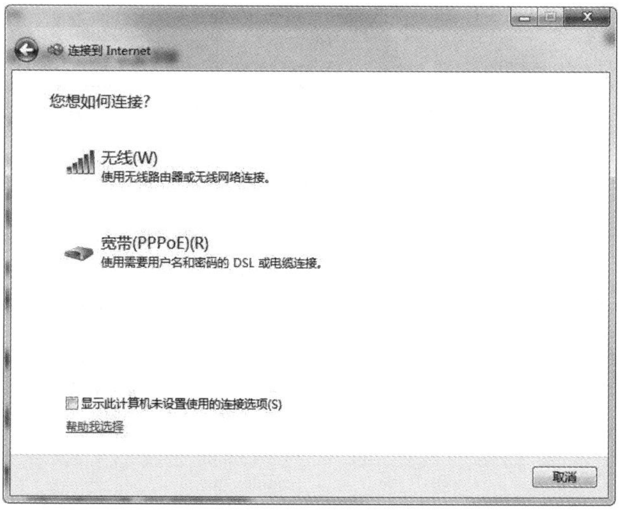

图 2-65　设置“连接方式”

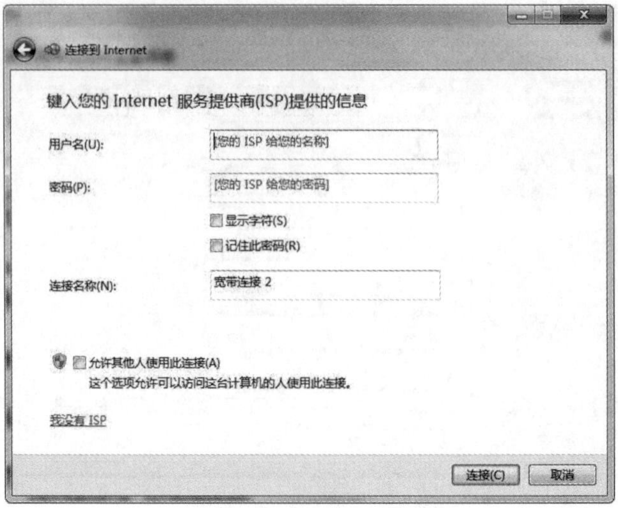

图2-66 “宽带连接”信息设置

2.4.9 系统维护与优化

（1）Windows 7启动加载项管理

启动“系统配置”程序有两种方法。

方法一：在“开始”菜单下“运行”中输入“msconfig”点击“确定”，即可打开如图2-67所示对话框。

方法二：选择“控制面板→管理工具→系统配置”，打开如图2-67所示对话框，在“系统配置”对话框中选择“启动”标签，在启动选项卡中的启动项目中取消不希望系统登录时自动运行的项目，可将要关闭的启动项前复选框中的对钩取消后确定。注意，尽量不要关闭关键性的自动运行项目，如病毒防护软件等。

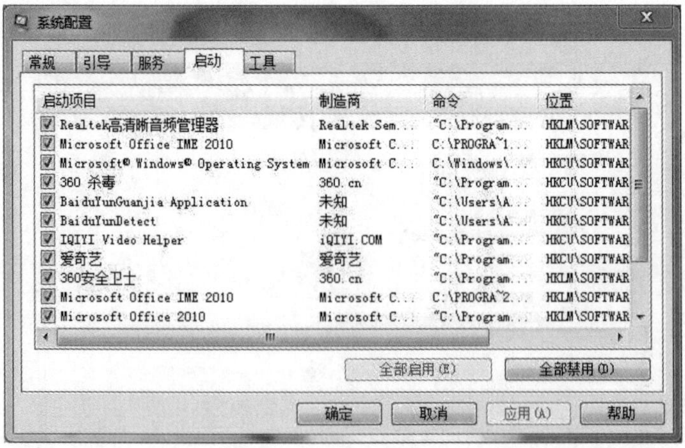

图2-67 系统配置

（2）磁盘清理

磁盘清理顾名思义就是Windows 7操作系统提供的磁盘清理工具，选择“开始”

菜单→“所有程序”→“附件”→“系统工具”→“磁盘清理”，即可打开如图2-68所示的磁盘清理程序，选择所需清理的驱动器后点击“确定”按钮，即开始检查和计算可进行清理的文件（主要包括浏览网页产生的临时文件、其他临时文件、回收站中的文件、缩略图文件等）并列出，用户选定需要清理的文件后点击“确定”按钮即可完成清理工作。

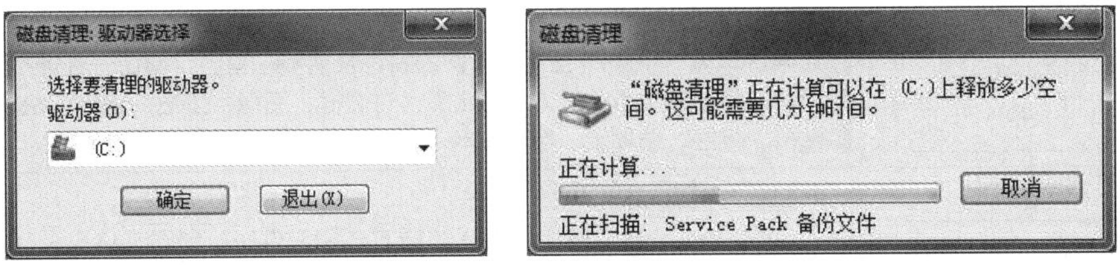

图2-68　磁盘清理

（3）磁盘碎片整理程序

在磁盘分区中，文件会被操作系统分散保存到磁盘的不同地方，而不是连续地保存在磁盘连续的簇中，因此存储信息的存储区域之间就会有空间；此外，随着文件的频繁写入或删除，存储信息的存储区域之间的空隙变得越来越多，这些小的空隙单个容纳不下比它稍大的文件，将一个文件分散保存到多个这样的空隙中可以放下，但会导致磁盘读写时缓慢，磁盘碎片整理程序的作用就是把这些小的碎片尽可能地连接起来，提高可用空间和读写速度。

选择“开始”菜单→“所有程序”→“附件”→“系统工具”→“磁盘碎片整理程序”即可打开该程序，如图2-69所示，列表框中列出了所有的磁盘分区，选定要进行碎片整理的分区后，点击“分析磁盘”按钮则开始对选定分区进行碎片分析，分析后点击“磁盘碎片整理”按钮则开始碎片整理；也可以选定分区后，直接点击“磁盘碎片整理”按钮直接开始进行碎片整理；此外，磁盘碎片分析或碎片整理可以多个分区同时进行。

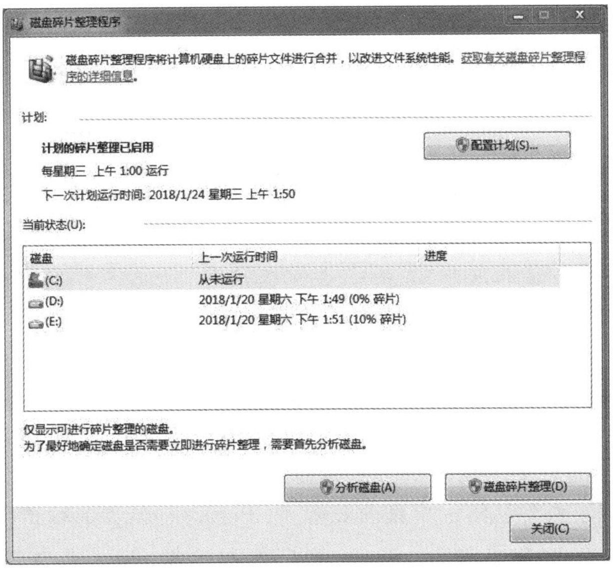

图2-69　磁盘碎片整理程序

学习总结

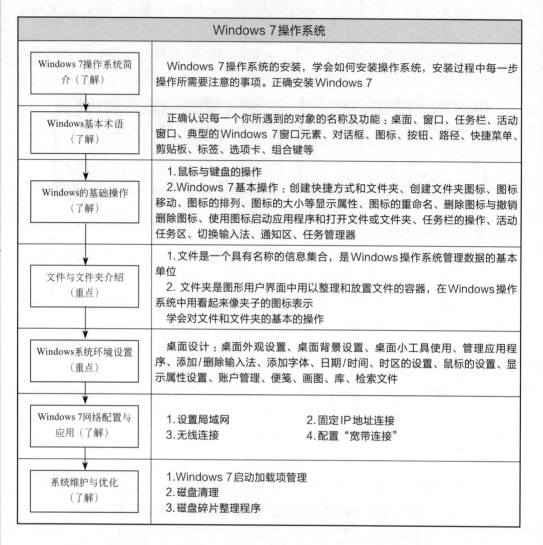

Windows 7操作系统	
Windows 7操作系统简介（了解）	Windows 7操作系统的安装，学会如何安装操作系统，安装过程中每一步操作所需要注意的事项。正确安装Windows 7
Windows基本术语（了解）	正确认识每一个你所遇到的对象的名称及功能：桌面、窗口、任务栏、活动窗口、典型的Windows 7窗口元素、对话框、图标、按钮、路径、快捷菜单、剪贴板、标签、选项卡、组合键等
Windows的基础操作（了解）	1. 鼠标与键盘的操作 2.Windows 7基本操作：创建快捷方式和文件夹、创建文件夹图标、图标移动、图标的排列、图标的大小等显示属性、图标的重命名、删除图标与撤销删除图标、使用图标启动应用程序和打开文件或文件夹、任务栏的操作、活动任务区、切换输入法、通知区、任务管理器
文件与文件夹介绍（重点）	1. 文件是一个具有名称的信息集合，是Windows操作系统管理数据的基本单位 2. 文件夹是图形用户界面中用以整理和放置文件的容器，在Windows操作系统中用看起来像夹子的图标表示 学会对文件和文件夹的基本的操作
Windows系统环境设置（重点）	桌面设计：桌面外观设置、桌面背景设置、桌面小工具使用、管理应用程序、添加/删除输入法、添加字体、日期/时间、时区的设置、鼠标的设置、显示属性设置、账户管理、便笺、画图、库、检索文件
Windows 7网络配置与应用（了解）	1. 设置局域网　2. 固定IP地址连接 3. 无线连接　4. 配置"宽带连接"
系统维护与优化（了解）	1.Windows 7启动加载项管理 2. 磁盘清理 3. 磁盘碎片整理程序

课堂测验

简答题

1. 文件和文件夹的功能以及区别?

2. 如何添加一种输入法?

课后习题

一、选择题

1. 计算机的硬件主要包括：中央处理器（CPU）、存储器、输出设备和（　　）。

A. 键盘　　B. 鼠标　　C. 输入设备　　D. 显示器

2. 在下列设备中，不能作为微机输出设备的是（　　）。

A. 打印机　　B. 显示器　　C. 鼠标器　　D. 绘图仪

3. 构成CPU的主要部件是（　　）。

A. 内存和控制器　　B. 内存、控制器和运算器

C. 高速缓存和运算器　　D. 控制器和运算器

4. 下列各存储器中，存取速度最快的是（　　）。

A.CD-ROM　　B. 内存储器　　C. 软盘　　D. 硬盘

5. 计算机操作系统是（　　）。

A. 一种使计算机便于操作的硬件设备　　B. 计算机的操作规范

C. 计算机系统中必不可少的系统软件　　D. 对源程序进行编辑和编译的软件

6. 用高级程序设计语言编写的程序称为源程序，它（　　）。

A. 只能在专门的机器上运行

B. 无须编译或解释，可直接在机器上运行

C. 可读性不好

D. 具有良好的可读性和可移植性

7. 下列说法中，正确的是（　　）。

A. 硬盘的容量远大于内存的容量

B. 硬盘的盘片是可以随时更换的

C. U盘的容量远大于硬盘的容量

D. 硬盘安装在机箱内，它是主机的组成部分

8. 下列叙述中，正确的是（　　）。

A. CPU能直接读取硬盘上的数据

B. CPU能直接存取内存储器

C. CPU由存储器、运算器和控制器组成

D. CPU主要用来存储程序和数据

9. 在CD光盘上标记有“CD-RW”字样，此标记表明这光盘（　　）。

A. 只能写入一次，可以反复读出的一次性写人光盘

B. 可多次擦除型光盘

C. 只能读出，不能写入的只读光盘

D. RW是Read and Write的缩写

10. 用高级程序设计语言编写的程序（　　）。

A. 计算机能直接执行　　B. 具有良好的可读性和可移植性

C. 执行效率高但可读性差　　D. 依赖于具体机器，可移植性差

二、操作题

1. 将考生文件夹下DOCT文件夹中的文件CHARM.IDX复制到考生文件夹下DEAN文件夹中。

2.将考生文件夹下MICRO文件夹中的文件夹MACRO设置为隐藏属性。

3.将考生文件夹下QIDONG文件夹中的文件WORD.DOC移动到考生文件夹下EXCEL文件夹中，并将该文件改名为XINGAI.DOC。

4.将考生文件夹下HULIAN文件夹中的文件TONGXIN.WRI删除。

5.在考生文件夹下TEDIAN文件夹中建立一个新文件夹YOUSHI。

03

第3章

Word 2010的使用

Chapter three

本章学习要点

- Word 2010的基础知识和基本操作方法
- Word 2010创建并保存新文档
- Word 2010的查找、替换功能
- Word 2010的字体、段落及页面设置
- Word 2010中表格的操作
- Word 2010对文本和图片、艺术字等进行格式设置
- Word 2010中文档的保护和打印

Word 2010是Office 2010的重要组件之一，安装了Office 2010即安装了Word 2010，用户可以使用Word 2010编辑文本，插入图片、页眉、页脚和表格等页面元素。在本章中，读者通过学习，将掌握如何在Word 2010中创建、编辑、打印文档等综合技能。

3.1 Word 2010概述

Microsoft Word是微软公司的办公软件Microsoft Office的组件之一，主要用于文字处理工作。Microsoft Word 2010提供了世界上最出色的文字处理功能，其增强后的功能可创建专业水准的文档，用户可以更加轻松地与他人协同工作并可在任何地点访问文件。

3.1.1 Word 2010软件简介

Word 2010，最显著的变化就是“文件”按钮代替了Word 2007中的Office按钮，使用户更容易从较旧的版本Word 2003或者Word 2000等老的版本中适应过来。另外，Word 2010和Word 2007一样，都取消了传统的菜单模式，取而代之的是各种功能区。在Word 2010窗口上方看起来像菜单的名称其实是功能区的名称，当单击这些名称时并不会打开菜单，而是切换到与之相对应的功能区面板。Word 2010旨在提供最上乘的文档格式设置工具，利用它还可更轻松、高效地组织和编写文档。

3.1.2 Word 2010功能简介

（1）开始功能区

“开始”功能区中包括剪贴板、字体、段落、样式和编辑五个分组，对应Word 2003的“编辑”和“段落”菜单部分命令。该功能区主要用于帮助用户对Word 2010文档进行文字编辑和格式设置，是用户最常用的功能区，如图3-1所示。

图3-1　开始功能区

（2）插入功能区

“插入”功能区包括页、表格、插图、链接、页眉和页脚、文本、符号和特殊符号几个分组，对应Word 2003中“插入”菜单的部分命令，主要用于在Word 2010文档中插入各种元素，如图3-2所示。

图3-2　插入功能区

（3）页面布局功能区

“页面布局”功能区包括主题、页面设置、稿纸、页面背景、段落、排列几个分组，对应Word 2003的“页面设置”菜单命令和“段落”菜单中的部分命令，用于帮助用户设置Word 2010文档页面样式，如图3-3所示。

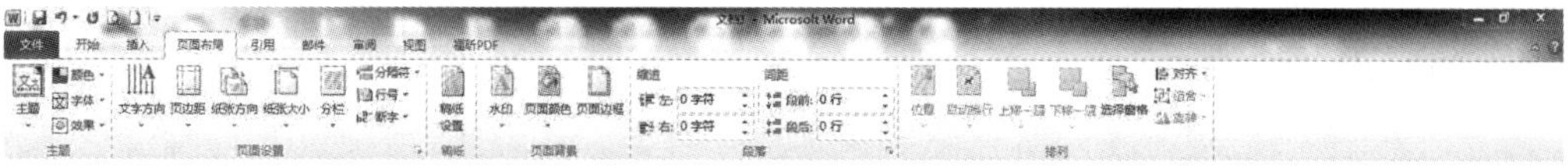

图3-3　页面布局功能区

（4）引用功能区

“引用”功能区包括目录、脚注、引文与书目、题注、索引和引文目录几个分组，用于实现在Word 2010文档中插入目录等比较高级的功能，如图3-4所示。

图3-4　引用功能区

（5）邮件功能区

“邮件”功能区包括创建、开始邮件合并、编写和插入域、预览结果和完成几个分组，该功能区的作用比较专一，专门用于在Word 2010文档中进行邮件合并方面的操作，如图3-5所示。

图3-5　邮件功能区

（6）审阅功能区

“审阅”功能区包括校对、语言、中文简繁转换、批注、修订、更改、比较和保护几个分组，主要用于对Word 2010文档进行校对和修订等操作，适用于多人协作处理Word 2010长文档，如图3-6所示。

图3-6　审阅功能区

（7）视图功能区

“视图”功能区包括文档视图、显示、显示比例、窗口和宏几个分组，主要用于帮助用户设置Word 2010操作窗口的视图类型，以方便操作，如图3-7所示。

图3-7　视图功能区

（8）加载项功能区

“加载项”功能区包括菜单命令一个分组，加载项是可以为Word 2010安装的附加属性，如自定义的工具栏或其他命令扩展。“加载项”功能区则可以在Word 2010中添加或删除加载项。

学习总结

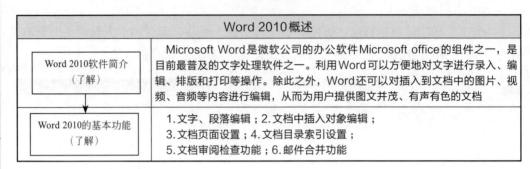

Word 2010概述	
Word 2010软件简介（了解）	Microsoft Word是微软公司的办公软件Microsoft office的组件之一，是目前最普及的文字处理软件之一。利用Word可以方便地对文字进行录入、编辑、排版和打印等操作。除此之外，Word还可以对插入到文档中的图片、视频、音频等内容进行编辑，从而为用户提供图文并茂、有声有色的文档
Word 2010的基本功能（了解）	1. 文字、段落编辑；2. 文档中插入对象编辑； 3. 文档页面设置；4. 文档目录索引设置； 5. 文档审阅检查功能；6. 邮件合并功能

课堂测验

简答题

1. Word 2010的界面与Word 2007有何不同？

2. Word的基本功能有哪些？

3.2 Word的基本概念和基础操作

首先我们来学习Word 2010的基本操作。

3.2.1 Word 2010的启动与退出

（1）启动Word 2010

微视频：Word的启动与退出

方法一：执行“开始/所有程序/Microsoft office/Microsoft Word 2010”命令。启动Word 2010，进入Word操作环境，如图3-8所示。

方法二：双击桌面上已有的Word 2010文件图标来启动Word 2010。

（2）退出Word 2010

和大多数应用程序一样，退出Word 2010的方法有很多种。

方法一：单击Word窗口左上角的“文件”菜单中的“退出”命令。

方法二：单击Word窗口右上角的“关闭”按钮。

方法三：按“Alt+F4”组合键，直接退出当前程序。

方法四：双击Word窗口左上角的Word快捷图标退出。

如果曾在Word 2010文本编辑区做过输入或编辑的动作，关闭时会出现提示保存信息，按需求选择即可，如图3-9所示。

图3-8　打开Word 2010

图3-9　Word 2010保存信息提示

3.2.2　Word的基本概念

微视频：Word 2010窗口组成

（1）Word 2010窗口组成

Word 2010应用程序窗口主要由标题栏、快速访问工具栏、功能选项卡和功能区、编辑区、滚动条、状态栏、显示比例工具等组成。Word 2010工作界面如图3-10所示。

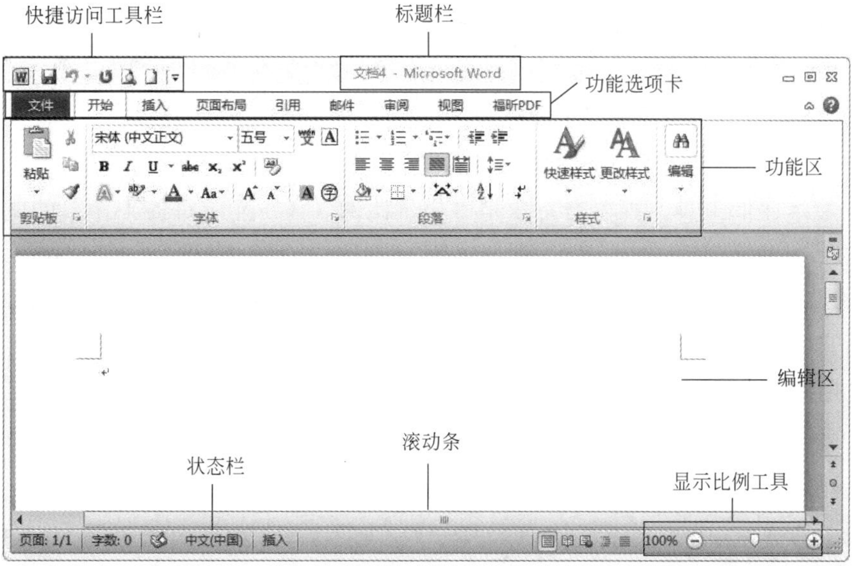

图3-10　Word 2010工作界面

① 快速访问工具栏　主要是将常用的工具摆放于此，帮助快速完成工作。预设的“快速访问工具栏”只有3个常用的工具，分别是“保存按钮”“复原”及“取消复

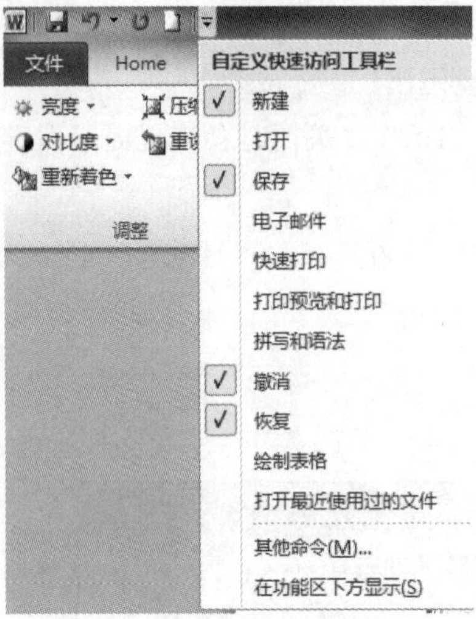

图3-11　自定义快速访问工具栏

原”，通过单击右侧“ ”按钮，可以自己定义快速访问工具栏。如图3-11所示。

② 功能选项卡　默认情况下，Word 2010中所有的功能操作分门别类为8大选项卡，包括文件、开始、插入、页面布局、引用、邮件、审阅和视图。各选项卡中收录了相关的功能分组，方便使用者切换、选用。

③ 功能区　工作界面上半部的面板称为功能区，放置了编辑文本时需要使用的工具按钮。开启Word 2010时预设会显示“开始”选项卡下的功能按钮或列表框，当点击其他选项卡时，便会显示该选项卡所包含的按钮。

如果觉得功能区占用太大的版面位置，可以单击右侧“ ”按钮，将“功能区”隐藏起来。将“功能区”隐藏起来后，要再度使用“功能区”时，只要将鼠标移到任一个页次上单击即可开启；然而当鼠标移到其他地方再按一下左键时，“功能区”又会自动隐藏了。如果要固定显示“功能区”，请在选项卡标签上按右键，取消最小化功能区项目，如图3-12所示。

补充提示

除了使用鼠标来点选选项卡及功能区内的按钮外，也可以按一下键盘上的Alt键，即可显示各选项卡的快速键提示信息。当用户按下选项卡的快捷键之后，会显示功能区中各功能按钮的快捷键，让用户使用键盘操作。

④ 编辑区　用于录入或者编辑文本。

⑤ 状态栏　状态栏位于Word 2010的底部，用于显示当前操作的相关信息。

⑥ 显示比例工具　视窗右下角是“显示比例”区，显示目前工作表的比例，按下“ ”按钮可放大工作表的显示比例，每按一次放大10%，例如90%、100%、110%…；反之按下“ ”按钮会缩小显示比例，每按一次则会缩小10%，例如110%、100%、90%…。编辑过程中，我们也可以直接拖拽中间的滑动杆，实现显示比例的放大和缩小。

此外，我们也可以按下“显示比例”区左侧的“缩放级别”按钮，由“显示比例”对话框来设定显示比例，或自行输入项要显示的比例，如图3-13所示。

补充提示

放大或缩小文件的显示比例，并不会放大或缩小字体，也不会影响文件打印出来的结果，只是方便我们在屏幕上浏览而已。如果您的鼠标附有滚轮，只要按住键盘上的“Ctrl”键，再滚动滚轮，即可快速放大、缩小工作表的显示比例。

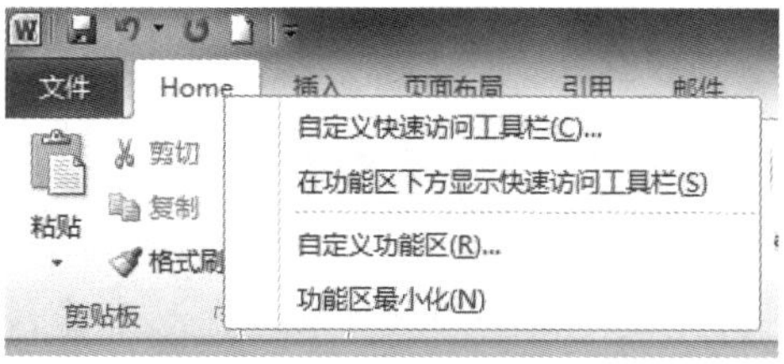

图3-12　固定显示功能区

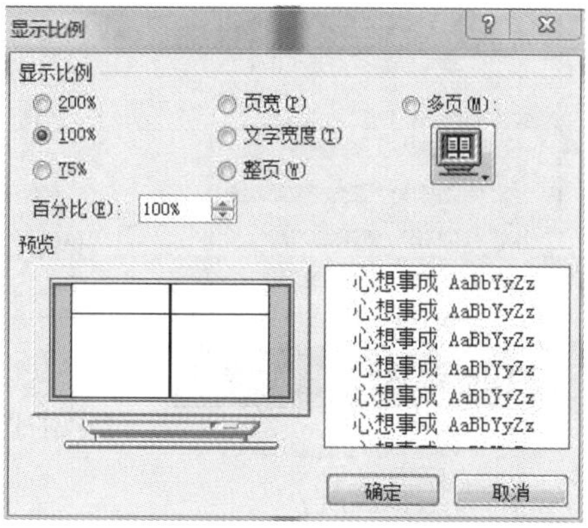

图3-13　显示比例对话框

（2）打开与新建Word文档

打开Word文档的方法有两种。

方法一：在计算机上找到文档的保存位置，直接双击该文档文件即可；

方法二：在已经启动的Word窗口中依次单击“文件”→“打开”菜单命令，在弹出的“打开”对话框中选择要打开的文档。

微视频：打开与新建Word文档

补充提示

也可通过“快速访问工具栏”上的“打开”按钮打开Word文档。另外，在“文件”菜单下方会显示最近使用的几个文档，单击便可直接打开。

新建Word文档的方法有三种。

方法一：启动Word 2010时，会自动新建一个空白文档；

方法二：在Word中依次单击“文件”→“新建”菜单命令，在弹出的任务窗格中单击“空白文档”；

方法三：单击“快速访问工具栏”上的“新建”按钮。

微视频：保存与另存为文档

（3）保存与另存为Word文档

在关闭文档前，需要先将文档保存，否则文档会丢失。常用的保存方法有三种。

方法一：依次单击“文件”→“保存”菜单命令，在弹出的“另存为”对话框中选择保存位置和保存类型；

方法二：单击“快速访问工具栏”上的“保存”按钮；

方法三：按下“Ctrl+S”组合键也可以保存文档。

补充提示

如果文档从未保存过，在进行保存操作时会弹出“另存为”对话框，否则会直接保存。此时如果想将文档保存在其他位置或更名，则需要进行另存为操作，方法为单击“文件”→“另存为”菜单命令。

3.2.3 文字编辑

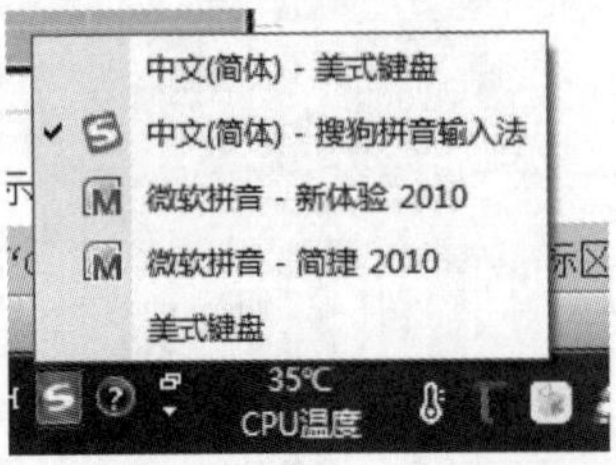

图3-14　输入法状态栏

（1）文字录入

微视频：文字录入

对于Word 2010来说，文字录入就是第一步操作。

步骤1：选择输入法。

方法一：鼠标左键单击任务栏上的语言图标，然后可单击选用某一输入法，如图3-14所示。

方法二：使用快捷键“Ctrl+Shift”来进行汉字输入法的切换。

补充提示

当桌面上的语言栏被隐藏起来的时候，最好使用该方法切换中文输入法。在使用中文输入法的过程中，会遇到中英文之间的切换，可以通过组合键“Ctrl+空格”来实现。

步骤2：将光标置于需要插入内容的位置，录入的内容将插入到光标之后。在录入第一个段落后，按“Enter”键转到下一个段落。

（2）文字删除

删除文字也是从插入点所在位置开始删除，通常需要用到键盘上的“Backspace”键和“Delete”键。在删除较多文字时也可将文字选中，按“Delete”键直接删除。

微视频：文字删除

补充提示

“Backspace”键是从插入点向左删除，“Delete”键是从插入点向右删除。删除文档中的图片等对象时，先选中后按“Delete”键即可。

（3）选中操作

在选中操作中可分为选择文字、选择行、选择段落、选择整个文档、选择对象操作，方法分别如下。

选择文字：在相应的文字区域通过鼠标拖曳即可实现。

选择行：将鼠标放在行左侧空白区域，当鼠标成为↗图标时，单击即可选中该行。

微视频：文字选中操作

选择段落：将鼠标放在段落左侧空白区域，当鼠标成为↗图标时，双击即可选中该段。

选择整个文档：将鼠标放在文档左侧空白区域，当鼠标成为↗图标时，三击即可选中整个文档。

选择对象：将鼠标放在图片等对象上单击即可选中该对象。

选中连续区域：单击开始位置，按下“Shift”键，单击结束位置。

选择多个或不连续的内容：在按住“Ctrl”键的同时进行选择。

补充提示

选中整个文档常用“Ctrl+A”组合键实现。

（4）撤销与恢复操作

在编辑文档时，如果出现操作错误或者是改变想法，希望将文本恢复为原来的状态时，可以通过Word提供的“撤销”功能取消上一次或者多次的操作；如果取消了上一次或多次操作后，又需要重新执行某些操作操作时，可以通过“恢复”功能把撤销的操作再恢复过来。

微视频：撤销与恢复操作

撤销和恢复操作，可以反复使用“快速访问工具栏”上的“撤销”与“恢复”按钮逐步操作。如果想一次撤销或恢复多步操作，则单击“撤销”或“恢复”按钮旁的下拉列表按钮，在下拉列表中显示了可以撤销或恢复的所有操作步骤，选中需要撤销或恢复的那些操作，就可以一次撤销或恢复多步操作。

（5）复制与粘贴操作

在文本录入的过程中，如果前面或者其他文档中有相同的内容，可以把该内容复制到当前位置。复制粘贴的方法有以下几种。

微视频：复制与粘贴操作

方法一：依次单击“开始”→“复制”/“粘贴”菜单命令。

方法二：使用快捷键“Ctrl+C”组合键与“Ctrl+V”组合键实现复制粘贴操作。

方法三：选定要复制的文本，将鼠标指针移到选定的文本内，当指针变为箭头时，按下鼠标右键并拖动鼠标到要插入文本的位置，松开鼠标右键后，弹出一个快捷菜单，如图3-15所示。在快捷菜单里，单击“复制到此位置”命令，就可以将选定文本复制到当前位置。

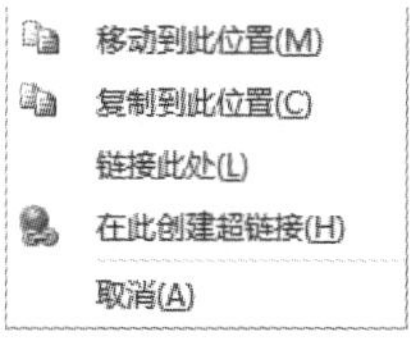

图3-15　快捷菜单

方法四：选定要复制的文本，将鼠标指针移动到选定的文本内，当指针变为箭头时，先按下键盘上的“Ctrl”键，再按下鼠标左键并拖动鼠标到要插入文本的位置，释放鼠标按键，即完成文本的复制操作。

补充提示

剪贴板可以看作是内存中的一块区域，复制或剪切下来的内容先临时“贴”在剪贴板上，当进行“粘贴”操作时，再从剪贴板上取下来粘贴在相应的位置。

（6）移动文本

移动文本的方法和复制文本比较类似，有以下几种方法。

方法一：依次单击“开始”→“剪切”/“粘贴”菜单命令。

方法二：使用快捷键“Ctrl+X”组合键与“Ctrl+V”组合键实现复制粘贴操作。

方法三：选定要复制的文本，将鼠标指针移到选定的文本内，当指针变为箭头时，按下鼠标右键并拖动鼠标到要插入文本的位置，松开鼠标右键后，弹出一个快捷菜单，如图3-15所示。在快捷菜单里，单击“移动到此位置”命令，就可以将选定文本移动到当前位置。

方法四：选定要复制的文本，将鼠标指针移动到选定的文本内，当指针变为箭头时，按下鼠标左键并拖动鼠标到要插入文本的位置，释放鼠标按键，即完成文本的移动操作。

3.2.4 查找与替换

（1）查找文本

在Word 2010中快速查找某一指定文本所在位置非常方便，单击“开始”选项卡的“编辑”分组中“查找和选择”下拉按钮，选择“查找”命令，打开“查找”导航窗口，在“搜索文档”文本框中输入查找内容，如图3-16所示。

也可以选择“高级查找”命令，打开“查找和替换”对话框，在“查找内容”组合框中输入查找内容，然后单击“查找下一处”按钮，如图3-17所示。

微视频：查找文本

也可以查找某种特定格式的内容，如：查找加粗，三号字体的“开始”内容，则在查找和替换对话框中点击“更多”按钮，显示如图3-18所示，点击“查找”下方的“格式”按钮，选择字体选项，显示“查找字体”对话框，如图3-19所示，在其中的“字形”列表框中点击“加粗”项，在“字号”列表框中点击“三号”项，点击“确定”按钮后，“查找和替换”对话框图3-20所示，按照需要点击“查找全部”或“查找下一处”即可完成查找。

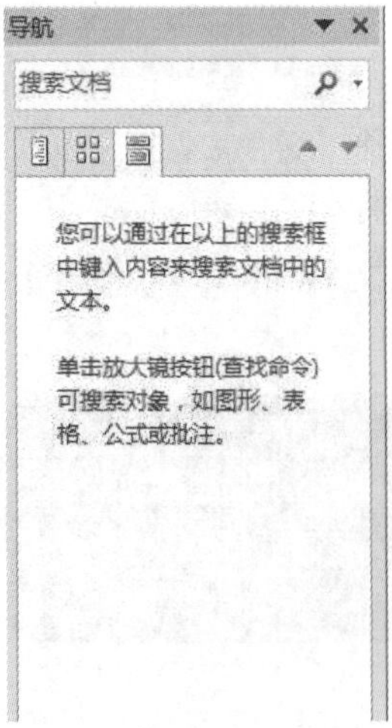

图3-16 “查找”导航窗口

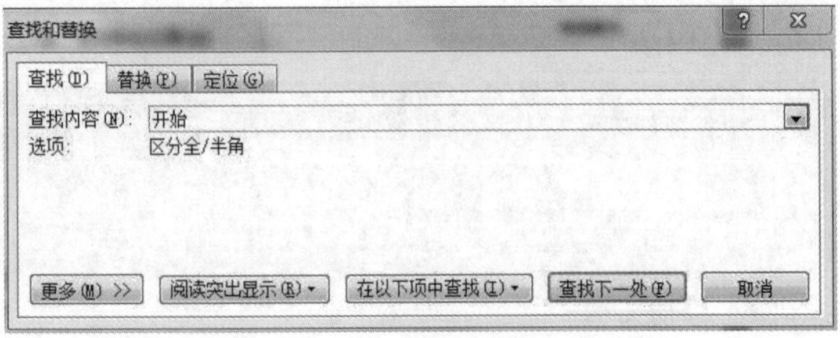

图3-17 查找文本

（2）替换文本

在Word 2010工作表中可以自动替换数据或者进行格式替换，具体操作如下。

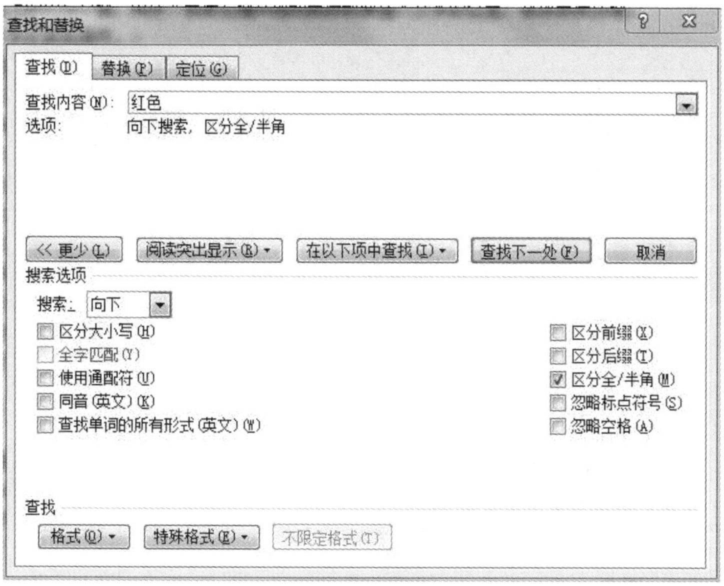

图3-18　查找特定格式的内容

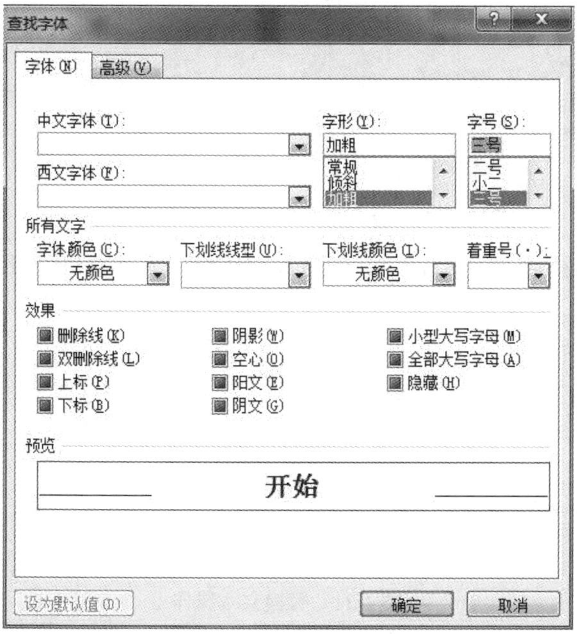

图3-19　查找字体设置

点击“开始”选项卡下“编辑”分组中的“替换”命令按钮，打开“查找和替换”对话框，在“查找内容”组合框中输入要查找的内容，在“替换为”组合框中输入要替换的内容，如果单击“更多”按钮，还可以进一步设置替换内容的相应格式。接着若单击“替换”按钮，则会逐一进行手工替换；若单击“查找下一处”按钮，将跳过当前查找内容，不进行替换操作；若单击“全部替换”按钮，将自动替换所有符合查找条件的内容。

微视频：
替换文本

例如，查找加粗，三号字体的“开始”替换为红色，三号字体的“起始”，如图3-21所示。

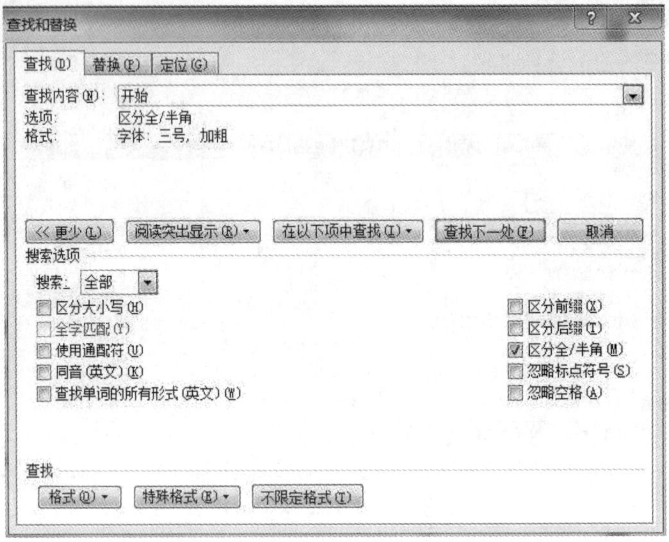

图3-20　设置查找特定格式的内容

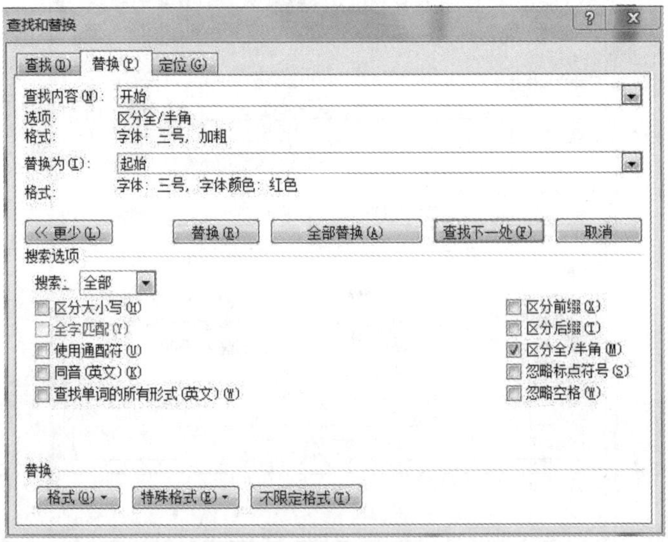

图3-21　替换文本操作

3.2.5　本节综合应用

（1）操作要求

① 启动Word，在D盘根目录下创建“基本操作综合应用.docx”文本文件。

② 录入如下内容：

随着网络经济和网络社会时代的到来，我国的军事、经济、社会、

微视频：
3.2.5综合应用

文化各方面都越来越依赖于网络，与此同时，电脑网络上出现利用网络盗号上网，窃取科技、经济情报进行经济犯罪等电子攻击现象。

今年春天，我国有人利用新闻组中查到的普通技术手段，轻而易举地从多个商业站点窃取到8万个信用卡号和密码，并标价26万元出售。

据有关资料，美国金融界每年由于电脑犯罪造成的经济损失近百亿美元。我国金融系统发生的电脑犯罪也呈逐年上升趋势。

③ 将第二段文本移动到最后一段。

④ 将所有的“电脑”替换为“计算机”并设置为红色、加粗显示。

⑤ 最后保存文档。

（2）操作步骤

步骤1：执行“开始/所有程序/Microsoft office/Microsoft Word 2010”命令，启动Word 2010；在启动的Word 2010窗口点击“文件”菜单里的“保存”菜单项，在打开的“另存为”对话框左侧选择保存位置D盘，在文件名处输入文件名“基本操作综合应用”，点击“保存”按钮。

步骤2：在文本编辑区录入题目要求文本内容。

步骤3：选择第二段文本，按下“Ctrl+X”组合键剪切文本，然后将光标放在文档最后，按下“Ctrl+V”粘贴文本。

步骤4：点击任意区域，点击“开始”选项卡下“编辑”分组中的“替换”命令按钮，打开“查找和替换”对话框，在“查找内容”组合框中输入“电脑”，在“替换为”组合框中输入要替换的内容“计算机”，点击“更多”按钮展开对话框，点击“格式”按钮下拉中的字体选项，打开“替换字体”对话框，在其中的“字形”列表框中点击“加粗”项，点击“颜色”下拉列表框并选择其中标准色中的“红色”后，点击“确定”按钮，点击“查找和替换”对话框中的“全部替换”按钮。

步骤5：点击“文件”菜单里的“保存”菜单项。

学习总结

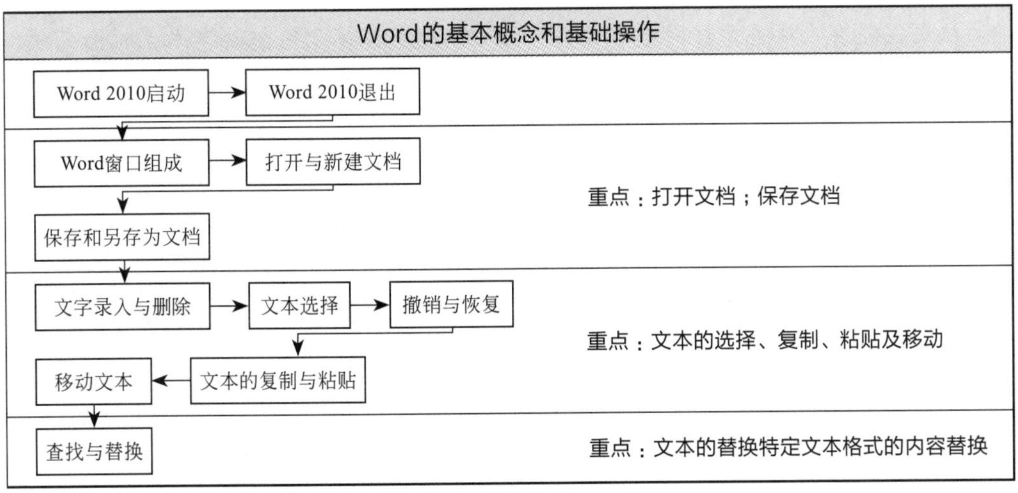

课堂测验

一、选择题

1. 应该（　　）保存文档。

A. 开始工作后不久　　B. 完成键入后

C. 无关紧要时　　D. 随时

2. 若要删除文本，执行的第一项操作是（　　）。

A. 按Delete　　B. 按Backspace

C. 选择要删除的文本　　D. 按Insert

3. 在Word 2010中，按（　　）键可在各种汉字输入方式之间切换。

A. Ctrl+Space　　B. Shift+Space

C. Alt+Space　　D. Ctrl+Shift

4. 在Word 2010文档中，要查找文中多处同样的词组，正确的方法是（　　）。

A. 用插入光标逐字查找的方法

B. 使用“开始”选项卡下“编辑”分组中的“替换”命令

C. 使用“撤销”与“恢复”命令

D. 使用“定位”命令

二、操作题

操作要求：

（1）启动Word 2010，在C盘根目录下创建“Word.docx”文档文件。

（2）录入如下内容：

第二代计算机网络——多个计算机互连的网络

计算机网络，是指将地理位置不同的具有独立功能的多台计算机及其外部设备，通过通信线路连接起来，在网络操作系统，网络管理软件及网络通信协议的管理和协调下，实现资源共享和信息传递的计算机系统。

20世纪60年代末出现了多个计算机互联的计算机网络，这种网络将分散在不同地点的计算机经通信线路互联。它由通信子网和资源子网（第一代网络）组成，主机之间没有主从关系，网络中的多个用户通过终端不仅可以共享本主机上的软件、硬件资源，还可以共享通信子网中其他主机上的软件、硬件资源，故这种计算机网络也称共享系统资源的计算机网络。

第二代计算机网络的典型代表是20世纪60年代美国国防部高级研究计划局的网络ARPANET（Advanced Research Project Agency Network）。面向终端的计算机网络的特点是网络上的用户只能共享一台主机中的软件、硬件资源，而多个计算机互联的计算机网络上的用户可以共享整个资源子网上所有的软件、硬件资源。

（3）删除文章第二段。

（4）将所有的“计算机网络”设置为红色、加粗显示。样文如图3-22所示。

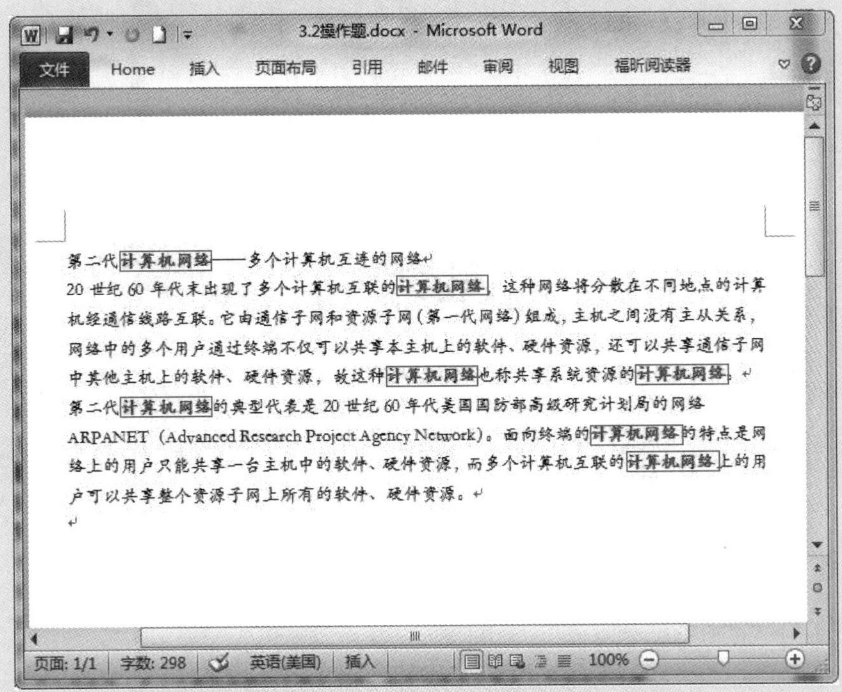

图3-22　样文内容

3.3　Word的文档排版

通过前一小节的学习，读者已经可以准确地输入文档内容，但要获得一篇美观、规范的文档，还需要对文档的字体、段落进行设置，即进行排版操作。下面我们就来学习Word 2010的文档排版编辑技术。

微视频：
字体设置

3.3.1　文字格式的设置

文字格式的设置是指对文档中的文本进行字体、字号、字形、字体颜色、字符间距和一些特殊修饰效果等格式的设置。通过对文字格式的设置，可以使文本内容更加美观，并且富有视觉冲击力。

（1）利用功能区的功能按钮进行设置

在“开始”选项卡下，找到“字体”分组，在该分组中，将看到可对文本字体执行特定操作的按钮和命令，如图3-23所示。例如，“加粗”按钮可加粗文本。也可以使用“字体颜色”和“字号”按钮更改文本的字体颜色和字号。

（2）利用字体设置对话框

依次点击“开始”选项卡下“字体”分组右下角的小箭头，打开字体设置对话框，如图3-24所示。

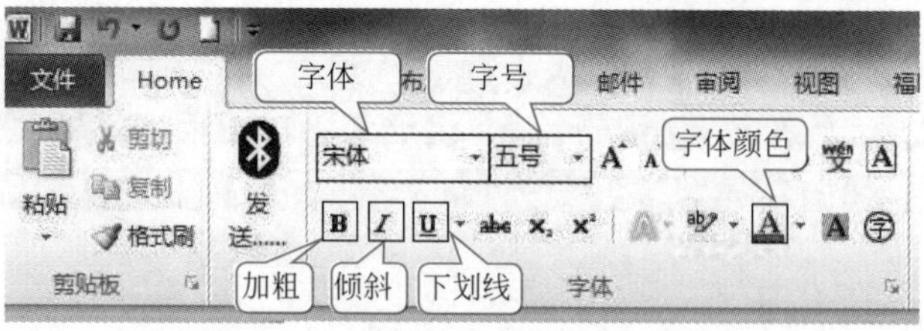

图 3-23 “字体”分组

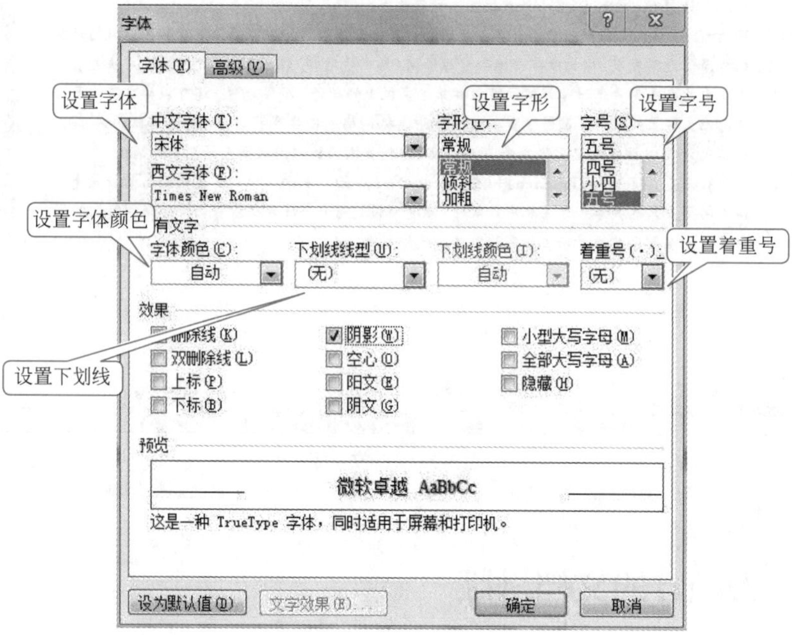

图 3-24 “字体”对话框

（3）利用右键快捷菜单

选中需要设置字体的文本内容，将鼠标指针移动到选定的文本内，单击鼠标右键，打开快捷菜单，选择“字体”命令，打开“字体”对话框；或者在快捷工具栏上点击相应按钮进行文字格式设置，如图 3-25 所示。

补充提示

“开始”功能选项卡下的“剪贴板”分组中一个“格式刷”按钮，是一个非常方便的工具，可以快速将目标文字设置成为和某些文字一致的格式。操作方法是：选中某些文字，单击“格式刷”按钮，在目标文字上“刷”过。如果目标文字为不连续的几部分，则可以双击格式刷按钮，依次“刷”过目标文字，再次单击“格式刷”按钮。

3.3.2 段落格式设置

微视频：段落设置

（1）利用功能区的功能按钮进行设置

在“开始”选项卡下，找到“段落”分组，在该分组中，将看到可对文档段落执行特定操作的按钮和命令，如图 3-26 所示。例如，“居中”

按钮可以使文本居中对齐。也可以使用“行和段落间距”按钮更改文本的行距。

图3-25　快捷菜单

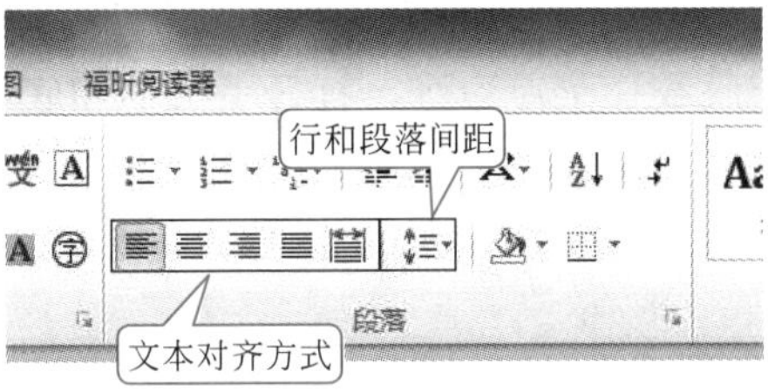

图3-26　“段落”组

（2）利用段落设置对话框

点击“开始”选项卡下“段落”分组右下角的小箭头，打开段落设置对话框，如图3-27所示。

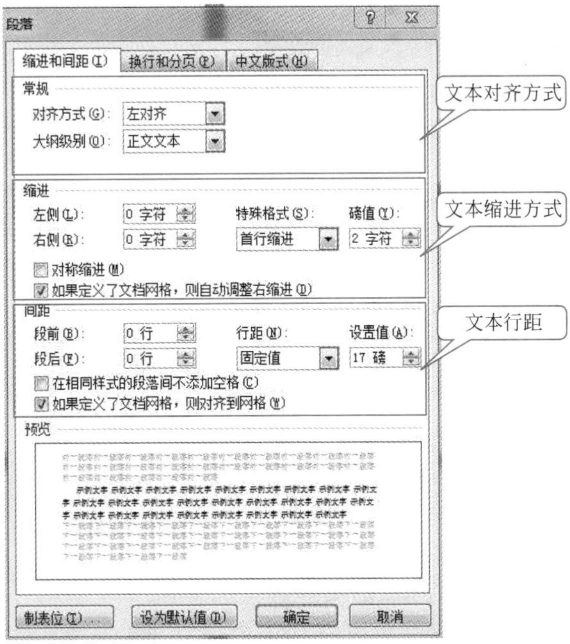

图3-27　“段落”对话框

（3）利用右键快捷菜单

选中需要设置段落的文本内容，将鼠标指针移动到选定的文本内，单击鼠标右键，打开快捷菜单，选择“段落”命令，打开“段落”对话框，如图3-28所示。

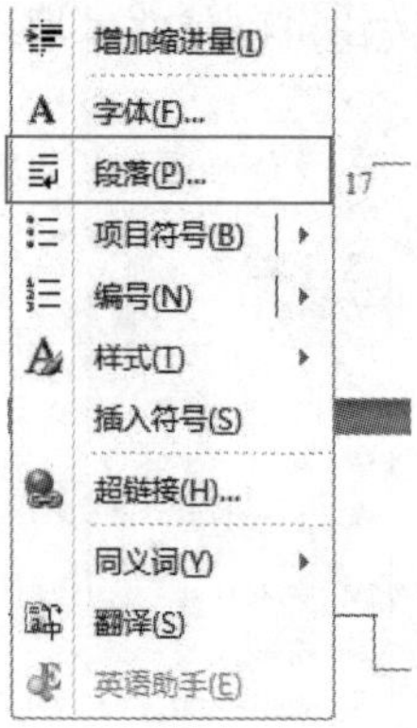

图3-28　快捷菜单

3.3.3　设置边框和底纹

微视频：设置边框和底纹

可以通过为段落设置各种边框和底纹美化显示效果。方法是在“开始”选项卡下，找到“段落”分组，在该分组中，将看到可对文档执行特定操作的按钮和命令，如图3-29所示。

或者点击边框右侧的下拉箭头，选择“边框和底纹”菜单命令，打开“边框和底纹”对话框。如图3-30和图3-31所示。

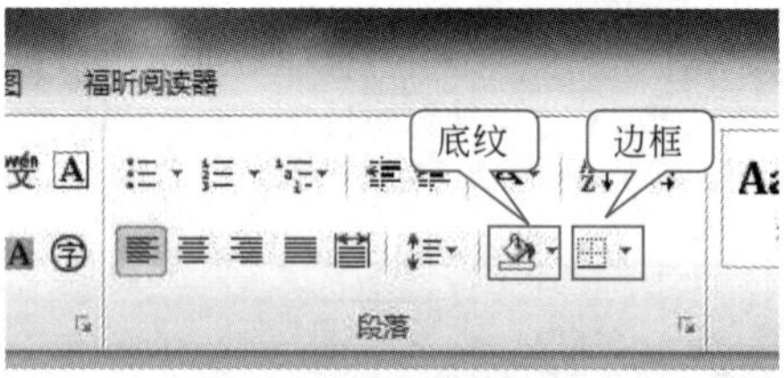

图3-29　“段落”分组

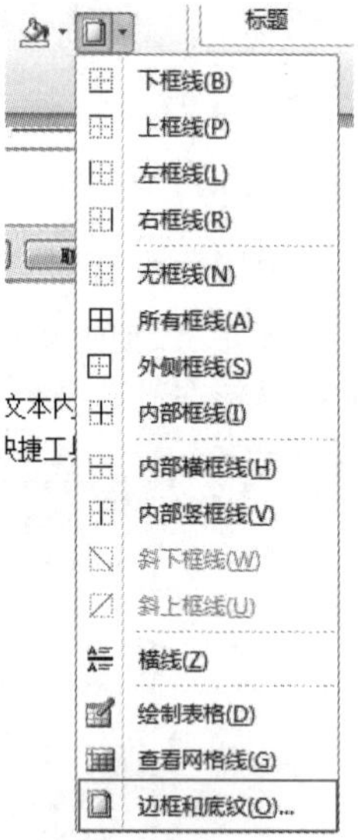

图3-30“边框”下拉菜单

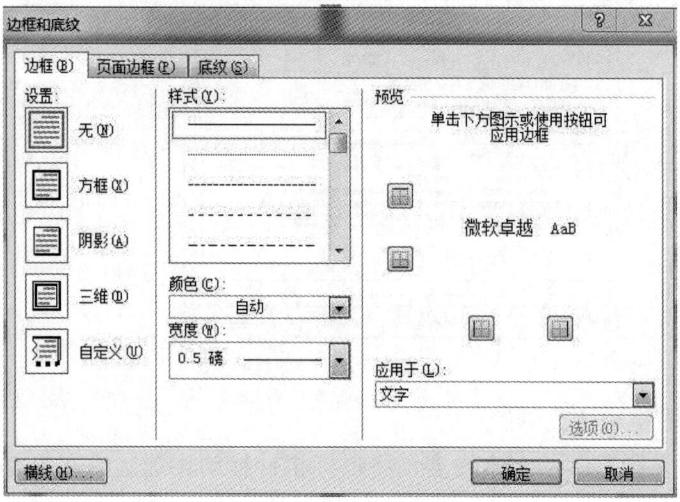

图3-31　“边框和底纹”对话框

3.3.4 项目符号或编号

Word中提供的项目符合或编号可以使多个有并列内容的段落结构更加清晰，文档也更加美观。先选中需要添加项目符合或编号的段落，然后点击“开始”选项卡下的“段落”分组中的“项目符号”按钮或者“编号”按钮；或者将鼠标指针移动到选定的文本内，单击鼠标右键，打开快捷菜单，选择“项目符号”命令或“编号”命令，如图3-32所示。

微视频：项目符号/编号设置

3.3.5 设置分栏

有时为了增强文本效果，需要对段落进行分栏，在报刊上经常能够见到此种排版模式。分栏时需要设置栏数、是否加分隔线、栏宽、栏间距等内容。先选中要分栏的段落，然后点击“页面布局”选项卡下的“页面设置”分组中的“分栏”按钮，如图3-33所示。

微视频：分栏设置

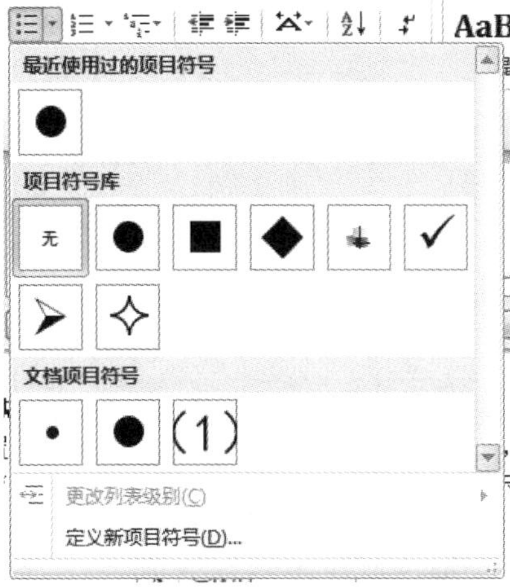

图3-32 项目符号下拉列表

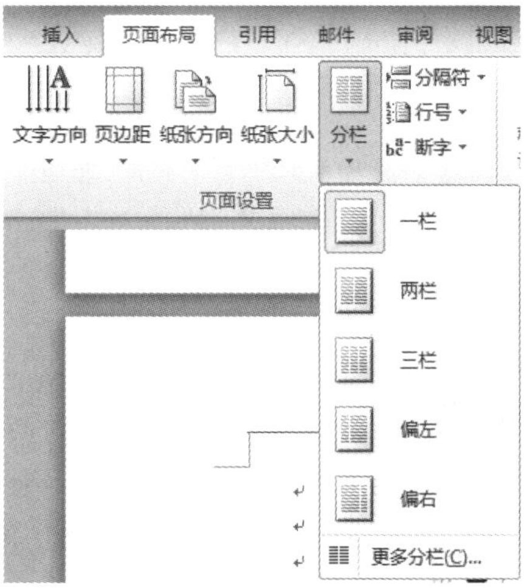

图3-33 “分栏”菜单

点击“更多分栏”菜单命令，可以打开“分栏”对话框，可以进行栏数、栏宽、栏间距、分隔线等设置，如图3-34所示。

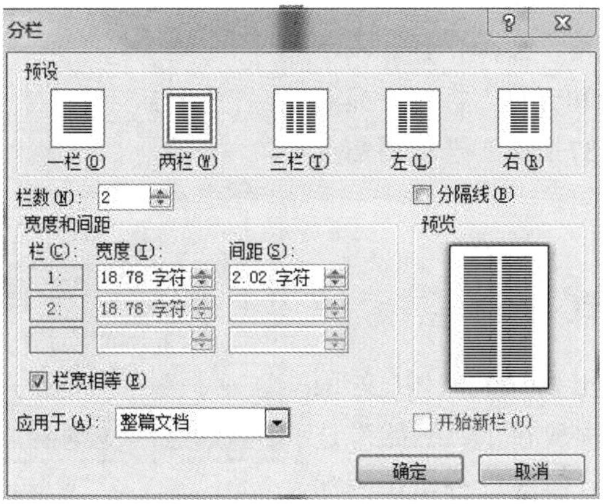

图3-34 “分栏”对话框

3.3.6 首字下沉

微视频：首字下沉设置

首字下沉即为使某一段落的第一个字突出显示的效果，分为下沉和悬挂。先选中段落，或者在某段落中任意位置单击，然后点击“插入”选项卡下的“文本”分组中的“首字下沉”按钮，如图3-35所示。

点击“首字下沉选项”菜单命令，可以打开“首字下沉”对话框，可以进行字体、下沉行数、距正文等设置，如图3-36所示。

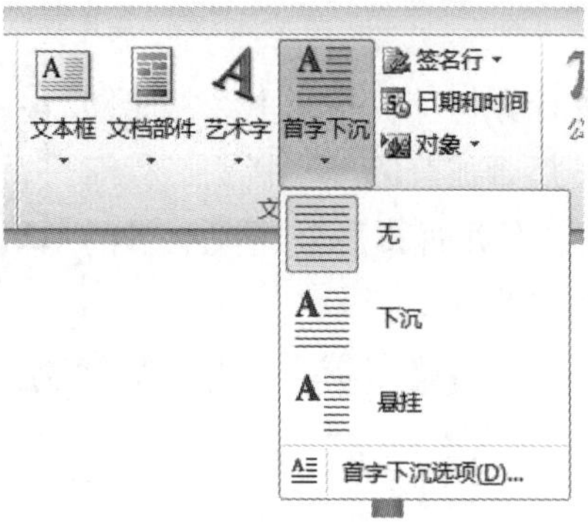

图3-35 “首字下沉”菜单

图3-36 “首字下沉”对话框

3.3.7 换行与分页

微视频：换行和分页设置

当输入文字时，Word按默认的间距排列文档内容，有时会出现孤行或一个段落被分在两页上，这既影响美观又不利于阅读，这时可以利用换行和分页功能避免这种情况发。选定要调整的段落，点击“开始”选项卡下的“段落”分组右下角的小箭头，或者单击鼠标右键选择“段落”命令，打开段落对话框，单击“换行和分页”标签，显示出该选项卡，如图3-37所示。选中所需选项，单击“确定”按钮。

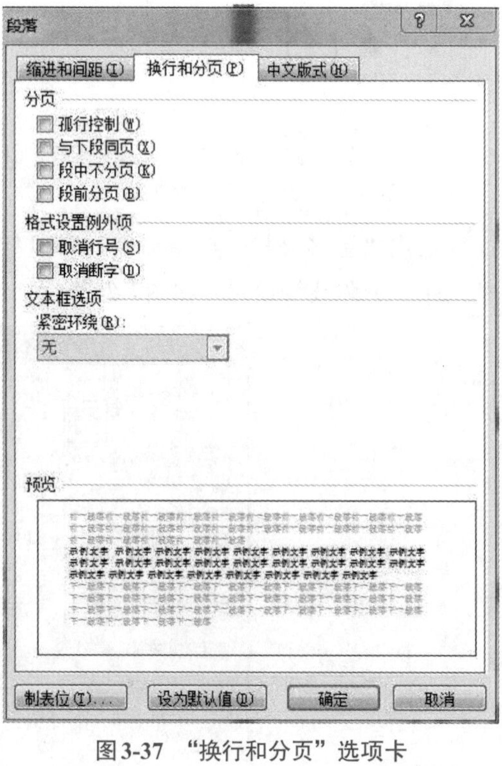

图3-37 “换行和分页”选项卡

3.3.8 中文版式

微视频：中文版式设置

Word 2010将“中文版式”选项放在了“开始”选项卡的“段落”分组中，如

图3-38所示。通过“中文版式”，可以设置纵横混排、合并字符、双行合一及字符缩放等进阶操作。

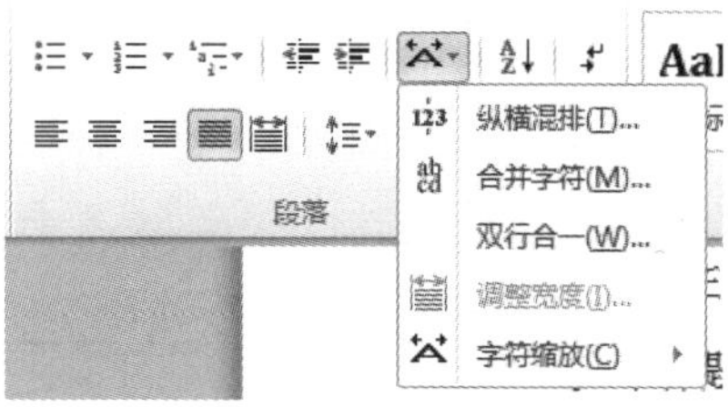

图3-38 中文版式

3.3.9 本节综合应用

（1）操作要求

① 启动Word 2010，在D盘根目录下打开“基本操作综合应用.docx”文本文件。

② 为文章添加标题“信息安全与网络时代”，并设置为三号黑体、红色、倾斜、居中并添加蓝色底纹。

③ 将正文各段文字设置为五号楷体；各段落左、右各缩进0.5字符，首行缩进2字符，1.5倍行距，段前间距0.5行。

④ 将正文第一段分为等宽两栏，栏宽18字符。

⑤ 给正文最后一段添加项目符号“❖”。

⑥ 将文档另存为D盘根目录下“Word文档排版.docx”。

微视频：
3.3.9综合应用

（2）操作步骤

步骤1：执行“开始/所有程序/Microsoft office/Microsoft Word 2010”命令，启动Word 2010；在启动的Word 2010窗口点击“文件”菜单里的“打开”菜单项，在打开的“打开”对话框左侧选择位置D盘，在右侧窗口中选中“基本操作综合应用.docx”文本文件，双击或点击“打开”按钮。

步骤2：在文章起始处录入标题“信息安全与网络时代”，按回车。选中标题文字，点击“开始”选项卡中“字体”分组中的字体列表，选择为黑体，字号列表，选择为三号，字体颜色按钮选择标准色，红色，点击倾斜按钮；点击“开始”选项卡中“段落”分组中的“居中对齐”按钮，点击“底纹”按钮选择标准色，蓝色。

步骤3：选择正文，点击“开始”选项卡中“字体”分组中的字体列表，选择为楷体，字号列表，选择为五号，点击“开始”选项卡中“段落”分组右下方小箭头，打开“段落”对话框，设置段落左、右各缩进0.5字符，首行缩进2字符，1.5倍行距，段前间距0.5行。

步骤4：选择正文第一段，点击“页面布局”选项卡下“页面设置”分组中的分栏下拉菜单，点击最后一个命令“更多分栏”，在打开的“分栏”对话框中设置栏数为2，栏宽度为18字符。

步骤5：选择正文最后一段，点击“开始”选项卡下的“段落”分组中的项目符号下拉菜单，点击最后一个命令“定义新项目符号”，打开“定义新项目符号”对话框，点击“符号”按钮，在弹出的“符号”对话框中选择符号“❖”，点击“确定”按钮。

学习总结

Word 的文档排版	
文字格式的设置	重点：多种方法设置文本字体
段落格式设置	重点：多种方法设置段落格式
设置边框和底纹	
项目符号或编号	重点：自定义项目符号自定义编号起始数字
设置分栏	重点：自定义分栏设置
首字下沉	
换行与分页	
中文版式	重点：综合应用

课堂测验

一、选择题

1.“文字效果”按钮位于功能区的“开始”选项卡下的（　　）中。

A.“样式”分组　B.“段落”分组　C.“字体”分组　D.“编辑”分组

2. 对已输入的文档进行分栏操作时，选择（　　）中的分栏按钮。

A.“开始”选项卡　B.“插入”选项卡

C.“页面布局”选项卡　D.“引用”选项卡

3. 下面关于分栏的说法中正确的是（　　）。

A. 最多可以设4栏　B. 各栏的宽度必须相同

C. 各栏的宽度可以不同　D. 各栏之间的间距是固定的

4.要设置行距为20磅的格式时，应选择行距列表框中的（　　）。

A. 单倍行距　B. 1.5倍行距　C. 固定值　D. 多倍行距

二、操作题

操作要求：

（1）启动Word 2010，打开C盘根目录下的“Word.docx”文档文件。

（2）将标题段文字设置为三号楷体、红色、加粗、居中并添加蓝色底纹。

（3）将正文各段落中的西文字体设置为小四号Times New Roman字体，中文字体设置为小四号仿宋；各段首行缩进2字符、段前间距为0.5行，行距为1.1倍行距。

（4）设置正文第一段首字下沉2行（距正文0.1厘米）。

（5）在第二段前进行段前分页。样文如图3-39所示。

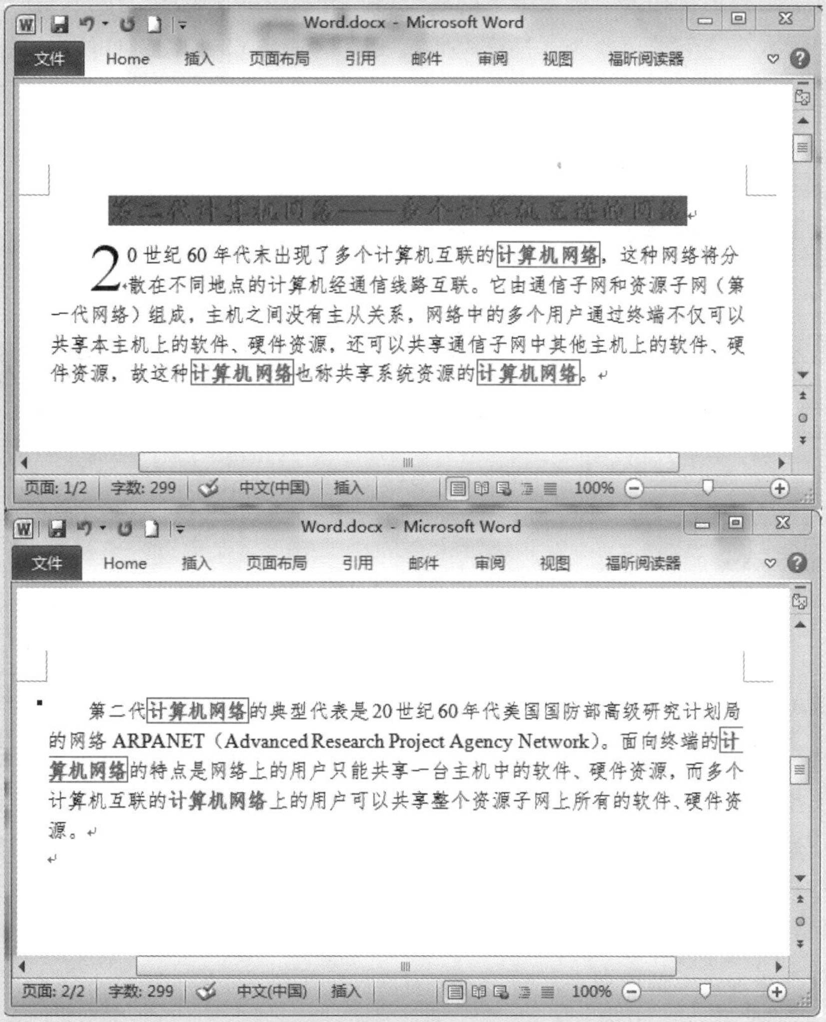

图3-39 样文内容

3.4 Word中表格的操作

表是按行、列结构的单元格组成的网格。读者可自定义表并使用表格呈现文本信息和数值数据等各种任务。本小节我们将学习如何创建一个空白表格，将文本转换为表格，并设置表格样式，对表格中的数据进行排序计算等处理。

3.4.1 表格的基本操作

（1）新建表格

在Word 2010中创建表格，操作非常方便，有几种方法。

方法一：点击“插入”选项卡下的“表格”分组中的“表格”按钮，如图3-40所示，可以快速地在文档中创建一个简单表格。

微视频：
新建表格

方法二：点击“插入”选项卡下的“表格”分组中的“表格”按钮，在下拉菜单中点击“插入表格”菜单命令，打开“插入表格”对话框，如图3-41所示，在对话框中输入行数、列数，创建一个空白表格。

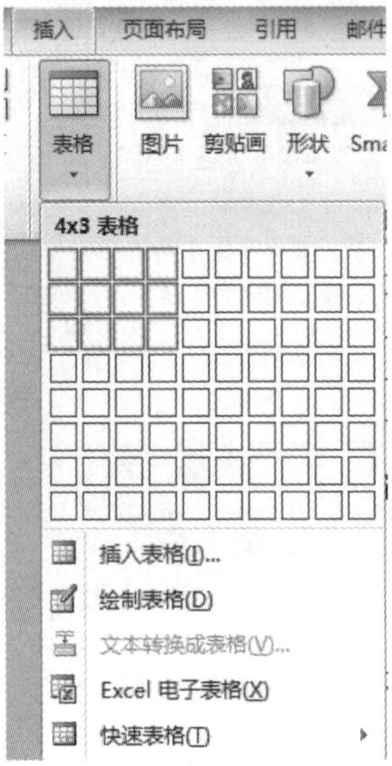

图3-40　插入表格菜单

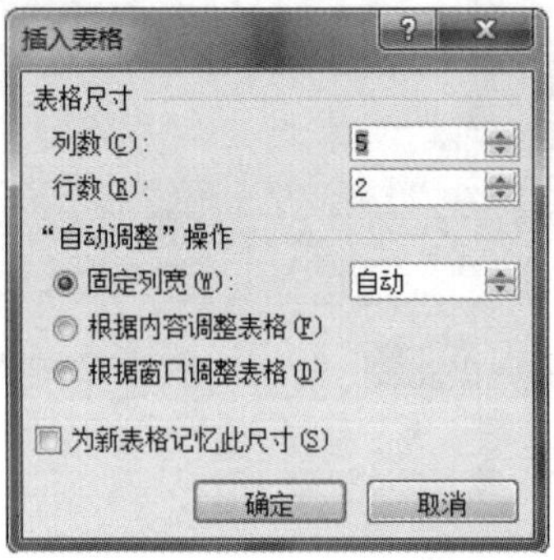

图3-41　“插入表格”对话框

方法三：点击“插入”选项卡下的“表格”分组中的“表格”按钮，在下拉菜单中点击“绘制表格”菜单命令，鼠标指针变成笔形，沿对角线拖动鼠标，绘制好表格的外框；然后，鼠标移到外框内部，逐条绘制所需的内部框线。表格绘制完毕，再次单击“绘制表格”菜单命令或按“Esc”键，退出绘制状态。

方法四：点击“插入”选项卡下的“表格”分组中的“表格”按钮，在下拉菜单中点击“快速表格”菜单命令，创建一个有样式的表格。

（2）删除表格

微视频：删除表格

方法一：需要删除表格时，首先在表格中的任意位置单击鼠标，功能区会出现“表格工具”选项卡，选择“布局”标签，在“行和列”分组中选择“删除”按钮，在下拉菜单中选择“删除表格”菜单命令，删除整个表，如图3-42所示。

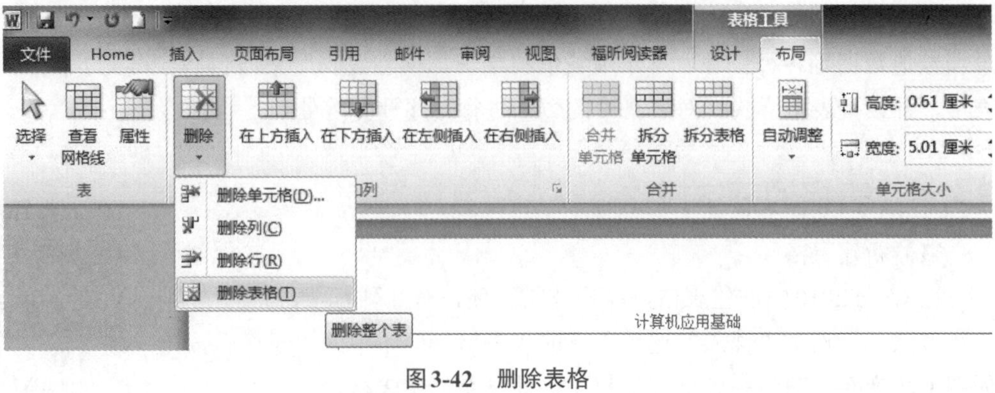

图3-42　删除表格

方法二：选定整个表格，单击鼠标右键，在弹出的快捷菜单中选择“删除表”。

3.4.2 选定表格

（1）选定单元格

方法一：将鼠标移到该单元格的左侧，当鼠标指针变成向右倾斜的黑色箭头时，单击鼠标左键。

方法二：将插入点移到该单元格，选择“表格工具”选项卡中的“布局”标签，在“表”分组中点击“选择”按钮下拉菜单中的“选择单元格”命令。

微视频：选定表格

（2）选定一行

方法一：将鼠标移到表格行的左侧，当鼠标指针变成向右倾斜的箭头时，单击鼠标左键。

方法二：按住鼠标左键，拖动鼠标扫过该行。

方法三：将插入点移到该单元格，选择“表格工具”选项卡中的“布局”标签，在“表”分组中点击“选择”按钮下拉菜单中的“选择行”命令。

（3）选定一列

方法一：将鼠标移到该单元格的顶端，当鼠标指针变成向下的黑色箭头时，单击鼠标左键。

方法二：按住鼠标左键，拖动鼠标扫过该列。

方法三：将插入点移到该单元格，选择“表格工具”选项卡中的“布局”标签，在“表”分组中点击“选择”按钮下拉菜单中的“选择列”命令。

（4）选定表格任意行列

按住鼠标左键，拖动鼠标扫过需要选定的行和列。

（5）选定整个表格

方法一：拖动鼠标扫过整个表格。

方法二：将插入点移到该单元格，选择“表格工具”选项卡中的“布局”标签，在“表”分组中点击“选择”按钮下拉菜单中的“选择表格”命令。

方法三：鼠标指针移到表格上，当表格左上角出现控制句柄时，用鼠标单击该句柄。

3.4.3 编辑表格

（1）在表格中插入行或列

方法一：选定要插入行或列的位置，在“表格工具”选项卡中选择“布局”标签的“行和列”分组，根据需要选择“在上（下）方插入”行或“在左（右）侧插入”列。

微视频：表格行列的插入

方法二：选定要插入行或列的位置，单击鼠标右键，在弹出的快捷菜单中选择“插入”菜单命令，在下级菜单选项中选择“在上（下）方插入”行或“在左（右）侧插入”列。

（2）删除表格的行或列

微视频：表格行列的删除

方法一：选定要删除的行或列，单击“表格工具”选项卡，选择“布局”标签，在“行和列”分组中选择“删除”按钮，在下拉菜单中选择“删除行”或“删除列”菜单命令。

方法二：选定要删除的行或列，单击鼠标右键，在弹出的快捷菜单中选择“删除行”或“删除列”菜单命令。

（3）合并单元格

微视频：合并和拆分单元格

方法一：选定要合并的单元格，单击“表格工具”选项卡，选择“布局”标签，在“合并”分组中选择“合并单元格”按钮。

方法二：选定要合并的单元格，单击鼠标右键，在弹出的快捷菜单中选择“合并单元格”菜单命令。

（4）拆分单元格

微视频：拆分表格

方法一：选定要拆分的单元格，单击“表格工具”选项卡，选择“布局”标签，在“合并”分组中选择“拆分单元格”按钮，打开“拆分单元格”对话框，如图3-43所示，输入需要的行数和列数拆分单元格。

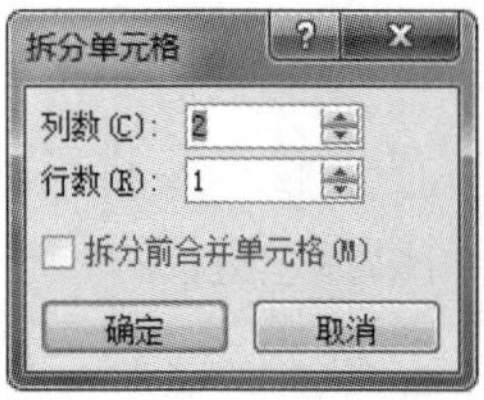

图3-43 “拆分单元格”对话框

方法二：选定要拆分的单元格，单击鼠标右键，在弹出的快捷菜单中选择“拆分单元格”菜单命令，打开“拆分单元格”对话框，输入需要的行数和列数拆分单元格。

补充提示

如果希望重新设置表格，比如将1行2列的表格改为2行三列，则需要选中“拆分单元格”对话框中的“拆分前合并单元格”复选框。

（5）拆分表格

将插入点移到新表格的第一行，单击“表格工具”选项卡，选择“布局”标签，在“合并”分组中选择“拆分表格”按钮，表格即可拆分为两部分。

（6）编辑表格内容

① 复制（移动）单元格　选定该单元格以及单元格结束标记，复制（剪切），将插入点移到目标单元格，单击右键，在快捷菜单中选择“粘贴选项”菜单命令，如图3-44所示，可选择粘贴单元格内容、整个单元格、合并表格、以新行的形式插入、覆盖单元格及只保留文本这些不同的选项。

② 复制（移动）整行　选定该行以及行尾的结束标记，复制（剪切），将插入点

移到目标位置，单击右键，在快捷菜单中选择“粘贴选项”菜单命令，如图3-45所示，可选择粘贴嵌套表、合并表格、以新行的形式插入及只保留文本这些不同的选项。

微视频：表格内容的编辑

③ 复制（移动）整列　选定该列，复制（剪切），将插入点移到目标位置，单击右键，在快捷菜单中选择“粘贴选项”菜单命令，如图3-46所示，可选择粘贴插入为新列、嵌套表、以新行的形式插入及只保留文本这些不同的选项。

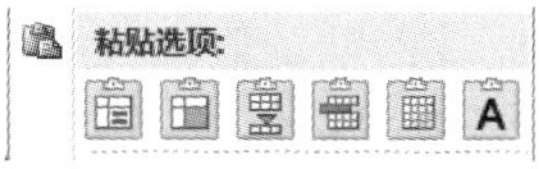

图3-44　粘贴选项（1）

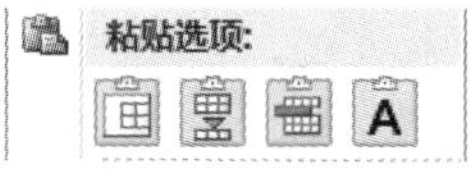

图3-45　粘贴选项（2）

图3-46　粘贴选项（3）

3.4.4　格式化表格

（1）调整表格的行高和列宽

方法一：使用鼠标。将鼠标移到表格中需要调整的行或列分隔线上，当鼠标指针变成◂|▸或者⬍时，拖动鼠标就可以改变行高或列宽；也可以直接拖动标尺上的行标记块或列标记块来改变行高或列宽。

方法二：使用功能选项卡。单击“表格工具”选项卡，选择“布局”标签，在“单元格”分组中选择“高度”和“宽度”选择框，输入相应的数字即完成行高和列宽的设置，如图3-47所示。

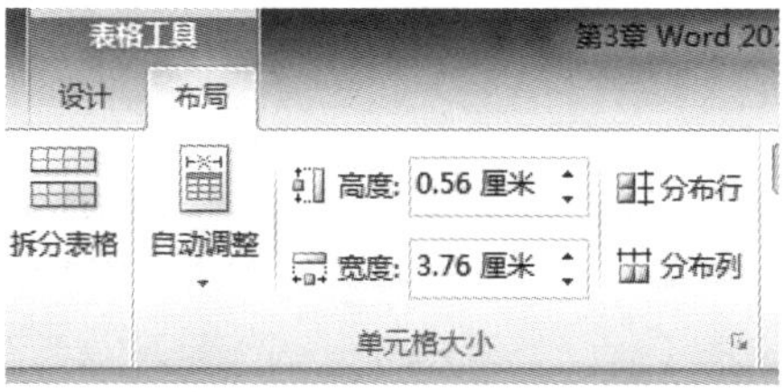

图3-47　“单元格大小”分组

微视频：调整表格行高列宽

补充提示

除了上述两种方法以外，读者还可以从“表格属性”和“自动调整”命令中调整行高和列宽。

（2）设置表格内文本的对齐方式

方法一：选定要设置的单元格文本，单击“表格工具”选项卡，选择“布局”标签，在“对齐方式”分组中有9种对齐方式，如图3-48所示，选择所需的一种方式即可。

方法二：选定要设置的单元格文本，单击右键，在快捷菜单中选择“单元格对齐方式”菜单命令，在9种对齐方式中选择所需的一种方式即可。

微视频：设置单元格对齐方式

图3-48 “对齐方式”分组

微视频：设置表格边框和底纹

（3）设置表格的边框和底纹

Word在制作表格时，默认使用的是0.5磅的黑色细实线，无底纹。为了使表格更加清晰美观，可以改变表格边框和底纹的默认值。

方法一：单击“表格工具”选项卡，选择“设计”标签，设置边框和底纹，如图3-49所示。

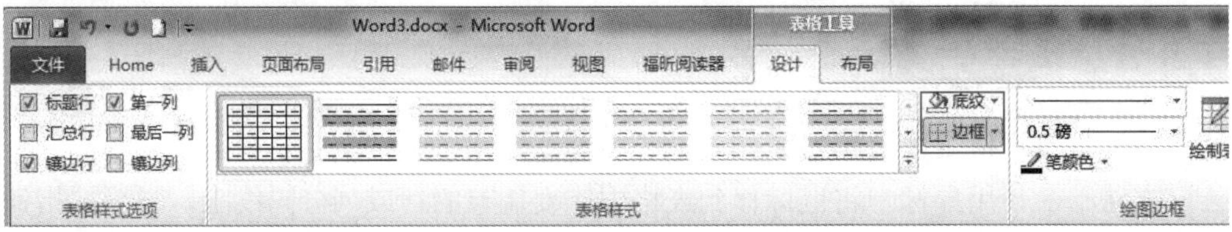

图3-49 边框和底纹设置

方法二：单击“开始”选项卡的“段落”分组中的“边框和底纹”设置按钮。

方法三：单击右键，在快捷菜单中选择“边框和底纹”菜单命令。

微视频：设置表格样式

（4）表格自动套用格式

单击“表格工具”选项卡，选择“设计”标签，选择“表格样式”分组，如图3-50所示。

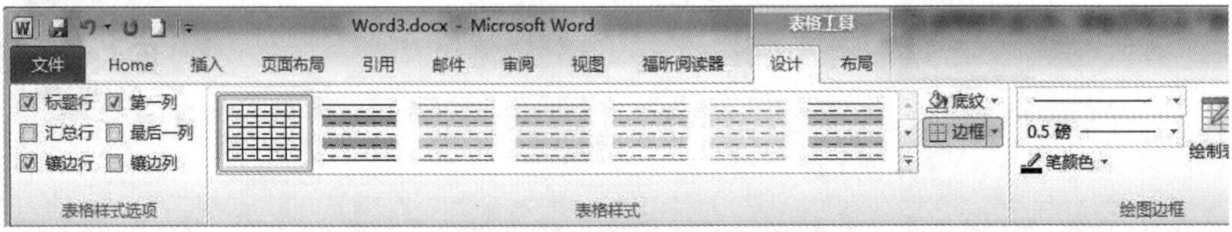

图3-50 “表格样式”分组

3.4.5 数据的排序与计算

（1）数据的排序

微视频：表格数据排序

数据的排序包括升序和降序两种方式。若只是对表格中的某一列数据进行排序，将插入点移到该列，单击“表格工具”选项卡，选择“布局”标签上的“数据”分组，点击排序按钮，在打开的“排序”对话框中，如图3-51所示，设置关键字以及是升序还是降序。或者单击“开始”选项卡下的“段落”分组，点击排序按钮，打开同样的“排序”对话框，即可进行设置。

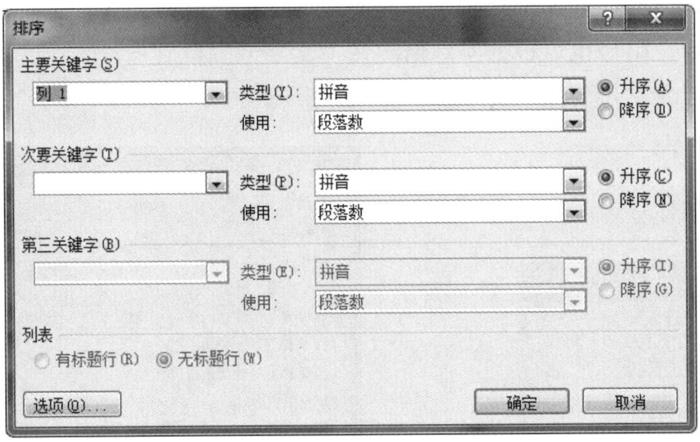

图3-51 “排序”对话框

（2）数据的计算

Word 2010的表格也提供一些简单的计算功能，如加、减、乘、除、求平均值等。将插入点移到要求放置结果的单元格内，单击“表格工具”选项卡，选择“布局”标签上的“数据”分组，点击公式按钮，打开公式对话框，如图3-52所示，在“公式”输入框中插入相应的公式即可。

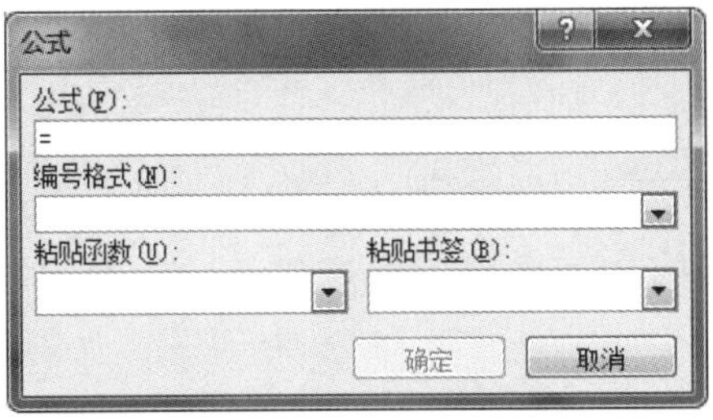

图3-52 “公式”对话框

微视频：表格数据计算

3.4.6 表格数据与文本的相互转换

在Word中用户可以非常方便地实现表格和文本的相互转换。

（1）将表格转换为文字

选定需要转换为文字的表格，单击“表格工具”选项卡，选择“布局”标签中的“数据”分组，点击“转换为文本”按钮，打开“表格转换成文本”对话框，如图3-53所示。选择合适的分隔符作为替代单元格列表框的符号。表格转换成文字后，行边框由段落标记替代。

微视频：表格转换为文字

（2）将文字转换为表格

在需要转换为表格的文字中插入分隔符，如：段落标记、逗号、制表符、空格或者其他特定符号。文字转换成表格后，分隔符将成为单元格的列边框；段落标记将成为表格的行边框。选定要转换的文字，单击“插入”选项卡下的“表格”分组中的表格按钮，选择“文本转换成表格”菜单命令，打开“将文字转换成表格”对话框，如图3-54所示。Word会自动检测出文字中的分隔符，并算出列数，用户也可根据实际情况在“文字分隔位置”选区中选择一种分隔符，或者在“其他字符”框中输入分隔符。

微视频：文字转换为表格

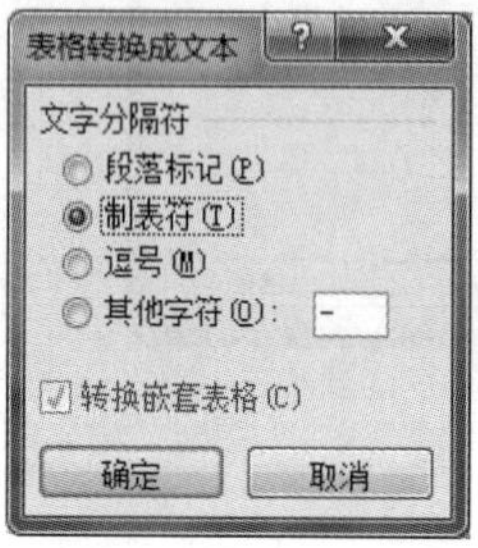

图3-53 “表格转换成文本”对话框

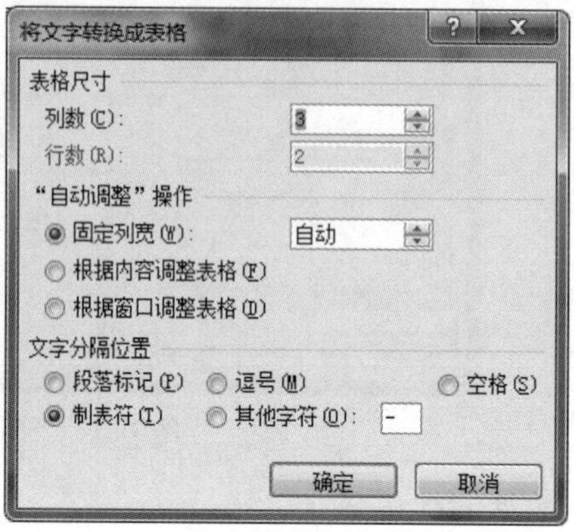

图3-54 “将文字转换成表格”对话框

3.4.7 本节综合应用

（1）操作要求

① 启动Word 2010，在D盘根目录下打开“表格综合应用.docx”文本文件，如图3-55所示。

② 将正文的3行文字转换成一个3行4列的表格，表格居中，列宽3厘米，表格中的文字设置为五号仿宋，所有内容对齐方式为水平居中。

微视频：3.4.7 综合应用

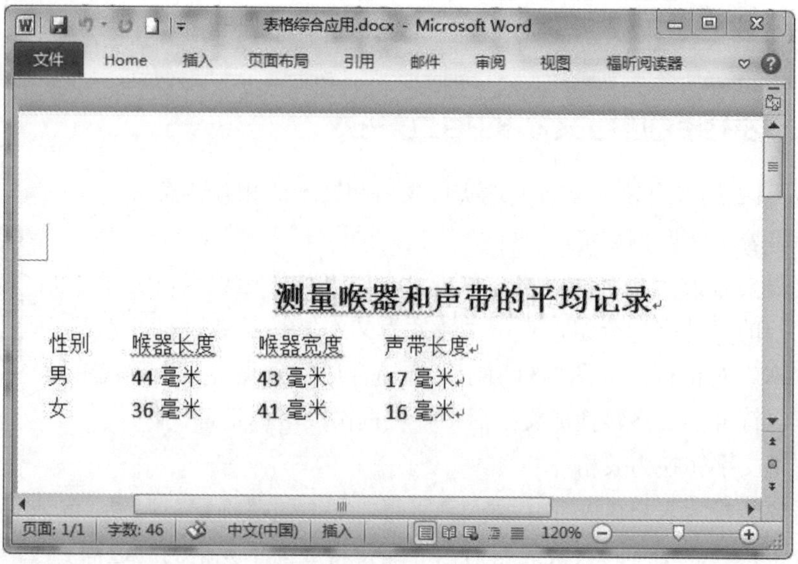

图3-55 表格综合应用.docx

③ 设置所有表格外边框和第一行下框线为蓝色1.5磅双实线，其余框线为红色点划线。

④ 为标题行添加底纹样式“15%”。

⑤ 在表格下方插入一个空行，在第一单元格内输入“平均值”。

⑥ 利用公式计算男女平均喉器长度、喉器宽度和声带长度，将结果填入最后一行。

⑦ 保存文档。

（2）操作步骤

步骤1：执行“开始/所有程序/Microsoft office/Microsoft Word 2010”命令，启动Word 2010；在启动的Word 2010窗口点击“文件”菜单里的“打开”菜单项，在打开的“打开”对话框左侧选择位置D盘，在右侧窗口中选中“表格综合应用.docx”文本文件，双击或点击“打开”按钮。

步骤2：选中正文的3行文字，点击“插入”选项卡中“表格”分组中“表格”按钮，在下拉菜单中选择“文本转换成表格”菜单命令，默认行数为3，列数为4，文字分隔位置为制表符，设置固定列宽为3厘米；在“开始”功能区的“段落”分组中，单击“居中”按钮；在“开始”功能区的“字体”分组中，设置字体为仿宋，字号为五号；选中表格，在“布局”功能区的“对齐方式”分组中，单击“水平居中”按钮。

步骤3：单击表格，在“设计”功能区的“绘图边框”分组中，设置“笔画粗细”为1.5磅，设置“笔样式”为双实线，设置“笔颜色”为蓝色，此时鼠标变成小蜡笔形状，沿着边框线拖动设置外侧框线和第1行下框线。同样设置其余框线为红色、点划线。

步骤4：选中表格第一行，单击鼠标右键，在弹出的快捷菜单中选择“边框和底纹”命令，弹出“边框和底纹”对话框。单击“底纹”选项卡，在“图案”选项分组的“样式”中选择“15%”，在“应用于”中选择“表格”，单击“确定”按钮。

步骤5：将光标放置在最后一行后面的段落标记处，单击“布局”功能区的“行和列”分组中的“在下方插入”按钮，插入一个空行，在第一个单元格内录入文本“平均值”。

步骤6：单击最后一行的第二个单元格，在“布局”功能区的“数据”分组中，单击公式按钮，弹出“公式”对话框，在“公式”输入框中插入“=AVERAGE（ABOVE）”，单击“确定”按钮。按此步骤反复进行，直到完成所有列的计算。

步骤7：保存文档。

学习总结

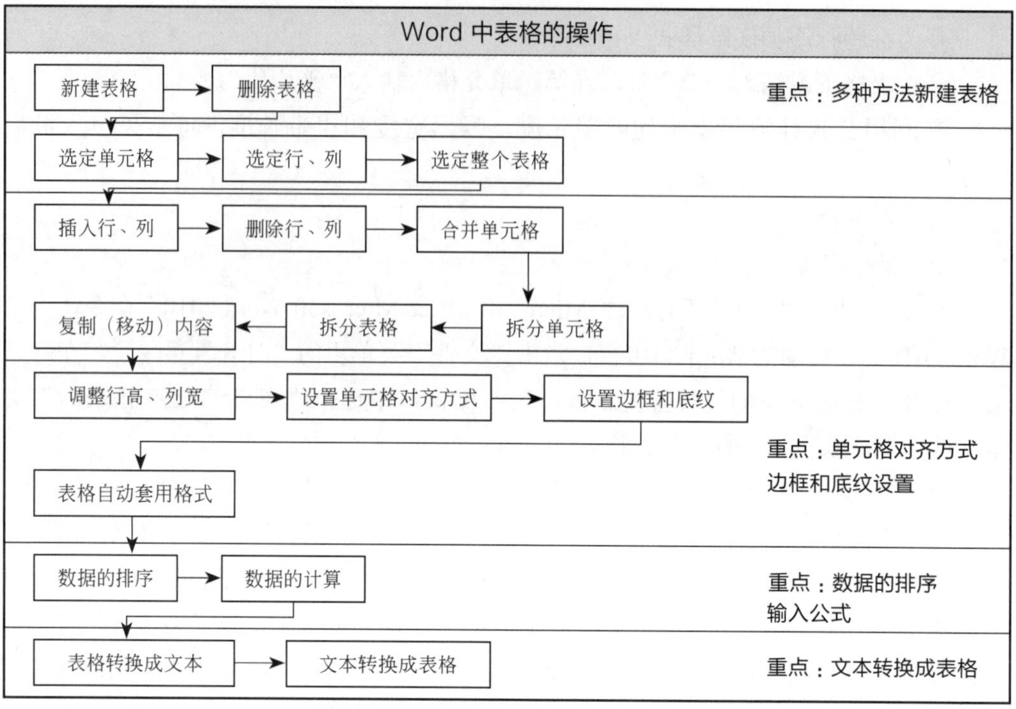

课堂测验

一、选择题

1. 在 Word 2010 表格中，要使光标从一个单元格移到前一个单元格，应选用键是（　　）。

A. Shift　　B. Tab　　C. Ctrl　　D. Shift+Tab

2. 当前插入点在表格中某行的最后一个单元格内，按“Enter”键后，可以使（　　）。

A. 插入点所在的行加宽　　B. 插入点所在的列加宽

C. 插入点下一行增加一行　　D. 对表格不起作用

3. 可以通过“表格工具”功能区选项卡来插入或删除行、列和单元格，该分组是（　　）。

A. 表　　B. 行和列　　C. 单元格大小　　D. 对齐方式

4. 改变表格中行或列的位置可通过鼠标的（　　）动作实现。

A. 单击　　B. 双击　　C. 拖曳　　D. 右击

二、操作题

操作要求：

（1）启动 Word 2010，打开 C 盘根目录下的“Word2.docx”文档文件。

（2）将文中4行文字转换为一个4行9列的表格。

（3）在“积分”列按公式“积分=3*胜+平”计算并输入相应内容。

（4）设置表格第2列、第7列、第8列列宽为2.1厘米、其余列列宽为1.4厘米、行高0.6厘米，表格居中；设置表格中所有文字水平居中。

（5）为表格套用“中等深浅底纹1-强调文字颜色1”的表格样式。

（6）将“队名”列以“拼音”类型升序排序。样文如图3-56所示。

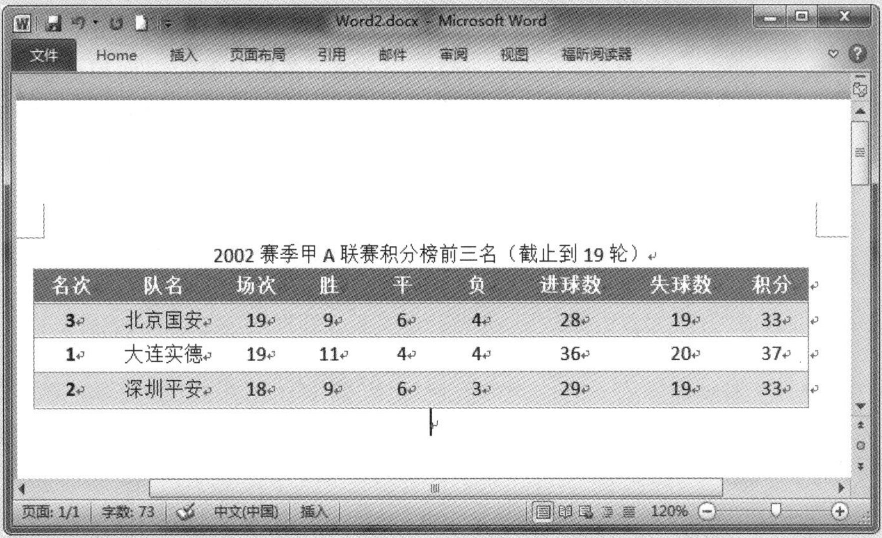

2002赛季甲A联赛积分榜前三名（截止到19轮）

名次	队名	场次	胜	平	负	进球数	失球数	积分
3	北京国安	19	9	6	4	28	19	33
1	大连实德	19	11	4	4	36	20	37
2	深圳平安	18	9	6	3	29	19	33

图3-56 样文内容

3.5 Word的图形处理

3.5.1 图形的建立及编辑

（1）绘制基本图形

单击“插入”选项卡下“插图”分组的“形状”按钮，在下拉菜单中，如图3-57所示，选择需要的图形，当鼠标指针变成十字形，按下鼠标左键并拖动鼠标，就可以绘制各种图形。

微视频：绘制基本图形

（2）选定和移动图形对象

选定一个图形对象，单击该图形，图形被选中后，图形周围会出现许多控制手柄。其中白色的控制手柄用于改变图形对象的大小，黄色的控制手柄用于改变图形对象的形状。选定多个对象，按

微视频：基本图形简单操作

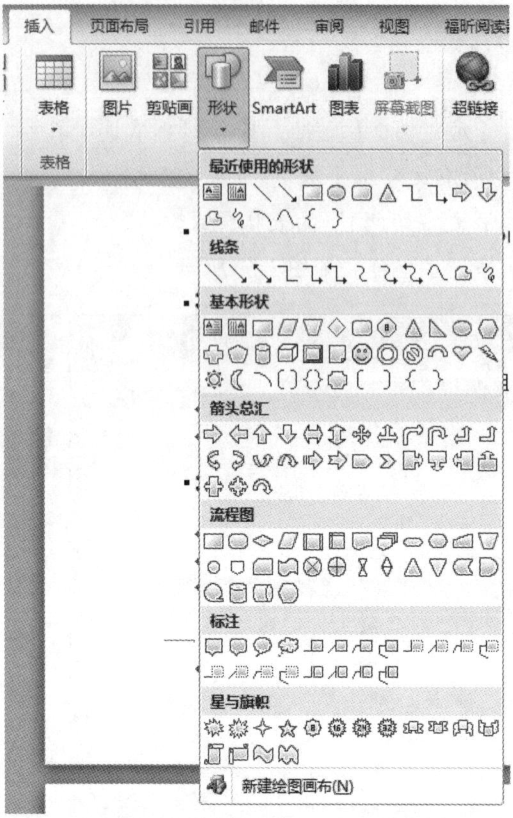

图3-57 “形状”下拉列表

住键盘上的“Shift”键，用鼠标单击各个图形。

移动对象可以通过鼠标，也可以通过键盘。当鼠标移到图形对象上，鼠标箭头指针旁出现一个十字交叉箭头时，拖动鼠标到新的位置，图形就移动到了新位置上。按键盘上的光标移动键，每按一次，图形移动一个网格。

（3）图形对象的排列和叠放次序

单击图形，在“绘图工具”“格式”选项卡下的“排列”分组中，选择对齐按钮，可以对图形进行排列。

插入到文档中的图形对象相互之间可以重叠，图形对象还可以和正文文字相互重叠。图形之间、图形和文字之间的重叠顺序是可以更改的。单击图形，在“绘图工具”“格式”选项卡下的“排列”分组中，选择上移一层和下移一层按钮，可以对图形进行叠放次序的调整。

3.5.2 图片的插入及编辑

在文档中插入已有的图片文件，是一种最简单的方法。插入的图片可以是系统中的剪贴画，也可以是由其他文件创建的图片文件。

（1）插入剪贴画

微视频：插入剪贴画

单击“插入”选项卡下“插图”分组中的剪贴画按钮，打开剪贴画窗格，如图3-58所示，在“搜索”输入框中输入关键字，在“结果类型”当中选择媒体类型，即可搜索出需要的多媒体素材。在搜索出的剪贴画上单击鼠标，即可在文档中插入该剪贴画。

微视频：插入文件中的图片

（2）插入文件中的图片

单击“插入”选项卡下“插图”分组中的图片按钮，打开“插入图片”对话

图3-58 “剪贴画”窗格

框，如图3-59所示。在对话框左侧列表框中，找到图片文件所在的位置，在文件列表框中选中要插入的图片文件，单击“插入”按钮，图片即插入到文档中。

图3-59 “插入图片”对话框

（3）编辑插入的图片

图片插入到文档中之后，还可以对其进行一些编辑，使得文章更加美观生动。对于图片的编辑主要包括调整图片大小、图片的版式、图片的位置以及图片的亮度、对比度、柔化及锐化等。与普通文本一样，对图片进行编辑，也要先选中图片，图片被选中后，四周就会出现八个控制手柄，同时还会出现“图片工具”功能区，如图3-60所示。

微视频：
编辑图片

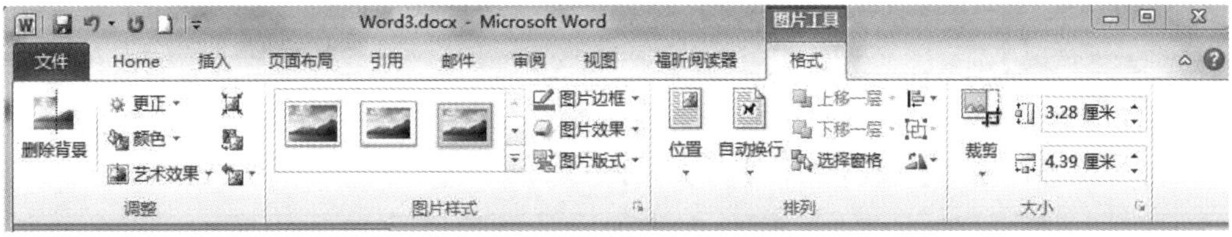

图3-60 “图片工具”功能区

对图片进行编辑可以利用“图片工具”功能区上的按钮，也可以利用“设置图片格式”对话框。在选中图片上单击右键，弹出的快捷菜单最后一个命令菜单就是打开“设置图片格式”对话框，如图3-61所示，在“设置图片格式”对话框中可以设置图片的大小、三维、颜色线条以及艺术效果等。

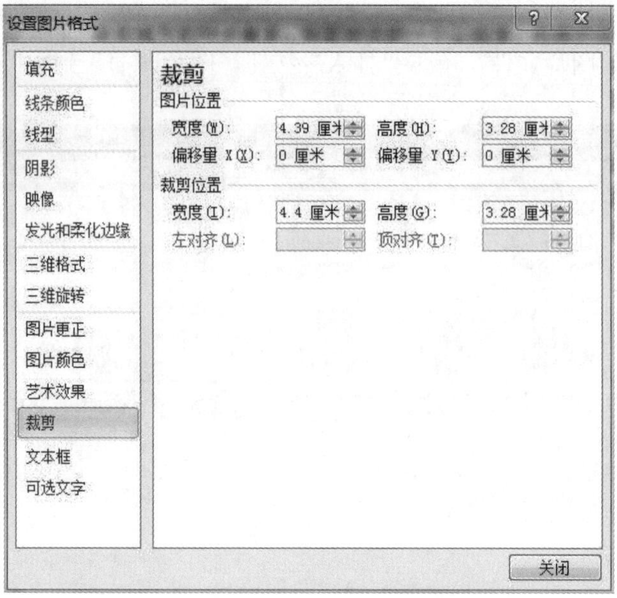

图3-61　“设置图片格式”对话框

3.5.3　插入文本框

微视频：插入文本框

文本框可以看作容纳文本等内容的一个容器，当需要灵活放置某一块文本的位置或单独设置其格式时，可以将其放置在文本框中。Word 2010中文本框分为内置文本框、横排文本框和竖排文本框。插入文本框的方法为依次单击“插入”选项卡下的“文本”分组中的“文本框”按钮，如图3-62所示。文本框中文字的排版与Word中普通文本的排版一样，可以设置字体段落等。

补充提示

文本框中不支持分栏、首字下沉等格式设置。

3.5.4　SmartArt图形的插入及编辑

微视频：SmartArt图形的插入与编辑

SmartArt图形可在PowerPoint，Word，Excel中使用，是信息和观点的视觉表示形式。可以通过从多种不同布局中进行选择来创建SmartArt图形，从而快速、轻松、有效地传达信息。

（1）插入SmartArt图形

单击“插入”功能区上“插图”分组中的“SmartArt”按钮，打开图示库，如图3-63所示，可以选择不同类型的SmartArt图形，单击“确定”按钮即可。

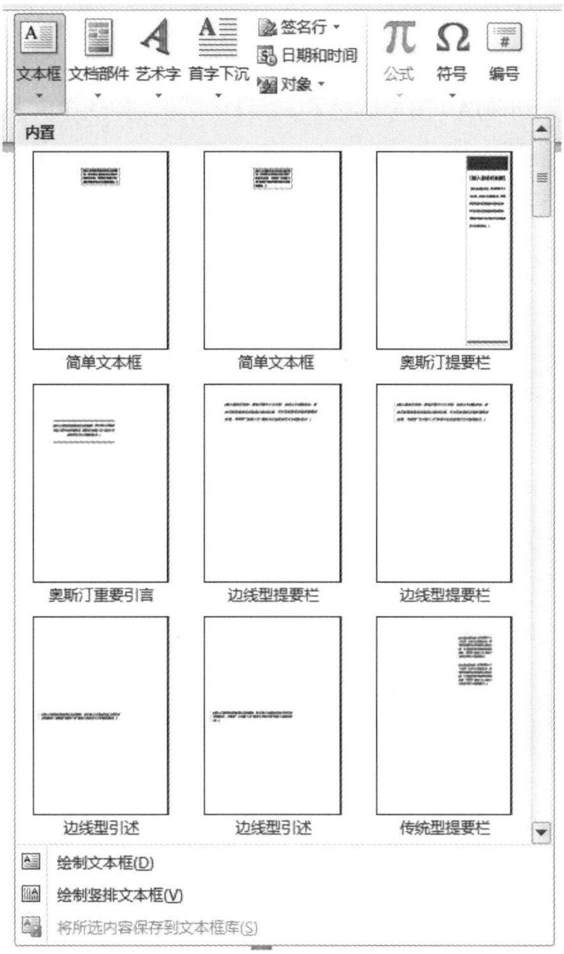

图3-62　插入文本框

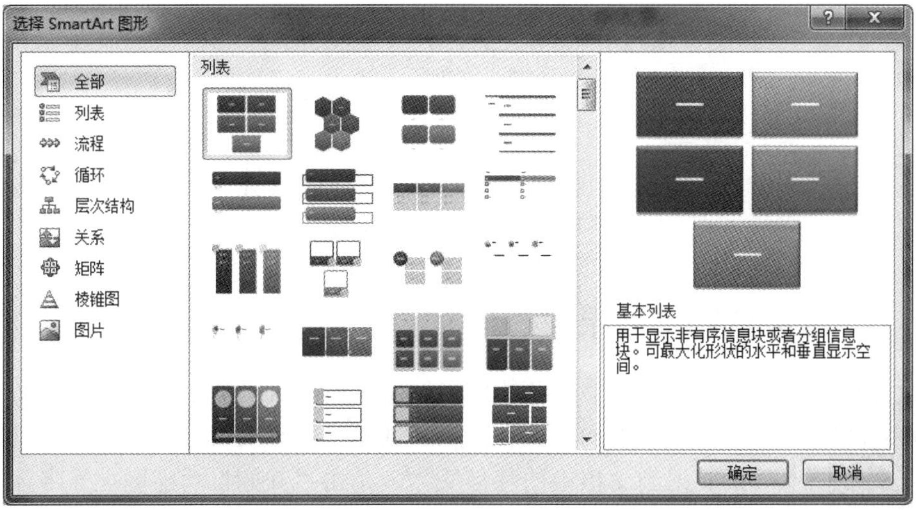

图3-63　选择SmartArt

（2）编辑SmartArt图形

选定插入到文档中的SmartArt图形，和选中图形图片对象一样，艺术字周围也会出现许多控制手柄；还会出现“SmartArt工具”选项卡，单击“SmartArt工具”选项卡下的“设计”标签中的“布局”分组，可以修改SmartArt图形布局，“SmartArt样式”分组，可以修改SmartArt图形颜色和三维样式等，如图3-64所示。

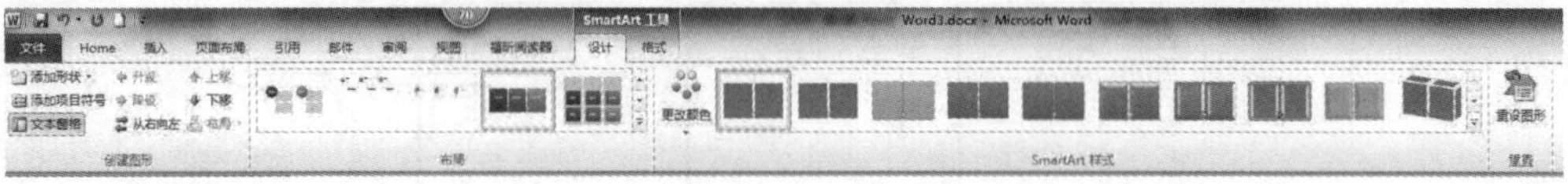

图3-64 “SmartArt工具”功能区

3.5.5 艺术字的插入及编辑

（1）插入艺术字

微视频：艺术字的插入

单击“插入”选项卡下“文本”分组中的“艺术字”按钮，如图3-65所示，打开艺术字样式下拉框，选择其中一种艺术字样式，所选样式生成的艺术字就插入到了文档的当前位置。

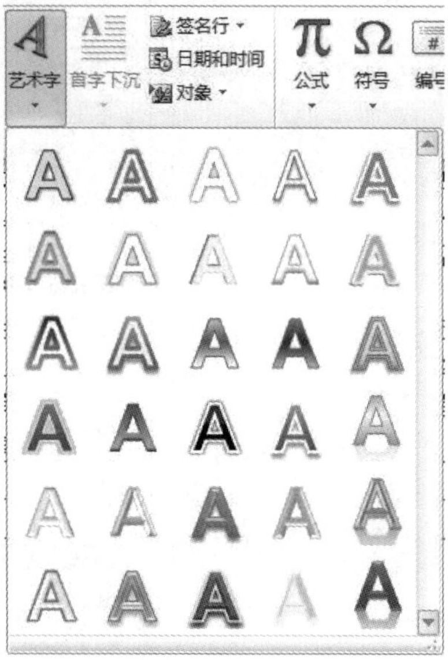

图3-65 “艺术字”下拉框

（2）编辑艺术字

微视频：编辑艺术字

选定插入到文档中的艺术字，和选中图形图片对象一样，艺术字周围也会出现许多控制手柄；还会出现“艺术字工具”选项卡如图3-66所示，在“艺术字样式”分组中可以设置艺术字形状、填充色、环绕方式等。

图3-66 “艺术字工具”功能区

3.5.6 文字的特殊效果设置

微视频：设置文字特殊效果

增强文本效果是Word 2010最有趣的新功能之一。使用该功能可以对文本应用不同的设计效果，创作个性化的美工效果，并可以将文本效果应用到文档中的任何文本。单击“开始”功能区上“字体”分组中的“文本效果”按钮，如图3-67所示。此时打开“文本效果”下拉菜单，如图3-68所示，可以设置文本的轮廓、阴影、映像和发光效果。

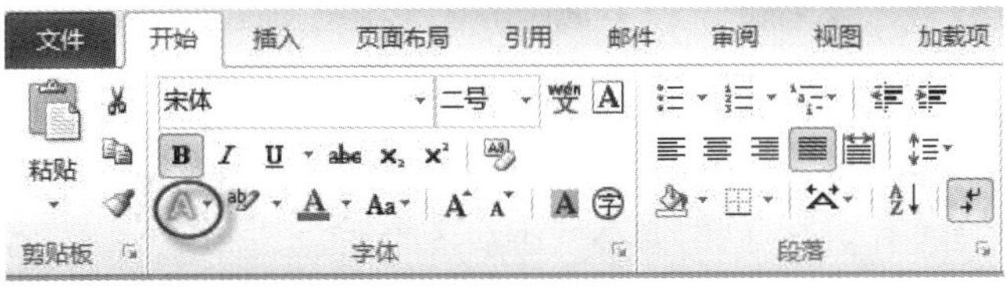

图3-67 “字体”分组中“文本效果”按钮

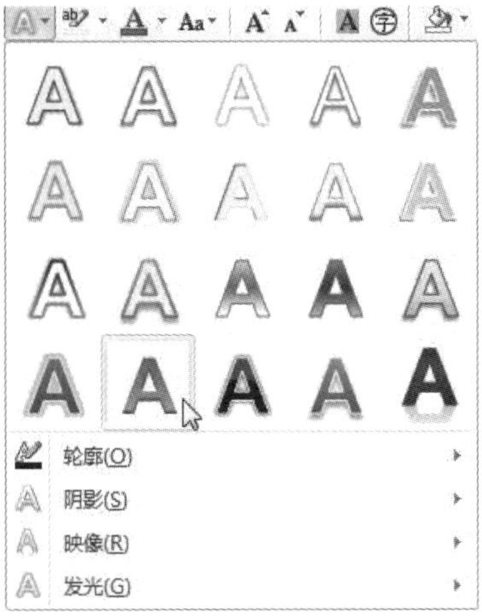

图3-68 “文本效果”下拉菜单

3.5.7 本节综合应用

微视频：3.5.7 综合应用

（1）操作要求

① 启动Word 2010，在D盘根目录下打开“图形处理综合应用.docx”文本文件，如图3-69所示。

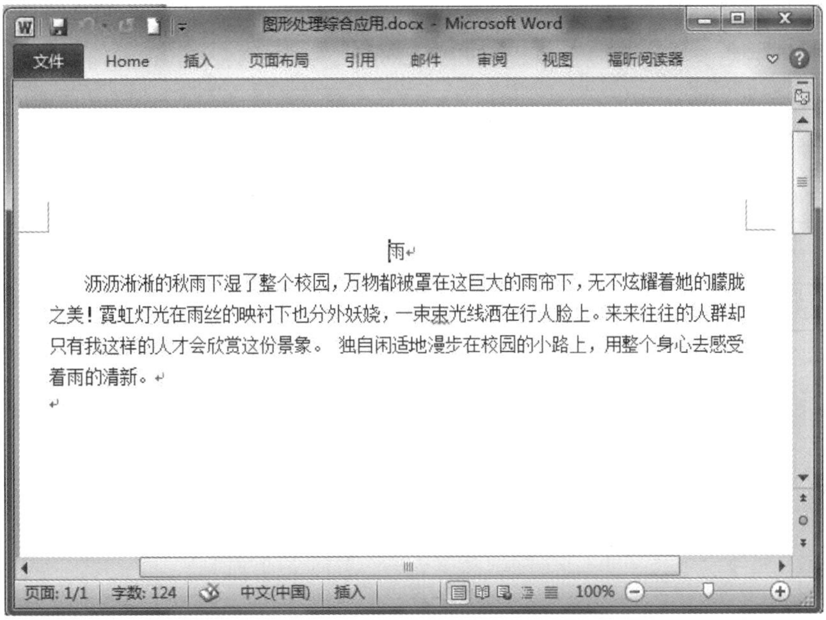

图3-69 图形处理综合应用.docx

② 为文章插入“瓷砖型提要栏”内置文本框，输入以下内容：“雨淅淅沥沥地下着，沁人心脾，走在校园的小路上，心中难得的从容与洒脱。雨渐渐停歇，光线透着些许暗淡，雨中洗涤过的校园，让我的心变得自由。”

③ 在文章标题左侧，插入Office收藏集中名为“rain，weather…”的剪贴画，环

绕方式为“四周型环绕”，图片的缩放比例为80%，并为图片设置“阴影样式1”的阴影效果。

④ 保存文档。

（2）操作步骤

步骤1：执行“开始/所有程序/Microsoft office/Microsoft Word 2010”命令，启动Word 2010；在启动的Word 2010窗口点击“文件”菜单里的“打开”菜单项，在打开的“打开”对话框左侧选择位置D盘，在右侧窗口中选中“图形处理综合应用.docx”文本文件，双击或点击“打开”按钮。

步骤2：单击“插入”功能区“文本”分组中的“文本框”按钮，在文本框下拉选项的内置文本框中找到“瓷砖型提要栏”，点击插入并录入文本。

步骤3：单击“插入”功能区“插图”分组中的“剪贴画”按钮，在“剪贴画”窗格的搜索文字窗格中输入“rain”，单击“搜索”按钮，点击搜出的图片使之插入到文档中。单击“图片工具”功能区“排列”分组中的“自动换行”按钮，在下拉菜单中选择“四周型环绕”；单击“大小”分组右下角的小箭头，在弹出的“设置图片格式”对话框的“大小”选项卡中设置图片缩放80%；单击“阴影效果”分组中“阴影效果”按钮，在下拉菜单中选择“阴影样式1”。

步骤4：保存文档。

学习总结

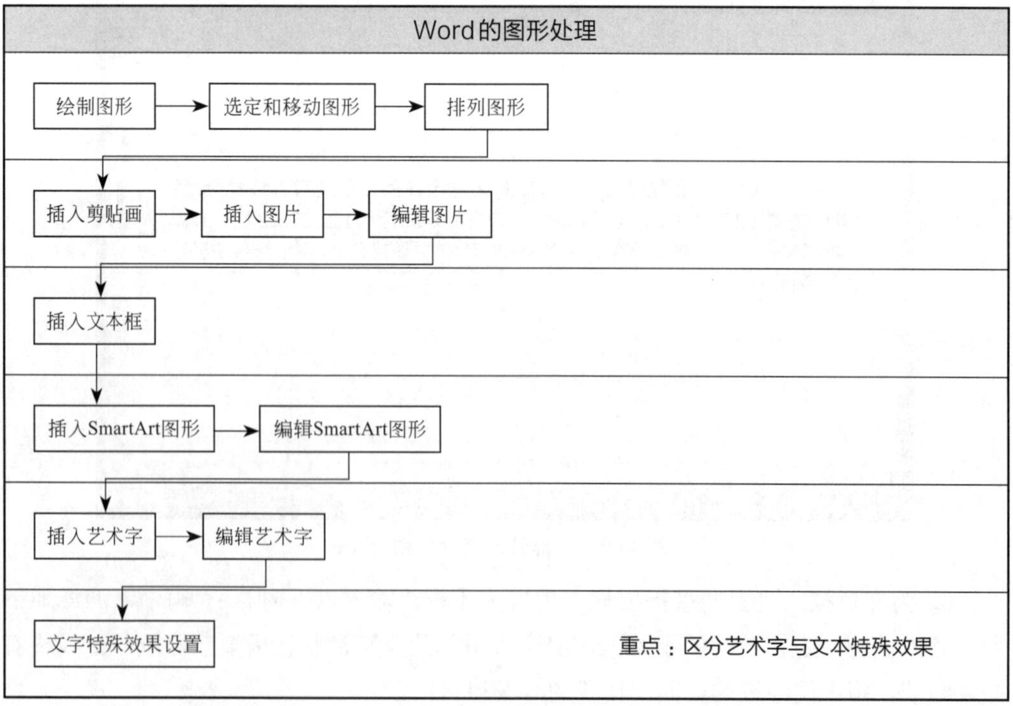

课堂测验

一、选择题

1.（　　）在功能区上显示“图片工具”。

A. 单击“视图”选项卡

B. 在文档中选择文字，然后单击“开始”选项卡

C. 在文档中选择图形

D. 单击“页面布局”选项卡

2.“文字效果”按钮位于功能区的“开始”选项卡下的（　　）中。

A.“样式”分组　B.“段落”分组　C.“字体”分组　D.“编辑”分组

3. 如果要更改文档中图片（照片、剪贴画等）的颜色，应该单击“图片工具”上的（　　）。

A.“更正”按钮　　B.“颜色”按钮。

C.“艺术效果”按钮　　D.“重设图片”按钮

4. 在功能区的“SmartArt 工具”中，在（　　）可以看到提供的各种 SmartArt 图形。

A.“SmartArt 工具”下“格式”选项卡下的“形状样式”分组中

B.“SmartArt 工具”下“设计”选项卡下的“布局”分组中

C.“SmartArt 工具”下“设计”选项卡下的“SmartArt 样式”分组中

D.“SmartArt 工具”下“设计”选项卡下的“排列”分组中

二、操作题

操作要求：

（1）启动 Word 2010，打开 C 盘根目录下的“Word3.docx”文档文件。

（2）将文章标题“落叶”设置为艺术字样式“填充 - 白色，渐变轮廓 - 强调文字颜色 1”，字体为华文新魏、加粗、字号 48 磅，文本填充为预设颜色中“熊熊火焰”的效果，类型为“射线”，方向为“中心辐射”；文字环绕方式为“嵌入型”。

（3）将文章作者“徐志摩”字体设置为华文行楷、三号，并为其添加“填充 - 绿色，强调文字颜色 6，轮廓 - 强调文字颜色 6，发光 - 强调文字颜色 6”的文本效果。

（4）在文章末尾插入 SmartArt 图形中的基本棱锥图，颜色为“彩色→强调文字颜色”，并为其添加“嵌入”的三维效果。样文如图 3-70 所示。

落叶

徐志摩

我又再次见到了那飘散着的一片片落叶。

见到落叶并不稀奇，但是这是在春天，四月的春天！春天见得最多的应是傲

然怒放的鲜花和春风得意的杨柳，而不是这像蝴蝶一般在空中翩翩起舞，萦绕的落叶。我看着地上的落叶，有三种不同的颜色：翡翠般绿的，金子般黄的，火一般红的，真可以说是色彩繁多了。今年似乎与往年不同，春天的落叶特别多，几乎在每一棵树旁，都会有一片片落叶静静地躺在那儿等着清洁工人来打扫。

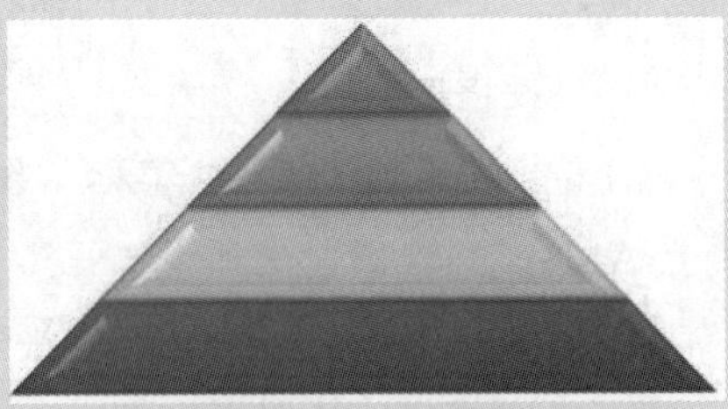

图3-70　样文内容

有些地方的叶子更多。我家附近的一个公园里，成堆的落叶铺散在石路上，没有什么人来打扫这里。一次，我放学来到这里，踩着已经没有水分的落叶，发出簌簌的响声，好像叶子碎了。但细心一点就会发现，这里的落叶竟一片也没有碎裂。

落叶有很多种，按季节，可以分为春夏秋冬四个季节的叶子；按树木，可以分为梨树叶、桃树叶、樟树叶等形态各异的叶子；按颜色，可以分为红、绿、黄三种颜色。

谁都知道，落叶是秋的使者，在秋天，会有许许多多的落叶像仙女一样飘落下来，但在春天，也会有许多落叶的。其实，每一个季节都会有落叶的包括在寒风凛冽的冬天，四季常青的樟树也会有落叶。

3.6　Word的页面设计

3.6.1　页面设置

用户在Word中创建新文档时，默认纸型是A4纸，页面的方向是纵向。想要获得理想的输出效果，在正式打印之前，可以对文档的页面进行一些调整。在本节中，我们将学习如何在Word 2010中进行页面设计。

（1）设置纸型和方向

单击“页面布局”功能区“页面设置”分组，如图3-71所示，可以设置纸型和纸张方向。

微视频：设置纸型

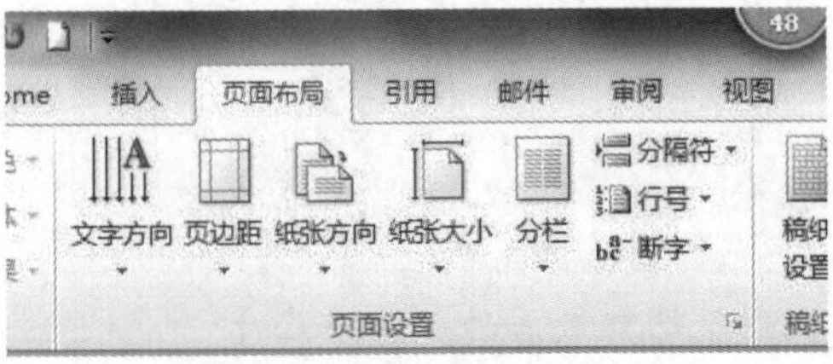

图3-71　“页面设置”分组

(2) 设置页边距

页边距是指正文与纸张边缘之间的空白区，以及为文档保留的装订区。要设置页面边距，仍然是在“页面布局”功能区的“页面设置”分组面板上。如图3-71所示。

微视频：
设置页边距

3.6.2 页眉和页脚设置

页面顶端和底部的所有内容通称为页眉和页脚。与文档正文中的文本不同，可以用鼠标和键盘直接选择和编辑正文文本，而页眉和页脚的内容编辑首先需要打开页眉页脚空间、进入页眉页脚编辑状态。

(1) 设置页眉页脚

方法一：在页面顶部或底部双击，打开页眉和页脚空间后就可以在页眉页脚进行编辑了。

方法二：单击“插入”功能区的“页眉和页脚”分组中的命令。

当处于页眉和页脚编辑状态时，“页眉和页脚工具”功能区可用，如图3-72所示，编辑完成后，点击“关闭页眉和页脚”按钮，返回文档即可。

微视频：
设置页眉页脚

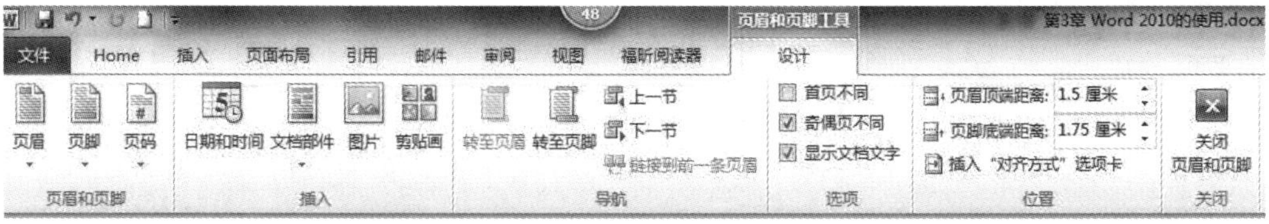

图3-72 页眉和页脚工具

补充提示

双击文档正文也可以关闭页眉和页脚空间，这种方式更加简单。

(2) 插入页码

单击“页眉和页脚工具”功能区的“页码”按钮，可将页码插入文档顶端、底端、边距以及当前位置。点击“设置页码格式”菜单命令，即可打开“页码格式”对话框，如图3-73所示，可以设置页码格式以及页码起始数字等。

微视频：
插入页码

3.6.3 页面背景设置

(1) 添加水印

为了体现文档的原创性或美观的需要，可以为文档添加水印，水印有图片和文字两种。单击“页面布局”功能区“页面背景”分组中的“水印”按钮，选择“自定义水印”菜单命令，打开“水印”对话框，如

微视频：
添加水印

图3-74所示，可以选择图片水印或者文字水印，文字水印还可以设置字体、字号及颜色版式等。

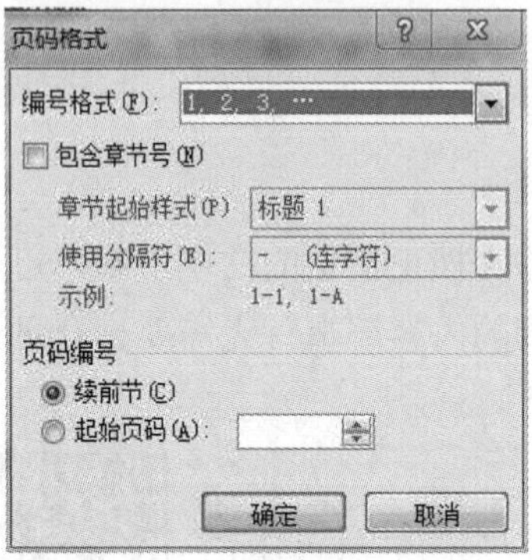

图3-73 “页码格式”对话框

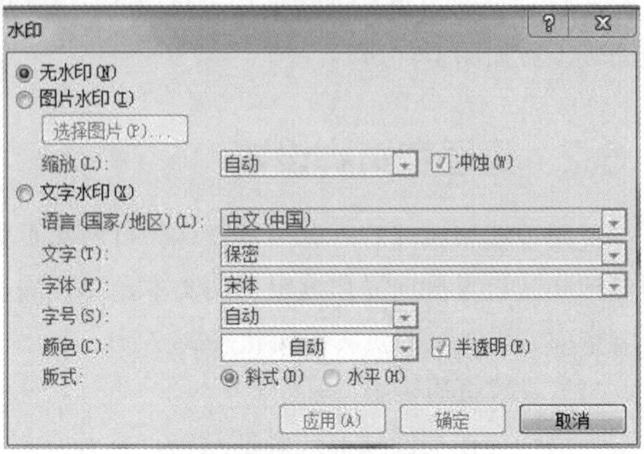

图3-74 “水印”对话框

（2）设置页面颜色

单击“页面布局”功能区“页面背景”分组中的“页面颜色”按钮，可以为文档设置页面颜色，可以是纯色也可以是纹理、图案或者图片。

微视频：设置页面颜色与边框

（3）设置页面边框

单击“页面布局”功能区“页面背景”分组中的“页面边框”按钮，打开“边框和底纹”对话框的“页面边框”选项卡，页面边框可以是普通线型，也可以是艺术型。

3.6.4 本节综合应用

（1）操作要求

① 启动Word 2010，在D盘根目录下打开“页面设置综合应用.docx”文本文件，如图3-75所示；

② 自定义页面纸张大小为“19.5厘米（宽度）×27厘米（高度）”；设置页面左、右均为3厘米；

③ 为页面添加1磅、深红色（标准色）、“方框”型边框；

④ 插入页眉，并在其居中位置输入页眉内容“时间就是生命”；

⑤ 保存文档。

微视频：3.6.4综合应用

（2）操作步骤

步骤1：执行“开始/所有程序/Microsoft office/Microsoft Word 2010”命令，启动Word 2010；在启动的Word 2010窗口点击“文件”选项卡中的“打开”命令，在打开的“打开”对话框左侧选择位置D盘，在右侧窗口中选中“页面设置综合应用.docx”文本文件，双击或点击“打开”按钮。

步骤2：单击“页面布局”选项卡下“页面设置”分组中的“纸张大小”按钮，

在下拉选项中点击“其他页面大小…”命令按钮，打开“页面设置”对话框，如图3-76所示，在“纸张”选项卡中输入纸张宽度为19.5厘米，高度为27厘米；在“页边距”选项卡中输入左、右页边距均为3厘米。

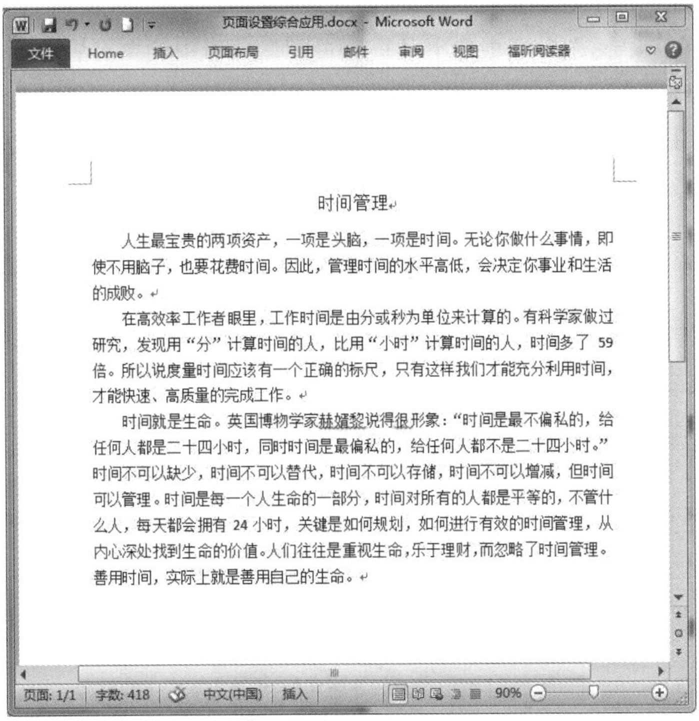

时间管理

人生最宝贵的两项资产，一项是头脑，一项是时间。无论你做什么事情，即使不用脑子，也要花费时间。因此，管理时间的水平高低，会决定你事业和生活的成败。

在高效率工作者眼里，工作时间是由分或秒为单位来计算的。有科学家做过研究，发现用“分”计算时间的人，比用“小时”计算时间的人，时间多了59倍。所以说度量时间应该有一个正确的标尺，只有这样我们才能充分利用时间，才能快速、高质量的完成工作。

时间就是生命。英国博物学家赫婿黎说得很形象：“时间是最不偏私的，给任何人都是二十四小时，同时时间是最偏私的，给任何人都不是二十四小时。”时间不可以缺少，时间不可以替代，时间不可以存储，时间不可以增减，但时间可以管理。时间是每一个人生命的一部分，时间对所有的人都是平等的，不管什么人，每天都会拥有24小时，关键是如何规划，如何进行有效的时间管理，从内心深处找到生命的价值。人们往往是重视生命，乐于理财，而忽略了时间管理。善用时间，实际上就是善用自己的生命。

图3-75　页面设置综合应用.docx

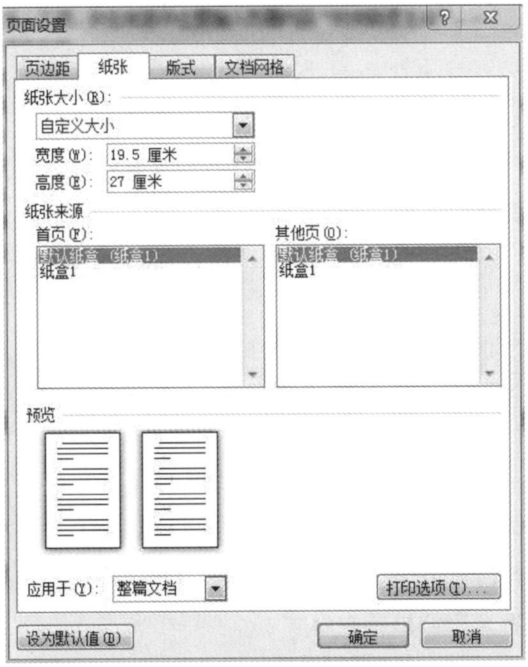

图3-76　“页面设置”对话框

步骤3：单击“页面布局”选项卡下“页面背景”分组中的“页面边框”按钮，打开“边框和底纹”对话框的“页面边框”选项卡，在“设置”中单击选择“方框”，“颜色”下拉列表中选择“深红色（标准色）”，“宽度”下拉列表中选择“1.0磅”，单击“确定”按钮。

步骤4：单击“插入”选项卡下“页眉页脚”分组中的“页眉”下拉按钮，在弹出的下拉列表中选择“空白”选项，然后在页眉的“请键入文字”编辑区域中输入内容“时间就是生命”，输入完成后单击功能区中“关闭页眉和页脚”按钮。

步骤5：保存文档。

学习总结

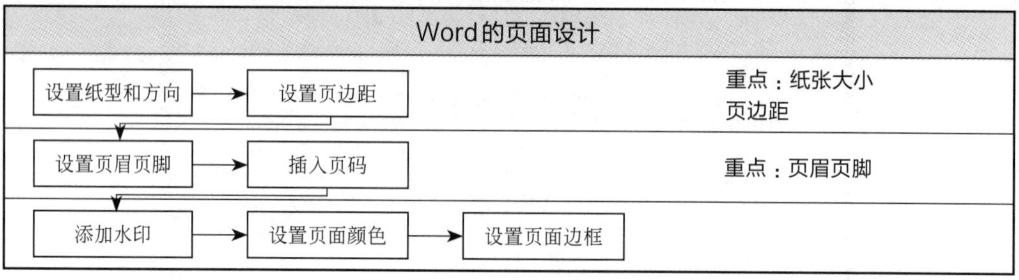

课堂测验

一、选择题

1.在Word 2010中，如果要使文档内容横向打印，在“页面布局”功能区“页面设置”分组中应选择（　　）按钮。

A.页边距　　B.纸张方向　　C.纸张大小　　D.分栏

2.除了“页眉和页脚工具”的“设计”选项卡以外，（　　）也具有“页码”、“页眉”和“页脚”库、“文档部件”以及“日期和时间”命令。

A.“开始”选项卡　　B.“插入”选项卡

C.“页面布局”选项卡　　D.“视图”选项卡

3.如果要自行构建页眉和页脚内容并想打开“字段”对话框，应选择“插入”功能区“页眉页脚”分组中的（　　）按钮。

A.“页眉”命令　　B.“文档部件”命令

C.“页码”命令　　D.“页脚”命令

4.使用库样式应用页码、页眉或页脚的主要优点是（　　）。

A.它可让您输入自己的文本

B.它将设置您的奇数页和偶数页的页眉和页脚

C.它提供页眉或页脚的内容和设计

D.它自动生成页码

二、操作题

操作要求：

（1）启动Word 2010，打开C盘根目录下的“Word4.docx”文档文件。

（2）纸张大小为“Letter”，页边距为“适中”。

（3）插入页眉，并在其居中位置输入页眉内容“情绪管理”。

（4）插入页码，设置为“圆（右侧）”，并居中显示页码数字。

（5）为文档添加文字水印“情绪管理”，字体为华文新魏，96磅，红色，半透明，水平版式。

（6）设置页面颜色为“蓝色，强调文字颜色5，淡色80%”。样文如图3-77所示。

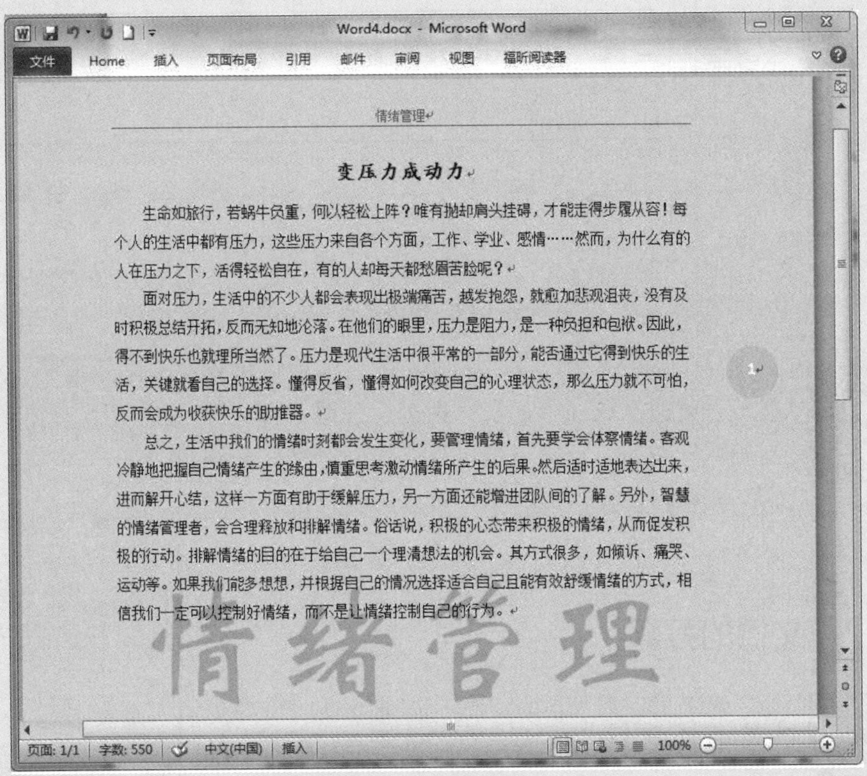

图3-77 样文内容

3.7 Word文档的保护和打印

3.7.1 保护文档

微视频：保护文档

在用户编辑完文档后，为了文档不被修改或破坏，可以通过设置密码对文档进行保护。单击“文件”选项卡（第一个选项卡），在“信息”菜单选项中有“保护文档”选项，如图3-78所示。

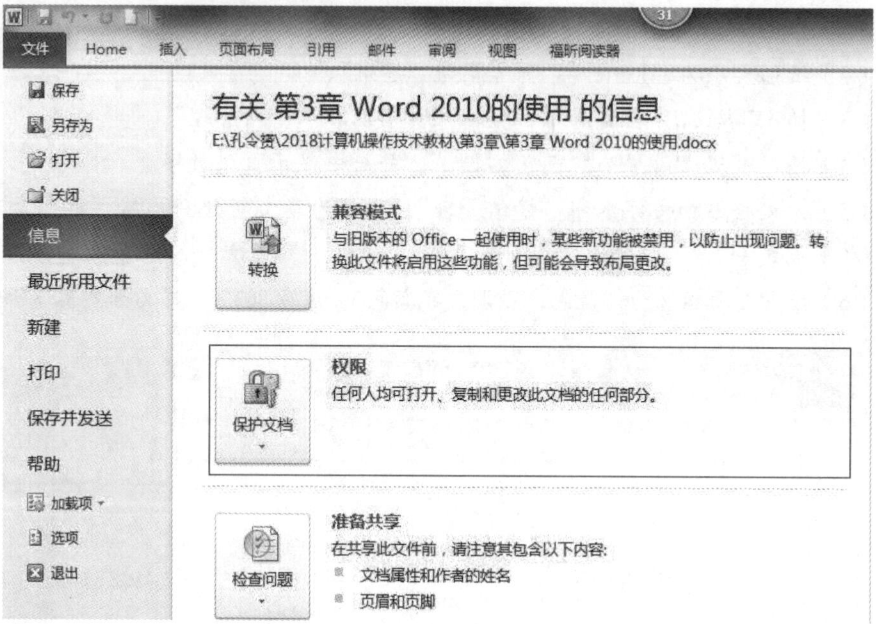

图3-78　保护文档

微视频：限制编辑

“保护文档”中的“限制编辑”选项也可以单击“审阅”选项卡，在“保护”分组中有“限制编辑”按钮，点击后可以打开“限制格式和编辑”窗格，如图3-79所示，可以对文档进行编辑限制。

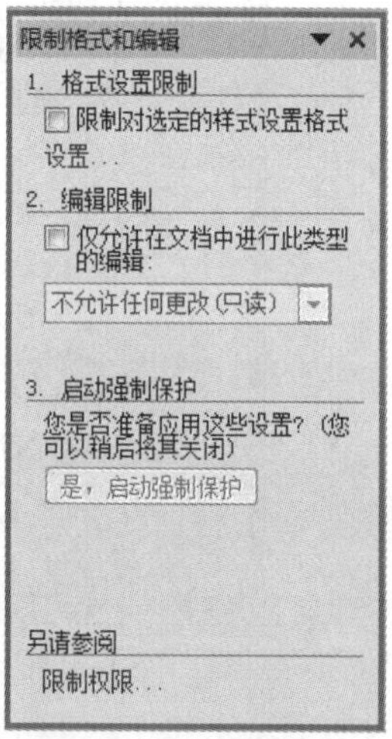

图3-79　“限制格式和编辑”窗格

3.7.2　文档的打印

微视频：文档打印

如果要打印Word文档，需要将打印机连接到计算机并安装驱动程序。在准备好打印后，单击“文件”选项卡，在左侧栏中，单击“打印”菜单命令，此时将打开一个大窗口，如图3-80所示，单击“打印”按钮即可开始打印。

3.7.3　本节综合应用

微视频：3.7.3综合应用

①启动Word 2010，在D盘根目录下打开“页面设置综合应用.docx”文本文件；

② 设置文档的打开密码为“wdbh123”；

③ 打印文档。

图3-80　打印文档

操作步骤如下。

步骤1：执行“开始/所有程序/Microsoft office/Microsoft Word 2010”命令，启动Word 2010；在启动的Word 2010窗口点击“文件”选项卡中的“打开”命令，在打开的“打开”对话框左侧选择位置D盘，在右侧窗口中选中“页面设置综合应用.docx”文本文件，双击或点击“打开”按钮。

步骤2：单击“文件”选项卡，在“信息”菜单选项中单击“保护文档”按钮，在下拉选项中选择“用密码进行加密”，在弹出的“加密文档”对话框中，如图3-81所示，输入密码“wdbh123”，单击“确定”按钮后，在弹出的“确认密码”对话框中，如图3-82所示，再次输入密码“wdbh123”，单击“确定”按钮。

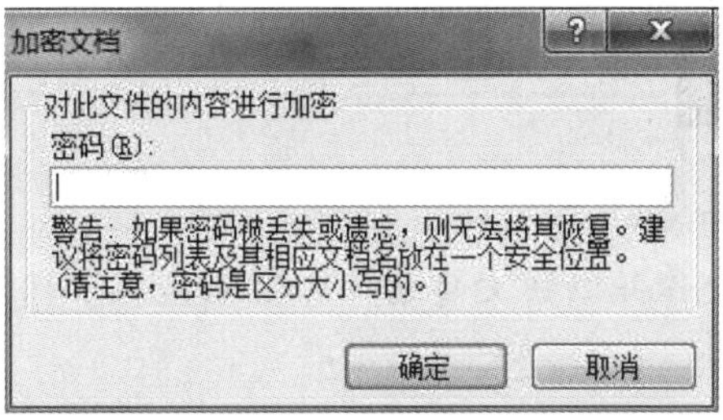

图3-81　“加密文档”对话框

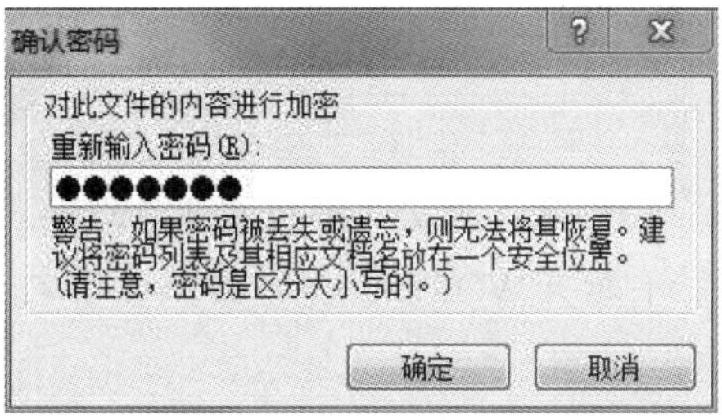

图3-82　“确认密码”对话框

步骤3：单击“文件”选项卡，在左侧栏中，单击“打印”菜单命令，在打开的大窗口中单击“打印”按钮，即可开始打印。

学习总结

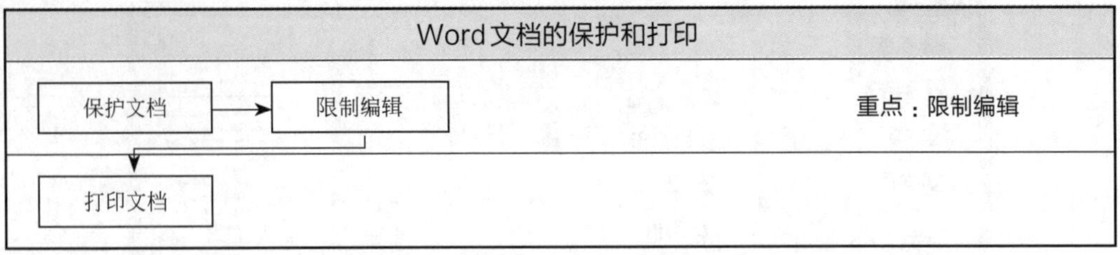

课堂测验

一、选择题

1. 在Word 2010中，不包含的功能是（　　）。

A. 编译　　B. 编辑　　C. 排版　　D. 打印

2. 在Word 2010中，具有“新建”“打开”“保存”“打印”等菜单命令的是（　　）。

A.“开始”选项卡　　B.“文件”选项卡

C.“页面布局”选项卡　　D.“审阅”选项卡

3. Word 2010中的编辑限制不包括（　　）。

A. 修订　　B. 批注　　C. 修改　　D. 填写窗体

4. 在Word 2010中，可以对打印页面进行设置的选项卡是（　　）。

A.“文件”选项卡　　B.“开始”选项卡

C.“页面布局”选项卡　　D.“视图”选项卡

二、操作题

操作要求：

（1）启动Word 2010，打开C盘根目录下的“Word4.docx”文档文件。

（2）启动文档保护，仅允许对文档进行“修订”操作，密码为“czt123”。

（3）将文档打印5份。

课后习题

操作题（源文件下载地址：www.cipedu.com.cn）

1. 打开WORD.docx，按照要求完成下列操作并以该文件名（WORD.docx）保存文档：

【文档开始】

WinImp严肃工具简介

特点：WinImp是一款既有WinZip的速度，又兼有WinAce严肃率的文件严肃工具，界面很有亲和力。尤其值得一提的是，它的自安装文件才27KB，非常小巧。支持ZIP、ARJ、RAR、GZIP、TAR等严肃文件格式。严肃、解压、测试、校验、生成自解包、分卷等功能一应俱全。

基本使用：正常安装后，可在资源管理器中用右键菜单中的“Add to imp”及“Extract to ...”项进行严肃和解压。

评价：因机器档次不同，严肃时间很难准确测试，但感觉与WinZip大致相当，应当说是相当快了；而严肃率测试采用了WPS2000及Word97作为样本，测试结果如表一所示。

表一 WinZip、WinRar、WinImp严肃工具测试结果比较

严肃对象	WinZip	WinRar	WinImp
WPS2000（33MB）	13.8MB	13.1MB	11.8MB
Word97（31.8MB）	14.9MB	14.1MB	13.3MB

【文档结束】

（1）将文中所有错词“严肃”替换为“压缩”。将页面颜色设置为黄色（标准色）。

（2）将标题段（“WinImp压缩工具简介”）设置为小三号宋体、居中，并为标题段文字添加蓝色（标准色）阴影边框。

（3）设置正文（“特点……如表一所示”）各段中的所有中文文字为小四号楷体、西文文字为小四号Arial字体；各段落悬挂缩进2字符，段前间距0.5行。

（4）将文中最后3行统计数字转换成一个3行4列的表格，表格样式采用内置样式“浅色底纹→强调文字颜色2”。

（5）设置表格居中、表格列宽为3cm、表格所有内容水平居中、并设置表格底纹为“白色，背景1，深色25%”。

2.（1）打开文档WORD1.docx，按照要求完成下列操作并以该文件名（WORD1.docx）保存文档。

【文档开始】

为什么水星和金星都只能在一早一晚才能看见?

除了我们居住的地球之外，太阳系的其余八大行星当中，不用天文望远镜而能够看到的只有水星、金星、火星、土星和木星。

如果条件合适，在地球轨道外面的火星、木星、土星等外行星，整晚都可以看到。而水星和金星，就完全不是这样，不管条件多么好，只能在一早一晚看到它们。

我们知道，水星和金星的轨道都在地球轨道的里面，它们与太阳的平均距离，分别是地球的30%和72%。所以从地球上看起来，它们老是在太阳的东西两侧不远的天空中来回地移动着，绝不会“跑”得太远。不管它们是在太阳的东面也好，西面也好，到达离太阳一定的距离之后，就不再继续增大而开始减小了。

【文档结束】

① 将标题段文字（“为什么水星和金星都只能在一早一晚才能看见？”）设置三号仿宋、加粗、居中、并为标题段文字添加红色方框；段后间距设置为0.5行。

② 将文中所有“轨道”一词添加波浪下划线；将正文各段文字（“除了我们……开始减小了。”）设置为五号楷体；各段落左右缩进1字符；首行缩进2字符。将正文第三段（“我们知道……开始减小了。”）分为等宽的两栏、栏间距为1.62字符、栏间加分隔线。

③ 设置页面颜色为浅绿色；为页面添加蓝色（标准色）阴影边框；在页面底端插入“普通数字3”样式页码，并将起始页码设置为“3”。

（2）打开文档WORD2.docx，按照要求完成下列操作并以该文件名（WORD2.docx）保存文档。

① 插入一个5行5列的表格，设置列宽为2.4cm、表格居中；设置外框线为红色1.5磅单实线、内框线为绿色（标准色）0.5磅单实线。

② 对表格进行如下修改：在第1行第1列单元格中添加一绿色（标准色）0.75磅单实线左上右下的对角线；将第1列3至5行单元格合并；将第4列3至5行单元格平均拆分为2列。为表格设置样式为“白色，背景1，深色15%”的底纹。

3.（1）打开文档WORD1.docx，按照要求完成下列操作并以该文件名（WORD1.docx）保存文档。

【文档开始】

常用的网罗互连设备

常用的网罗互连设备主要有：中继器、网桥、路由器和网关。

中继器比较简单，它只对传送后变弱的信号进行放大和转发，所以只工作在同一个网罗内部，起到延长介质长度的作用。它工作在OSI参考模型的第一层（物理层）。

网桥是连接不同类型局域网的桥梁，它工作在OSI模型的第二层（链路层）。它能对802.3以太网、802.4令牌总线网和802.5令牌环网这几种不同类型的局域网实行网间桥接，实现互相通信；但又能有效地阻止各自网内的通信不会流到别的网罗，避免了“广播风暴”。

路由器是使用最广泛的能将异形网连接在一起的互连设备。它运行在OSI模型的第三层（网罗层），不但能实现LAN与LAN的互连，更能解决体系结构差别很大的LAN与WAN的互连。网关运行在OSI模型的传送层及其以上的高层，它能互连各种完全不同体系结构的网罗。它通常以软件形式存在，比路由器有更大的灵活性，但也更复杂、开销更大。

【文档结束】

① 将文中所有错词“网罗”替换为“网络”，将标题段文字（“常用的网络互连设备”）设置为二号红色黑体、居中。

② 将正文各段文字（“常用的网络互连设备……开销更大。”）的中文设置为小四号宋体、英文和数字设置为小四号Arial字体；各段落悬挂缩进2字符、段前间距0.6行。

③ 将文档页面的纸张大小设置为“16开（18.4cm×26cm）”、上下页边距各为3cm；为文档添加内容为“教材”的文字水印。

（2）打开文档WORD2.docx，按照要求完成下列操作并以该文件名（WORD2.docx）保存文档。

【文档开始】

学号	姓名	高等数学	英语	普通物理
99050201	李响	87	84	89
99050216	高立光	62	76	80
99050208	王晓明	80	89	82
99050211	张卫东	57	73	62
99050229	刘佳	91	62	86
99050217	赵丽丽	66	82	69
99050214	吴修萍	78	85	86

【文档结束】

① 在表格右侧增加一列、输入列标题“平均成绩”；并在新增列相应单元格内填入左侧三门功课的平均成绩；按“平均成绩”列降序排列表格内容。

② 设置表格居中、表格列宽为2.2cm、行高为0.6cm，表格中第1行文字水平居中、其他各行文字中部两端对齐；设置表格外框线为红色1.5磅双窄线、内框线为红色1磅单实线。

4.（1）打开文档WORD1.docx，按照要求完成下列操作并以该文件名（WORD1.docx）保存文档。

【文档开始】

多媒体系统的特征

多媒体电脑是指能对多种媒体进行综合处理的电脑，它除了有传统的电脑配置之外，还必须增加大容量存储器、声音、图像等媒体的输入输出接口和设备，以及相应的多媒体处理软件。多媒体电脑是典型的多媒体系统。因为多媒体系统强调以下三大特征：集成性、交互性和数字化特征。

交互性是指人能方便地与系统进行交流，以便对系统的多媒体处理功能进行控制。

集成性是指可对文字、图形、图像、声音、视像、动画等信息媒体进行综合处理，达到各媒体的协调一致。

数字化特征是指各种媒体的信息，都以数字的形式进行存储和处理，而不是传统的模拟信号方式。

【文档结束】

① 将文中所有“电脑”替换为“计算机”，将标题段文字（“多媒体系统的特征”）设置为三号蓝色楷体、居中；并将正文第二段文字（“交互性是……进行控制。”）移至第三段文字（“集成性是……协调一致。”）之后（但不与第三段合并）。

② 将正文各段文字（“多媒体计算机……模拟信号方式。”）设置为小四号宋体；各段落左右各缩进1字符、段前间距0.5行。

③ 正文第一段（“多媒体计算机……和数字化特征。”）首字下沉两行，距正文0.2厘米；正文后三段添加项目符号“●”。

（2）打开文档WORD2.docx，按照要求完成下列操作并以该文件名（WORD2.docx）保存文档。

① 制作一个3行4列的表格，表格列宽2cm、行高0.8cm；在第1行第1列单元格中添加一左上右下的对角线、将第2、3行的第4列单元格均匀拆分为两列、将第3行

的第2、3列单元格合并。

② 设置表格外框线为1.5磅红色双窄线、内框线（包括绘制的对角线）为0.5磅红色单实线；表格第1行添加黄色底纹。

5.（1）打开文档WORD1.docx，按照要求完成下列操作并以该文件名（WORD1.docx）保存文档。

【文档开始】

绍兴东湖

东湖位于绍兴市东郊约3公里处，北靠104国道，西连城东新区，它以其秀美的湖光山色和奇兀实景而闻名，与杭州西湖、嘉兴南湖并称为浙江三大名湖。整个景区包括陶公洞、听湫亭、饮渌亭、仙桃洞、陶社、桂林岭开游览点。

东湖原是一座青实山，从汉代起，实工相继在此凿山采实，经过一代代实工的鬼斧神凿，遂成险峻的悬崖峭壁和奇洞深潭。清末陶渊明的45代孙陶浚宣陶醉于此地之奇特风景而诗性勃发，便筑堤为界，使东湖成为堤外是河，堤内为湖，湖中有山，山中藏洞之较完整景观。又经过数代百余年的装点使东湖宛如一个巧夺天工的山、水、实、洞、桥、堤、舟楫、花木、亭台楼阁俱全，融秀、险、雄、奇于一体的江南水实大盆景。特别是现代泛光照射下之夜东湖，万灯齐放，流光溢彩，使游客置身于火树银花不夜天之中而流连忘返。

【文档结束】

① 将文中所有"实"改为"石"。为页面添加内容为"锦绣中国"的文字水印。

② 将标题段文字（"绍兴东湖"）设置为二号蓝色（标准色）空心黑体、倾斜、居中。

③ 设置正文各段落（"东湖位于……流连忘返。"）段后间距为0.5行，各段首字下沉2行（距正文0.2厘米）；在页面底端（页脚）按"普通数字3"样式插入罗马数字型（"I、Ⅱ、Ⅲ、…"）页码。

（2）打开文档WORD2.docx，按照要求完成下列操作并以该文件名（WORD2.docx）保存文档。

【文档开始】

全国部分城市天气预报

城市	天气	高温（℃）	低温（℃）
哈尔滨	阵雪	1	-7
乌鲁木齐	阴	3	-3
武汉	小雨	17	-13
成都	多云	20	16
上海	小雨	19	14
海口	多云	30	24

【文档结束】

① 将文中后7行文字转换为一个7行4列的表格，设置表格居中、表格中的文字水平居中；并按"低温（℃）"列降序排列表格内容。

② 设置表格列宽为2.6cm、行高0.5cm、所有表格框线为1磅红色单实线，为表格第一列添加浅绿色（标准色）底纹。

04

第4章

Excel 2010的使用

Chapter four

本章学习要点

- Excel 2010的基础知识和基本操作方法
- Excel 2010工作簿、工作表和单元格的基本操作
- Excel 2010工作表、单元格的格式设置
- Excel 2010公式和函数的使用
- Excel 2010图表的创建与设置
- Excel 2010数据的基本操作和数据处理

第3章介绍了Office 2010软件的重要组件——字表处理软件Word 2010。本章主要介绍电子表格软件Excel 2010的基本操作、数据处理等内容。读者通过学习，掌握使用Excel 2010进行数据格式化、图表制作、数据处理等综合技能。

4.1 Excel 2010概述

Microsoft Excel是微软公司的办公自动化软件Microsoft Office的组件之一。直观的界面、出色的计算功能和图表工具、再加上成功的市场营销，使Excel成为比较流行的电子表格软件。在1993年，作为Microsoft Office的组件发布了5.0版之后，Excel就开始成为所适用的操作系统平台上的电子表格软件的霸主。

4.1.1 Excel 2010软件简介

前面学习过的Word软件就可以进行表格制作，那么为什么我们还要为制作表格而再学习一种软件呢？也许有人会有这样的疑问。实际上，Microsoft Excel 2010是一套功能完整、操作简易的电子表格处理软件，它的更主要的功能是可以根据实际需要进行各种数据的计算、组织、统计分析等操作，还可以通过图表、图形等多种形式对处理结果加以形象地显示，更能够方便地与Office 2010其他组件相互调用数据，实现资源共享。它广泛应用于管理、财经、金融等领域，具有功能强大、使用灵活、方便的特点。

4.1.2 Excel的基本功能

（1）制作表格方便快捷

在Excel中可以方便快捷地建立表格，输入和编辑表格中的数据，方便地对表格进行多种格式化操作。为便于对数据进行分析和处理，一般需要大量计算（如工资表，成绩表等）或需要对数据进行分析处理（如查询符合条件）的表格大都在Excel里完成。而Word中更适合完成文字为主的表格，如简历表，学籍表等。

（2）功能强大的计算能力

在Excel中可以使用自编公式、函数完成数据的运算。Excel中包含几百个函数，用于完成不同类型的数据计算，如数学和三角函数，财务函数，概率分析函数，查找引用函数等。

（3）数据处理及分析

Excel将数据表与数据库操作融为一体，像其他数据库软件创建的数据库一样，Excel可以方便地实现对数据的修改、添加、删除、排序、筛选、合并计算、分类汇总等。

（4）图表制作

图表比数据表格更能直观地体现数据情况。在Excel中，用户可以方便地将数据表格生成各种二维或三维的图表，如柱形图、条形图、折线图等，并可对图表进行进一步美化和设置。

（5）数据共享

Excel提供了数据共享功能，可以实现多个用户共享一个工作簿文件。

学习总结

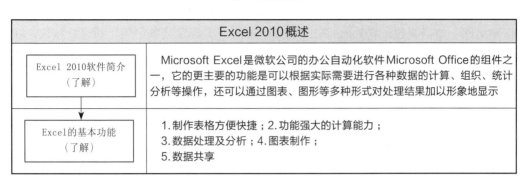

Excel 2010概述	
Excel 2010软件简介（了解）	Microsoft Excel是微软公司的办公自动化软件Microsoft Office的组件之一，它的更主要的功能是可以根据实际需要进行各种数据的计算、组织、统计分析等操作，还可以通过图表、图形等多种形式对处理结果加以形象地显示
Excel的基本功能（了解）	1.制作表格方便快捷；2.功能强大的计算能力； 3.数据处理及分析；4.图表制作； 5.数据共享

课堂测验

简答题

1.前面已经学习过的Word软件就可以进行表格制作，为什么我们还要为制作表格而再学习Excel呢?

2. Excel的基本功能有哪些?

4.2 Excel的基本概念和基础操作

在学习Excel的计算功能、数据处理功能之前，我们首先要熟练掌握其基本操作。

4.2.1 Excel 2010的启动与退出

（1）启动Excel 2010

方法一：执行“开始/所有程序/Microsoft office/Microsoft Excel 2010”命令，即可启动Excel 2010，进入Excel操作环境，如图4-1所示。

微视频：Excel的启动与退出

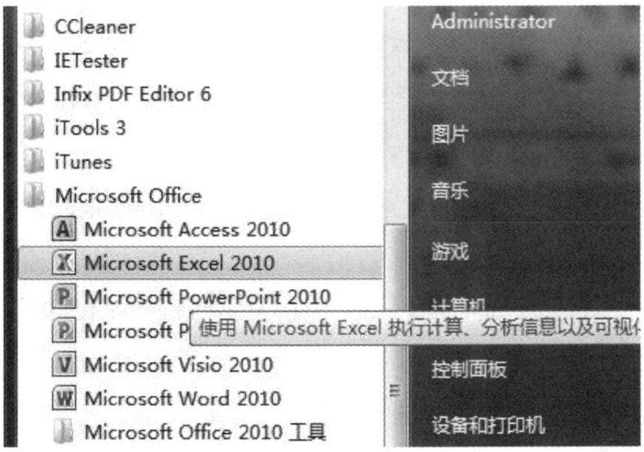

图4-1 打开Excel 2010

方法二：双击桌面上已有的Excel 2010的图标“ ”来启动Excel 2010。

和Word 2010类似，启动Excel 2010时系统会自动新建一个名为“工作簿1”的工作簿文件；如需新建，在Excel 2010窗口中单击“文件”菜单中的“新建”按钮，在窗口中部的“可用模板”列表中双击“空白工作簿”按钮，即可创建并显示新的工作簿。

单击“快速访问工具栏”上的“ ”按钮，或者单击“文件”菜单中的“保存”命令，即可打开“另存为”对话框，选择保存位置，输入文件名称后单击“保存”按钮，即可完成Excel文件的创建。

（2）退出Excel 2010

和大多数应用程序一样，退出Excel 2010的方法有很多种。

方法一：单击Excel窗口左上角的“文件”菜单中的“退出”命令。

方法二：单击Excel窗口右上角的“关闭”按钮“ ”。

方法三：按“Alt+F4”组合键，直接退出当前程序。

方法四：双击Excel窗口左上角的Excel快捷图标“ ”退出。

如果曾在Excel 2010工作表编辑区做过输入或编辑的动作，关闭时会出现提示保存信息，按需求选择即可，如图4-2所示。

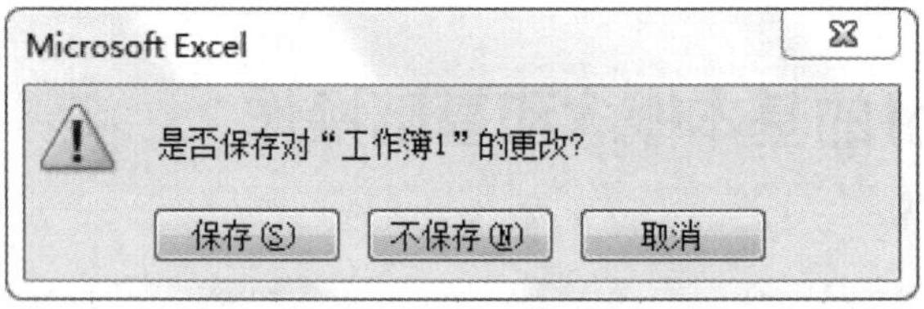

图4-2　Excel 2010保存信息提示

4.2.2　Excel的基本概念

（1）Excel 2010窗口组成

微视频：Excel 2010窗口组成

Excel 2010应用程序窗口主要由标题栏、快速访问工具栏、功能选项卡和功能区、编辑栏和工作表编辑区、工作表标签、滚动条、状态栏、显示比例工具等组成。Excel 2010工作界面如图4-3所示。

① 快速访问工具栏　主要是将常用的工具摆放于此，以便快速完成相应的工作。预设的“快速访问工具栏”只有3个常用的工具，分别是“保存”“撤销”及“恢复”按钮，通过单击右侧“ ”按钮，可以自己定义快速访问工具栏。如图4-4所示。

② 功能选项卡　默认情况下，Excel 2010中所有的功能操作分门别类为8大选项卡，包括文件、开始、插入、页面布局、公式、数据、审阅和视图。各选项卡中收录相关的功能“分组”，方便使用者切换、选用。例如“开始”选项卡就是基本的操作功能，如字体、段落、样式、编辑等设定，只要切换到该功能选项卡即可看到其中包

含的功能。

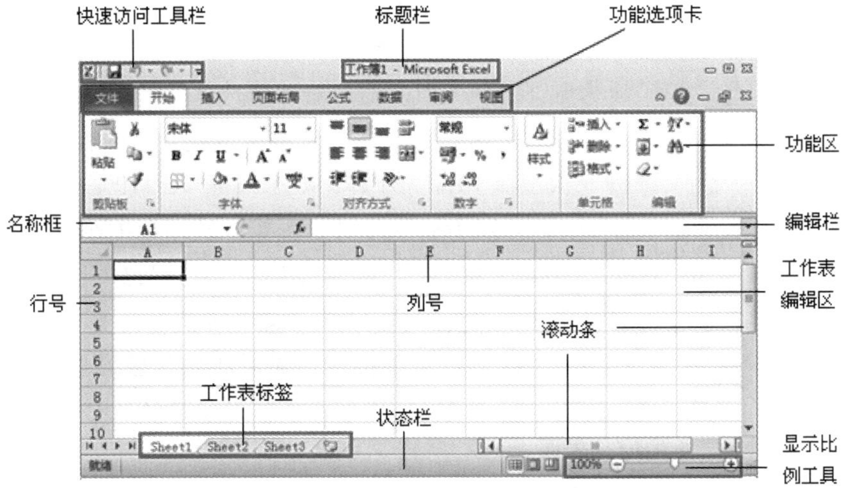

图4-3　Excel 2010工作界面

③ 功能区　工作界面上半部的面板称为功能区，放置了编辑工作表时需要使用的工具按钮。开启Excel 2010时预设会显示“开始”选项卡下的功能按钮或列表框，当点击其他选项卡时，便会显示该选项卡所包含的按钮。

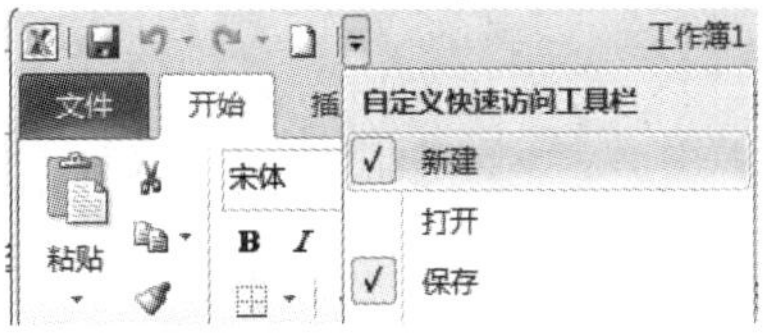

图4-4　自定义快速访问工具栏

如果觉得功能区占用太大的版面位置，可以单击右侧“⌃”按钮，将“功能区”隐藏起来。将“功能区”隐藏起来后，要再度使用“功能区”时，只要将鼠标移到任一个选项卡上单击即可开启；然而当鼠标移到其他地方再按一下左键时，“功能区”又会自动隐藏了。如果要固定显示“功能区”，请在选项卡标签上按右键，取消最小化功能区项目，如图4-5所示。

补充提示

除了使用鼠标来点选选项卡及功能区内的按钮外，也可以通过快捷键完成相应的操作。按一下键盘上的Alt键，即可显示各选项卡的快捷键提示信息，此时用户按下“Alt+选项卡快捷键”之后，会显示该选项卡中各功能按钮的快捷键，用户可以使用“Alt+相应快捷键”来操作。

④ 编辑栏　主要是用于输入或者显示当前单元格中的内容。

⑤ 名称框　用来显示当前活动单元格的名称。

⑥ 工作表编辑区　用于显示或者编辑工作表中的数据。

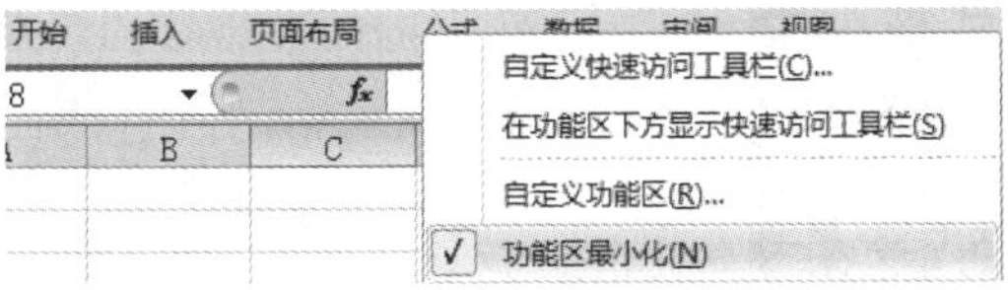

图4-5　固定显示功能区

⑦ 状态栏　状态栏位于Excel 2010的底部，用于显示当前操作的相关信息。

⑧ 工作表标签　每个新的工作簿预设会有3张空白工作表，每一张工作表有一个标签（如Sheet1、Sheet2…），我们就是利用工作表标签来区分不同的工作表的。用户可根据需求，单击右侧的“”按钮来添加工作表。

⑨ 显示比例工具　窗口右下角是“显示比例”区，显示目前工作表的比例，按下“”按钮可放大工作表的显示比例，每按一次放大10%，例如：90%、100%、110%…；反之按下“”按钮会缩小显示比例，每按一次则会缩小10%，例如：110%、100%、90%…。编辑过程中，我们也可以直接拉曳中间的滑动杆，实现显示比例的放大和缩小。

图4-6　显示比例对话框

此外，我们也可以按下“显示比例”区左侧的“缩放级别”按钮，由“显示比例”对话框来设定显示比例，或自行输入想要显示的比例，如图4-6所示。

补充提示

放大或缩小文件的显示比例，并不会放大或缩小字体的实际大小，也不会影响文件打印出来的结果，只是方便我们在屏幕上浏览而已。如果您的鼠标附有滚轮，只要按住键盘上的Ctrl键，再滚动滚轮，即可快速放大、缩小工作表的显示比例。

（2）工作簿与工作表

微视频：工作簿与工作表

工作簿是指Excel中用来存储并处理工作数据的文件，即一个Excel文件就是一个工作簿，其扩展名为.xlsx。

工作表是显示在工作簿窗口中的表格。我们可以将工作簿想象成是日常生活中的一个工作夹子或是一个本子，每一个工作簿中可以包含许多个工作表。默认情况下，一个新建的工作簿包含3个工作表，即Excel窗口左下角的工作表标签有3个，分别是Sheet1、Sheet2、Sheet3，每个标签对应一个工作表，标签上显示的文字就是工作表的名称。工作表的名称可以修改，工作表的个数也可以增减。

一张工作表由1048576行和16384列组成。行号从1到1048576，列号依次用字母A，B，C…，表示，Z以后由两个以上的字母组合表示，如AA，AB，…，ZZ，AAA，AAB…。

（3）单元格与单元格地址

微视频：单元格与单元格地址

工作表内的方格称为“单元格”，用户所输入的信息便是排放在一个个的单元格中。在工作表的上方有“列号”A、B、C…，左边则有行号1、2、3…，将列号和行号组合起来，就是单元格的“地址”。例如：工作表左上角位于第B列第1行的单元格，其地址便是B1，同理，E列的第3行单元格，其地址是E3，如图4-7所示。

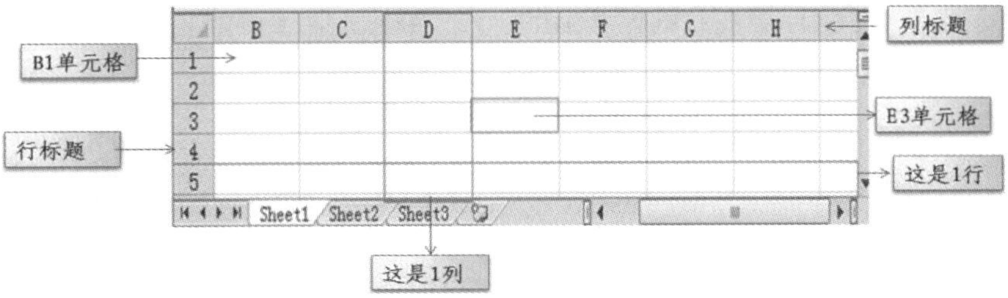

图4-7　单元格与单元格地址

4.2.3　单元格操作

（1）选取操作

对于Excel 2010来说，操作单元格的第一步就是选取。

① 选取一个单元格

方法一：鼠标单击所要选择的单元格。

方法二：在编辑栏的名称框中输入要选择的单元格的地址，然后按回车键。如选择“B3”单元格，可在名称框内输入“B3”或“b3”后回车即可。如图4-8所示。

微视频：单元格选取操作

② 选取行　用鼠标单击所要选取的行号，可以选取一整行；用鼠标单击所要选取的开始行号，再按住“Shift”键，同时用鼠标单击结束行号，可以选择连续行区域；按住“Ctrl”键，用鼠标单击所要选取的行号，可以选择不同的非连续行。

③ 选取列　选取列的操作与选取行操作相同，对应鼠标单击列号即可。

④ 选取连续单元格区域　选取区域时，要明确单元格地址区间。

方法一：用鼠标单击开始地址单元格，按住“Shift”键，鼠标单击结束地址单元格即可。

方法二：按下鼠标左键，从开始地址单元格拖动到结束地址单元格后松开即可选择此区域。

例如选取A2到D4区域单元格，如图4-9所示。

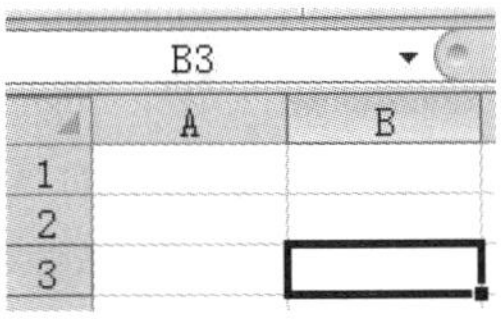

图4-8　选取操作示例

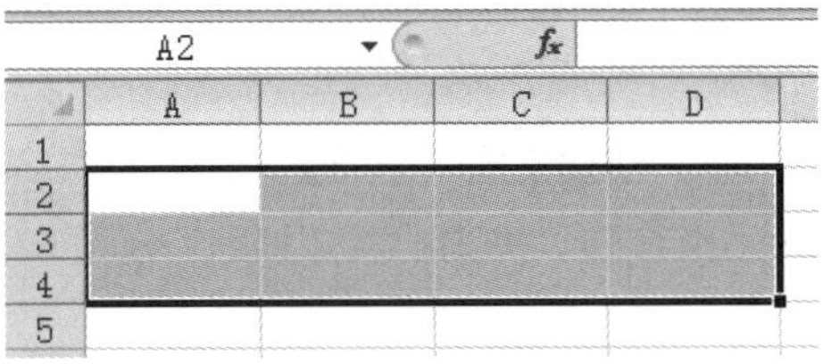

图4-9　区域选择示例

补充提示

如果选取多个不连续区域，先选定第1个区域，然后，按住“Ctrl”键不放，连续选择其他目标区域即可。

⑤ 选取整个工作表　用鼠标单击当前工作表左上角“全选”按钮即可，如图4-10所示。

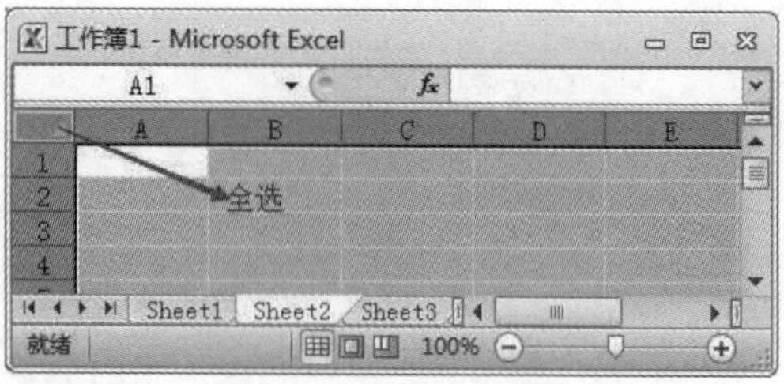

图4-10　“全选”按钮

（2）插入操作

微视频：插入操作

插入操作包含插入单元格、插入整行或整列，操作步骤如下。

步骤1：选定插入位置（选定单元格或者1行或1列）。

步骤2：单击“开始”选项卡下“单元格”分组中的“插入”按钮，在弹出的菜单中选择相应命令完成操作，如图4-11所示。

（3）删除操作

微视频：删除操作

删除操作包含删除单元格、删除整行或整列，操作步骤如下。

步骤1：选定要删除的单元格或者行、列。

步骤2：单击“开始”选项卡下“单元格”分组中的“删除”按钮，在弹出的菜单中选择相应命令完成操作，如图4-12所示。

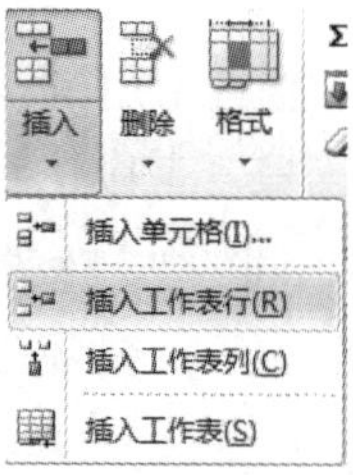

图4-11　插入单元格

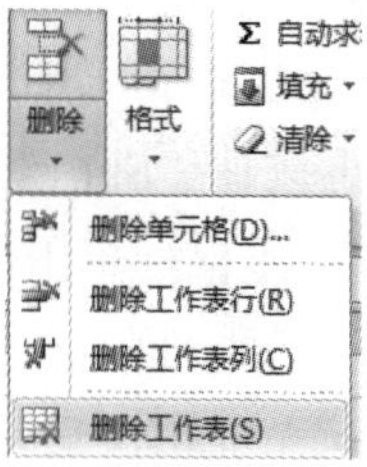

图4-12　删除单元格

（4）复制或移动操作

微视频：复制或移动操作

① 复制　单击选取要复制的单元格，点击“开始”选项卡下“剪贴板”分组中的“复制”命令或者直接按“Ctrl+C”组合键，然后选定目标单元格位置，点击“剪贴板”分组中的“粘贴”命令或者直接按“Ctrl+V”组合键。

② 移动　单击选取要移动的单元格，点击“开始”选项卡下“剪贴板”分组中的“剪切”命令或者直接按“Ctrl+X”组合键，然后选定目标单元格位置，点击“剪贴板”分组中的“粘贴”命令或者直接按“Ctrl+V”组合键。

补充提示

如果快速移动/复制单元格。先选定单元格，然后移动鼠标指针到单元格边框上，当鼠标指针变成四个方向箭头指针的时候，按下鼠标左键并拖动到新位置，然后释放按键即可移动。若要复制单元格，则在释放鼠标之前按下“Ctrl”键即可。

（5）清除单元格数据

清除单元格数据和删除单元格本身是不同的，清除单元格数据是清除单元格里面的数据而不是把单元格本身都删除了。清除数据有以下五种选择：

微视频：清除单元格数据

① 清除格式；

② 清除内容；

③ 清除批注；

④ 清除超链接；

⑤ 全部清除。

如果要单纯清除单元格中的数据本身，选定单元格后按“Delete”键即可完成。这种操作只清除数据内容，并不清除已设定的单元格格式，再向此单元格中输入文字时，会自动应用留下的格式。如果要有选择地清除数据，操作步骤如下。

步骤1：选定要清除的单元格或数据区域。

步骤2：单击“开始”选项卡下“编辑”分组中的“清除”按钮，选择相应命令完成操作，如图4-13所示。

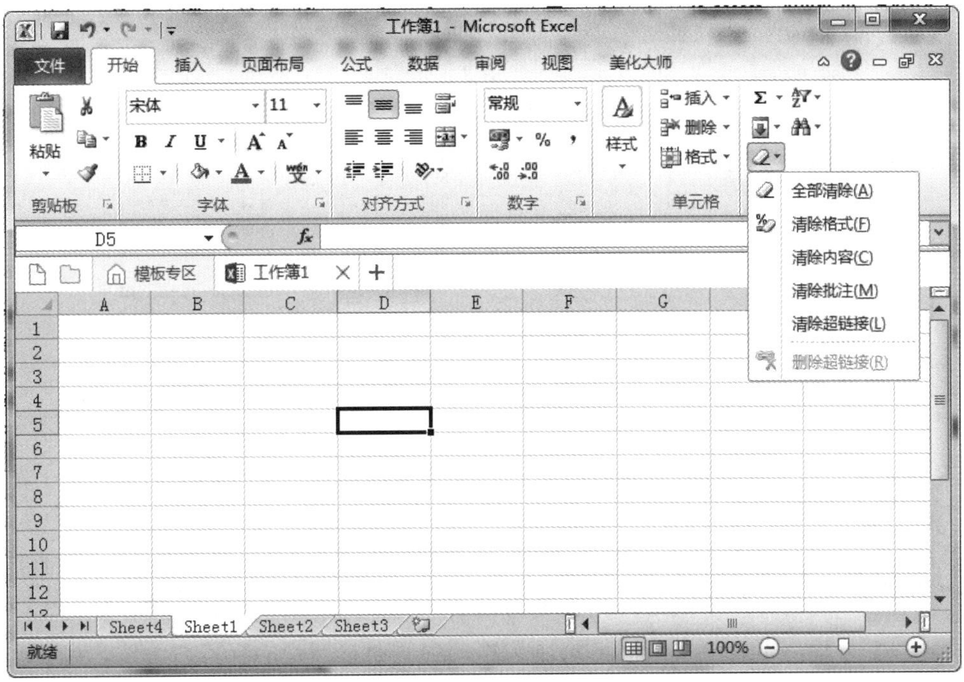

图4-13　清除单元格数据

（6）重命名单元格

单元格重命名操作步骤如下。

步骤1：选定要重命名的单元格。

步骤2：在“数据编辑区”左侧的名称框中输入要设定的单元格名称。

微视频：重命名单元格

步骤3：按下“Enter”键即可完成。

（7）为单元格添加批注

微视频：添加批注

批注是单元格的注释。为一个单元格添加批注后，该单元格的右上角会出现一个红色三角标识，鼠标指针指向添加了批注的单元格时即可显示注释信息。如图4-14所示。

① 添加批注　操作步骤如下。

步骤1：选定要添加批注的单元格。

步骤2：单击“审阅”选项卡下“批注”分组中的“新建批注”命令按钮，在弹出的批注框中输入注释文字，完成输入后，单机批注框外部的区域即可。

② 编辑或删除批注　在要删除批注的单元格上单击鼠标右键，在弹出的菜单中选择“编辑批注”或“删除批注”，即可完成相应的操作。

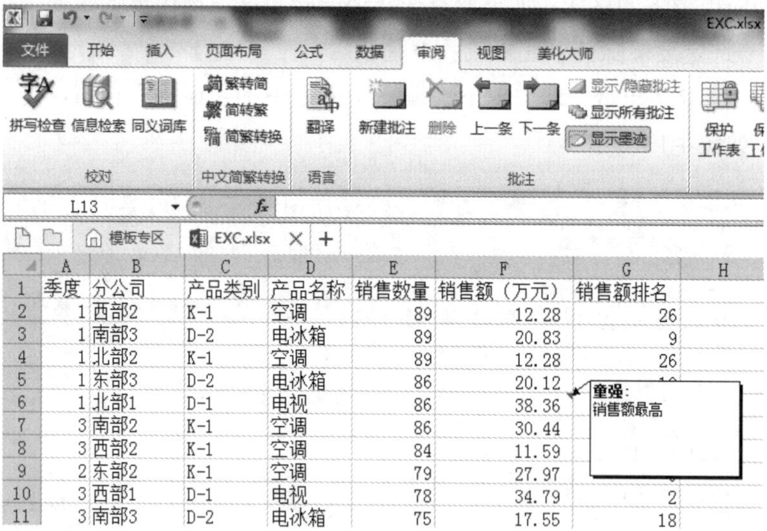

	A	B	C	D	E	F	G	H
1	季度	分公司	产品类别	产品名称	销售数量	销售额（万元）	销售额排名	
2	1	西部2	K-1	空调	89	12.28	26	
3	1	南部3	D-2	电冰箱	89	20.83	9	
4	1	北部2	K-1	空调	89	12.28	26	
5	1	东部3	D-2	电冰箱	86	20.12		
6	1	北部1	D-1	电视	86	38.36		
7	3	南部2	K-1	空调	86	30.44		
8	3	西部2	K-1	空调	84	11.59		
9	2	东部2	K-1	空调	79	27.97		
10	3	西部1	D-1	电视	78	34.79	2	
11	3	南部3	D-2	电冰箱	75	17.55	18	

图4-14　单元格批注

（8）设置行高和列宽

微视频：设置行高和列宽

实际编辑数据过程中，有时要设置表格行高和列宽，常用以下两种方法。

① 鼠标拖动法　鼠标自由调整行高或列宽。将鼠标移动到要调整行高的行号下边线，指针变为带上下箭头的“十”字时，按住鼠标上下拖动，用来调整行高；将鼠标移动到要调整列宽的列号右边线，指针变为带左右箭头的“十”字时，按住鼠标左右拖动，可以调整列宽。这种方法灵活，但精度不高，如果对行高或列宽尺寸没有精确要求，可以使用此法。

② 选项卡命令法　操作步骤如下。

步骤1：鼠标选定1行（列）或多行（列）。

步骤2：单击“开始”选项卡下“单元格”分组中的“格式”按钮，在弹出的菜单中选择相应的“行高”或“列宽”命令，输入合适的数值即可进行精确设置，如

图4-15所示。

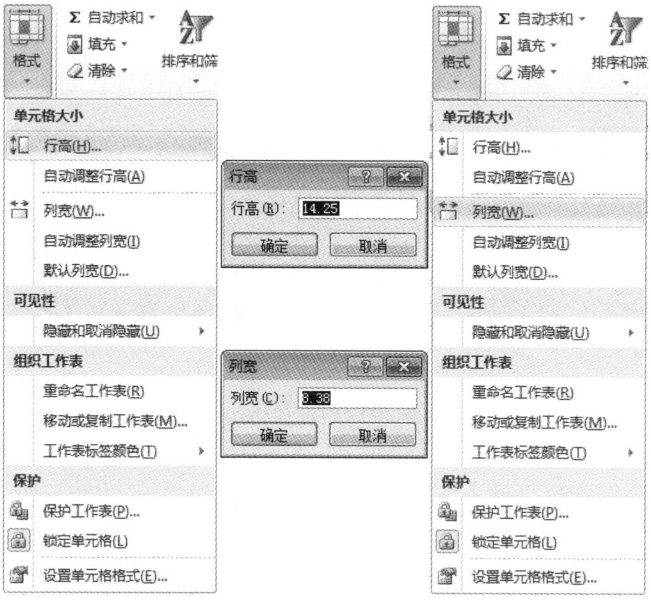

图4-15　行高和列宽设置

补充提示

单击“开始”选项卡下“单元格”分组中的“格式”下拉按钮，弹出的菜单中还有“自动调整行高”和“自动调整列宽”命令。选择这两个命令，可以将行高或列宽自动调整为Excel认为最合适的高度与宽度。

4.2.4　工作表的操作

（1）选择工作表

我们已经知道，一个工作簿由多个工作表组成。默认情况下，一个工作簿有3个工作表，进入Excel时，一个工作表的内容处于活动状态（即：显示状态），其他工作表处于隐藏状态，要显示其他工作表，单击相应的“工作表标签”选定工作表，即可进行切换，如图4-16所示。

微视频：
选择工作表

图4-16　工作表标签

选定多个工作表的操作方法与选定多个单元格的方法类似。单击第一个工作表的标签，按住“Shift”键的同时单击最后一个工作表标签，即可选定相邻的多个工作表。

按住“Ctrl”键的同时单击要选定的多个工作表标签，即可选定任意的多个工作表。

在任意工作表标签上单击鼠标右键，在弹出的快捷菜单中选择“选定全部工作表”，即可选定全部工作表。

在“工作表标签”上单击鼠标右键，在弹出的菜单中选择“工作表标签颜色”命令可以为工作表标签设置不同的颜色。

补充提示

在多个工作表选定的情况下，只有一个工作表内容处于显示状态，对当前显示的工作表的操作会同样应用到其他选定工作表中。如：在当前工作表输入内容或进行了格式设置，那么相当于其他选定工作表的同样位置的单元格也会同样输入内容或进行格式设置。

（2）插入工作表

微视频：插入工作表

插入新的工作表有两种常用方法。

方法一：单击“开始”选项卡下“单元格”分组中的“插入”下拉按钮，选择“插入工作表”命令，即可在当前活动工作表前面插入一个新的工作表，如图4-17所示。

方法二：单击工作表标签右侧的“插入工作表”按钮“”，即可在工作表末尾插入一个新的工作表。

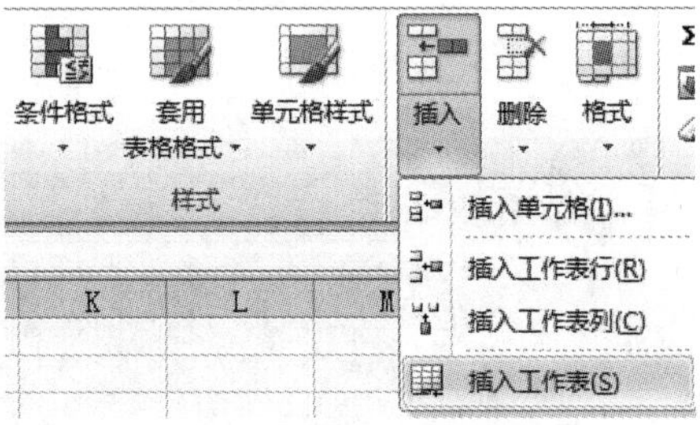

图4-17 插入工作表

（3）删除工作表

微视频：删除工作表

选中要删除工作表的标签，在选中的工作表标签上单击鼠标右键，在弹出的快捷菜单中单击“删除”命令即可。删除后的工作表不能恢复。

（4）重命名工作表

微视频：重命名工作表

方法一：双击法

步骤1：双击要重命名的工作表标签，此时标签文字变成黑底白字，如图4-18（a）所示。

步骤2：输入新的工作表名称，如图4-18（b）所示。

步骤3：单击工作表其他位置，完成操作。

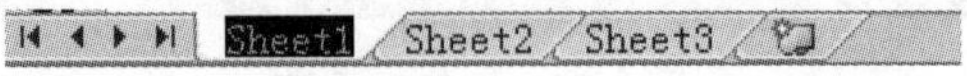

（a）步骤1

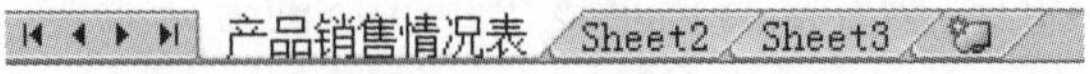

（b）步骤2

图4-18 双击法重命名工作表

方法二：快捷菜单法

在要重命名的工作表标签上单击鼠标右键，在弹出的快捷菜单中单击“重命名”

命令，输入新的名称，如图4-19所示。

（5）移动或复制工作表

移动或复制工作表的操作可以在一个工作簿中进行，也可以在不同的工作簿之间进行。

微视频：移动或复制工作表

① 同一个工作簿中操作　在同一个工作簿中进行工作表的移动或复制有两种常用方法。

方法一：拖动法

移动工作表：鼠标单击要移动的工作表标签不松开，直接拖动到所需要的位置松开即可；

复制工作表：若在拖动过程中按住“Ctrl”键，则可实现工作表的复制。

方法二：快捷菜单法

操作步骤如下。

步骤1：选中要复制的工作表的标签，在选中的工作表标签上单击鼠标右键，在弹出的快捷菜单中单击“移动或复制”命令，如图4-20所示。

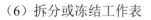

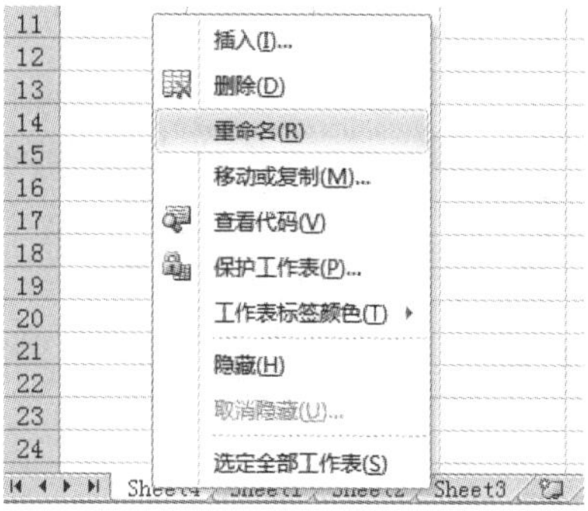

图4-19　重命名工作表

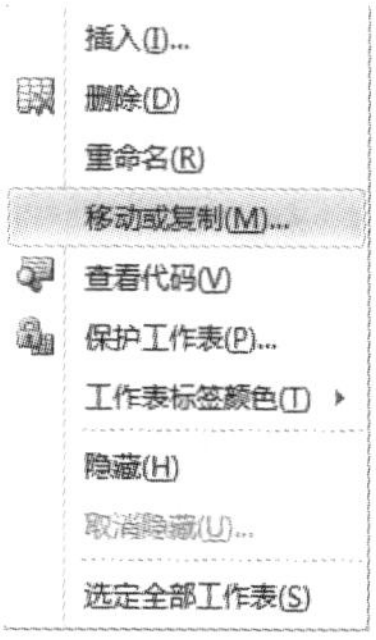

图4-20　移动或复制快捷菜单

步骤2：弹出“移动或复制工作表”对话框，如图4-21所示，在“下列选定工作表之前”下拉列表框中选择移动到工作簿的具体位置。

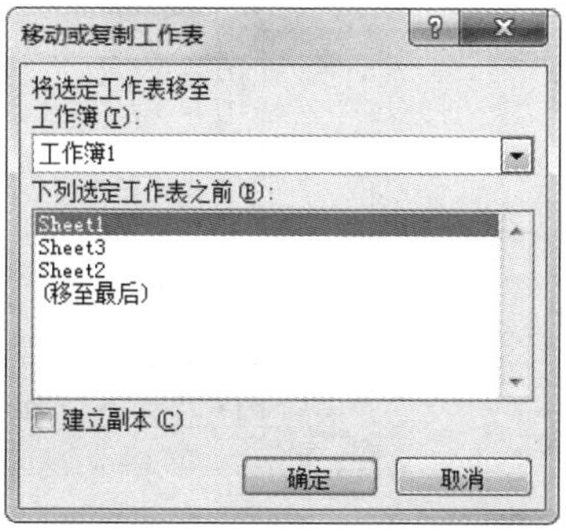

图4-21　移动或复制工作表对话框

步骤3：点击“确定”按钮，完成工作表的移动。

如果勾选了“建立副本”复选框，上述过程就变成了工作表复制。

② 不同工作簿间操作　打开要进行操作的源工作簿和目标工作簿，其他步骤同上述“同一个工作簿中操作”方法二，在步骤2的工作簿下拉列表框选择目标工作簿即可。

（6）拆分或冻结工作表

① 拆分与取消拆分窗口　对于数据较多的工作表进行编辑时，由于屏幕所能看到的范围有限，不能方便进行数据的上下、左右对照，此时

微视频：拆分或冻结工作表

可以通过拆分窗口实现。具体操作如下。选择要拆分的工作表，在“视图”选项卡下的“窗口”分组中单击“拆分”按钮 拆分 。即可将选定的工作表拆分为四个窗口，如图4-22所示。

图4-22　工作表拆分

② 冻结工作表　当工作表内数据行列较多时，为了在向下或向右滚动浏览时始终显示固定的行与列，可以选择冻结窗格功能来解决，具体操作如下：单击工作表编辑区中任意单元格，在“视图”选项卡的“窗口”分组中单击“冻结窗格”下拉按钮，选择“冻结首行”命令即可，如图4-23所示。

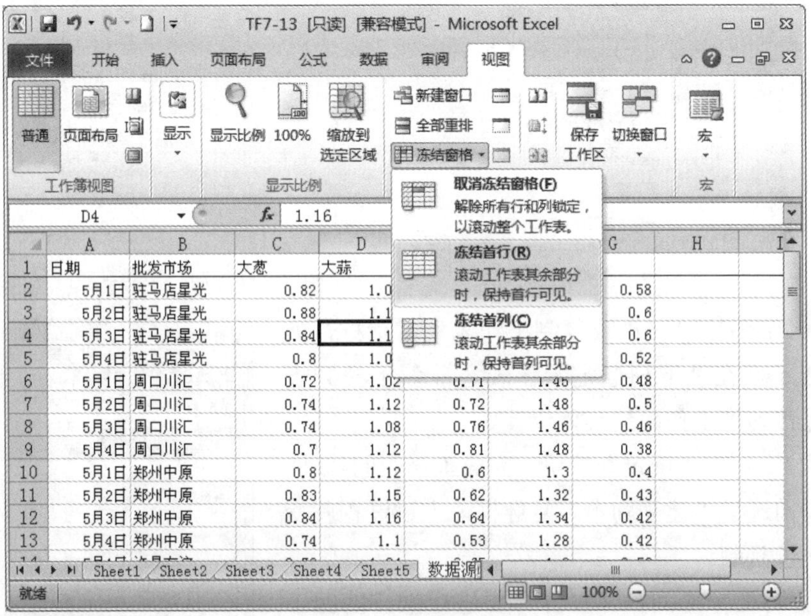

图4-23　冻结首行

补充提示

实际使用过程中，也会用到“冻结拆分窗格”或“冻结首列”，操作方法与“冻结首行”相同；若要取消窗格冻结，单击任意单元格，在“冻结窗格”列表中选择“取消冻结窗格”命令。

4.2.5　数据输入

Excel工作表本身是一张大表，在工作表中输入数据，只需要选定单元格，然后输入数据即可，下面介绍如何输入特殊数据。

微视频：
输入特殊数据

（1）输入特殊数据

① 输入较长的字符串　新建一个Excel文件，在A1和A2单元格中输入“计算机应用基础（全国计算机等级考试一级计算机基础及MS Office应用）”，在“B2”单元格中输入“测试”，观察显示效果，如图4-24所示。

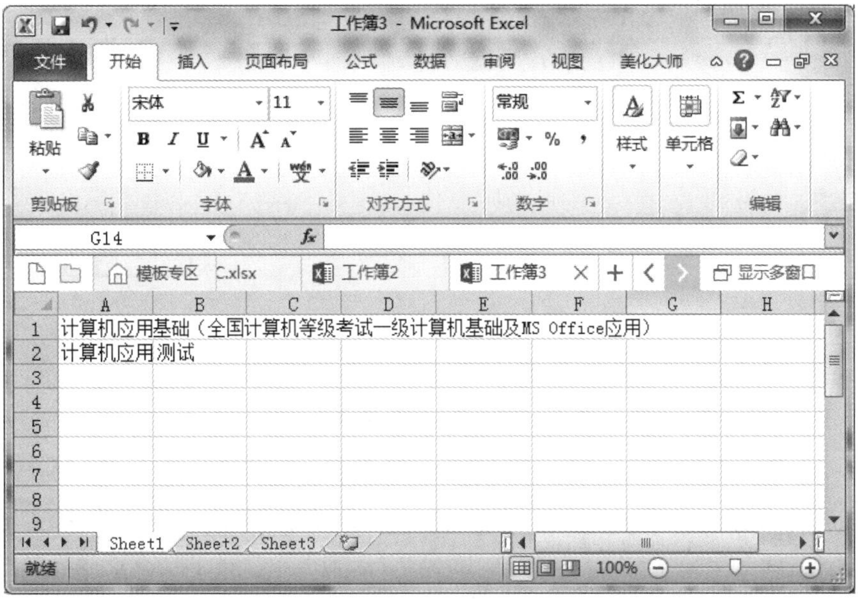

图4-24　输入较长字符串效果

图4-24可以看出，当输入的字符串长度超出单元格的宽度时，有两种显示情况：

a. 如果右侧单元格没有内容，长字符串超出单元格的部分会在右侧相邻的单元格中全部显示出来，如图4-24的A1单元格。看起来像是覆盖了其他单元格，实际上还是放在了一个单元格，这只是显示效果。

b. 如果右侧单元格中有内容，则字符串的超出部分会隐藏，如图4-24的A2单元格。

② 输入数值　如果输入较大的数值，会怎么样显示呢？新建一个Excel文件，我们在A1、B1、C1单元格中分别输入123，12345，12345678901234，显示效果如图4-25所示。可以看出，前两个单元格中的值显示和输入是一致的，第三个值则显示成了“1.234567E+13”。

在Excel中，如果输入的数值长度超过单元格的宽度或数值超过11位时，就会自动转换成科学计数法显示（但是编辑区中的实际的数值是没有任何变化的）。

③ 输入数字字符串　超过11位的数值会自动转换成科学计数法显示，但是有些较长的数字串转换成科学计数法显示使用不便，我们还是想原样显示怎么办呢？比如较长的身份证号码、电话号码等。此时我们可以将数值当做字符串来输入，可以避免

自动转换。做法是：输入数值前，先输入一个英文的单引号“'”，然后输入数值串，这样就可以把数值处理成字符串了。这样做的缺点是，这些数据无法参与计算，因为是字符串。

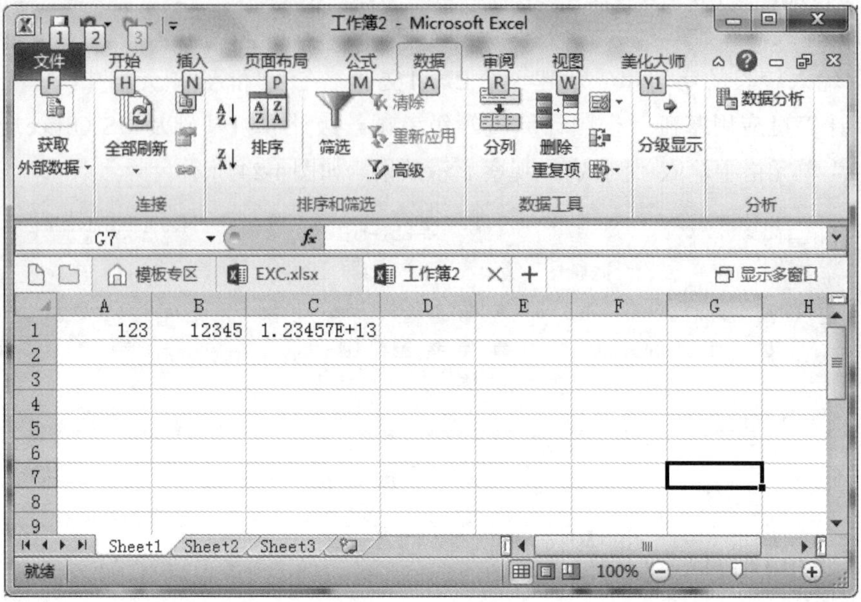

图4-25　输入数值

如：上述的C1单元格中输入“‘12345678901234”，则显示效果如图4-26所示。

补充提示

在Excel中，数值和数字字符串是有区别的。数值可以参与计算，而数字字符串不可以参与计算；此外数值默认是右对齐的，而数字字符串是左对齐的，如图4-26所示。

（2）输入日期或时间

在Excel单元格中输入的数据符合既定格式时，将按照日期或时间格式存放数据。可以使用以下几种形式输入日期（以2018年1月13日为例）：

微视频：输入日期或时间

18/01/13 或 2018/01/13 或 2018-01-13 或 13-Jan-18 或 02/Jan/18

常用既定时间格式如下（以20：25为例）：

20：25 或 8：25 PM 或 20时25分 或 下午8时25分

如果要将日期和时间同时输入，就是把日期和时间的既定格式组合，中间用空格分隔。

补充提示

如果要输入当前的系统时间，可按“Ctrl+Shift+；”组合键；如果要输入当前系统日期，可按“Ctrl+；”组合键。

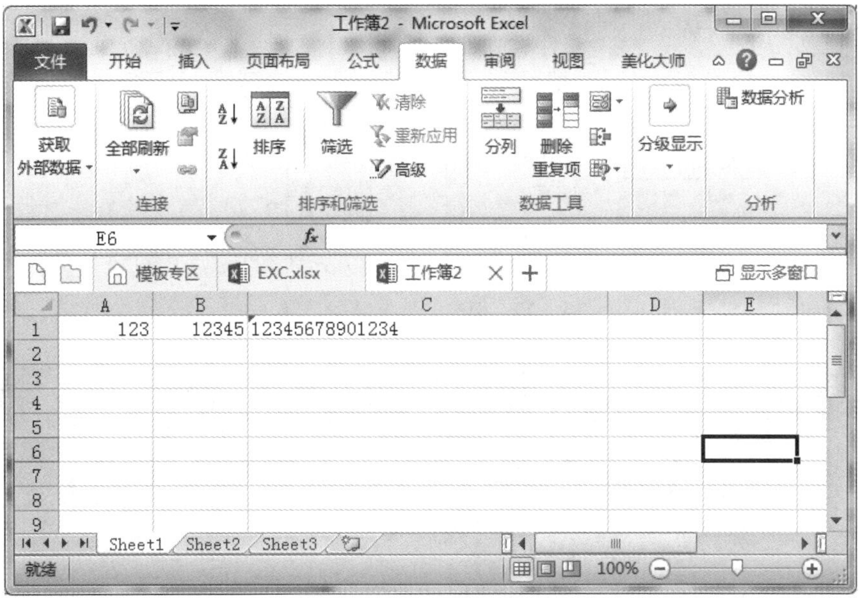

图4-26　输入数字字符串

（3）输入逻辑值

Excel中的逻辑值有两个，即："TRUE"（真值）和"FALSE"（假值），可以直接在单元格中输入逻辑值"TRUE"（真值）和"FALSE"（假值），也可以通过计算得到。

微视频：输入逻辑值

（4）检查数据的有效性

使用数据有效性功能可以控制单元格可输入的数据类型和范围。

设置数据有效性的步骤如下。

步骤1：建立工作表。

步骤2：选定要进行有效性设置的数据区域。

微视频：检查数据有效性

步骤3：单击"数据"选项卡下"数据工具"分组中的"数据有效性"按钮，打开"数据有效性"对话框，单击"设置"选项卡，在选项卡的"有效性条件"选项的"允许"列表框中设置数据类型，在"数据""最小值""最大值"选项中设置要限定的数据范围。

步骤4：单击"确定"按钮。

（5）智能自动填充数据

在Excel中输入有规律的数据时，可以使用智能自动填充功能快速完成。

微视频：自动填充数据

① 输入相同文本　如果需要在一些连续的单元格中输入同一文本（如在A1:A3区域输入"有限公司"），我们先在A1单元格中输入该文本，然后将鼠标移至A1单元格的右下角黑色小方块（我们通常称其为"填充柄"），当鼠标指针变成细"十"字线状时，按住鼠标左键向下（或向后）拖动至需要填入的后续单元格中松开左键，即可完

成智能自动填充数据，如图4-27所示。

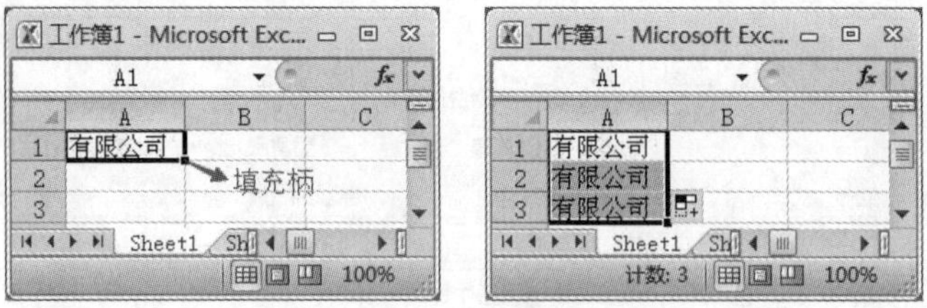

图4-27　填充柄填充数据示例

> **补充提示**
>
> 如果要在多个任意单元格输入同样的文本，我们可以在按住“Ctrl”键的同时，用鼠标点击选定需要输入同样文本的所有单元格，然后输入该文本，再按下“Ctrl+Enter”键即可，如图4-28所示。

② 快速输入有序文本　有一些常用的、有规律的数据序列，Excel已经定义好了。如果我们经常需要输入一些有规律的序列文本，如：数字1，2…，日期（1日、2日……），甲、乙……等，可以利用下面的方法来实现其快速输入：先在需要输入序列文本的第1、第2两个单元格中输入该文本的前两个元素（如“甲、乙”）。同时选中上述两个单元格，将鼠标移至第2个单元格的右下角成细“十”字线“填充柄”状态时，按住鼠标左键向后（或向下）拖拉至需要填入该序列的最后一个单元格后，松开左键，则该序列的后续元素（如“丙、丁、戊……”）依序自动填入相应的单元格中，如图4-29所示。

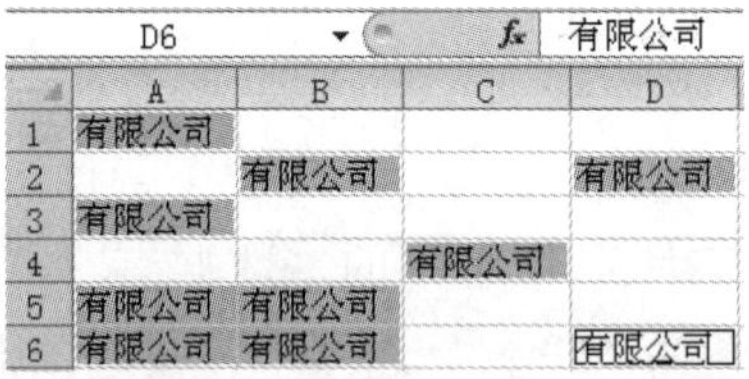

图4-28　不同单元格快速输入相同数据

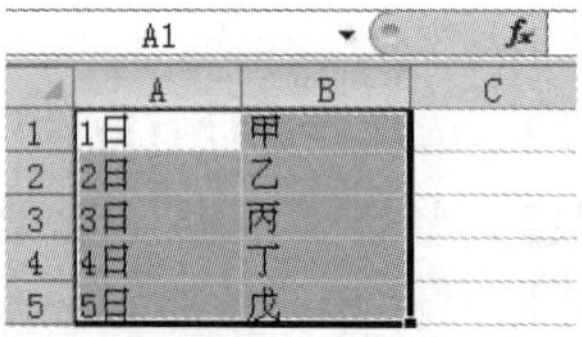

图4-29　序列填充

像这样定义好的序列数据还有很多，如月份、季度等。我们也可以自己定义一些习惯使用的数据序列。

③ 快速输入有规律数字　有时需要输入一些不是呈自然递增的数值（如等比序列：2，4，8…），我们可以用右键拖拉的方法来完成：先在第1、第2两个单元格中输入该序列的前两个数值（2、4）。同时选中上述两个单元格，将鼠标移至第2个单元格的右下角成细十字线状时，按住右键向后（或向下）拖拉至该序列的最后一个单元格，松开右键，此时会弹出一个菜单，选“等比序列”选项，则该序列（2，4，8，16…）及其“单元格格式”分别输入相应的单元格中（如果选“等差序列”，则输入2，4，6，8…），如图4-30所示。

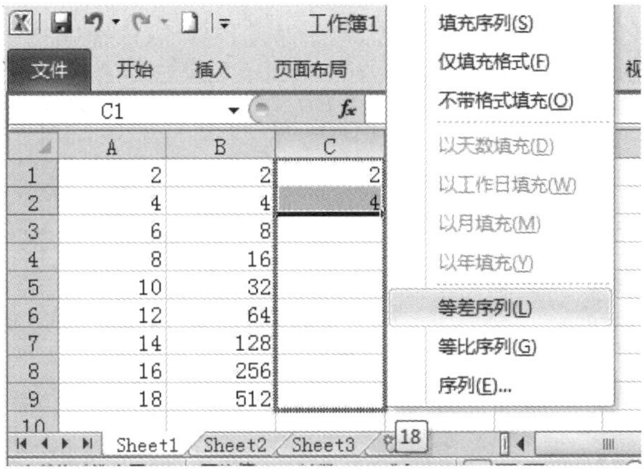

图4-30　规律填充

补充提示

在单元格中输入0值。一般情况下，在Excel表格中输入诸如“05”“4.00”之类数字后，只要光标一移出该单元格，格中数字就会自动变成“5”“4”，Excel默认的这种做法让人使用非常不便，我们可以通过下面的方法来避免出现这种情况，先选定要输入诸如“05”“4.00”之类数字的单元格，鼠标右键单击，在弹出的快捷菜单中单击“设置单元格格式”，在接着出现的界面中选“数字”标签页，在列表框中选择“文本”，单击“确定”。这样，在这些单元格中，我们就可以输入诸如“05”“4.00”之类的数字了，这是单元格的格式设置问题，我们将会在后续作详细介绍。

4.2.6　数据的查找与替换

（1）查找数据

在Excel 2010工作表中，快速查找某一指定数据所在位置是非常方便的，单击“开始”选项卡下“编辑”分组中“查找和选择”下拉按钮，选择“查找”命令，打开“查找和替换”对话框，在“查找内容”组合框中输入要查找的内容，然后单击“查找下一个”按钮，如图4-31所示。

微视频：查找数据

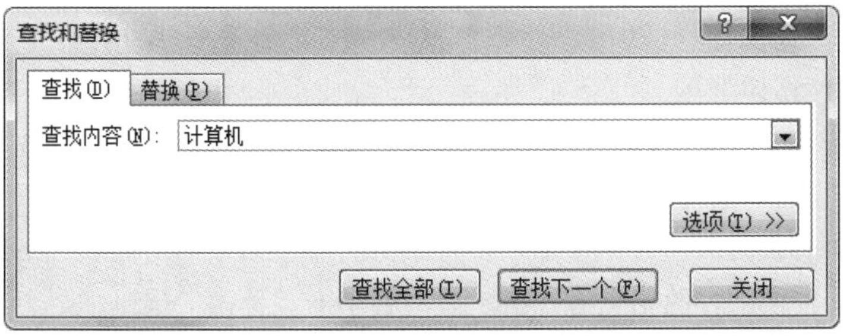

图4-31　查找数据操作

也可以查找某种特定格式的内容，如：查找红色、加粗的“计算机”内容，则在查找和替换对话框中点击“选项”按钮，显示如图4-32所示，点击“查找内容”右侧的“格式”按钮显示“查找格式”对话框，如图4-33所示，点击“字体”选项卡，在其中的“字形”列表框中点击“加粗”项，点击“颜色”下拉列表框并选择其中标准色中的“红色”后，点击“确定”按钮后，“查找和替换”对话框图4-34所示，按照需要点击“查找全部”或“查找下一个”按钮即可完成查找。

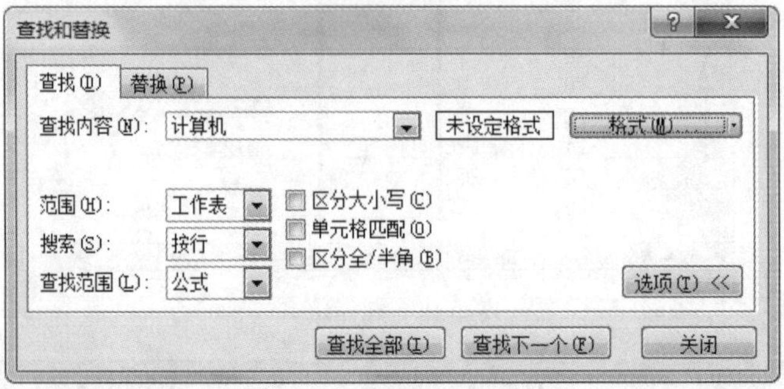

图4-32　查找特定格式的内容

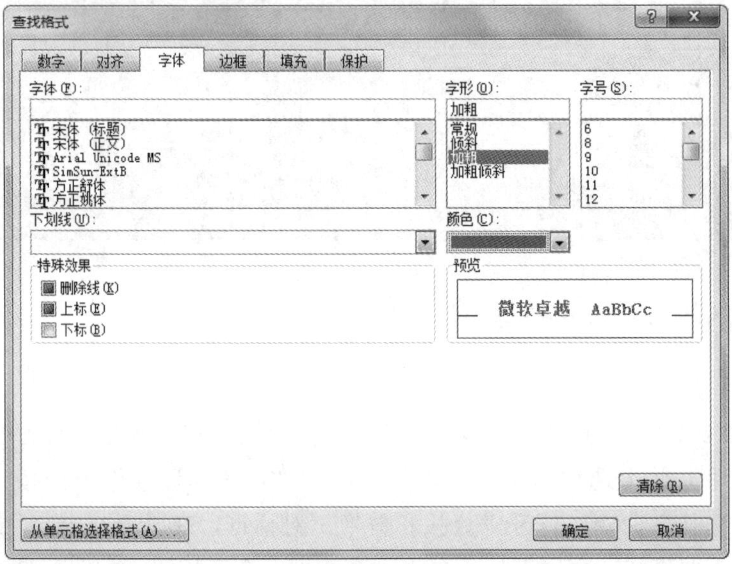

图4-33　查找格式设置

（2）替换数据

在Excel 2010工作表中可以自动替换数据或者进行格式替换，具体操作如下。

微视频：替换数据

点击“开始”选项卡下“编辑”分组中的“替换”命令按钮，打开“查找和替换”对话框，在“查找内容”组合框中输入要查找的内容，在“替换为”组合框中输入要替换的内容，如果单击后面“格式”按钮，可以进一步设置替换内容的相应格式。然后，若单击“替换”按钮，则会执行一次替换操作；若单击“查找下一个”按钮，将跳过当前查找内容，不进行替换操作；若单击“全部替换”按钮，将自动替换所有符合查找条件的内容。例如，查找“有限公司”替换为“有限责任公司”并设置格式为“楷体，红色，加粗”，如图4-35所示。

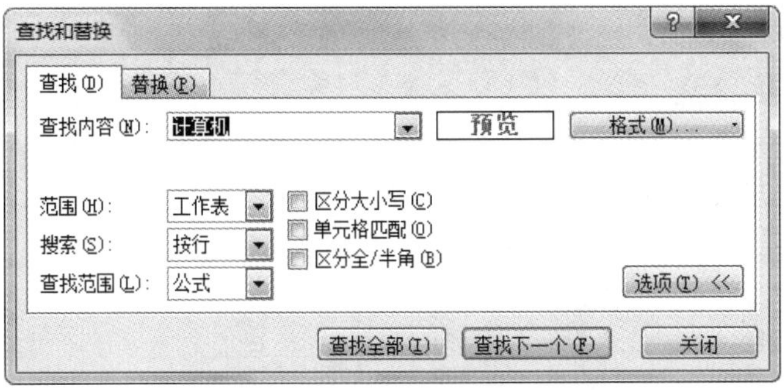

图4-34　设置查找特定格式的内容

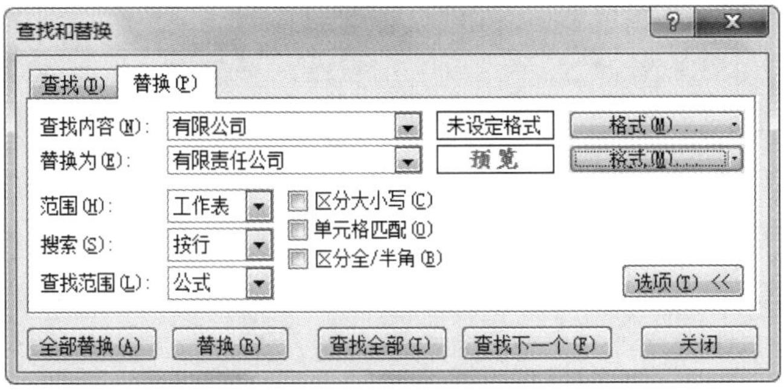

图4-35　替换数据操作

4.2.7　本节综合应用

（1）操作要求

① 启动Excel，在D盘根目录下创建名为“中原公司第一季度汽车销售情况（辆）.xlsx”工作簿文件。

② 将文件中的工作表“Sheet1”的名称改为“一季度汽车销售情况（辆）”，按照图4-36所示的内容输入原始数据。

微视频：4.2.7 查找与替换综合应用

③ 删除第8至10行。

④ 将所有的“上汽通用”替换为“上海通用汽车”并设置为红色、加粗显示。

⑤ 最后保存文件。

（2）操作步骤

步骤1：执行“开始/所有程序/Microsoft Office/Microsoft Excel 2010”命令，启动Excel 2010；在启动的Excel 2010窗口点击“文件”菜单里的“保存”菜单项，在打开的“另存为”对话框左侧选择保存位置D盘，在文件名处输入文件名“中原公司第一季度汽车销售情况（辆）”，点击“保存”按钮。

步骤2：在工作表标签区域双击“Sheet1”，此时“Sheet1”黑底白字显示，输入新的工作表名称“一季度汽车销售情况（辆）”；按照图4-36所示，在相应的单元格处输入原始数据。

图4-36　汽车销售情况

步骤3：在第8行的行号处按下鼠标左键并向下拖动至第11行的行号，点击“开始”选项卡下、单元格分组中的“删除”命令按钮。

步骤4：点击任一单元格以释放选定区域，点击“开始”选项卡下“编辑”分组中的“替换”命令按钮，打开“查找和替换”对话框，在“查找内容”组合框中输入“上汽通用”，在“替换为”组合框中输入要替换的内容“上海通用汽车”，点击“选项”按钮展开对话框，点击“替换为”后面的“格式”按钮显示“替换格式”对话框，点击“字体”选项卡，在其中的“字形”列表框中点击“加粗”项，点击“颜色”下拉列表框并选择其中标准色中的“红色”后，点击“确定”按钮，点击“查找和替换”对话框中的“全部替换”按钮。

步骤5：点击“文件”菜单中的“保存”命令。

学习总结

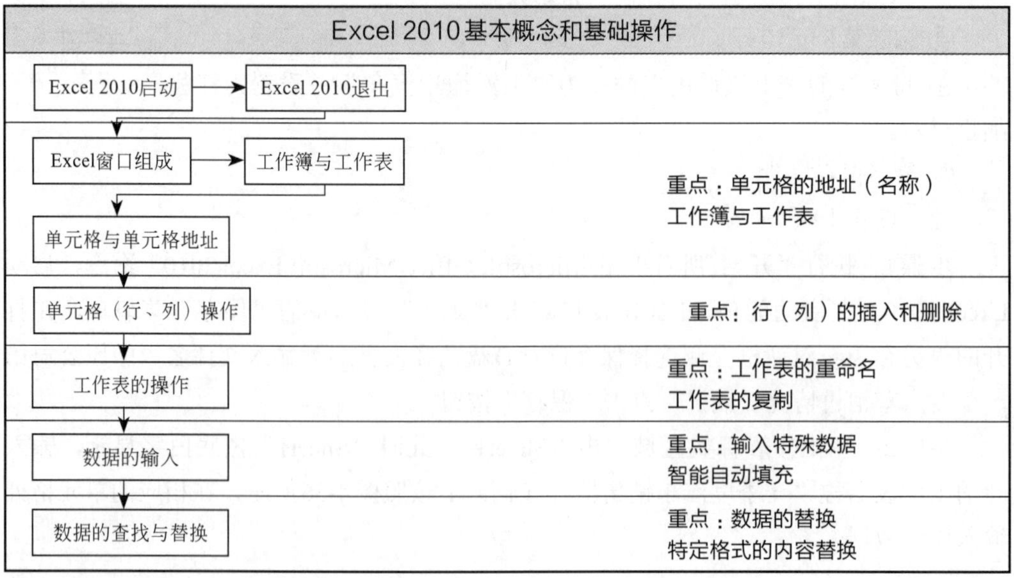

课堂测验

一、选择题

1. 在Excel的工作表中，每个单元格都有其固定的地址，如“A5”表示（　　）。

A.“A”代表“A”列，“5”代表第“5”行

B.“A”代表“A”行，“5”代表第“5”列

C.“A5”代表单元格的数据

D. 以上都不是

2. 若在数值单元格中出现一连串的“###”符号，希望正常显示则需要（　　）。

A. 重新输入数据

B. 调整单元格的宽度

C. 删除这些符号

D. 删除该单元格

3.为了区别“数字”与“数字字符串”数据，Excel要求在输入项前添加（　　）符号来确认。

A. “　　　　B. '

C. #　　　　D. @

4.在单元格输入负数时，可使用的表示负数的两种方法是（　　）。

A. 反斜杠（\）或连接符（–）

B. 斜杠（/）或反斜杠（\）

C. 斜杠（/）或连接符（–）

D. 在负数前加一个减号或用圆括号

二、操作题

操作要求：

（1）启动Excel，在C盘根目录下创建名为“EXC.xlsx”工作簿文件。

（2）将文件中的工作表“Sheet1”的名称改为“产品销售情况表”，按照图4-37所示样文内容输入原始数据。

（3）在第8行的位置插入新行，并在相应单元格处输入如下内容。

3	南部3	D-2	电冰箱	75	17.55	18

（4）将所有的“电视”替换为“电视机”并设置为红色、加粗倾斜显示。

（5）最后保存文件，并将文件另存至D盘根目录，文件名为“EXC（备份）.xlsx”。

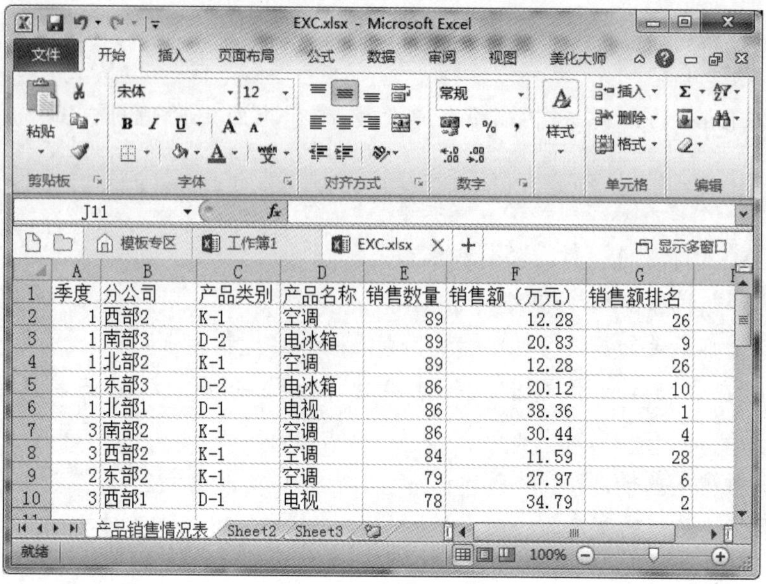

图4-37　产品销售情况表样文内容

4.3　Excel的格式设置

在Excel工作簿文件创建后，修饰表格，使其变得美观大方是尤为重要的。本节讲述工作表的格式设置方法。

4.3.1　设置数字格式

在Excel当中，数字有不同的类型，如：货币型、百分比型、科学计数、分数等，不同的类型，其格式也有所不同。当我们输入数字时，Excel会根据各种类型的既定格式自动判断其类型，并为其加上相应的格式。如输入“$5621356”，Excel自动将其识别为货币类型，并将其显示格式变为“$5，621，356”。常用的数据类型及对应的默认格式如下。

① 常规格式：普通数字，不包含任何特定的数字格式。

② 数值格式：用于一般数字的表示，可以设置小数位数、千位分隔符、负数的显示形式。如：(256.31)、或-256.31。

③ 货币格式：可设置货币符号、小数位数和负数的显示形式。

④ 日期、时间格式：可以设置不同的日期、时间显示形式，如：2018-01-14 11：17。

⑤ 百分比格式：设置数字显示为百分比的形式，并可设置小数位数，如23.5%。

⑥ 文本格式：设置为普通文本形式，普通文本形式将不能参与计算。

设置数字格式的操作方法如下所述。

如图4-38所示的工作表（源文件下载地址：www.cipedu.com.cn），将“去年销售金额（单位：万元）”列和“当年销量金额（单位：万元）”列设置为货币格式（人民币），保留小数点后两位，负数格式为“￥-1234.10”（红色显示）；将“增长比例”列数据设置为百分比型，保留小数点后两位。

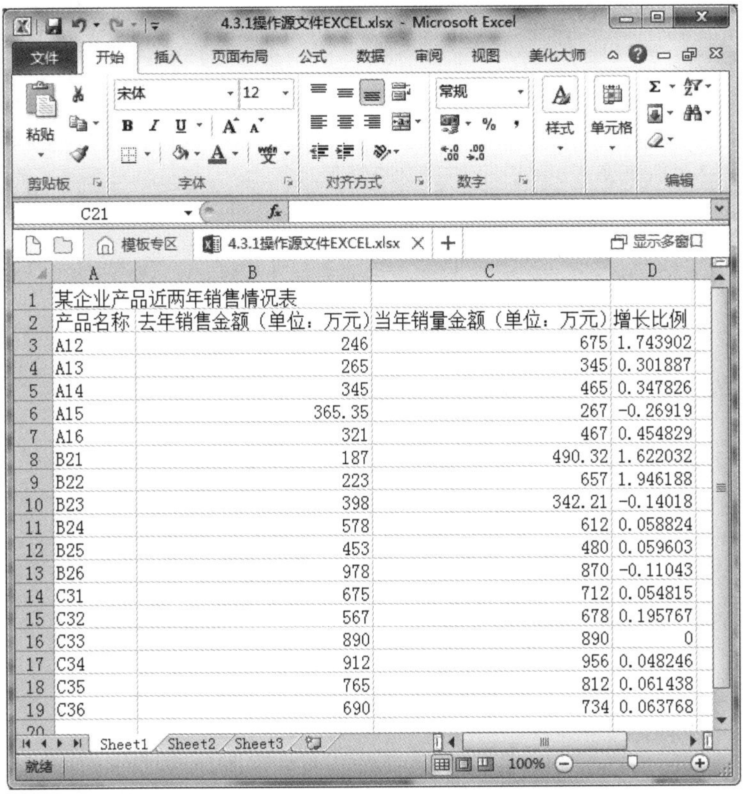

	A	B	C	D
1	某企业产品近两年销售情况表			
2	产品名称	去年销售金额（单位：万元）	当年销量金额（单位：万元）	增长比例
3	A12	246	675	1.743902
4	A13	265	345	0.301887
5	A14	345	465	0.347826
6	A15	365.35	267	-0.26919
7	A16	321	467	0.454829
8	B21	187	490.32	1.622032
9	B22	223	657	1.946188
10	B23	398	342.21	-0.14018
11	B24	578	612	0.058824
12	B25	453	480	0.059603
13	B26	978	870	-0.11043
14	C31	675	712	0.054815
15	C32	567	678	0.195767
16	C33	890	890	0
17	C34	912	956	0.048246
18	C35	765	812	0.061438
19	C36	690	734	0.063768

图4-38　设置数字格式例表

微视频：设置数字格式

操作步骤如下。

步骤1：选定“去年销售金额（单位：万元）”列和“当年销量金额（单位：万元）”列数据，点击“开始”选项卡下“数字”分组右下角的对话框启动器“ ”，打开设置单元格格式对话框，如图4-39所示。

步骤2：在“数字”选项卡中的“分类”列表中单击“货币”项，在“小数位数”框中输入2，在“负数”列表中选择“￥-1234.10”项（红色显示），点击“确定”按钮。

步骤3：同步骤2，选定“增长比例”列数据，点击“开始”选项卡下“数字”分组右下角的对话框启动器“ ”，打开设置单元格格式对话框，在“数字”选项卡中的“分类”列表中单击“百分比”项，在“小数位数”框中输入2，点击“确定”按钮。

步骤4：设置后的效果如图4-40所示。

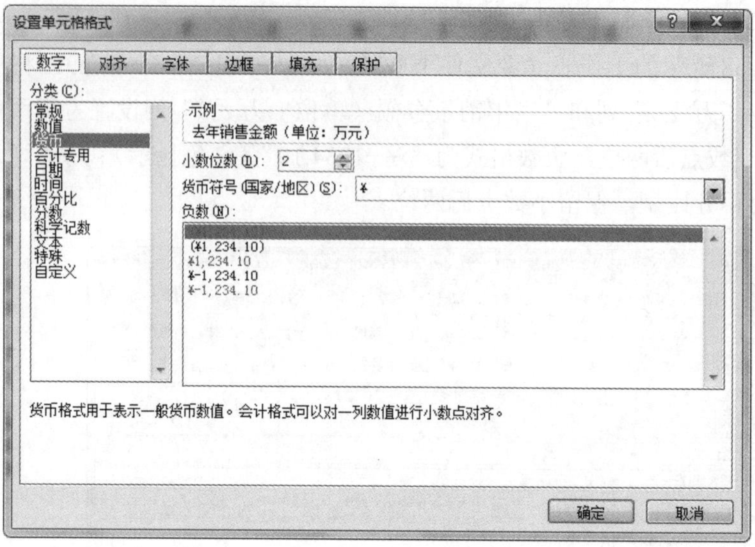

图4-39 设置单元格格式对话框

	A	B	C	D
1	某企业产品近两年销售情况表			
2	产品名称	去年销售金额（单位：万元）	当年销量金额（单位：万元）	增长比例
3	A12	¥246.00	¥675.00	174.39%
4	A13	¥265.00	¥345.00	30.19%
5	A14	¥345.00	¥465.00	34.78%
6	A15	¥365.35	¥267.00	-26.92%
7	A16	¥321.00	¥467.00	45.48%
8	B21	¥187.00	¥490.32	162.20%
9	B22	¥223.00	¥657.00	194.62%
10	B23	¥398.00	¥342.21	-14.02%
11	B24	¥578.00	¥612.00	5.88%
12	B25	¥453.00	¥480.00	5.96%
13	B26	¥978.00	¥870.00	-11.04%
14	C31	¥675.00	¥712.00	5.48%
15	C32	¥567.00	¥678.00	19.58%
16	C33	¥890.00	¥890.00	0.00%
17	C34	¥912.00	¥956.00	4.82%
18	C35	¥765.00	¥812.00	6.14%
19	C36	¥690.00	¥734.00	6.38%

图4-40 数字格式设置后的效果

4.3.2 设置单元格格式

为便于叙述和操作，本节4.3.2中的内容均围绕如图4-41所示的工作表（源文件下载地址：www.cipedu.com.cn）展开。

	A	B	C	D	E	F
1	产品销售情况统计表					
2	产品型号	销售数量	单价（元）	销售额(元)	所占百分比	
3	P-1	123	654	80442	9.81%	
4	P-2	84	1652	138768	16.91%	
5	P-3	111	2098	232878	28.39%	
6	P-4	66	2341	154506	18.83%	
7	P-5	101	780	78780	9.60%	
8	P-6	79	394	31126	3.79%	
9	P-7	89	391	34799	4.24%	
10	P-8	68	189	12852	1.57%	
11	P-9	91	282	25662	3.13%	
12	P-10	156	196	30576	3.73%	
13			总销售额	820389		
14						

Sheet1 Sheet2 Sheet3

图4-41　设置单元格格式样表

（1）设置字体与字型

Excel 2010中字体与字型的设置与Word 中相似，首先选定要设置的文字或单元格，然后点击“开始”选项卡下“字体”分组中的字体、字号、加粗、倾斜、下划线等相应命令，即可完成相关操作，也可点击“字体”分组右下角的对话框启动器启动“字体”对话框，在字体对话框中进行设置。如图4-42所示。

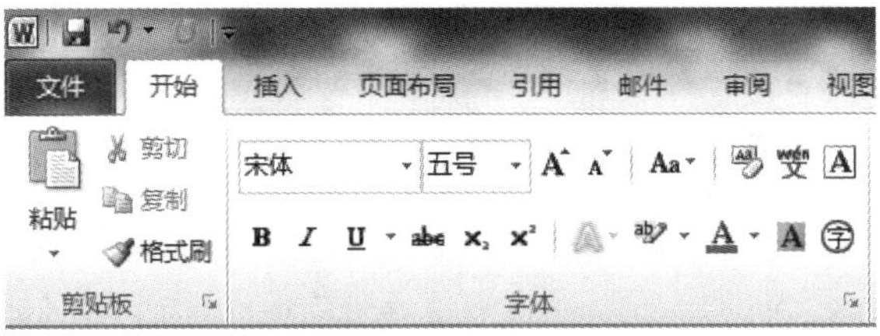

图4-42　设置字体

补充提示

如果要设置单元格内所有文字的字体与字型，选定单元格然后设置即可；如果要设置单元格内部分文字的字体与字型，则选中相应的文字后设置。

（2）设置标题合并及居中

不管是用 Word 制作表格还是用Excel制作表格，一般我们都习惯在表格的上方正中央放置表格的标题文字，而图4-41所示的表格标题在一个单元格（A1）中，如何才能设置在表格的上方正中位置呢？这需要将标题区域表格宽度内的单元格合并，然后居中。

微视频：
合并及居中

① 合并及居中单元格　操作步骤如下。

步骤1：选定第一行表格宽度内的单元格，此处为A1:E1。

步骤2：单击“开始”选项卡下“对齐方式”分组中的“合并后居中” 合并后居中

按钮。操作完成后如图4-43所示。

	A	B	C	D	E
1	产品销售情况统计表				
2	产品型号	销售数量	单价（元）	销售额(元)	所占百分比
3	P-1	123	654	80442	9.81%
4	P-2	84	1652	138768	16.91%
5	P-3	111	2098	232878	28.39%
6	P-4	66	2341	154506	18.83%
7	P-5	101	780	78780	9.60%
8	P-6	79	394	31126	3.79%
9	P-7	89	391	34799	4.24%
10	P-8	68	189	12852	1.57%
11	P-9	91	282	25662	3.13%
12	P-10	156	196	30576	3.73%
13			总销售额	820389	

图4-43　设置标题居中

补充提示

如果合并的多个单元格中有两个或两个以上的单元格中有数据，那么合并后的单元格只会保留左上角单元格的数据作为合并后单元格中的数据，并会在合并操作时弹出警告提示对话框，如图4-44所示。多个单元格合并后的单元格地址是合并前区域左上角单元格的地址，如图4-43所示的A1：E1区域合并居中后的单元格地址是A1。

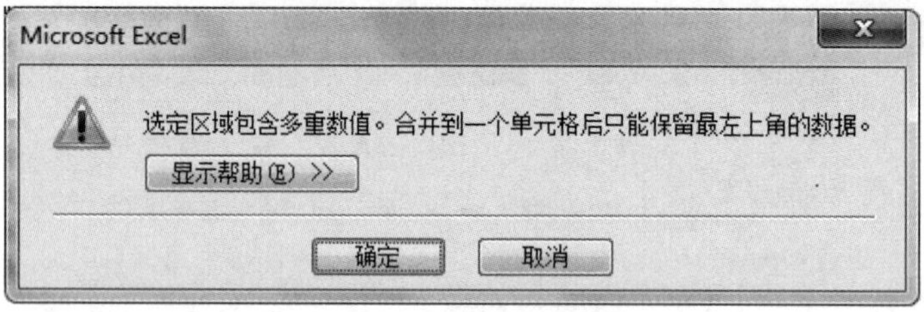

图4-44　合并警告对话框

② 取消合并的单元格　选定已合并的单元格，单击“开始”选项卡下“对齐方式”分组中的“合并后居中”合并后居中按钮右侧的下拉按钮“”，在弹出的菜单中选择“取消单元格合并”菜单项即可。

（3）设置数据对齐方式

微视频：设置数据对齐方式

Excel中的对齐方式和Word表格中的一样，对齐方式分为水平方向上的对齐方式和垂直方向上的对齐方式，对齐方式通过“开始”选项卡下“对齐方式”分组中的相应按钮来完成，也可通过点击“对齐方式”分组的对话框启动器打开对话框来完成。如对图4-43所示的工作表中的A2：E12区域设置水平居中、垂直居中，操作步骤如下。

步骤1：选定A2:E12区域。

步骤2：先点击按钮中的中间一个按钮，再点击按钮中的中间一个按钮。设置完成后的效果如图4-45所示。

也可点击“对齐方式”分组右下角的对话框启动器启动“设置单元格格式”对话框，如图4-46所示，在其中的“对齐”选项卡中完成设置。

除了设置对齐方式，单击“开始”选项卡下“对齐方式”分组中的“方向”下拉按钮，可以设置数据水平旋转角度。单元格会随着数据旋转而改变行高，如图4-47所示为不同的数据方向。

	A	B	C	D	E	F
1	产品销售情况统计表					
2	产品型号	销售数量	单价（元）	销售额(元)	所占百分比	
3	P-1	123	654	80442	9.81%	
4	P-2	84	1652	138768	16.91%	
5	P-3	111	2098	232878	28.39%	
6	P-4	66	2341	154506	18.83%	
7	P-5	101	780	78780	9.60%	
8	P-6	79	394	31126	3.79%	
9	P-7	89	391	34799	4.24%	
10	P-8	68	189	12852	1.57%	
11	P-9	91	282	25662	3.13%	
12	P-10	156	196	30576	3.73%	
13			总销售额	820389		
14						

图4-45　对齐方式设置后

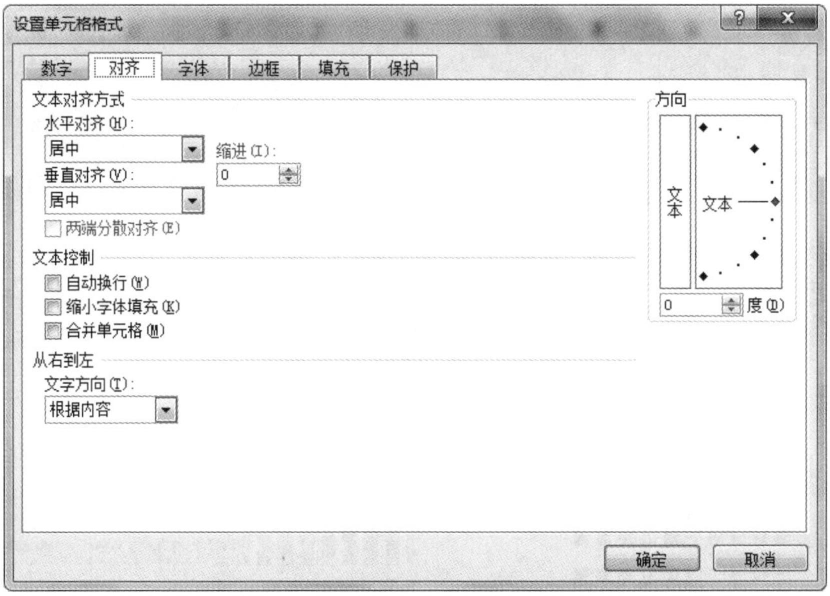

图4-46　“设置单元格格式”对话框

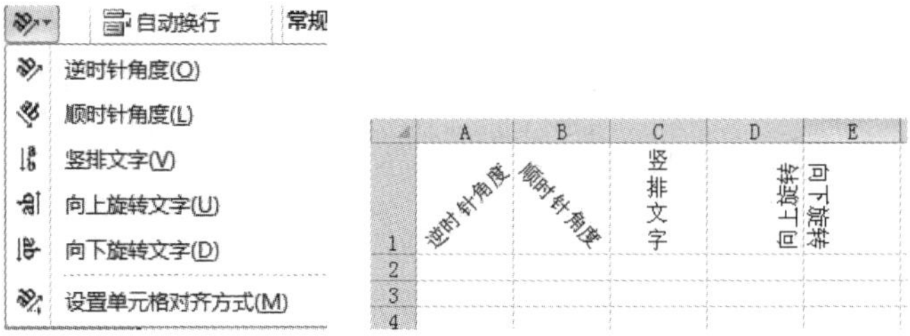

图4-47　设置方向

(4) 设置填充图案与颜色

微视频：设置底纹

为了美化表格，可以为表格的单元格、数据区域、行、列设置颜色或者图案，也就是我们常说的“底纹”。

如对图4-45所示的工作表中的A2:E2区域底纹设置为标准色中的绿色，将A3:E13区域的底纹设置为“水绿色，强调文字颜色5，单色60%”的图案、图案样式为25%灰色。操作步骤如下。

步骤1：选定A2:E2区域。

步骤2：点击“开始”选项卡下“单元格”分组中“格式”命令按钮，在弹出的菜单中选择“设置单元格格式”菜单项，此时打开“设置单元格格式”对话框，点击其中的“填充”选项卡，在“背景色”中选择标准色中的绿色。

步骤3：选定A3:E13区域。

步骤4：点击“开始”选项卡下“单元格”分组中“格式”命令按钮，在弹出的菜单中选择“设置单元格格式”菜单项，此时打开“设置单元格格式”对话框，点击其中的“填充”选项卡，在“图案颜色”下拉列表框中选择“水绿色，强调文字颜色5，单色60%”的图案，如图4-48所示，在“图案样式”下拉列表框中选择“25%灰色”。设置完成后的效果如图4-49所示。

补充提示

在“设置单元格格式”对话框中点击“填充”选项卡中的“填充效果”按钮，打开“填充效果”对话框，在其中可以设置底纹为填充效果。

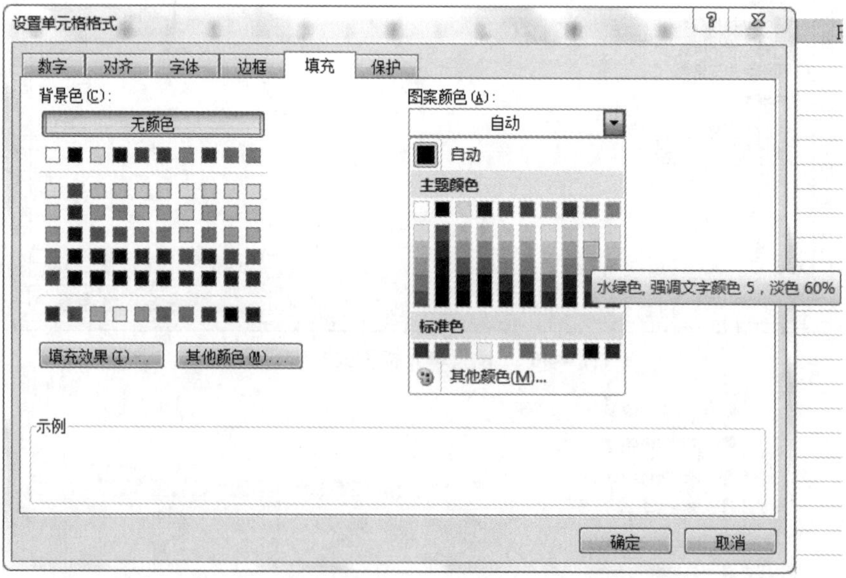

图4-48 设置底纹

	A	B	C	D	E
1	产品销售情况统计表				
2	产品型号	销售数量	单价（元）	销售额(元)	所占百分比
3	P-1	123	654	80442	9.81%
4	P-2	84	1652	138768	16.91%
5	P-3	111	2098	232878	28.39%
6	P-4	66	2341	154506	18.83%
7	P-5	101	780	78780	9.60%
8	P-6	79	394	31126	3.79%
9	P-7	89	391	34799	4.24%
10	P-8	68	189	12852	1.57%
11	P-9	91	282	25662	3.13%
12	P-10	156	196	30576	3.73%
13			总销售额	820389	

图4-49　设置底纹后

（5）设置边框

在Excel 2010中，每个工作表都是一张“大表”，表格默认是没有边框的，虽然看起来是用灰色网格线分隔，但那只是为便于区分单元格、行和列而显示的，真正打印时并不显示，要想加上边框线，需要进行设置。如对图4-49的A2:E13区域的外边框设置为蓝色双实线，横向网格线设置为双点划线，竖向网格线设置为细实线，E13单元格设置一条“左低右高”的对角线（斜线）。具体操作步骤如下。

微视频：
设置边框

步骤1：选定A2:E13区域。

步骤2：点击“开始”选项卡下“单元格”分组中“格式”命令按钮，在弹出的菜单中选择“设置单元格格式”菜单项，此时打开“设置单元格格式”对话框，点击其中的“边框”选项卡，在“线条”组的“样式”中选择线型为“ ══ ”、在“颜色”下拉列表框中选择标准色中的“蓝色”，点击“预置”中的外边框按钮“ ⊞ ”。此时，中间“预览区”中的外边框已经变化了。如图4-50所示。

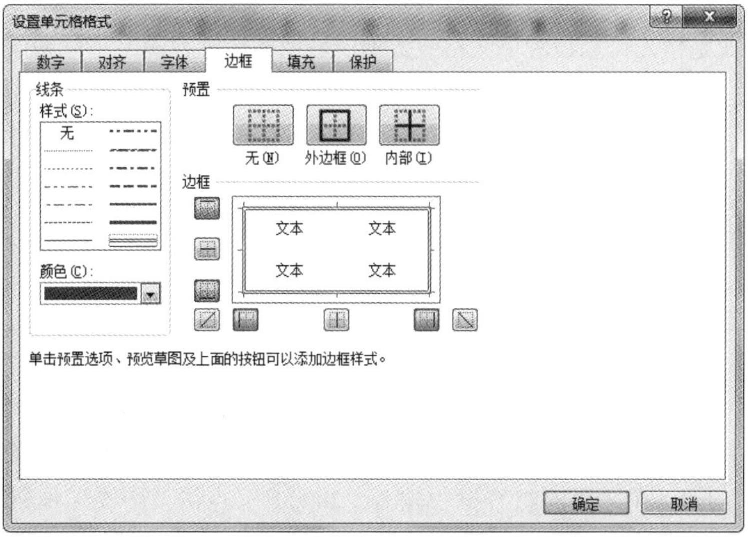

图4-50　设置表格外边框

步骤3：在“线条”组的“样式”中选择线型为“------”，点击“边框”中的应用范围设置按钮“ ”；在“线条”组的“样式”中选择线型为“———”，点击“边框”中的应用范围设置按钮“ ”，然后点击“确定”按钮。

步骤4：选定E13单元格，按照上述步骤2中的方法打开“设置单元格格式”对话框，点击其中的“边框”选项卡，点击“边框”中的应用范围设置按钮“ ”，然后点击“确定”按钮。设置完成后的效果如图4-51所示。

	A	B	C	D	E
1	产品销售情况统计表				
2	产品型号	销售数量	单价（元）	销售额(元)	所占百分比
3	P-1	123	654	80442	9.81%
4	P-2	84	1652	138768	16.91%
5	P-3	111	2098	232878	28.39%
6	P-4	66	2341	154506	18.83%
7	P-5	101	780	78780	9.60%
8	P-6	79	394	31126	3.79%
9	P-7	89	391	34799	4.24%
10	P-8	68	189	12852	1.57%
11	P-9	91	282	25662	3.13%
12	P-10	156	196	30576	3.73%
13			总销售额	820389	
14					

图4-51　边框设置完成后

补充提示

如果边框已经设置，想要取消某些边框，再次点击“边框”中的相应应用范围设置按钮即可。

4.3.3　设置条件格式

条件格式是指，可以设置单元格或数据区域中的数据在满足不同的条件时，数据的格式设置为指定的显示格式。如对图4-51（源文件下载地址：www.cipedu.com.cn）的D3:D12数据区域数值大于或等于200000的字体设置成红色，对B3:C12数据区域设置“数据条”条件格式中的“蓝色数据条”渐变填充。具体操作步骤如下。

步骤1：选定D3:D12区域。

步骤2：点击“开始”选项卡下“样式”分组中的“条件格式”命令按钮，在弹出的菜单中选择“突出显示单元格规则”→“其他规则”菜单项，此时打开“新建格式规则”对话框，如图4-52所示，在“选择规则类型”列表中点击选择“只为包含以下内容的单元格设置格式”，在“编辑规则说明”中的第一个下拉列表框中选择“单元格值”，在第二个列表框中选择“大于或等于”，在之后的组合框中输入“20000”；点击“格式”按钮，在弹出的“设置单元格格式”对话框中的“字体”选项卡中设定字体颜色为“红

微视频：设置条件格式

色”后“确定”，点击“确定”按钮。

步骤3：选定B3:C12区域。

步骤4：点击“开始”选项卡下“样式”分组中的“条件格式”命令按钮，在弹出的菜单中选择“数据条”→“渐变填充”中的“蓝色数据条”。设置完成后如图4-53所示。

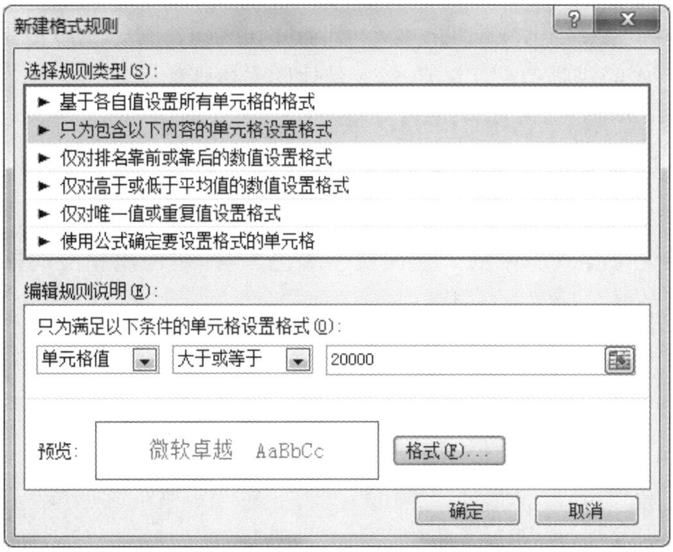

图4-52　新建格式规则

	A	B	C	D	E
1	产品销售情况统计表				
2	产品型号	销售数量	单价（元）	销售额(元)	所占百分比
3	P-1	123	654	80442	9.81%
4	P-2	84	1652	138768	16.91%
5	P-3	111	2098	232878	28.39%
6	P-4	66	2341	154506	18.83%
7	P-5	101	780	78780	9.60%
8	P-6	79	394	31126	3.79%
9	P-7	89	391	34799	4.24%
10	P-8	68	189	12852	1.57%
11	P-9	91	282	25662	3.13%
12	P-10	156	196	30576	3.73%
13			总销售额	820389	

图4-53　条件格式设置后

补充提示

Excel 2010提供了5种条件规则，含义各不相同。

“突出显示单元格规则”：按照设定的格式突出显示单元格区域中符合条件的单元格数据。

“项目选取规则”：作用与突出显示单元格规则相同。

“数据条”、“色阶”和“图标集”：利用数据条、色阶和图标箭头来可视化标识单元格数据的大小。

用户也可以新建规则。

4.3.4 使用单元格样式

样式是单元格的字体、字形、字号、对齐方式、边框、底纹等一个或多个设置参数的组合，样式有Excel内置样式（Excel定义好的样式，可直接应用）和用户自定义样式（用户根据需要自己定义的样式），内置样式有样式名称，自定义样式在新建的时候设置样式名称。应用样式就是应用该样式下所有的格式参数设置。

如对图4-54（源文件下载地址：www.cipedu.com.cn）的C1:F13数据区域应用“主题单元格样式”中的“强调文字颜色5”。具体操作步骤如下。

微视频：使用单元格样式

步骤1：选定C1:F13区域。

步骤2：点击“开始”选项卡下“样式”分组中的“单元格样式”命令按钮，弹出如图4-55所示的菜单，在弹出的菜单中点击选择“主题单元格样式”中的“强调文字颜色5”即可应用相应的样式。应用样式后的效果如图4-56所示。

	A	B	C	D	E	F
1	系别	学号	姓名	考试成绩	实验成绩	总成绩
2	信息	991021	李新	74	16	90
3	计算机	992032	王文辉	87	17	104
4	自动控制	993023	张磊	65	19	84
5	经济	995034	郝心怡	86	17	103
6	信息	991076	王力	91	15	106
7	数学	994056	孙英	77	14	91
8	自动控制	993021	张在旭	60	14	74
9	计算机	992089	金翔	73	18	91
10	计算机	992005	扬海东	90	19	109
11	自动控制	993082	黄立	85	20	105
12	信息	991062	王春晓	78	17	95
13	经济	995022	陈松	69	12	81

“计算机动画技术”成绩单　Sheet2

图4-54　样式应用原始数据

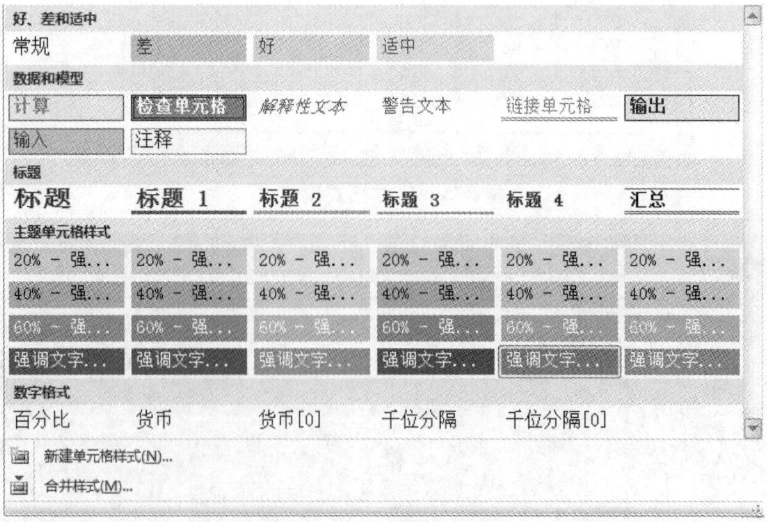

图4-55　样式设置菜单

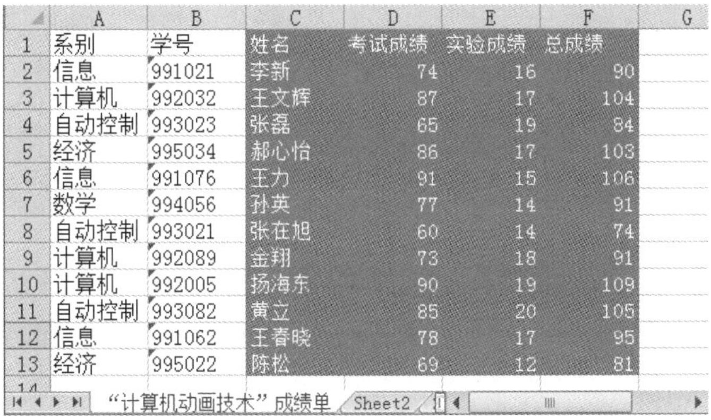

	A	B	C	D	E	F	G
1	系别	学号	姓名	考试成绩	实验成绩	总成绩	
2	信息	991021	李新	74	16	90	
3	计算机	992032	王文辉	87	17	104	
4	自动控制	993023	张磊	65	19	84	
5	经济	995034	郝心怡	86	17	103	
6	信息	991076	王力	91	15	106	
7	数学	994056	孙英	77	14	91	
8	自动控制	993021	张在旭	60	14	74	
9	计算机	992089	金翔	73	18	91	
10	计算机	992005	扬海东	90	19	109	
11	自动控制	993082	黄立	85	20	105	
12	信息	991062	王春晓	78	17	95	
13	经济	995022	陈松	69	12	81	

图4-56 样式设置后

用户也可自定义样式，主要操作步骤如下。

步骤1：选定单元格区域，点击“开始”选项卡下“样式”分组中的“单元格样式”命令按钮，在弹出的菜单中点击选择“新建单元格样式”菜单项即可打开样式对话框，在“样式名”后输入样式名。

步骤2：点击“格式”按钮，弹出“设置单元格格式”对话框，按照本节4.3.2的方法设置样式需要包含的格式参数，设置完成后点击“确定”按钮。

应用自定义样式的操作方法比较简单，和应用内置样式的方法相同，先选定要应用样式的数据区域，然后点击“开始”选项卡下“样式”分组中的“单元格样式”命令按钮，在弹出的菜单中选择“自定义”下的所需样式即可应用；如需修改自定义样式，在此处“自定义”下需要修改的样式名处单击鼠标右键，在弹出的菜单中选择“修改”，之后按照新建自定义样式的方法进行设置，设置完成后即完成修改；如需删除自定义样式，在样式名处单击鼠标右键，在弹出的菜单中选择“删除”即可。

4.3.5 自动套用格式

自动套用表格就是把Excel 2010提供的预设的显示格式套用到用户自己的单元格区域当中，该功能能够快速地设置、美化表格。

套用表格格式时，先选定要套用格式的单元格区域，然后在“开始”选项卡的“样式”分组中单击“套用表格格式”下拉按钮，在弹出的下拉列表中选择所需要的样式即可，如图4-57所示。

微视频：自动套用格式

4.3.6 使用模板

模板就是事先设计好的含有特定格式的工作簿，其工作表结构已经事先设置好。用户可以使用自己创建的模板，也可以直接使用Excel 2010提供的满足自己基本需要的模板，节省表格制作时间。默认情况下Excel 2010中大多模板都需要连接互联网在线使用，当然也可以将模板下载到本地使用。

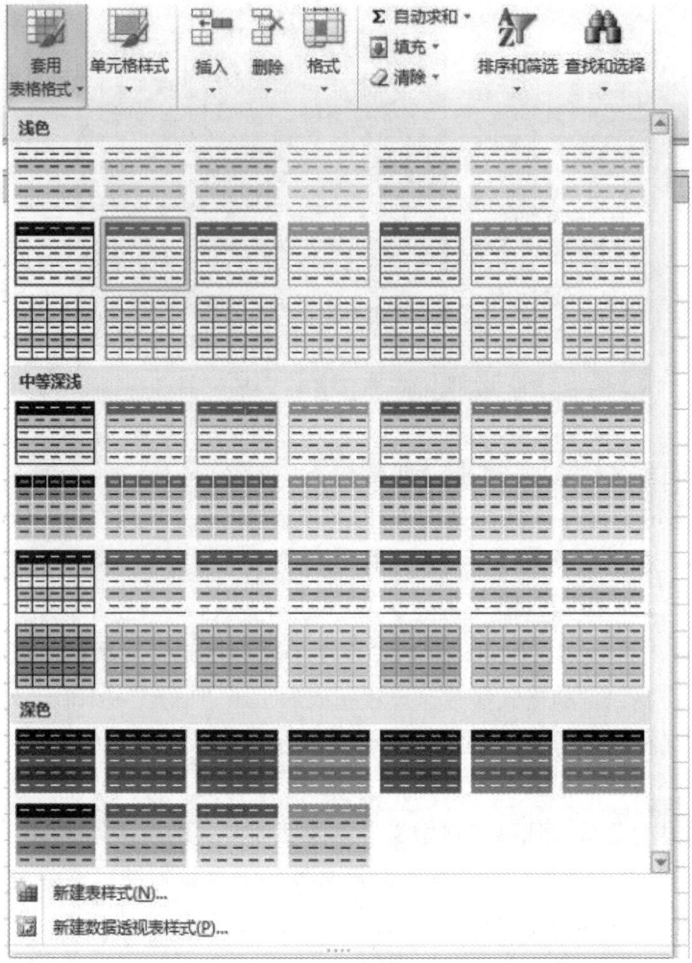

图4-57 “套用表格格式”下拉列表

要使用Excel 2010提供的模板，可单击“文件”选项卡的“新建”按钮，在窗口中部的“可用模板”列表框的“Office.com模板”中选择相应的类别下载即可。如：使用Excel 2010提供的模板快速创建个人简历的操作步骤如下。

步骤1：启动Excel 2010。

步骤2：单击“文件”菜单中“新建”按钮，显示如图4-58所示，在窗口中部的“可用模板”列表框的“Office.com模板”右侧的文本框中输入“简历”并按“Enter”键后，自动检索出以“简历”为关键字的模板，如图4-59所示。

步骤3：在“个人简历”模板图标上双击鼠标左键，自动下载并载入“个人简历”模板内容。

步骤4：根据需要对“个人简历”进行修改，保存文档。

补充提示

为避免常用工作表格式的重复设置，用户可以把经常使用的工作表的格式保存成模板文件，便于以后使用。

图 4-58 Office.com模板

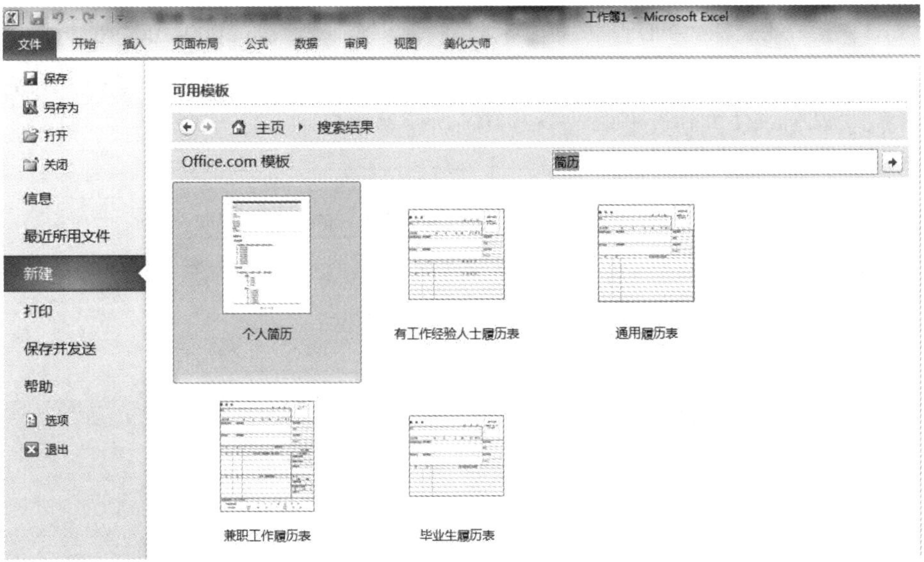

图 4-59 检索模板

学习总结

Excel的格式设置

单元格数字格式 → 设置数字格式

重点：设置数字格式的操作

设置单元格格式：字体与字型、合并及居中、对齐方式（水平对齐和垂直对齐）、底纹设置、边框设置

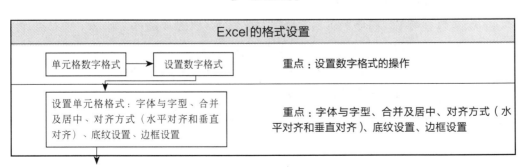

重点：字体与字型、合并及居中、对齐方式（水平对齐和垂直对齐）、底纹设置、边框设置

续表

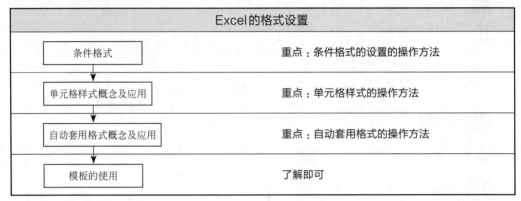

Excel的格式设置	
条件格式 ↓	重点：条件格式的设置的操作方法
单元格样式概念及应用 ↓	重点：单元格样式的操作方法
自动套用格式概念及应用 ↓	重点：自动套用格式的操作方法
模板的使用	了解即可

课堂测验

操作题

操作要求：

（1）启动Excel，在D盘根目录下创建“全国部分城市2000-2004年降水量分布表.xlsx”工作簿文件。

（2）在Sheet1工作表中录入如图4-60所示的内容。

	A	B	C	D	E	F
1	全国部分城市2000-2004年降水量分布表					
2	城市	2001年	2000年	2002年	2003年	2004年
3	长沙	630	650	590	570	540
4	南京	500	510	540	580	520
5	重庆	780	800	760	730	700
6	郑州	700	750	680	630	600
7	哈尔滨	680	600	570	550	520
8	兰州	400	450	380	320	680
9	上海	800	850	750	730	700

Sheet1 Sheet2 Sheet3

图4-60　4.3课堂测验原始工作表

（3）将表格中标题区域A1:F1合并居中；表格标题设置为华文行楷，字号18磅。将表格表头行设为华文细黑，加粗，字号12磅。

（4）将表格中数字区域设置为水平居中。

（5）为标题单元格添加黄色底纹；为“城市”一列添加绿色底纹；将表头行“2001年”→“2004年”设置为红色字体。

（6）将表格外边框设置为双实线边框，将表格内边框设置为虚线。

（7）标题行设置行高35，其余各行设置行高20。

（8）将表格中大于750的数据添加红色底纹，为小于550的数据浅蓝色底纹。

（9）将标题行以外内容区域自动套用表格格式“表样式浅色9”。

（10）最后保存文档。

4.4 公式和函数

Excel最主要的功能是其计算功能、数据处理功能以及生成图表报表功能。本节起将开始介绍这些功能。

对于数据，我们经常需要进行计算，如：求和、求平均值、求排名、统计数据等。如果是几个数据的计算，手工计算也能快速实现；但对于大批量数据，如果手工计算，工作量就太大了。本节学习使用Excel的公式和函数功能来方便、精确地完成大批量数据计算的方法。

4.4.1 公式计算

（1）公式的组成

和我们日常中使用的数学公式相似，公式即数据进行计算的表达式。如图4-61所示的工作表中，第一条数据“季度为1、分公司为西部2、产品类别为K-1、产品名称为空调”的销售额计算公式为：销售额=销售数量×销售单价，在Excel中公式表示为“=E2*F2”。

将这个公式输入到G2单元格中并确认输入后，Excel会自动在G2单元格处显示计算结果。

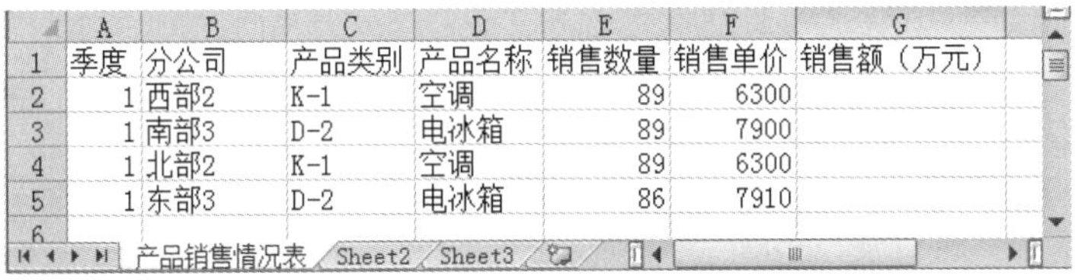

	A	B	C	D	E	F	G
1	季度	分公司	产品类别	产品名称	销售数量	销售单价	销售额（万元）
2	1	西部2	K-1	空调	89	6300	
3	1	南部3	D-2	电冰箱	89	7900	
4	1	北部2	K-1	空调	89	6300	
5	1	东部3	D-2	电冰箱	86	7910	
6							

表4-61　示例工作表

Excel 2010中公式形式为“=<表达式>”，每个公式都是必须以“=”开头，且公式中不能有空格，Excel中的公式表达式由单元格地址、常量、运算符、函数及括号等组成。

① 单元格引用地址：例如“B13”。

② 常量：可以是数字，也可以是文本。

③ 运算符：例如+、-、*、/等。

④ 函数：既可以是Excel 2010中的内置函数，也可以是自定义函数。

⑤ 括号：主要是用来控制公式中表达式运算的优先级。

（2）输入公式

Excel 2010输入公式主要有两种方法。如对图4-61所示的工作表（源文件下载地址：www.cipedu.com.cn）的第一条数据使用方法一计算销售额，结果显示在G2位置；第二条数据使用方法二计算销售额，结果放在G3位置。具体操作步骤如下。

方法一：双击要显示结果的G2单元格，在光标处输入公式“=E2*F2”，按回车键确认输入，即可显示计算结果。如图4-62（a）、图4-62（b）所示。

微视频：插入公式

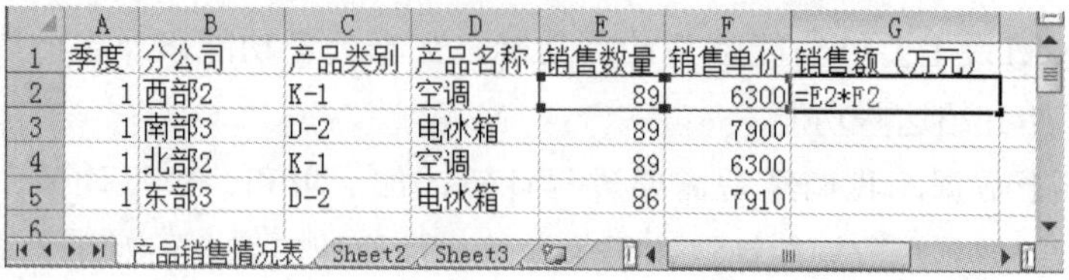

（a）方法一输入公式

（b）方法一显示计算结果

图4-62　方法一输入公式

方法二：单击要显示结果的G3单元格，点击“编辑区”的“编辑栏”，在光标处输入公式“=E3*F3”，如图4-63所示，按回车键或点击“编辑栏”左侧的“✔”按钮即可确认输入，显示计算结果。

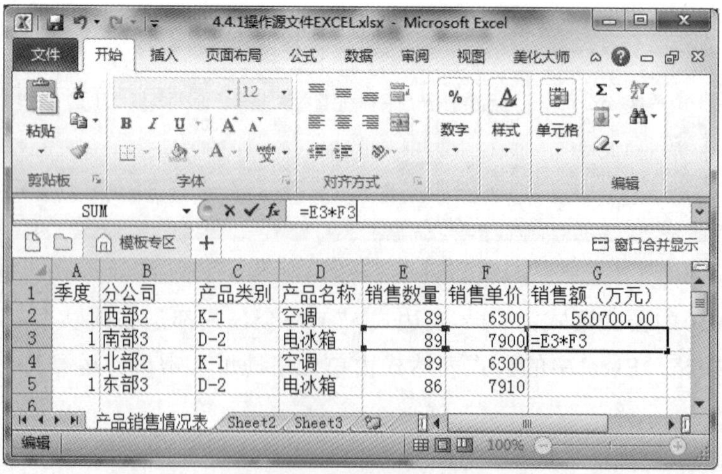

图4-63　方法二输入公式

输入公式时，对于单元格地址的输入，除了手工输入之外，也可通过单击相应的单元格自动输入。如：对如图4-63所示的工作表的第三条数据求销售额的操作步骤如下。

步骤1：双击G4单元格，在光标处输入“=”，如图4-64所示。

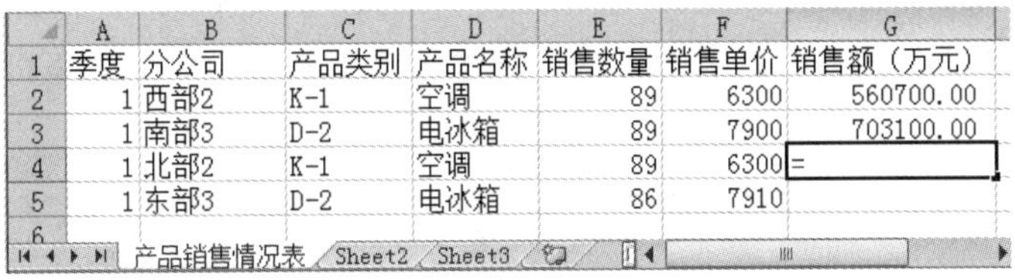

	A	B	C	D	E	F	G
1	季度	分公司	产品类别	产品名称	销售数量	销售单价	销售额（万元）
2	1	西部2	K-1	空调	89	6300	560700.00
3	1	南部3	D-2	电冰箱	89	7900	703100.00
4	1	北部2	K-1	空调	89	6300	=
5	1	东部3	D-2	电冰箱	86	7910	

图4-64　输入公式步骤1

步骤2：点击E4单元格，此时，公式中的“E4”自动输入了，如图4-65所示。

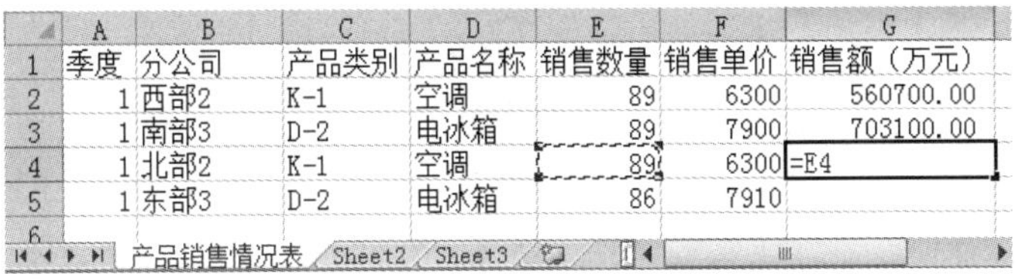

	A	B	C	D	E	F	G
1	季度	分公司	产品类别	产品名称	销售数量	销售单价	销售额（万元）
2	1	西部2	K-1	空调	89	6300	560700.00
3	1	南部3	D-2	电冰箱	89	7900	703100.00
4	1	北部2	K-1	空调	89	6300	=E4
5	1	东部3	D-2	电冰箱	86	7910	

图4-65　输入公式步骤2

步骤3：紧接着输入“*”，如图4-66所示。

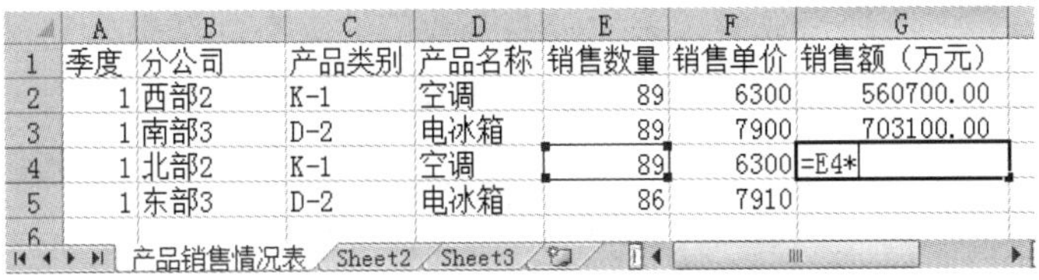

	A	B	C	D	E	F	G
1	季度	分公司	产品类别	产品名称	销售数量	销售单价	销售额（万元）
2	1	西部2	K-1	空调	89	6300	560700.00
3	1	南部3	D-2	电冰箱	89	7900	703100.00
4	1	北部2	K-1	空调	89	6300	=E4*
5	1	东部3	D-2	电冰箱	86	7910	

图4-66　输入公式步骤3

步骤4：单击F4单元格，公式中的“C1”也自动输入了，如图4-67所示。最后，按回车键确认完成公式的输入。

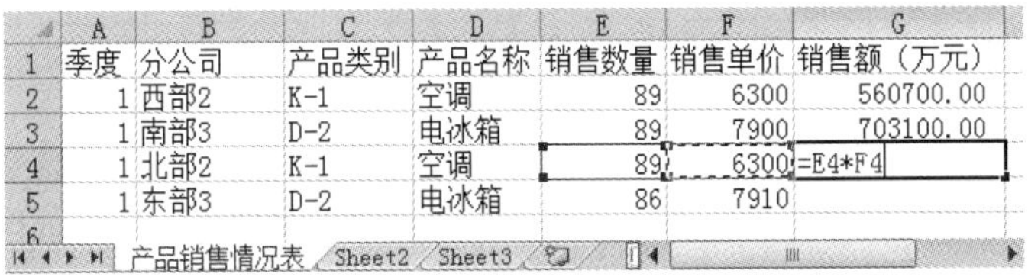

	A	B	C	D	E	F	G
1	季度	分公司	产品类别	产品名称	销售数量	销售单价	销售额（万元）
2	1	西部2	K-1	空调	89	6300	560700.00
3	1	南部3	D-2	电冰箱	89	7900	703100.00
4	1	北部2	K-1	空调	89	6300	=E4*F4
5	1	东部3	D-2	电冰箱	86	7910	

图4-67　输入公式步骤4

在单元格中输入公式或其他内容的过程中，单击编辑栏左侧的“✕”按钮，则输入的内容全部清除。

输入公式的单元格在确认输入后，在单元格中看到的只是计算结果。此时，单击此单元格，可在编辑栏中看到完整的公式，如需修改公式可在此处完成；此外，双击此单元格，在该单元格中也会显示公式，在此处也可以进行公式编辑。

（3）运算符

① 运算符的类型　Excel 2010公式中的运算符可分为四种不同类型：算术运算

符、比较运算符、文本连接运算符和引用运算符。

a. 算术运算符　若要完成基本的数学运算（如加法、减法或乘法）、合并数字以及生成数值结果，都会使用算术运算符。算术运算符相关说明如表4-1所示。

表4-1　算术运算符相关说明

算术运算符	含义	示例
+（加号）	加法	5+6
-（减号）	减法	8–5
*（星号）	乘法	9*5
/（正斜杠）	除法	6/2
%（百分号）	百分比	15%
^（脱字号）	乘方	2^3（即2^3）

算术运算符优先级的顺序是：%、^、*与/、+与-；在公式中，如果运算符的优先级相同，则按照从左向右顺序进行计算。

b. 比较运算符　比较运算符用来比较两个数值的大小，结果为逻辑值TRUE（真）或FALSE（假）。比较运算符相关说明如表4-2所示。

表4-2　比较运算符相关说明

比较运算符	含义	示例
=（等号）	等于	A1=B1
>（大于号）	大于	A1>B1
<（小于号）	小于	A1<B1
>=（大于等于号）	大于等于	A1>=B1
<=（小于等于号）	小于等于	A1<=B1
<>（不等号）	不等于	A1<>B1

c. 文本运算符　文本运算符只有“&”，用来连接字符串，结果仍然是文本类型。文本运算符相关说明如表4-3所示。

表4-3　文本运算符相关说明

文本运算符	含义	示例
&（与号）	将两个文本值或字符串连接起来产生新的文本值	“计算机”&“等级考试”（即：“计算机等级考试”）

d. 引用运算符　引用运算符有3种，具体说明如表4-4所示。

表4-4　引用运算符具体说明

引用运算符	含义	示例
:（冒号）	区域运算符，生成对两个引用之间的所有单元格的引用，包括这两个引用	A5:A15
,（逗号）	联合运算符，将多个引用合并为一个引用	SUM（A5:A15，E5:E15）
（空格）	交叉运算符，生成对两个引用共同的单元格的引用——交叉部分	B7:D7 C6:C8

② 运算符的优先级　如果一个公式中有若干个运算符，Excel将按表4-5中的次序进行计算。如果一个公式中的若干个运算符具有相同的优先顺序（例如，如果一个公式中既有乘号又有除号），Excel 将从左到右进行计算。

表4-5　运算符的优先级

优先级	运算符	说明
1	:（冒号）（单个空格），（逗号）	引用运算符
2	–	负数（如 -1）
3	%	百分比
4	^	乘方
5	* 和 /	乘和除
6	+ 和 -	加和减
7	&	连接两个文本字符串（串联）
8	=，< >，<=，>=，<>	比较运算符

若要更改求值的顺序，需将公式中要先计算的部分用括号括起来。例如，下面公式的结果是60，因为 Excel 先进行乘法运算后进行加法运算。将5与2相乘，然后再加上6，即得到结果。

=6+5*2

但是，如果用括号将“6+5”括起来，Excel 将先求出6加5之和，再用结果乘以2得 22。

=（6+5）*2

4.4.2　复制公式

以上我们学习了公式的输入方法，对于三条数据使用了不同的方法输入了公式，并得到了计算结果。但是试想，如果数据很多，成千上万条怎么办？还是一条条地输入公式计算吗？针对此问题，Excel提供了公式复制的功能。

（1）复制公式的方法

如对图4-68所示的工作表（源文件下载地址：www.cipedu.com.cn），计算所有人的总成绩。具体操作步骤如下。

步骤1：按照4.4.1输入公式的方法，在F2单元格输入公式“=D2+E2”，计算出第一个总成绩。

	A	B	C	D	E	F
1	系别	学号	姓名	考试成绩	实验成绩	总成绩
2	信息	991021	李新	74	16	
3	计算机	992032	王文辉	87	17	
4	自动控制	993023	张磊	65	19	
5	经济	995034	郝心怡	86	17	
6	信息	991076	王力	91	15	
7	数学	994056	孙英	77	14	
8	自动控制	993021	张在旭	60	14	
9	计算机	992089	金翔	73	18	
10	计算机	992005	扬海东	90	19	
11	自动控制	993082	黄立	85	20	
12	信息	991062	王春晓	78	17	

“计算机动画技术”成绩单 Sheet2

微视频：
复制公式

图4-68　复制公式示例表

步骤2：拖动F2单元格右下角的填充柄向下，直至到末尾的F12单元格后释放鼠标，即可完成公式的复制，并计算出相应结果，如图4-69所示。

	A	B	C	D	E	F	G
1	系别	学号	姓名	考试成绩	实验成绩	总成绩	
2	信息	991021	李新	74	16	90	
3	计算机	992032	王文辉	87	17	104	
4	自动控制	993023	张磊	65	19	84	
5	经济	995034	郝心怡	86	17	103	
6	信息	991076	王力	91	15	106	
7	数学	994056	孙英	77	14	91	
8	自动控制	993021	张在旭	60	14	74	
9	计算机	992089	金翔	73	18	91	
10	计算机	992005	扬海东	90	19	109	
11	自动控制	993082	黄立	85	20	105	
12	信息	991062	王春晓	78	17	95	

“计算机动画技术”成绩单 Sheet2

图4-69　复制公式后

此时点击F3单元格，在编辑栏可以看到其计算公式是“=D2+E2”，F4单元格计算公式是“=D4+E4”，F5单元格计算公式是“=D5+E5”…，是正确的。可以看出，向下填充复制公式的时候，相应的行标会自动增加的（当然，如果是向右填充复制，列标也会自动增长），这种单元格的引用方式就是相对引用。

此外，也可以直接以复制粘贴的方式复制公式，如上述示例，也可以通过如下所述的操作方法完成。

步骤1：按照4.4.1输入公式的方法，在F2单元格输入公式“=D2+E2”，计算出第一个总成绩。

步骤2：选定F2单元格，“开始”选项卡下“剪贴板”分组中的“ ”按钮，然后选定F3:F12数据区域，点击“开始”选项卡下“剪贴板”分组中的“ ”按钮即可完成公式的复制。

补充提示

按照常规方式复制粘贴含有计算公式的单元格，默认情况下复制过来的是公式，那么怎么样把单纯的公式的计算结果复制过来呢？方法如下，粘贴的时候点击“开始”选项卡下、“剪贴板”分组中的“粘贴”命令按钮，在弹出的菜单里按照需要点击“粘贴数值”下的相应按钮即可。如图4-70所示。

（2）单元格地址的引用方式

单元格地址的引用方式分为相对引用、绝对引用和混合引用三种。

① 相对引用　即单元格地址中只含有其自身的行号和列号，例如“A1”“B3”等。当公式中包含相对引用的单元格地址时，把公式复制到新的位置，公式中单元格地址就会随着改变，上述计算总成绩的示例就是如此。例如在D2单元格中输入公式“=A2+B2-C2”，将D2中的公式复制到D3时，公式就会自动变为“=A3+B3-C3”。

② 绝对引用　是在单元格地址的行号和列号前面各加一个“$”，例如“$A$1”“$B$3”等。当把公式复制到新的位置时，公式中绝对引用的地址保持不变。例如在D2单元格中输入公式“=$A$2+$B$2-$C$2”，将D2中的公式复制到D3时，公式仍然是“=$A$2+$B$2-$C$2”。如我们在图4-69所示工作表的G列，计算每位同学比“王春晓”同学高出的分数。如图4-71所示。

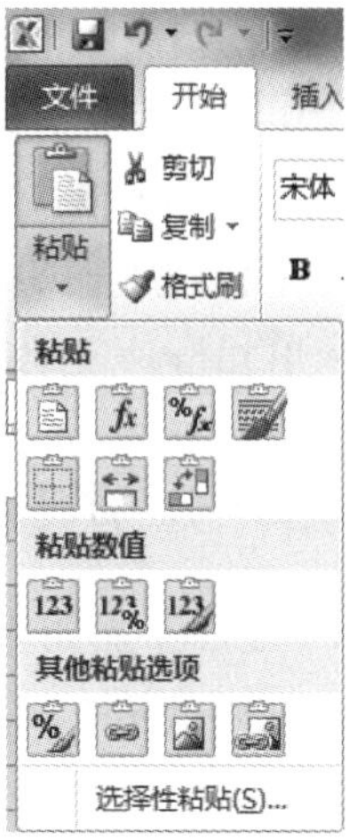

图4-70　粘贴数值

微视频：单元格的引用方式

	A	B	C	D	E	F	G
1	系别	学号	姓名	考试成绩	实验成绩	总成绩	比王春晓高出分数
2	信息	991021	李新	74	16	90	
3	计算机	992032	王文辉	87	17	104	
4	自动控制	993023	张磊	65	19	84	
5	经济	995034	郝心怡	86	17	103	
6	信息	991076	王力	91	15	106	
7	数学	994056	孙英	77	14	91	
8	自动控制	993021	张在旭	60	14	74	
9	计算机	992089	金翔	73	18	91	
10	计算机	992005	扬海东	90	19	109	
11	自动控制	993082	黄立	85	20	105	
12	信息	991062	王春晓	78	17	95	
13							

“计算机动画技术”成绩单　Sheet2　Sheet3

图4-71　绝对引用示例

第一条数据的计算公式是“=F2-F12”，但是按照这种相对引用的方式向下复制公示后，第二条数据的计算公式是“=F3-F13”、第三条数据的计算公式是“=F4-F14”……，这显然不符合实际，应该是都减去F12。这时候我们需要用绝对引用的方式来引用F12单元格，即第一条数据的计算公式“=F2-$F$12”，然后向下自动填充复制公式。

③ 混合引用　就是单元格地址的行号和列号当中只有一个前面加“$”，例如“$A1”“B$3”等。当把公式复制到新的位置时，公式中相对引用部分发生改变，绝对引用部分不变。例如在D2单元格中输入公式“=$A2+B$2-C$2”，将D2中的公式复制到E3时，公式就会自动变为“=$A3+C$2-D$2”。

（3）跨工作表的单元格引用

使用Excel公式或函数计算时，可以引用当前工作表的单元格或区域，也可以引用当前工作簿的其他工作表的单元格或区域，也可以引用其他工作簿的其他工作表的单元格或区域。单元格引用的一般形式是：[工作簿文件名] 工作表名!单元格地址。

在引用当前工作表的单元格或区域时，“[工作簿文件名] 工作表名!”可以省略；在引用同一工作簿下工作表的单元格或区域时，“[工作簿文件名]”可以省略。例如，单元格F2中的公式为“=（C2+D2+E2）*Sheet3!E1”，其中“Sheet3!E1”表示的是当前工作簿下的Sheet3工作表中的E1单元格，“C2”“D2”“E2”表示当前工作表的相应单元格。

4.4.3 函数

Excel 2010中的数据计算除了可以通过自编公式来进行，还可以通过使用Excel内置函数来实现。为便于理解和使用，Excel中的函数可以理解为是一些预定义的公式，用户可以直接用它们对某个区域内的数值进行一系列运算，如求和、求平均值、最大值、最小值、求排名等。如，实现求A1、A2、A3单元格的和，可以使用公式“=A1+A2+A3”进行计算，也可以使用函数“=SUM（A1:A3）”或“=SUM（A1，A2，A3）”来实现，其中“SUM（）”就是功能是求和的函数。

（1）函数的格式

Excel 2010中函数格式为：函数名（参数1，参数2，……）

其中函数名表明函数的功能和用途；参数可以是数字、文本、逻辑值、数据区域及单元格引用或其他函数的计算结果等。使用函数需注意以下几点：

① 函数必须有函数名，如SUM；

② 函数名后必须有一对括号；

③ 参数可以有也可以没有，可以有1个，也可以有多个；

④ 如果有多个参数，各个参数之间用逗号分隔。

（2）函数的使用方法

如对图4-72所示的工作表（源文件下载地址：www.cipedu.com.cn)，计算“平均值”列的内容、计算“最高值”行的内容置B7:G7内，常用如下两种方法来实现。

	A	B	C	D	E	F	G	H
1	某省部分地区上半年降雨量统计表 (单位:mm)							
2	月份	一月	二月	三月	四月	五月	六月	平均值
3	北部	121.50	156.30	182.10	167.30	218.50	225.70	
4	中部	219.30	298.40	198.20	178.30	248.90	239.10	
5	南部	89.30	158.10	177.50	198.60	286.30	303.10	
6								
7	最高值							

Sheet1 Sheet2 Sheet3

图4-72　函数的使用示例工作表

微视频：函数的使用

① 直接输入法

步骤1：在H3单元格中输入“=AVERAGE（B3:G3）”并按回车键。

步骤2：将鼠标移动到H3单元格的右下角，填充柄出现后按住鼠标左键不放向下拖动到H5单元格即可计算出其他行的值。

步骤3：在B7单元格中输入“=MAX（B3:B5）”并按回车键。

步骤4：将鼠标移动到B7单元格的右下角，控制柄出现后按住鼠标左键不放向右拖动到G7单元格即可。结果如图4-73所示。

	A	B	C	D	E	F	G	H
1	某省部分地区上半年降雨量统计表(单位:mm)							
2	月份	一月	二月	三月	四月	五月	六月	平均值
3	北部	121.50	156.30	182.10	167.30	218.50	225.70	178.57
4	中部	219.30	298.40	198.20	178.30	248.90	239.10	230.37
5	南部	89.30	158.10	177.50	198.60	286.30	303.10	202.15
6								
7	最高值	219.30	298.40	198.20	198.60	286.30	303.10	

Sheet1 Sheet2 Sheet3

图4-73　函数的使用示例结果

② 鼠标操作法

步骤1：选定H3单元格。

步骤2：单击编辑栏上的“插入函数”按钮 fx，此时打开“插入函数”对话框，如图4-74所示，点击“选择函数”列表框中的“AVERAGE”项，点击“确定”按钮打开函数参数对话框如图4-75所示。

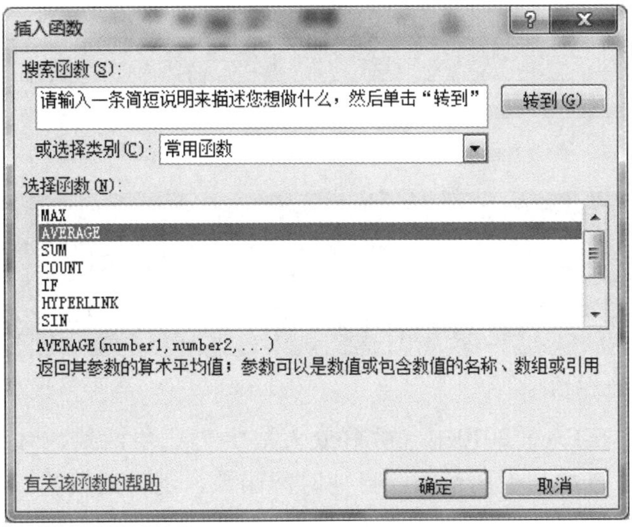

图4-74　插入函数对话框

步骤3：点击“Number1”文本框右侧的选取按钮后，选定工作表的B3:G3区域，此时函数参数对话框如图4-76所示，参数“B3:G3”自动填入文本框中，点击“”按钮返回完整的“函数参数”对话框如图4-76所示（这一步骤也可以直接在图4-75所示的“Number1”文本框中直接输入“B3:G3”）。

步骤4：点击“确定”按钮即可计算出第一条数据。

步骤5：将鼠标移动到H3单元格的右下角，填充柄出现后按住鼠标左键不放向下拖动到H5单元格即可计算出其他行的值。

步骤6：选定H3单元格，参照步骤2—步骤4的操作计算出第一个最大值，函数选择“MAX”、参数“B3:B5”。

步骤7：将鼠标移动到B7单元格的右下角，控制柄出现后按住鼠标左键不放向右拖动到G7单元格即可。

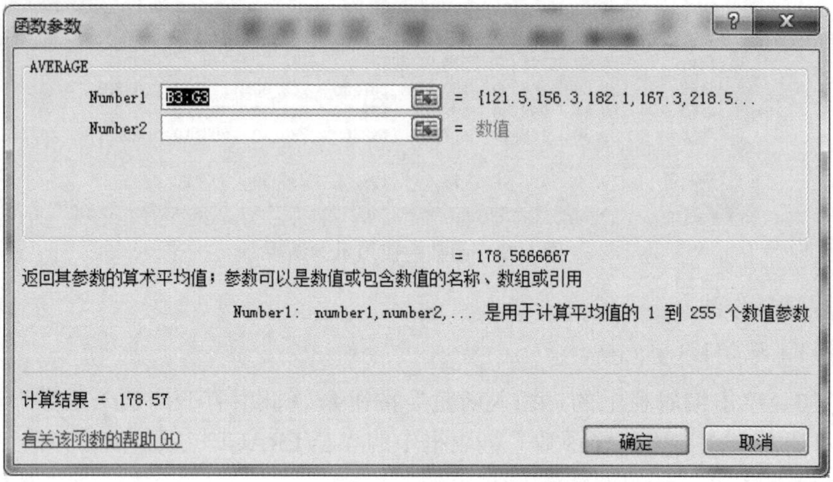

图4-75　函数参数对话框

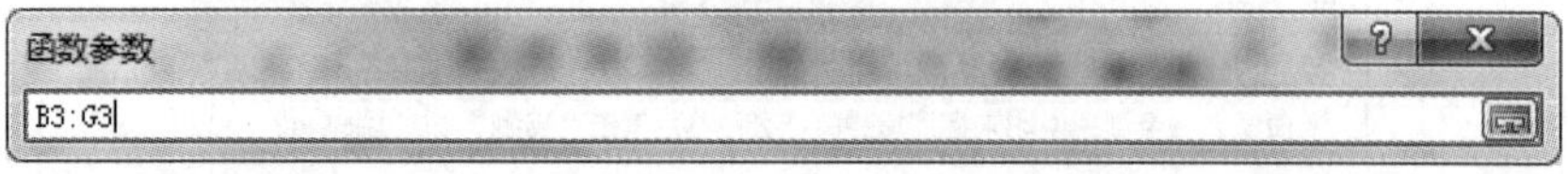

图4-76　函数参数对话框（选定参数）

补充提示

图4-74在插入函数对话框中选择函数时，如果所需函数未直接列出，在“选择类别”列表框切换分类，或者选择“全部”列表项来找到所需函数。

（3）常用函数介绍

微视频：常用函数介绍

在Excel 2010中，函数分为数学与三角函数、财务函数、统计函数、查找与引用函数、日期时间函数、逻辑函数等，其中最常用的函数包括：SUM、AVERAGE、MAX、MIN、COUNT、COUNTA、IF、RANK、RANK.EQ。

① 数学与三角函数

a. SUM 函数

功能：SUM 将您指定为参数的所有数字相加。每个参数都可以是区域、单元格引用、数组、常量、公式或另一个函数的结果。例如，SUM（A1:A5）表示将单元格A1至A5中的所有数字相加，再如，SUM（A1，A3，A5）将单元格A1、A3和A5中的数字相加。

语法：SUM（number1，number2，…）。

参数：

- number1 必需。想要相加的第一个数值参数。

• number2，…可选。想要相加的2到255个数值参数。

说明：

• 如果参数是一个数组或引用，则只计算其中的数字。数组或引用中的空白单元格、逻辑值或文本将被忽略。

• 如果任意参数为错误值或为不能转换为数字的文本，Excel 将会显示错误。

示例：如表4-6所示。

表4-6　SUM函数应用示例

公式	说明	结果
=SUM（3，2）	将3和2相加	5
=SUM（“5”，15，TRUE）	将5、15和1相加。文本值“5”首先被转换为数字，逻辑值TRUE被转换为数字1	21
=SUM（A2:A4）	将单元格A2至A4中的数字相加	40
=SUM（A2:A4，15）	将单元格A2至A4中的数字相加，然后将结果与15相加	55
=SUM（A5,A6,2）	将单元格A5和A6 中的数字相加，然后将结果与2相加。由于引用中的非数字值未转换，单元格A5中的值（“5”） 和单元格A6 中的值（TRUE）均被视为文本，所以这些单元格中的值将被忽略	2

b. SUMIF 函数

功能：SUMIF函数可以对区域中符合指定条件的值求和。

语法：SUMIF（range，criteria，sum_range）。

参数：

• range必需。用于条件计算的单元格区域。空值和文本值将被忽略。

• criteria必需。用于确定对哪些单元格求和的条件，其形式可以为数字、表达式、单元格引用，要点是任何文本条件或任何含有逻辑或数学符号的条件都必须使用双引号（“）括起来。

• sum_range可选。要求和的实际单元格或单元格区域。

示例：假设在含有数字的某一列中，需要让大于8的数值相加，公式为=SUMIF（B2:B25，“>8”），在本例中，应用条件的值即要求和的值。如果需要，可以将条件应用于某个单元格区域，但却对另一个单元格区域中的对应值求和。例如，使用公式=SUMIF（B2:B5，“John”，C2:C5）时，该函数仅对单元格区域C2:C5 中与单元格区域B2:B5中等于“John”的单元格对应的单元格中的值求和。

c. INT 函数

功能：将数字向下舍入到最接近的整数。

语法：INT（number）。

参数：number必需。需要进行向下舍入取整的实数。

示例：如表4-7所示。

表4-7　INT函数应用示例

数据		
19.5		
公式	说明	结果
=INT（8.9）	将8.9向下舍入到最接近的整数	8
=INT（-8.9）	将-8.9向下舍入到最接近的整数	-9
=A2-INT（A2）	返回单元格A2中正实数的小数部分	0.5

d. ROUND 函数

功能：ROUND 函数可将某个数字四舍五入为指定的位数。例如，如果单元格A1含有26.7895 并且希望将该数字四舍五入为小数点后两位，则可以使用以下公式“=ROUND（A1，2）”，结果为26.79。

语法：ROUND（number，num_digits）。

参数：

- number必需。要四舍五入的数字。
- num_digits必需。位数。按此位数对number参数进行四舍五入。

说明：

- 如果num_digits大于0（零），则将数字四舍五入到指定的小数位。
- 如果num_digits等于0，则将数字四舍五入到最接近的整数。
- 如果num_digits小于0，则在小数点左侧进行四舍五入。
- 若要始终进行向上舍入（远离0），请使用ROUNDUP 函数。
- 若要始终进行向下舍入（朝向0），请使用ROUNDDOWN 函数。
- 若要将某个数字四舍五入为指定的倍数（例如，四舍五入为最接近的0.5 倍），请使用MROUND 函数。

示例：如表4-8所示。

表4-8　ROUND函数应用示例

公式	说明	结果
=ROUND（2.15，1）	将2.15四舍五入到一个小数位	2.2
=ROUND（2.149，1）	将2.149四舍五入到一个小数位	2.1
=ROUND（-1.475，2）	将-1.475四舍五入到两个小数位	-1.48
=ROUND（21.5，-1）	将21.5四舍五入到小数点左侧一位	20

e. COS 函数

功能：返回给定角度的余弦值。

语法：COS（number）。

参数：number必需。想要求余弦的角度，以弧度表示。

说明：如果角度是以度表示的，则可将其乘以PI（）/180或使用RADIANS 函数将其转换成弧度。

示例：如表4-9所示。

表4-9 COS 函数应用示例

公式	说明	结果
=COS（1.047）	1.047弧度的余弦值	0.500171
=COS（60*PI（）/180）	60度的余弦值	0.5
=COS（RADIANS（60））	60度的余弦值	0.5

② 财务函数

a. FV 函数

功能：基于固定利率及等额分期付款方式，返回某项投资的未来值。

语法：FV（rate，nper，pmt，pv，type）。

参数：

- rate 必需。各期利率。
- nper 必需。年金的付款总期数。
- pmt 必需。各期所应支付的金额，其数值在整个年金期间保持不变。通常，pmt 包括本金和利息，但不包括其他费用或税款。如果省略pmt，则必须包括pv参数。
- pv 可选。现值，或一系列未来付款的当前值的累积和。如果省略pv则假设其值为0，并且必须包括pmt参数。
- type 可选。数字0或1，代表支付时间为期末或期初。如果省略type，则假设其值为0。

说明：应确认所指定的rate和nper单位的一致性。例如，同样是四年期年利率为10%的贷款，如果按月支付，rate应为10%/12，nper 应为4 *12；如果按年支付，rate 应为10%，nper 为4。

对于所有参数，支出的款项，如银行存款，表示为负数；收入的款项，如股息收入，表示为正数。

示例：如表4-10和表4-11所示。

表4-10 FV 函数应用示例1

数据	说明	
6%	年利率	
10	付款期总数	
−200	各期应付金额	
−500	现值	
1	各期的支付时间在期初（请参见上面的信息	
公式	说明	结果
=FV（A2/12，A3，A4，A5，A6）	在上述条件下投资的未来值	2581.40

表4-11　FV 函数应用示例2

数据	说明	
12%	年利率	
12	付款期总数	
−1000	各期应付金额	
公式	说明	结果
=FV（A2/12，A3，A4）	在上述条件下投资的未来值	12，682.50

b. PMT 函数

功能：基于固定利率及等额分期付款方式，返回贷款的每期付款额。

语法：PMT（rate，nper，pv，fv，type）。

参数：

• rate 必需。贷款利率。

• nper 必需。该项贷款的付款总数。

• pv 必需。现值，或一系列未来付款的当前值的累积和，也称为本金。

• fv 可选。未来值，或在最后一次付款后希望得到的现金余额，如果省略 fv，则假设其值为 0（零），也就是一笔贷款的未来值为 0。

• type 可选。数字 0（零）或 1，代表支付时间为期末或期初。

说明：

• PMT 返回的支付款项包括本金和利息，但不包括税款、保留支付或某些与贷款有关的费用。

• 应确认所指定的 rate 和 nper 单位的一致性。例如，同样是四年期年利率为 12% 的贷款，如果按月支付，rate 应为 12%/12，nper 应为 4 *12；如果按年支付，rate 应为 12%，nper 为 4。

• 如果要计算贷款期间的支付总额，请用 PMT 返回值乘以 nper。

示例：如表 4-12 所示。

表4-12　PMT 函数应用示例

数据	说明	
8%	年利率	
10	支付的月份数	
10000	贷款额	
公式	说明	结果
=PMT（A2/12，A3，A4）	在上述条件下贷款的月支付额	−1,037.03
=PMT（A2/12，A3，A4，0，1）	在上述条件下贷款的月支付额，不包括支付期限在期初的支付额	−1,030.16

③ 统计函数

a. AVERAGE 函数

功能：返回参数的平均值（算术平均值）。

语法：AVERAGE（number1，number2，...）。

参数：

• number1 必需。要计算平均值的第一个数字、单元格引用或单元格区域。

• number2，... 可选。要计算平均值的其他数字、单元格引用或单元格区域，最多可包含255个。

说明：

• 参数可以是数字或者是包含数字的名称、单元格区域或单元格引用。

• 逻辑值和直接键入到参数列表中代表数字的文本被计算在内。

• 如果区域或单元格引用参数包含文本、逻辑值或空单元格，则这些值将被忽略；但包含零值的单元格将被计算在内。

• 如果参数为错误值或为不能转换为数字的文本，将会导致错误。

示例：如果区域A1:A20包含数字，则公式“=AVERAGE（A1:A20）”将返回这些数字的平均值；公式“=AVERAGE（A1:A20，5）”将返回单元格区域A2到A6中数字与数字5的平均值。

b. COUNT 函数

功能：COUNT 函数计算包含数字的单元格以及参数列表中数字的个数。使用函数COUNT可以获取区域或数字数组中数字字段的输入项的个数。

语法：COUNT（value1，value2，...）。

参数：

• value1 必需。要计算其中数字的个数的第一个项、单元格引用或区域。

• value2，... 可选。要计算其中数字的个数的其他项、单元格引用或区域，最多可包含255个。

说明：

• 如果参数为数字、日期或者代表数字的文本（例如，用引号引起的数字，如“1”），则将被计算在内。

• 逻辑值和直接键入到参数列表中代表数字的文本被计算在内。

• 如果参数为错误值或不能转换为数字的文本，则不会被计算在内。

• 如果参数为数组或引用，则只计算数组或引用中数字的个数。不会计算数组或引用中的空单元格、逻辑值、文本或错误值。

• 若要计算逻辑值、文本值或错误值的个数，请使用COUNTA 函数。

• 若要只计算符合某一条件的数字的个数，请使用COUNTIF 函数或COUNTIFS 函数。

示例：例如，输入公式“=COUNT（A1:A20）”，可以计算区域A1:A20 中数字的个数，在此示例中，如果该区域中有八个单元格包含数字，则结果为8。

c. MAX 函数

功能：返回一组值中的最大值。

语法：MAX（number1，number2，...）。

参数：number1，number2，...Number1是必需的，后续数值是可选的。这些是要从中找出最大值的1到255个数字参数。

说明：

- 参数可以是数字或者是包含数字的名称、数组或引用。
- 逻辑值和直接键入到参数列表中代表数字的文本被计算在内。
- 如果参数为数组或引用，则只使用该数组或引用中的数字。数组或引用中的空白单元格、逻辑值或文本将被忽略。
- 如果参数不包含数字，函数MAX返回0（零）。
- 如果参数为错误值或为不能转换为数字的文本，将会导致错误。
- 如果要使计算包括引用中的逻辑值和代表数字的文本，请使用MAXA函数。

示例：如表4-13所示。

表4-13　表MAX函数应用示例

数据		
10		
7		
9		
27		
2		
公式	说明	结果
=MAX（A2:A6）	上面一组数字中的最大值	27
=MAX（A2:A6，30）	上面一组数字和30中的最大值	30

d. MIN函数

功能：返回一组值中的最小值。

语法：MIX（number1，number2，...）。

使用方法与MAX类似，这里不再赘述。

e. RANK.EQ函数

功能：返回一个数字在数字列表中的排位。其大小与列表中的其他值相关。如果多个值具有相同的排位，则返回该组数值的最高排位。如果要对列表进行排序，则数字排位可作为其位置。

语法：RANK.EQ（number，ref，order）。

参数：

- number必需。需要找到排位的数字。
- ref必需。数字列表数组或对数字列表的引用。ref中的非数值型值将被忽略。
- order可选。取值为数值。指明数字排位的方式。如果order为0（零）或省略，Excel 2010对数字的排位是基于ref为按照降序排列的列表；如果order去非零值，

Excel 2010对数字的排位是基于ref为按照升序排列的列表；

说明：

• 函数RANK.EQ对重复数的排位相同。但重复数的存在将影响后续数值的排位。例如，在一列按升序排列的整数中，如果数字10出现两次，其排位为5，则11的排位为7（没有排位为6的数值）。

• 在某些情况下，用户可能要使用考虑重复数字的排位定义。在前面的示例中，用户可能要将整数10的排位改为5.5。这可通过将下列修正因素添加到RANK.EQ返回的值来实现。该修正因素对于按照升序计算排位（顺序=非零值）或按照降序计算排位（顺序=0或被省略）的情况都是正确的。重复数排位的修正因素=［COUNT（ref）+1–RANK.EQ（number，ref，0）–RANK.EQ（number，ref，1）］/2。在表4-14的示例中，RANK.EQ（A2，A1:A5，1）等于3。修正因素是（5+1–2–3）/2=0.5，考虑重复数排位的修改排位是3+0.5=3.5。如果数字仅在ref出现一次，由于不必针对重复数字调整RANK.EQ，因此修正因素为0。

示例：如表4-14所示。

表4-14　RANK.EQ 函数应用示例

数据		
7		
3.5		
3.5		
1		
2		
公式	说明	结果
=RANK.EQ（A3，A2:A6，1）	3.5在上表中的排位	3
=RANK.EQ（A2，A2:A6，1）	7在上表中的排位	5

④ 查找与引用函数

a. MID函数

功能：MID返回文本字符串中从指定位置开始的特定数目的字符，该数目由用户指定。

语法：MID（text，start_num，num_chars）。

参数：

• text必需。包含要提取字符的文本字符串。

• start_num必需。文本中要提取的第一个字符的位置。文本中第一个字符的start_num为1，依此类推。

• num_chars必需。指定希望MID从文本中返回字符的个数。

示例：如表4-15所示。

表4-15　MID函数应用示例

数据		
FluidFlow		
公式	说明	结果
=MID（A2，1，5）	上面字符串中的5个字符，从第一个字符开始	Fluid
=MID（A2，7，20）	上面字符串中的20个字符，从第七个字符开始	low
=MID（A2，20，5）	因为要提取的第一个字符的位置大于字符串的长度，所以返回空文本	

b. ROW 函数

功能：返回引用的行号。

语法：ROW（reference）。

参数：

- reference 可选。需要得到其行号的单元格或单元格区域。
- 如果省略reference，则假定是对函数ROW所在单元格的引用。
- 如果reference为一个单元格区域，并且函数ROW作为垂直数组输入，则函数ROW将以垂直数组的形式返回reference的行号。
- reference 不能引用多个区域。

示例：如表4-16所示。

表4-16　ROW函数应用示例

公式	说明	结果
=ROW（）	公式所在行的行号	2
=ROW（C10）	引用所在行的行号	10
=ROW（C4:D6）	引用中的第一行的行号	4
=ROW（C5:D7）	引用中的第二行的行号	5

⑤ 日期时间函数

a. DAY 函数

功能：返回以序列号表示的某日期的天数，用整数1到31表示。

语法：DAY（serial_number）。

参数：serial_number必需。要查找的那一天的日期。

示例：例如输入公式=DAY（"2008-4-15"），返回该日期的天数为15。

b. DATE 函数

功能：DATE 函数返回表示特定日期的连续序列号。

语法：DATE（year，month，day）。

参数：

- year必需。year 参数的值可以包含一到四位数字。如果year介于0（零）到1899之间（包含这两个值），则Excel 会将该值与1900 相加来计算年份；如果year 介于1900到9999之间（包含这两个值），则Excel将使用该数值作为年份。

• month必需。一个正整数或负整数，表示一年中从1月至12 月（一月到十二月）的各个月。如果month 大于12，则month 从指定年份的一月份开始累加该月份数。例如，DATE（2008，14，2）返回表示2009 年2月2日的序列号；如果month 小于1，month 则从指定年份的一月份开始递减该月份数，然后再加上1个月。例如DATE（2008，-3，2）返回表示2007年9月2日的序列号。

• day必需。一个正整数或负整数，表示一月中从1日到31日的各天。如果day大于指定月份的天数，则day从指定月份的第一天开始累加该天数。例如，DATE（2008，1，35）返回表示2008年2月4日的序列号；如果day小于1，则day从指定月份的第一天开始递减该天数，然后再加上1天。例如，DATE（2008，1，-15），返回表示2007年12月16日的序列号。

示例：例如，公式=DATE（2008，7，8）返回39637，该序列号表示2008-7-8。如果在输入该函数之前单元格格式为常规，则结果将使用日期格式，而不是数字格式。若要显示序列号或要更改日期格式，请设置为数字格式即可。

c. HOUR 函数

功能：返回时间值的小时数。即一个介于0（12：00 AM）到23（11：00 PM）之间的整数。

语法：HOUR（serial_number）。

参数：serial_number必需。一个时间值，其中包含要查找的小时。时间有多种输入方式：带引号的文本字符串（例如“6：45 PM”）、十进制数（例如0.78125 表示6：45 PM）或其他公式或函数的结果［例如TIMEVALUE（“6：45 PM”）］。

示例：如表4-17所示。

表4-17　HOUR函数应用示例

时间		
3：30AM		
3：30PM		
15：30		
公式	说明	结果
=HOUR（A2）	返回第一个时间值的小时数	3
=HOUR（A3）	返回第二个时间值的小时数	15
=HOUR（A4）	返回第三个时间值的小时数	15

⑥ 逻辑函数

a. IF 函数

功能：如果指定条件的计算结果为TRUE，IF函数将返回某个值；如果该条件的计算结果为FALSE，则返回另一个值。

语法：IF（logical_test，value_if_true，value_if_false）。

参数：

• logical_test 必需。计算结果可能为 TRUE 或 FALSE 的任意值或表达式。

• value_if_true 可选。logical_test 参数的计算结果为 TRUE 时所要返回的值。

• value_if_false 可选。logical_tes 参数的计算结果为 FALSE 时所要返回的值。

示例：如表 4-18 所示。

表 4-18　IF 函数应用示例

数据		
50	44	
公式	说明	结果
=IF（A2<=100，“预算内”，“超出预算”）	如果单元格 A2 中的数字小于等于 100，公式将返回“预算内”；否则，函数显示“超出预算”	预算内
=IF（A2=100，A2+B2，“”）	如果单元格 A2 中的数字为 100，则计算并返回 A2 与 B2 的和；否则，返回空文本（“”）	空文本

b. AND 函数

功能：所有参数的计算结果为 TRUE 时，返回 TRUE；只要有一个参数的计算结果为 FALSE，即返回 FALSE。

语法：AND（logical1，logical 2，...）。

参数：

• logical1 必需。要检验的第一个条件，其计算结果可以为 TRUE 或 FALSE。

• logical 2，... 可选。要检验的其他条件，其计算结果可以为 TRUE 或 FALSE，最多可包含 255 个条件。

说明：

• 参数的计算结果必须是逻辑值（如 TRUE 或 FALSE），或者参数必须是包含逻辑值的数组或引用。

• 如果数组或引用参数中包含文本或空白单元格，则这些值将被忽略。

• 如果指定的单元格区域未包含逻辑值，则 AND 函数将返回错误值 #VALUE!。

示例：如表 4-19 所示。

表 4-19　AND 函数应用示例

公式	说明	结果
=AND（TRUE，TRUE）	所有参数均为 TRUE	TRUE
=AND（TRUE，FALSE）	有一个参数为 FALSE	FALSE
=AND（2+2=4，2+3=5）	所有参数的计算结果均为 TRUE	TRUE

c. NOT 函数

功能：对参数值求反。当要确保一个值不等于某一特定值时，可以使用 NOT 函数。

语法：NOT（logical）。

参数：logical必需。一个计算结果可以为TRUE或FALSE的值或表达式。

说明：如果逻辑值为FALSE，函数NOT返回TRUE；如果逻辑值为TRUE，函数NOT返回FALSE。

示例：例如输入公式=NOT（1+1=2），计算结果为FALSE。

d. OR函数

功能：在其参数组中，任何一个参数逻辑值为TRUE，即返回TRUE；所有参数的逻辑值为FALSE，才返回FALSE。

语法：OR（logical1，logical 2，...）。

参数：参数列表中logical1是必需的，后继的逻辑值是可选的。

说明：

- 参数必须能计算为逻辑值，如TRUE或FALSE，或者为包含逻辑值的数组或引用。
- 如果数组或引用参数中包含文本或空白单元格，则这些值将被忽略。
- 如果指定的区域中不包含逻辑值，函数OR返回错误值#VALUE!。

示例：如表4-20所示。

表4-20　OR函数应用示例

公式	说明	结果
=OR（TRUE）	参数为TRUE	TRUE
=OR（1+1=1，2+2=5）	所有参数的逻辑值为FALSE	FALSE
=OR（TRUE，FALSE，TRUE）	至少一个参数为TRUE	TRUE

e. TRUE、FALSE函数

TRUE、FALSE函数用来返回参数的逻辑值，由于可以直接在单元格或公式中键入值TRUE或者FALSE。因此这两个函数通常可以不使用。

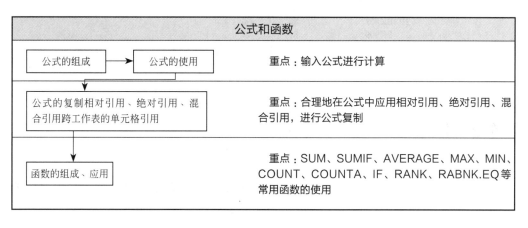

学习总结

公式和函数	
公式的组成 → 公式的使用	重点：输入公式进行计算
公式的复制相对引用、绝对引用、混合引用跨工作表的单元格引用	重点：合理地在公式中应用相对引用、绝对引用、混合引用，进行公式复制
函数的组成、应用	重点：SUM、SUMIF、AVERAGE、MAX、MIN、COUNT、COUNTA、IF、RANK、RABNK.EQ等常用函数的使用

课堂测验

操作题（源文件下载地址：www.cipedu.com.cn）

1. 如图4-77所示的工作表，完成如下操作：

计算“产值”列的内容（产值=日产量*单价），计算日产量的总计和产值的总计置于“总计”行的B13和D13单元格，计算“产量所占百分比”和“产值所占半分比”列的内容（百分比型，保留小数点后1位）；保存文件。

	A	B	C	D	E	F
1	某企业日生产情况表					
2	产品型号	日产量(台)	单价（元）	产值（元）	产量所占比例	产值所占比例
3	M01	1230	320			
4	M02	2510	150			
5	M03	980	1200			
6	M04	1160	900			
7	M05	1880	790			
8	M06	780	1670			
9	M07	890	1890			
10	M08	1220	1320			
11	M09	580	1520			
12	M10	1160	1430			
13	总计					

图4-77　4.4课堂测验1工作表

2. 如图4-78所示的工作表，完成如下操作：

计算“销售额”列的内容（数值型，保留小数点后0位），按销售额的降序次序计算“销售排名”列的内容（利用RANK函数）；利用条件格式将E3:E11区域内排名前五位的字体颜色设置为绿色（请用“小于”规则）；保存文件。

	A	B	C	D	E
1	某企业产品销售统计表 (单位:个)				
2	产品型号	销售数量（个）	单价（元）	销售额（元）	销售排名
3	BK001	68	234		
4	BK002	89	315		
5	BK003	96	567		
6	BK004	56	478		
7	BK005	48	263		
8	BK006	76	391		
9	BK007	39	315		
10	BK008	85	451		
11	BK009	56	85		

图4-78　4.4课堂测验2工作表

4.5　图表

图表是Excel中对数据进行直观呈现的一种方式，在各类工作总结、汇报展示等方面都得到广泛应用。

4.5.1 基本概念

（1）常用图表介绍

Excel 2010中提供了11类图表，每一类图表又分为若干个子类，常用的有柱形图、折线图和饼图、条形图等。

① 柱形图　柱形图通过柱形的高度或长短图形化显示数据的大小。通常用于显示一段时间内数据变化和比较情况，使人们易于比较数据的差别。如图4-79所示。

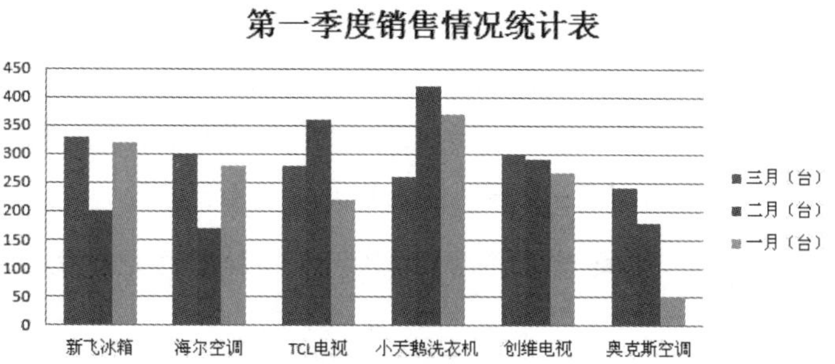

图4-79　柱形图

② 折线图　折线图通过折线的上升或下降来显示数据的增减变化。折线图通常用来显示随时间变化的连续数据，用于观察数据趋势。如图4-80所示。

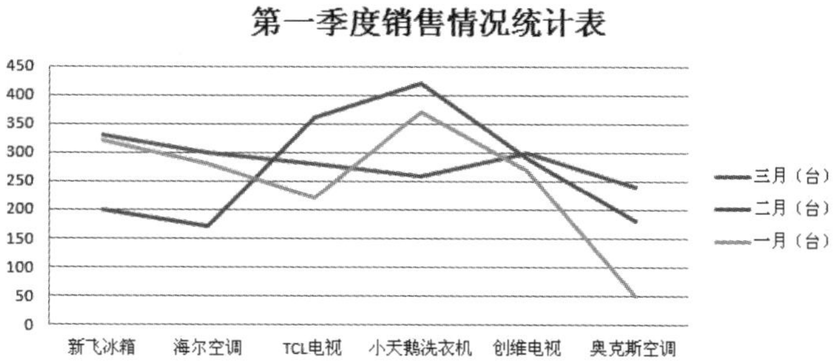

图4-80　折线图

③ 饼图　饼图是圆形图，通过圆内划扇形的大小来直观显示数据的大小。饼图通常用于显示数据在总体中所占的比例，通常用来研究结构性问题。如图4-81所示。

④ 条形图　条形图实际上就是柱形图的水平表示。如图4-82所示。

（2）图表与工作表的关系

图表是工作表中部分或全部数据的另外一种图形化的表现形式，是以工作表的数据为基础创建的一种图形。一般来说，我们首先建立工作表数据，然后再选定相关数据来建立图表。基于一个工作表可以创建多个图表。图表可以插入到提供数据的工作表中（叫做嵌入式图表），也存放在独立的工作表中（叫做独立图表）。

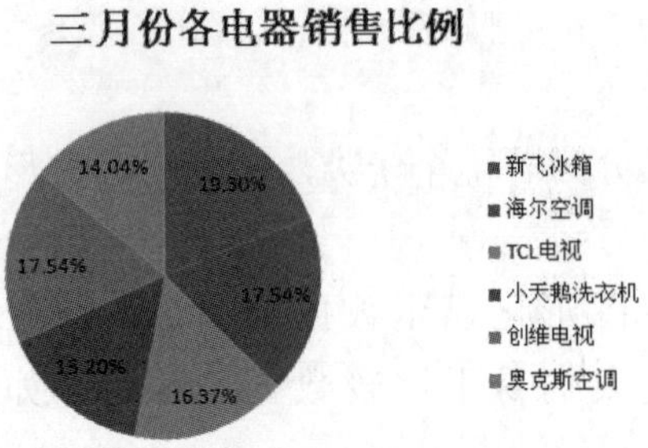

图4-81　饼图

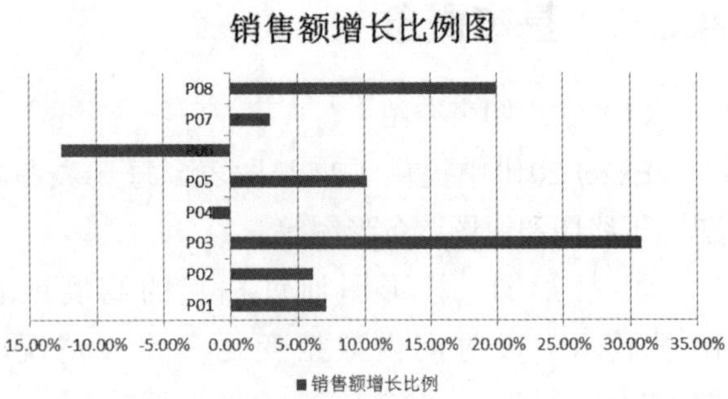

图4-82　条形图

（3）图表中的相关术语

① 数据系列　数据系列是一组有关联的数据，来源于工作表中的一行或一列，如图4-83所示的“一月”“二月”“三月”“四月”“合计”“占总计比例”“彩电”“饮水机”“空调”等。在图表中，同一系列的数据用同一种形式表示。

	A	B	C	D	E	F	G
1	某商场商品销售数量情况表						
2	商品名称	一月	二月	三月	四月	合计	占总计比例
3	彩电	435	456	412	218	1521	15%
4	饮水机	580	345	310	258	1493	14%
5	空调	567	342	125	345	1379	13%
6	沙发	390	260	210	410	1270	12%
7	热水器	324	223	234	412	1193	11%
8	棉被	280	320	239	139	978	9%
9	电暖气	380	300	120	52	852	8%
10	笔记本	120	234	189	298	841	8%
11	儿童床	89	72	61	72	294	3%
12	机顶盒	59	62	43	81	245	2%
13	升降衣架	56	23	45	67	191	2%
14	风扇	5	12	25	89	131	1%
15	总计	3285	2649	2013	2441	10388	

图4-83　数据系列示例表

② 数据点　数据点是数据系列中的一个独立数据，通常源于一个单元格。如图4-83“商品名称”中的“彩电”等。

4.5.2　建立图表

Excel 2010中建立图表有多种方法，常用的操作方法如下。

步骤1：选定要用图表呈现的数据区域。

步骤2：单击“插入”选项卡下“图表”分组中的所需图表类型下拉按钮，在弹出的项目中选择相应的图表类型，如图4-84所示，此时图表自动创建在工作表数据的下方。

步骤3：在图表的边框上点击鼠标左键，自动显示“图表工具”选项卡组，单击“设计”“布局”或“格式”选项卡，根据需求编辑图表即可。

图4-84 “插入”选项卡创建图表

如对图4-85所示的工作表（源文件下载地址：www.cipedu.com.cn），选取工作表的“产品型号”列和“销售额增长比例”列的内容，建立“簇状条形图”，图表标题为图表上方、标题内容为“销售额增长比例图”，主要横坐标轴标题为“坐标轴下方标题”、内容为“销售增长比例”，主要纵坐标轴标题为“横排标题”、标题内容为“产品型号”，图例位于底部，数据标签为“数据标签外”，插入到表的A12:F27单元格区域内。将工作表命名为“近两年产品销售情况表”。

具体操作步骤如下。

步骤1：按要求选定数据区域、插入图表。按住“CTRL”键选中“产品型号”列和“销售额增长比例”列的内容，点击“插入”选项卡下“图表”分组中的“条形图”按钮，在展开的下拉列表中选择“簇状条形图”。此时，图表已自动插入到当前工作表中，如图4-86所示。

微视频：
建立图表

	A	B	C	D	E	F	G
1	某公司近两年产品销售情况表						
2	产品型号	单价	去年销售数量	今年销售数量	去年销售额	今年销售额	销售额增长比例
3	P01	6580	1136	1223	7474880	8047340	7.66%
4	P02	897	2189	2331	1963533	2090907	6.49%
5	P03	3560	1145	1656	4076200	5895360	44.63%
6	P04	987	890	878	878430	866586	-1.35%
7	P05	567	1208	1345	684936	762615	11.34%
8	P06	890	1389	1234	1236210	1098260	-11.16%
9	P07	760	1402	1445	1065520	1098200	3.07%
10	P08	1209	989	1236	1195701	1494324	24.97%
11							

Sheet1 Sheet2 Sheet3

图4-85 插入图表示例表

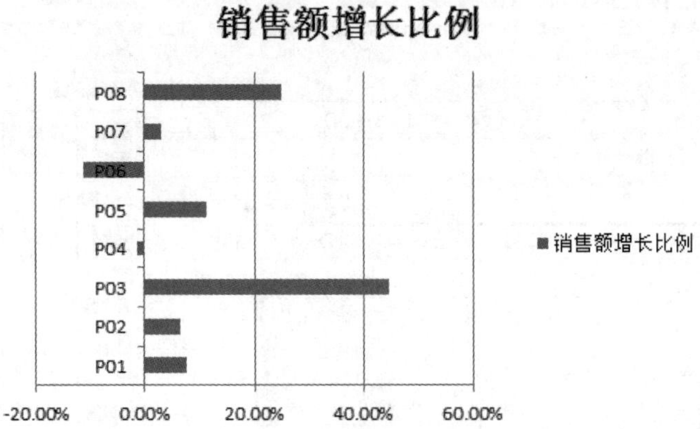

图4-86 插入图表步骤1

步骤2：按要求输入图表标题。在图表的边框上点击鼠标左键选定图表，“”选项卡组自动显示出来，点击该分组中的“布局”选项卡下“标签”分组中的“图表标题”按钮，在展开的下拉列表中选择“图表上方”，在图表的标题区输入“销售额增长比例图”。如图4-87所示。

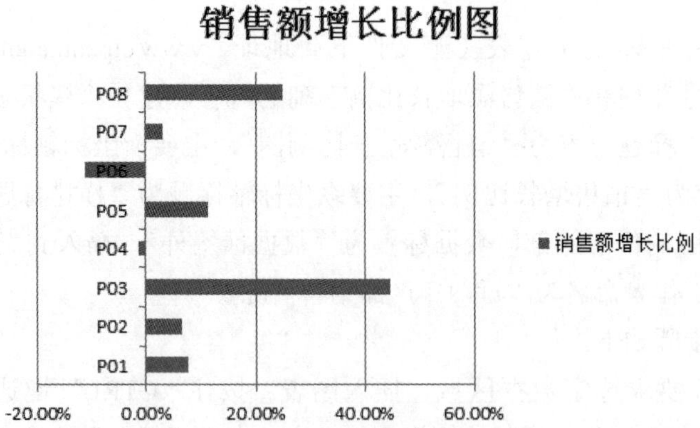

图4-87 插入图表步骤2

步骤3：设置坐标轴标题。点击“图表工具”选项卡组中“布局”选项卡下“标签”分组中的“坐标轴标题”按钮，在展开的菜单中选择“主要横坐标轴标题”下的“坐标轴下方标题”，在相应的标题区域将标题修改为“销售额增长比例”；用同样的方法设置主要纵坐标轴标题为“产品型号”。如图4-88所示。

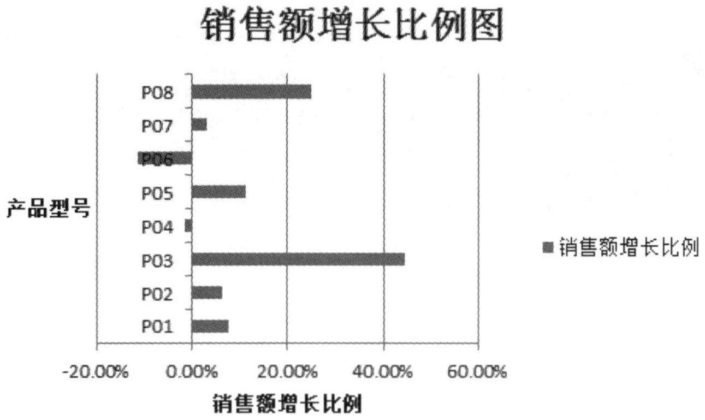

图4-88　插入图表步骤3

步骤4：设置图例位置。点击“图表工具”选项卡组中“布局”选项卡下“标签”分组中的“图例”按钮，在展开的下拉列表中选择“在底部显示图例”。如图4-89所示。

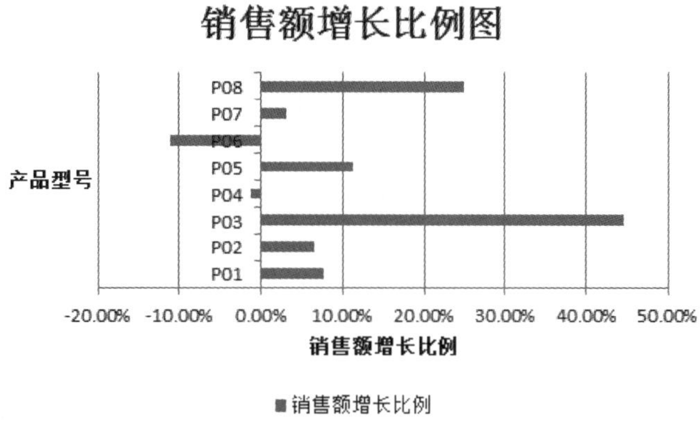

图4-89　插入图表步骤4

步骤5：设置数据标签。点击“图表工具”选项卡组中“布局”选项卡下“标签”分组中的“数据标签”按钮，在展开的下拉列表中选择“数据标签外”。如图4-90所示。

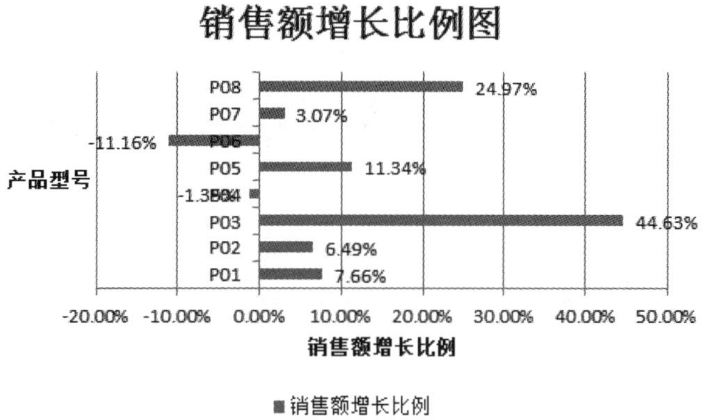

图4-90　插入图表步骤5

步骤6：调整图表的大小并移动到指定位置。按住鼠标左键选中图表，将其拖动到A12:F27单元格区域内。如图4-91所示。

补充提示

不要超过指定的区域。如果图表过大，无法放下，可以将鼠标放在图表的右下角，当鼠标指针变为双向箭头时，按住左键拖动可以将图表缩小到需要的大小。

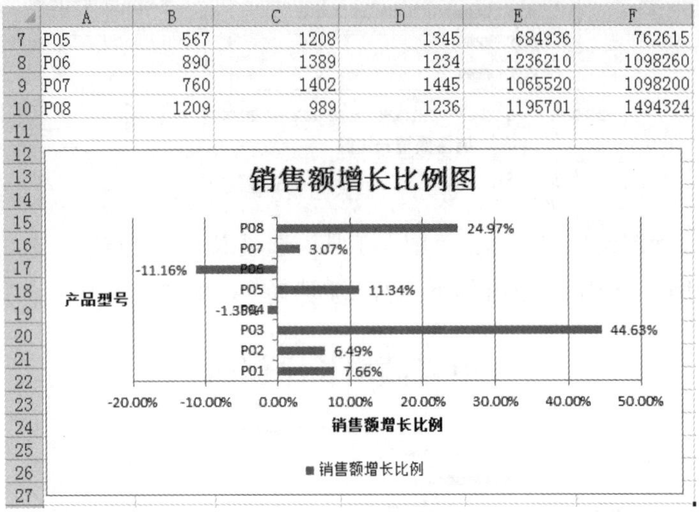

图4-91　插入图表步骤6

步骤7：按题目要求输入工作表名。双击工作表名称“Sheet1”，将其更名为“近两年产品销售情况表”。

步骤8：保存文件。

此外，“坐标轴”“网格线”等设置也在“图表工具”选项卡组中的“布局”选项卡下进行，这里不再赘述。

默认情况下，图表作为嵌入式图表嵌入到与数据同一个工作表中，用户可以将图表移动到单独的工作表中，操作方法是：选定要移动的图表，点击“图表工具”选项卡组中“设计”选项卡下“位置”分组中的“移动图表”按钮，弹出如图4-92所示的“移动图表”对话框，选择放置图表的位置即可。

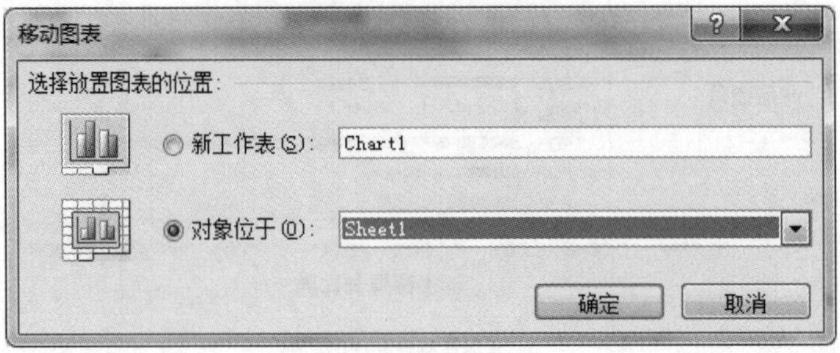

图4-92　移动图表

4.5.3 图表的进一步设置

新建的图表往往不够美观，如图4-91所示的4.5.2最后完成的图表，整体泛白、字体不够美观、字体大小不够协调等，我们可以做进一步设置。

（1）图表的组成部分

图表的各主要组成部分如图4-93所示。

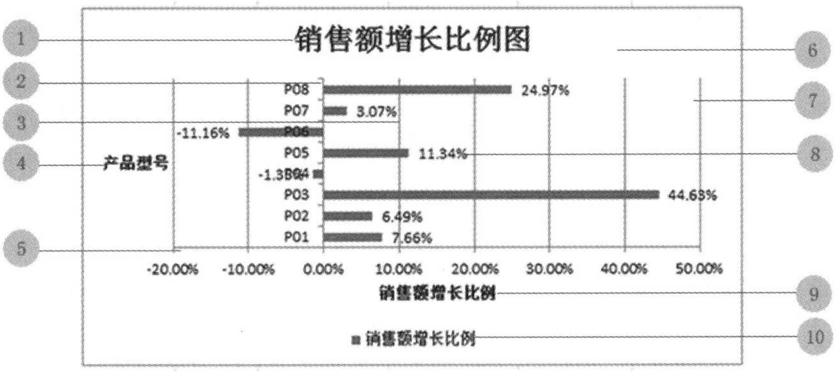

图4-93　图表的组成

1—图表标题；2—主要横坐标轴；3—网格线；4—主要纵坐标轴标题；
5—主要横坐标轴；6—图表区；7—绘图区；8—数据标签；9—主要横坐标轴标题；10—图例

- 图表的标题、主要横坐标轴标题、主要纵坐标轴标题、数据标签等文字部分的字体、自形、字号都可以分别进行设置。
- 主要横坐标轴、主要纵坐标轴的坐标轴刻度、数字格式、填充、线条颜色、线性等可以进一步设置。
- 网格线的线条颜色、线型等格式可以进一步设置。
- 图表区，即图表所在的白色区域，其填充、边框颜色、边框样式、阴影、三维格式等可进一步设置。
- 绘图区，图表主体部分，即表现数据的图形，其填充、边框颜色、边框样式、阴影、三维格式等可进一步设置。
- 图例主要用于对绘图区中的图形进行说明，其填充、边框颜色、边框样式、阴影等可进一步设置。

（2）设置图表

① 修改图表类型　点击图表区任意位置，点击“图表工具”选项卡组中“设计”选项卡下“类型”分组中的“更改图表类型”按钮，此时打开“更改图表类型”对话框，在其中选择所需类型后“确定”，即可完成操作。

微视频：图表的进一步设置

② 修饰图表　如对图4-91所示的4.5.2操作完成后的表格进行进一步设置：设置图表标题字体为黑体、大小为16、不加粗，设置数据系列格式为纯色填充（红色，强调文字颜色2，深色25%），操作步骤如下。

步骤1：点击标题区域，点击“开始”选项卡，在字体分组中进行相应的字体设置。

步骤2：点击选定图表中的数据系列，点击“图表工具”选项卡组中“格式”选项卡下“形状样式”分组中的“形状填充”按钮，在展开的下拉列表中选择纯色填充（红色，强调文字颜色2，深色25%）。

图表的通用设置方法是，点击需要设置的图表组成部分，在“图表工具”选项卡组中的“设计”“布局”“格式”选项卡中进行相应的设置即可，这里不再赘述。

学习总结

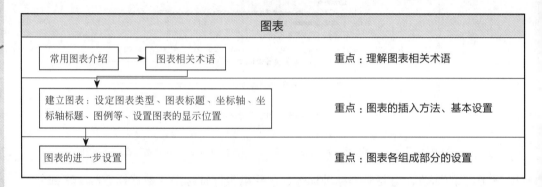

图表	
常用图表介绍 → 图表相关术语	重点：理解图表相关术语
建立图表：设定图表类型、图表标题、坐标轴、坐标轴标题、图例等、设置图表的显示位置	重点：图表的插入方法、基本设置
图表的进一步设置	重点：图表各组成部分的设置

课堂测验

操作题（源文件下载地址：www.cipedu.com.cn）

1.如图4-94所示的Sheet1工作表：（1）将工作表Sheet1的A1:D1单元格合并为一个单元格，内容水平居中；计算“金额”列的内容（金额=数量*单价）和“总计”行的内容，将工作表命名为“设备购置情况表”。（2）选取工作表的“设备名称”和“金额”两列的内容建立“簇状水平圆柱图”，图表标题为“设备金额图”，图例靠右。插入到表的A8:G23单元格区域内。

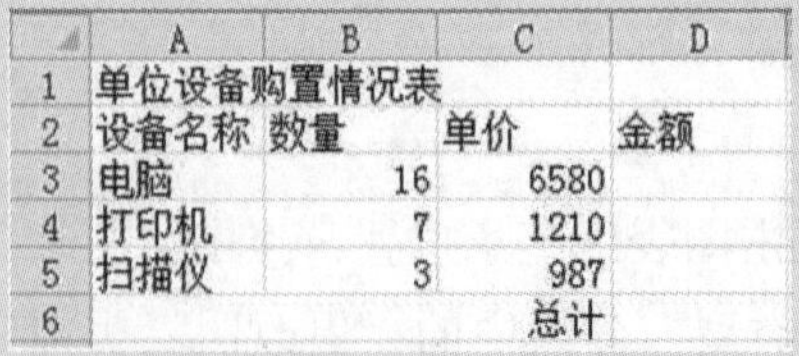

	A	B	C	D
1	单位设备购置情况表			
2	设备名称	数量	单价	金额
3	电脑	16	6580	
4	打印机	7	1210	
5	扫描仪	3	987	
6			总计	

图4-94　4.5课堂测验1工作表

2.如图4-95所示的Sheet1工作表：（1）A1:E1单元格合并为一个单元格，内容水平居中，计算“总计”行的内容，将工作表命名为“连锁店销售额情况表”。（2）选取“连锁店销售额情况表”的A2:E8单元格的内容建立“簇状柱形图”，图例靠右，插入到表的A10:G25单元格区域内。

	A	B	C	D	E
1	连锁店销售额情况表(单位:万元)				
2	名称	第一季度	第二季度	第三季度	第四季度
3	A连锁店	26.4	72.4	34.5	63.5
4	B连锁店	35.6	23.4	54.5	58.4
5	C连锁店	46.2	54.6	64.7	67.9
6	D连锁店	27.2	51.4	45.12	65.34
7	E连锁店	38.2	42.88	47.92	51.23
8	F连锁店	50.31	53.45	51.2	59.65
9	总计				

图4-95　4.5课堂测验2工作表

4.6　Excel的数据处理

本章4.1至4.5介绍了Excel的基本操作、格式设置、公式和函数计算、图表功能，本节介绍Excel的数据处理功能，主要包括：数据清单的建立、排序、筛选、分类汇总、合并计算、数据透视表。

4.6.1　建立数据清单

（1）数据清单

Excel中的数据清单是包含一组相关数据的一系列共表表行，Excel允许采用数据库管理的方式管理数据清单。数据清单由标题行（表头）和数据部分组成。数据清单中的行标题相当于记录名，行相当于数据库中的记录；数据清单中的列标题相当于数据库的字段名，列相当于数据库中的字段。如图4-96就是一个典型的数据清单。

微视频：数据清单、建立数据清单

	A	B	C	D	E	F	G	H
1	季度	分公司	产品类别	产品名称	销售数量	销售额（万元）	销售额排名	
2	1	西部2	K-1	空调	89	12.28	16	
3	1	南部3	D-2	电冰箱	89	20.83	9	
4	1	北部2	K-1	空调	89	12.28	16	
5	1	东部3	D-2	电冰箱	86	20.12	10	
6	1	北部1	D-1	电视	86	38.36	1	
7	3	南部2	K-1	空调	86	30.44	4	
8	3	西部2	K-1	空调	84	11.59	18	
9	2	东部2	K-1	空调	79	27.97	6	
10	3	西部1	D-1	电视	78	34.79	2	
11	3	南部3	D-2	电冰箱	75	17.55	14	
12	2	北部1	D-1	电视	73	32.56	3	
13	2	西部3	D-2	电冰箱	69	22.15	8	
14	1	东部1	D-1	电视	67	18.43	11	
15	3	东部1	D-1	电视	66	18.15	12	
16	2	东部3	D-2	电冰箱	65	15.21	15	
17	1	南部1	D-1	电视	64	17.60	13	
18	3	北部1	D-1	电视	64	28.54	5	
19	2	南部2	K-1	空调	63	22.30	7	
20								

产品销售情况表 / Sheet2 / Sheet3

图4-96　数据清单示例表

（2）建立数据清单

建立数据清单，可以采用建立工作表然后录入相应数据的方式，如我们直接在Excel中录入上述图4-96的数据清单数据。此外，也可以先在数据库管理软件（如：Access）中建立好数据库（或者使用现有数据库），然后通过点击Excel窗口中的“数据”选项卡下相应按钮，通过获取外部数据的方式来建立数据清单，如图4-97所示。

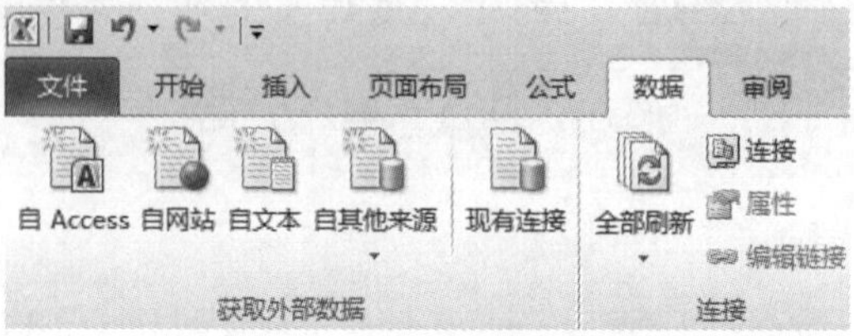

图4-97　获取外部数据

4.6.2　排序

一般来说，Excel数据清单的第一行是字段名（列标题），其他行都是数据清单的数据记录，每一行是一条完整的数据记录，每条记录（行）的不同列上的内容实际上就是相应字段（列）的值。排序，就是对数据清单的行（数据记录）按照某一个或某几个字段设定的排序规则，重新调整行与行之间的显示顺序，这种顺序的调整是在设定排序规则后自动实现的。

如对图4-98所示的工作表“产品销售情况表”（源文件下载地址：www.cipedu.

微视频：排序

	A	B	C	D	E	F	G
1	季度	分公司	产品类别	产品名称	销售数量	销售额（万元）	销售额排名
2	1	西部2	K-1	空调	89	12.28	26
3	1	南部3	D-2	电冰箱	89	20.83	9
4	1	北部2	K-1	空调	89	12.28	26
5	1	东部3	D-2	电冰箱	86	20.12	10
6	1	北部1	D-1	电视	86	38.36	1
7	3	南部2	K-1	空调	86	30.44	4
8	3	西部2	K-1	空调	84	11.59	28
9	2	东部2	K-1	空调	79	27.97	6
10	3	西部1	D-1	电视	78	34.79	2
11	3	南部3	D-2	电冰箱	75	17.55	18
12	2	北部1	D-1	电视	73	32.56	3
13	2	西部3	D-2	电冰箱	69	22.15	8
14	1	东部1	D-1	电视	67	18.43	14
15	3	东部1	D-1	电视	66	18.15	16
16	2	东部3	D-2	电冰箱	65	15.21	23
17	1	南部1	D-1	电视	64	17.60	17
18	3	北部1	D-1	电视	64	28.54	5
19	2	南部2	K-1	空调	63	22.30	7
20	1	西部3	D-2	电冰箱	58	18.62	13
21	3	西部3	D-2	电冰箱	57	18.30	15
22	2	东部1	D-1	电视	56	15.40	22
23	2	西部2	K-1	空调	56	7.73	33
24	1	南部2	K-1	空调	54	19.12	11
25	3	北部3	D-2	电冰箱	54	17.33	19
26	3	北部2	K-1	空调	53	7.31	35
27	2	北部3	D-2	电冰箱	48	15.41	21
28	3	南部1	D-1	电视	46	12.65	25
29	2	南部3	D-2	电冰箱	45	10.53	29
30	3	东部2	K-1	空调	45	15.93	20
31	1	北部3	D-2	电冰箱	43	13.80	24
32	2	西部1	D-1	电视	42	18.73	12

图4-98　产品销售情况表

com.cn）内数据清单的内容按主要关键字“产品名称”的降序次序和次要关键字“分公司”的降序次序进行排序。

操作步骤如下。

步骤1：鼠标点击有数据的任何一个单元格，点击“数据”选项卡下“排序和筛选”分组中的排序按钮“排序”，此时打开“排序对话框”，如图4-99（a）所示。

（a）排序对话框

（b）设置次要关键字

图4-99　排序及设置关键字

步骤2：在“排序”对话框的“主要关键字”列表框中选择“产品名称”，在“次序”列表框中选择“降序”。

步骤3：单击“添加条件”按钮，自动显示“次要关键字”设置项，在“次要关键字”列表框设置“分公司”，在“次序”列表框中选择“降序”，如图4-99（b）所示。

步骤4：点击“确定”按钮，最终效果如图4-100所示。

可以看出，排序后导致的数据顺序变动，不是简单地将相应字段的值的数据进行调整，而是整行数据行与行之间先后顺序的调整。Excel的排序功能是将每行数据（每条记录）作为一个单位进行顺序调整的。

如果还需要设置其他的排序关键字，在“排序”对话框中继续点击“添加条件”

按钮，继续设置即可。Excel的排序可以设置按照一个关键字（即：主要关键字）排序，也可以设置按照多个关键字排序。对于多个关键字的排序，会先按照“主要关键字”排序，如果“主要关键字”处的数据相同，才会继续按第一个“次要关键字”排序，如果第一个“次要关键字”的数据也相同才会按第二个“次要关键字”排序，以此类推。

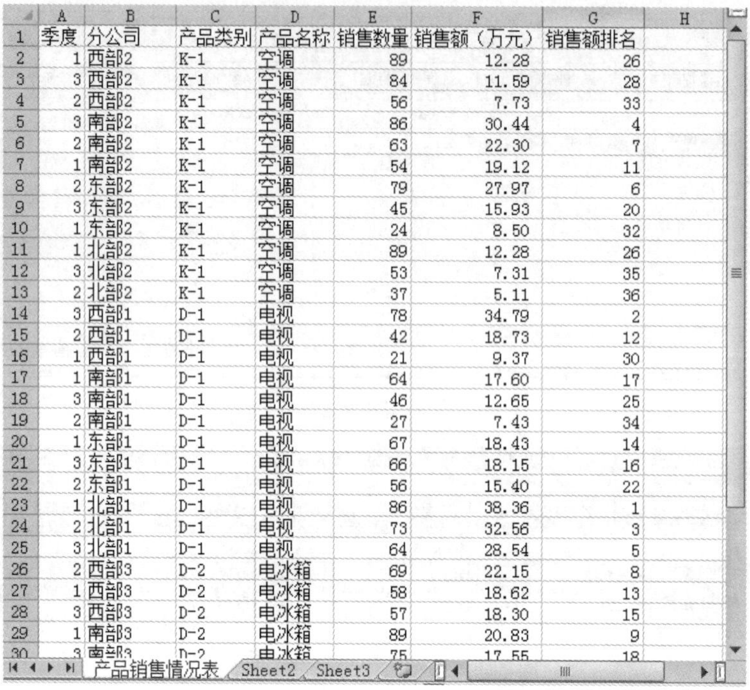

	A	B	C	D	E	F	G	H
1	季度	分公司	产品类别	产品名称	销售数量	销售额（万元）	销售额排名	
2	1	西部2	K-1	空调	89	12.28	26	
3	3	西部2	K-1	空调	84	11.59	28	
4	2	西部2	K-1	空调	56	7.73	33	
5	3	南部2	K-1	空调	86	30.44	4	
6	2	南部2	K-1	空调	63	22.30	7	
7	1	南部2	K-1	空调	54	19.12	11	
8	2	东部2	K-1	空调	79	27.97	6	
9	3	东部2	K-1	空调	45	15.93	20	
10	1	东部2	K-1	空调	24	8.50	32	
11	1	北部2	K-1	空调	89	12.28	26	
12	3	北部2	K-1	空调	53	7.31	35	
13	2	北部2	K-1	空调	37	5.11	36	
14	3	西部1	D-1	电视	78	34.79	2	
15	2	西部1	D-1	电视	42	18.73	12	
16	1	西部1	D-1	电视	21	9.37	30	
17	1	南部1	D-1	电视	64	17.60	17	
18	3	南部1	D-1	电视	46	12.65	25	
19	2	南部1	D-1	电视	27	7.43	34	
20	1	东部1	D-1	电视	67	18.43	14	
21	3	东部1	D-1	电视	66	18.15	16	
22	2	东部1	D-1	电视	56	15.40	22	
23	1	北部1	D-1	电视	86	38.36	1	
24	2	北部1	D-1	电视	73	32.56	3	
25	3	北部1	D-1	电视	64	28.54	5	
26	2	西部3	D-2	电冰箱	69	22.15	8	
27	1	西部3	D-2	电冰箱	58	18.62	13	
28	3	西部3	D-2	电冰箱	57	18.30	15	
29	1	南部3	D-2	电冰箱	89	20.83	9	
30	3	南部3	D-2	电冰箱	75	17.55	18	

图4-100　排序设置后的效果

4.6.3　数据筛选

数据筛选就是指按照一定的选择条件，从原始数据中找出符合条件的数据，方便人们对数据的后续处理。Excel中的筛选功能可以将符合条件的数据记录集中显示出来，而不满足条件的数据不显示。Excel提供了两种筛选操作，即“自动筛选”和“高级筛选”。

（1）自动筛选

微视频：自动筛选

如对图4-101所示的工作表“计算机动画技术‘成绩单’”（源文件下载地址：www.cipedu.com.cn）内数据清单的内容进行自动筛选，条件是：计算机、信息、自动控制系，且总成绩80分及以上的数据。

操作步骤如下。

步骤1：在有数据的区域内单击任一单元格，在“数据”选项卡的“排序和筛选”分组中，单击“筛选”按钮，此时，数据列表中每个字段名的右侧将出现一个下三角的下拉按钮按钮，如图4-102所示。

	A	B	C	D	E	F
1	系别	学号	姓名	考试成绩	实验成绩	总成绩
2	信息	991021	李新	74	16	90
3	计算机	992032	王文辉	87	17	104
4	自动控制	993023	张磊	65	19	84
5	经济	995034	郝心怡	86	17	103
6	信息	991076	王力	91	15	106
7	数学	994056	孙英	77	14	91
8	自动控制	993021	张在旭	60	14	74
9	计算机	992089	金翔	73	18	91
10	计算机	992005	扬海东	90	19	109
11	自动控制	993082	黄立	85	20	105
12	信息	991062	王春晓	78	17	95
13	经济	995022	陈松	69	12	81
14	数学	994034	姚林	89	15	104
15	信息	991025	张雨涵	62	17	79
16	自动控制	993026	钱民	66	16	82
17	数学	994086	高晓东	78	15	93
18	经济	995014	张平	80	18	98
19	自动控制	993053	李英	93	19	112
20	数学	994027	黄红	68	20	88
21						

“计算机动画技术”成绩单 Sheet2

图4-101　自动筛选示例表

步骤2：在相应的字段处设置筛选条件。单击A1单元格中的下三角按钮，在弹出的下拉列表中点击取消勾选“全选”复选框，勾选“计算机”“信息”“自动控制系”复选框，单击“确定”按钮，此时数据已经发生变化，只有“系别”是计算机、信息、自动控制系的数据行显示，其他行不显示。

步骤3：单击F1单元格中的下三角按钮，在弹出的下拉列表中选择“数字筛选”下的“自定义筛选”，弹出“自定义自动筛选方式”对话框，在“显示行”下设置“总成绩”大于或等于80，如图4-103所示，单击“确定”按钮。

	A	B	C	D	E	F
1	系别	学号	姓名	考试成绩	实验成绩	总成绩
2	信息	991021	李新	74	16	90
3	计算机	992032	王文辉	87	17	104
4	自动控制	993023	张磊	65	19	84
5	经济	995034	郝心怡	86	17	103
6	信息	991076	王力	91	15	106

图4-102　自动筛选步骤

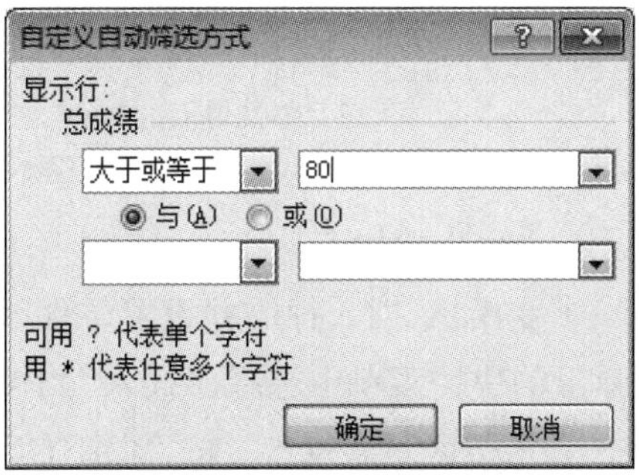

图4-103　设置筛选条件

补充提示

如果筛选条件比较简单，按照步骤2的操作方法，直接在下拉列表中点击选择要显示的数据即可；如果筛选条件比较独特，在下拉列表中没有相应的选项或者列表项太多不方便设置时，就可以按照步骤3的“自定义筛选”的操作方法来筛选数据。

如需取消筛选，主要有如下两种操作方法。

方法一：在“数据”选项卡的“排序和筛选”分组中，单击“清除”按钮。

方法二：在“数据”选项卡的“排序和筛选”分组中，再次点击“筛选”按钮。

（2）高级筛选

微视频：高级筛选

高级筛选一般用于条件较复杂的筛选，主要根据条件区域中的条件进行。筛选结果可显示在原数据区域中，不符合条件的记录被隐藏起来；也可以显示在新的位置，不符合条件的记录同时保留在原数据表中而不会被隐藏起来，这样更便于进行数据的比对。

如对图4-104所示的工作表“产品销售情况表”（源文件下载地址：www.cipedu.com.cn）内数据清单的内容进行高级筛选［在数据清单前插入四行，条件区域设在A1:G3单元格区域，请在对应字段列内输入条件，条件为：产品名称为“空调”或“电视”且销售额排名在前20名（意思是：产品名称为“空调”且销售额排名在前20名，或者产品名称为“电视”且销售额排名在前20名）］，工作表名不变，保存EXC.xlsx工作簿。

	A	B	C	D	E	F	G	H
1	季度	分公司	产品类别	产品名称	销售数量	销售额（万元）	销售额排名	
2	1	西部2	K-1	空调	89	12.28	26	
3	1	南部3	D-2	电冰箱	89	20.83	9	
4	1	北部2	K-1	空调	89	12.28	26	
5	1	东部3	D-2	电冰箱	86	20.12	10	
6	1	北部1	D-1	电视	86	38.36	1	
7	3	南部2	K-1	空调	86	30.44	4	
8	3	西部2	K-1	空调	84	11.59	28	
9	2	东部2	K-1	空调	79	27.97	6	
10	3	西部1	D-1	电视	78	34.79	2	
11	3	南部3	D-2	电冰箱	75	17.55	18	
12	2	北部1	D-1	电视	73	32.56	3	
13	2	西部3	D-2	电冰箱	69	22.15	8	
14	1	东部1	D-1	电视	67	18.43	14	
15	3	东部1	D-1	电视	66	18.15	16	
16	2	东部3	D-2	电冰箱	65	15.21	23	
17	1	南部1	D-1	电视	64	17.60	17	

产品销售情况表 Sheet2 Sheet3

图4-104　高级筛选示例表

操作步骤如下。

步骤1：插入行，并设置条件区域。在工作表的第一行行标处单击鼠标右键，在弹出的快捷菜单中选择“插入”，再反复此操作三次即可在数据清单前插入四行。选中单元格区域A5:G5，按“Ctrl+C”键，单击单元格A1，按“Ctrl+V”键；在D2单元格中输入“空调”，在D3单元格中输入“电视”，在G2和G3单元格中分别输入“<=20”。如图4-105所示。

步骤2：进行高级筛选。在“数据”选项卡下的“排序和筛选”分组中单击“高级”按钮，弹出“高级筛选”对话框，在“列表区域”（即待筛选的区域）中输入“$A$5:$ G$41”（也可点击其右侧的“”按钮，通过鼠标拖动的方式自动填入该参数），在“条件区域”中输入“$A$1:$ G$3”（也可点击其右侧的“”按钮，通过鼠标拖动的方式自动填入该参数）如图4-106所示，单击“确定”按钮。筛选结果如

图4-107所示。

	A	B	C	D	E	F	G
1	季度	分公司	产品类别	产品名称	销售数量	销售额（万元）	销售额排名
2				空调			<=20
3				电视			<=20
4							
5	季度	分公司	产品类别	产品名称	销售数量	销售额（万元）	销售额排名
6	1	西部2	K-1	空调	89	12.28	26
7	1	南部3	D-2	电冰箱	89	20.83	9
8	1	北部2	K-1	空调	89	12.28	26
9	1	东部3	D-2	电冰箱	86	20.12	10
10	1	北部1	D-1	电视	86	38.36	1
11	3	南部2	K-1	空调	86	30.44	4
12	3	西部2	K-1	空调	84	11.59	28
13	2	东部2	K-1	空调	79	27.97	6
14	3	西部1	D-1	电视	78	34.79	2
15	3	南部3	D-2	电冰箱	75	17.55	18
16	2	北部1	D-1	电视	73	32.56	3
17	2	西部3	D-2	电冰箱	69	22.15	8
18	1	东部1	D-1	电视	67	18.43	14
19	3	东部1	D-1	电视	66	18.15	16
20	2	东部3	D-2	电冰箱	65	15.21	23
21	1	南部1	D-1	电视	64	17.60	17
22	3	北部1	D-1	电视	64	28.54	5

图4-105　设置条件区域

步骤3：保存工作簿。

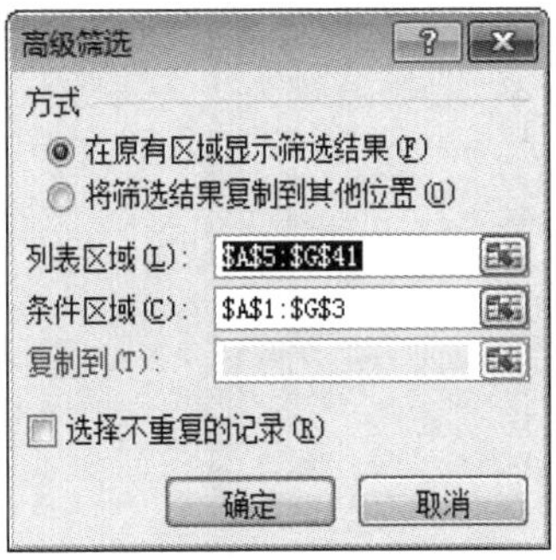

图4-106　列表区域、条件区域参数设定

	A	B	C	D	E	F	G
1	季度	分公司	产品类别	产品名称	销售数量	销售额（万元）	销售额排名
2				空调			<=20
3				电视			<=20
4							
5	季度	分公司	产品类别	产品名称	销售数量	销售额（万元）	销售额排名
10	1	北部1	D-1	电视	86	38.36	1
11	3	南部2	K-1	空调	86	30.44	4
13	2	东部2	K-1	空调	79	27.97	6
14	3	西部1	D-1	电视	78	34.79	2
16	2	北部1	D-1	电视	73	32.56	3
18	1	东部1	D-1	电视	67	18.43	14
19	3	东部1	D-1	电视	66	18.15	16
21	1	南部1	D-1	电视	64	17.60	17
22	3	北部1	D-1	电视	64	28.54	5
23	2	南部2	K-1	空调	63	22.30	7
28	1	南部2	K-1	空调	54	19.12	11
34	3	东部2	K-1	空调	45	15.93	20
36	2	西部1	D-1	电视	42	18.73	12

图4-107　高级筛选结果

需要注意的是，在高级筛选进行前首先要建立条件区域：即将筛选条件设置在工作表的区域当中，上述示例是新插入几行，然后在其中设置筛选条件。在条件区域中输入“筛选条件”，注意以下几点。

- 筛选条件由对应的字段名（即列名称，全部复制过去）和具体的“条件数据”组成。
- “或”关系的条件必须不在同一行，如上述示例的：产品名称为“空调”或“电视”条件。
- “与”关系的条件必须出现在同一行，如上述示例的：且销售额排名在前20名条件。

补充提示

高级筛选默认是在原有区域显示筛选结果，如图4-107所示，在“方式”下选择“将筛选结果复制到其他位置”可以设置将筛选结果放置在其他位置，原始数据区域不会发生变化。

4.6.4　分类汇总

微视频：分类汇总

Excel的分类汇总实际上包含了两部分操作，即分类和汇总。

- 分类：是将某个字段上数据相同的记录分类集中在一起，这个字段就是分类汇总的分类字段，排序操作可以将某个字段上数据相同的记录集中在一起。
- 汇总：对分类后的每个类别的指定数据进行计算，如：求和、计数等。

如对图4-108所示的“产品销售情况表”工作表（源文件下载地址：www.cipedu.com.cn）内的数据清单的内容进行分类汇总，分类字段为“产品类别”，汇总方式为“求和”，汇总项为“销售额（万元）”，汇总结果显示在数据下方，工作表名不变，保存工作簿。

	A	B	C	D	E	F	G
1	季度	分公司	产品类别	产品名称	销售数量	销售额（万元）	销售额排名
2	1	西部2	K-1	空调	89	12.28	26
3	1	南部3	D-2	电冰箱	89	20.83	9
4	1	北部2	K-1	空调	89	12.28	26
5	1	东部3	D-2	电冰箱	86	20.12	10
6	1	北部1	D-1	电视	86	38.36	1
7	3	南部2	K-1	空调	86	30.44	4
8	3	西部2	K-1	空调	84	11.59	28
9	2	东部2	K-1	空调	79	27.97	6
10	3	西部1	D-1	电视	78	34.79	2
11	3	南部3	D-2	电冰箱	75	17.55	18
12	2	北部1	D-1	电视	73	32.56	3
13	2	西部3	D-2	电冰箱	69	22.15	8
14	1	东部1	D-1	电视	67	18.43	14
15	3	东部1	D-1	电视	66	18.15	16
16	2	东部3	D-2	电冰箱	65	15.21	23
17	1	南部1	D-1	电视	64	17.60	17
18	3	北部1	D-1	电视	64	28.54	5
19	2	南部2	K-1	空调	63	22.30	7
20	1	西部3	D-2	电冰箱	58	18.62	13
21	3	西部3	D-2	电冰箱	57	18.30	15
22	2	东部1	D-1	电视	56	15.40	22

产品销售情况表 / Sheet2 / Sheet3

图4-108　分类汇总示例表

操作步骤如下。

步骤1：先对工作表进行排序。选中工作表内数据清单内容，即：选中单元格区域A1:G37，在“数据”选项卡下的“排序和筛选”分组中单击“排序”按钮，打开“排序”对话框，在对话框中设置“主要关键字”为“产品类别”，“次序”为“升序”，如图4-109所示，单击确定按钮。

图4-109　排序

步骤2：对工作表进行分类汇总。选中工作表“产品销售情况表”A1:G37单元格，单击“数据”选项卡下、“分级”显示分组中的“分类汇总”按钮，打开“分类汇总”对话框，在对话框中设置分类字段为“产品类别”，汇总方式为“求和”，勾选汇总项为“销售额（万元）”，勾选“汇总结果显示在数据下方”，如图4-110所示，单击确定按钮。分类汇总结果如图4-111所示。

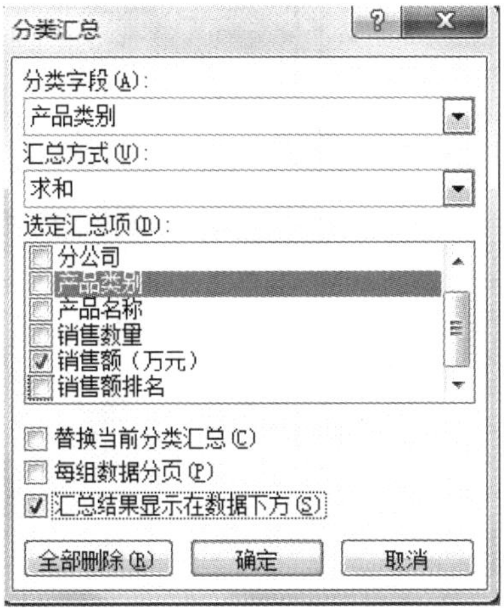

图4-110　分类汇总设置

步骤3：保存工作表。

“分类汇总”对话框中其他选项的含义如下。

- 替换当前分类汇总：如果此前做过分类汇总操作，选中此项，则原有分类汇总结果不保留；不选择此项，则原有分类汇总结果保留。
- 每组数据分页：打印时，每类汇总数据为单独一页，如图4-111中，产品类别为D-1、D-2、K-1的每类数据分页打印。
- 汇总结果显示在数据下方：汇总计算的结果显示在每个分类的下方。
- 全部删除：取消分类汇总。

分类汇总表左侧的按钮功能如下。

1 2 3：分级显示按钮，分级显示不同的结果。

“1”按钮：只显示全部数据的总的汇总项。

“2”按钮：显示每组分类数据的汇总项和总的汇总项。

“3”按钮：显示全部数据、每组分类数据的汇总项及总的汇总项。

⊟、⊞：折叠、展开按钮。“⊟”按钮点击后，相应分类下的详细数据信息将隐藏起来，此时按钮变成“⊞”；点击“⊞”按钮，相应分类下的详细数据信息将显示出来。

	A	B	C	D	E	F	G
1	季度	分公司	产品类别	产品名称	销售数量	销售额（万元）	销售额排名
2	1	北部1	D-1	电视	86	38.36	3
3	3	西部1	D-1	电视	78	34.79	4
4	2	北部1	D-1	电视	73	32.56	5
5	1	东部1	D-1	电视	67	18.43	16
6	3	东部1	D-1	电视	66	18.15	18
7	1	南部1	D-1	电视	64	17.60	19
8	3	北部1	D-1	电视	64	28.54	7
9	2	东部1	D-1	电视	56	15.40	24
10	3	南部1	D-1	电视	46	12.65	27
11	2	西部1	D-1	电视	42	18.73	14
12	2	南部1	D-1	电视	27	7.43	36
13	1	西部1	D-1	电视	21	9.37	32
14			**D-1 汇总**			251.99	
15	1	南部3	D-2	电冰箱	89	20.83	11
16	1	东部3	D-2	电冰箱	86	20.12	12
17	3	南部3	D-2	电冰箱	75	17.55	20
18	2	西部3	D-2	电冰箱	69	22.15	10
19	2	东部3	D-2	电冰箱	65	15.21	25
20	1	西部3	D-2	电冰箱	58	18.62	15
21	3	西部3	D-2	电冰箱	57	18.30	17
22	3	北部3	D-2	电冰箱	54	17.33	21
23	2	北部3	D-2	电冰箱	48	15.41	23
24	2	南部3	D-2	电冰箱	45	10.53	31
25	1	北部3	D-2	电冰箱	43	13.80	26
26	3	东部3	D-2	电冰箱	39	9.13	33
27			**D-2 汇总**			198.98	
28	1	西部2	K-1	空调	89	12.28	28
29	1	北部2	K-1	空调	89	12.28	28
30	3	南部2	K-1	空调	86	30.44	6
31	3	西部2	K-1	空调	84	11.59	30
32	2	东部2	K-1	空调	79	27.97	8
33	2	南部2	K-1	空调	63	22.30	9
34	2	西部2	K-1	空调	56	7.73	35
35	1	南部2	K-1	空调	54	19.12	13
36	3	北部2	K-1	空调	53	7.31	37
37	3	东部2	K-1	空调	45	15.93	22
38	2	北部2	K-1	空调	37	5.11	38
39	1	东部2	K-1	空调	24	8.50	34
40			**K-1 汇总**			180.56	
41			**总计**			631.53	

产品销售情况表 Sheet2 Sheet3

图4-111　分类汇总结果

补充提示

不管有没有要求排序，分类汇总之前必须首先按照分类字段进行排序；如果不进行排序，则有可能同一个分类可能出现几个汇总项（就是说，同一个分类没有汇总到一起）。

4.6.5　数据合并计算

数据合并计算可以将来自不同数据区域的数据进行合并计算。不同数据区域包括：同一工作表中、同一工作簿的不同工作表中、不同工作簿的工作表中的数据区域。合并计算后的结果可以放置在任意工作表中。

如对图4-112所示的Sheet1工作表内的“上半年各车间产品合格情况表”和“下半年各车间产品合格情况表”（源文件下载地址：www.cipedu.com.cn），使用“合并计算”功能，计算出“全年各车间产品合格情况表”的数据，放置在如图4-113所示的Sheet2工作表中的相应位置，保存工作簿。

	A	B	C	D	E	F	G
1	上半年各车间产品合格情况表						
2	车间	不合格产品(个)	合格产品(个)	总数(个)			
3	第一车间	132	4856	4988			
4	第二车间	65	6235	6300			
5	第三车间	238	4953	5191			
6	第四车间	252	5364	5616			
7	第五车间	342	6245	6587			
8	第六车间	108	6874	6982			
9	第七车间	154	9854	10008			
10	第八车间	55	5666	5721			
11							
12	下半年各车间产品合格情况表						
13	车间	不合格产品(个)	合格产品(个)	总数(个)			
14	第一车间	82	4956	5038			
15	第二车间	165	8235	8400			
16	第三车间	138	5953	6091			
17	第四车间	352	8364	8716			
18	第五车间	242	5845	6087			
19	第六车间	118	7874	7992			
20	第七车间	54	8854	8908			
21	第八车间	155	4666	4821			
22							

Sheet1 Sheet2 Sheet3

图4-112　数据合并示例表Sheet1

微视频：数据合并计算

	A	B	C	D	E
1	全年各车间产品合格情况统计表				
2	车间	不合格产品	合格产品(个)	总数(个)	
3	第一车间				
4	第二车间				
5	第三车间				
6	第四车间				
7	第五车间				
8	第六车间				
9	第七车间				
10	第八车间				

Sheet1 Sheet2 Sheet3

图4-113　数据合并示例表Sheet2

操作步骤如下。

步骤1：选定用于放置合并计算结果的单元格区域，这里是Sheet2中的B3:D10（也可以点击选定B3单元格）。

步骤2：进行合并计算。点击“数据”选项卡下“数据工具”分组中的“合并计算”按钮，弹出“合并计算”对话框，在“函数”下拉列表框中选择“求和”，单击“引用位置”右侧的按钮选取Sheet1工作表中的“B3:D10”数据区域，单击“添加”按钮；再次单击“引用位置”右侧的按钮选取Sheet1工作表中的“B14:D21”数据区域，单击“添加”按钮。选定“创建指向数据源数据的链接”（当源数据发生变化时，合并结果也自动随之变化；如果不需要，可以不选）复选框，如图4-114所示，单击“确定”按钮，合并计算结果如图4-115所示。

合并计算时如果选定了“创建指向数据源数据的链接”复选按钮，则合并计算结果以如图4-114所示的与分类汇总类似的方式显示，通过点击左侧的“−”“+”按钮折叠或展开显示元数据记录信息；合并计算时如果未选择此复选按钮，则只显示合并计算结果，且合并计算完成后，当源数据发生变化时，计算结果也不会再变化。

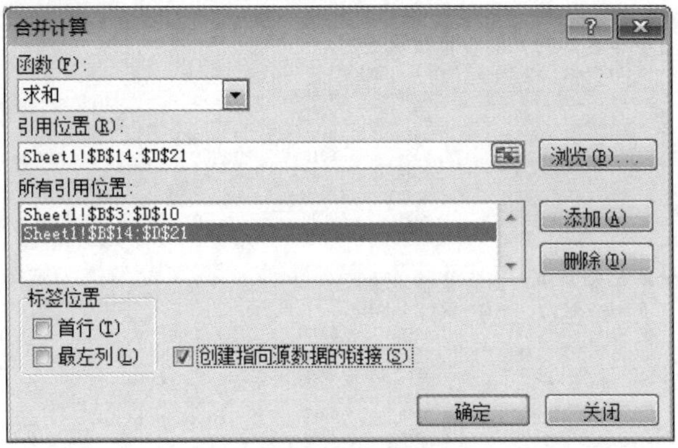

图4-114 合并计算

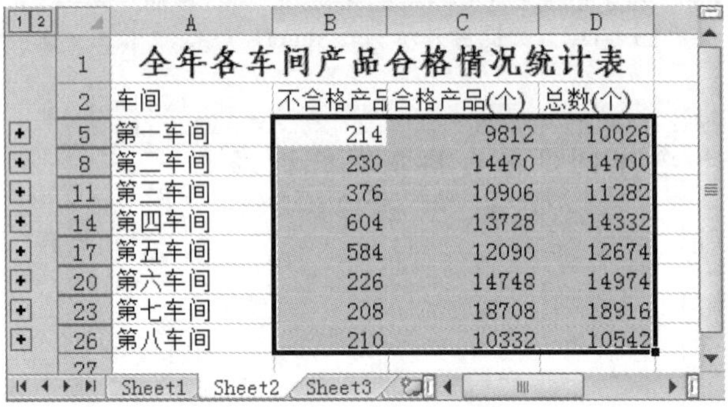

	A	B	C	D
1	全年各车间产品合格情况统计表			
2	车间	不合格产品	合格产品(个)	总数(个)
5	第一车间	214	9812	10026
8	第二车间	230	14470	14700
11	第三车间	376	10906	11282
14	第四车间	604	13728	14332
17	第五车间	584	12090	12674
20	第六车间	226	14748	14974
23	第七车间	208	18708	18916
26	第八车间	210	10332	10542
27				

图4-115 合并计算结果

4.6.6 建立数据透视表

数据透视表是一种可以对大量数据快速进行布局和分类汇总、建立交叉列表的交互式表格，透视表的显示格式可灵活设置。用户可旋转其行和列查看数据清单的不同汇总结果，可以通过显示不同的标签来筛选数据，或者显示所关注区域的数据明细。

微视频：建立数据透视表

为保证数据清单的数据可用于建立数据透视表，数据清单必须满足如下要求：

- 第一行要包含列标签。
- 不能有空行或空列。
- 不能有自动小计。
- 各列只能包含一种类型的数据。

创建完成的数据透视表，单击透视表中的任意非空单元格，即进入编辑状态，可进行添加字段、删除已有字段、交换行列位置、删除数据透视表等操作。

如对图4-116所示的Sheet1工作表（源文件下载地址：www.cipedu.com.cn）内的数据清单，以“部门”为行字段，以“学历”为列字段，以“工资”为平均值项，从Sheet2工作表的A1单元格起建立数据透视表。

	A	B	C	D	E	F	G	H
1	欣欣公司职员登记表							
2	姓名	性别	部门	学历	年龄	籍贯	工龄	工资
3	周敏捷	女	后勤部	本科	22	河北	1	1600
4	周健	男	营销部	本科	31	河南	8	2300
5	赵军伟	男	工程部	本科	26	山东	4	2100
6	张勇	男	营销部	大专	35	山东	11	2600
7	吴圆	女	后勤部	本科	31	河北	7	1800
8	王辉	男	办公室	大专	36	河南	15	2000
9	王刚	男	后勤部	硕士	28	山东	3	2200
10	谭华	女	营销部	本科	25	河北	2	2300
11	司慧霞	女	办公室	本科	30	河北	8	1900
12	任敏	女	工程部	硕士	32	河北	7	2500
13	李波	男	工程部	硕士	29	河南	5	2800
14	韩禹	男	办公室	本科	36	河南	13	2100
15								

Sheet1 Sheet2 Sheet3

图4-116 数据透视表示例

操作步骤如下。

步骤1：鼠标单击Sheet1中有数据的任一单元格，单击“插入”选项卡下“表格”分组中的“数据透视表”按钮，在弹出的列表中选择“数据透视表”选项。

步骤2：在打开的“创建数据透视表”对话框中，如图4-117所示，在“选择一个表或区域”的“表/区域”中，已经设置好了要创建透视表的数据区域，如果数据区域未设置或者设置不正确，可以点击右侧的按钮重新选定数据区域。

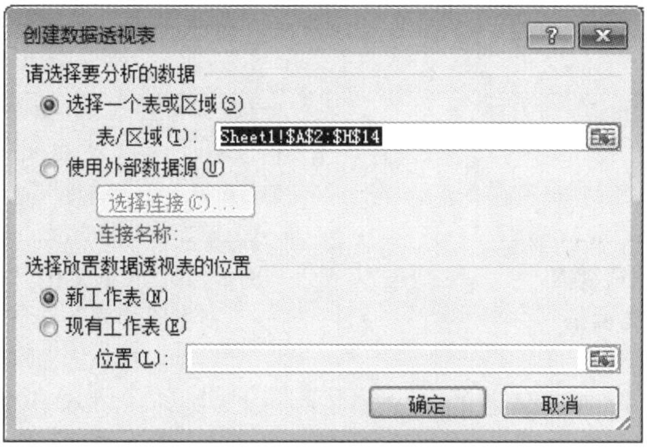

图4-117 创建数据透视表

步骤3：在“选择放置数据透视表的位置”中选择“现有工作表”，点击“位置”右侧的“ ”按钮，选择Sheet2工作表的A1单元格后返回，自动填入“位置”参数，如图4-118所示。单击“确定”按钮。

步骤4：在Excel窗口右侧弹出如图4-119所示的“数据透视表字段列表”任务窗格。

步骤5：将“选择要添加到报表的字段”中的“部门”项按下鼠标左键拖动至“行标签”区域，将“学历”拖动到“列标签”区域，将“工资”拖动到“数值”区域，此时的“数据透视表字段列表”任务窗格如图4-120所示。

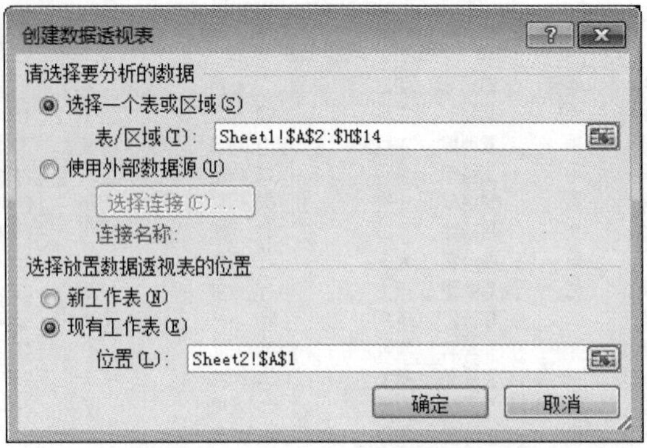

图4-118　设定放置透视表的位置

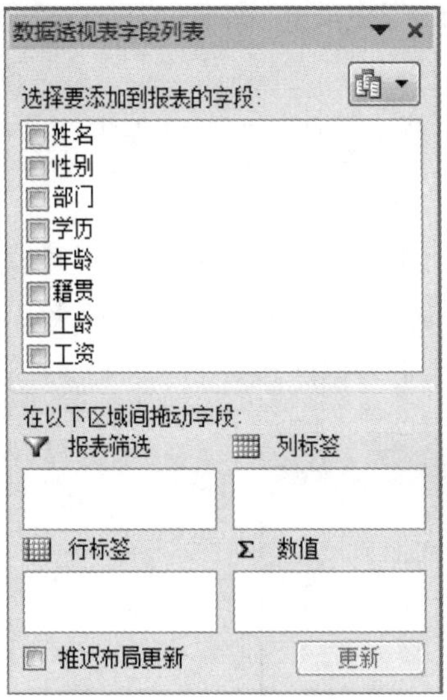

图4-119　“数据透视表字段列表”任务窗格

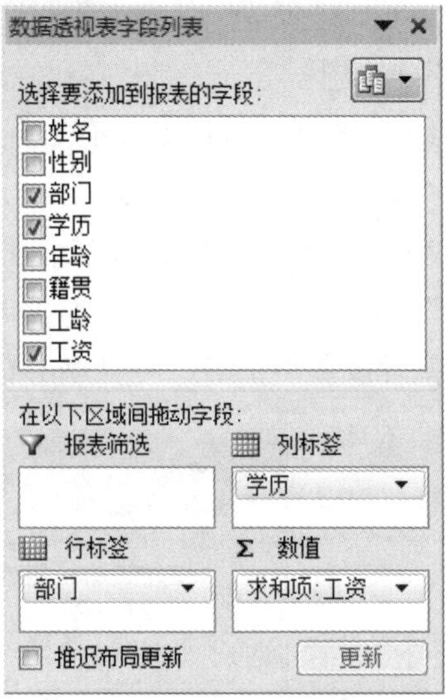

图4-120　设置后的“数据透视表字段列表”任务窗格

步骤6：点击“数值”区域的“求和项:工资”按钮，在弹出的菜单中选择“值字段设置”，显示如图4-121所示的“值字段设置”对话框，在值汇总方式选项卡中的“选择用于汇总所选字段数据的计算类型”列表框中选择“平均值”项，点击“确定”按钮；此时数据透视表已经建立完成，如图4-122所示。

单击透视表中的任意非空单元格，即显示“数据透视表字段列表”任务窗格，可再次编辑数据透视表；单击透视表中“行标签”或“列标签”处的下拉按钮，可以选择在透视表中要显示的数据，也可以设置“标签筛选”“值筛选”来显示所需的内容。

如需建立透视图，只需在步骤1弹出的列表中选择“数据透视图”即可，其他操作方法与透视表一样。

图 4-121　值字段设置

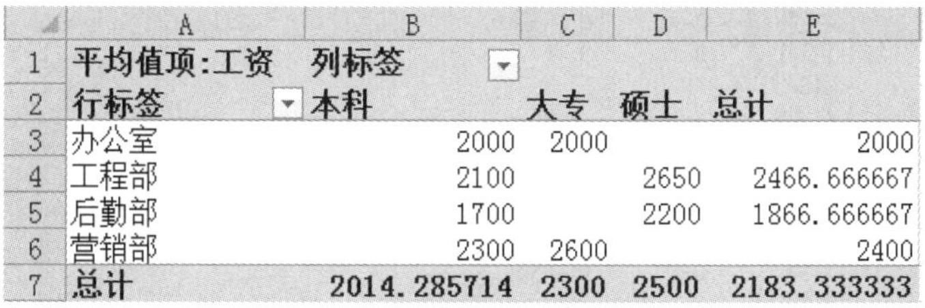

	A	B	C	D	E
1	平均值项:工资	列标签			
2	行标签	本科	大专	硕士	总计
3	办公室	2000	2000		2000
4	工程部	2100		2650	2466.666667
5	后勤部	1700		2200	1866.666667
6	营销部	2300	2600		2400
7	总计	2014.285714	2300	2500	2183.333333

图 4-122　数据透视表建立结果

学习总结

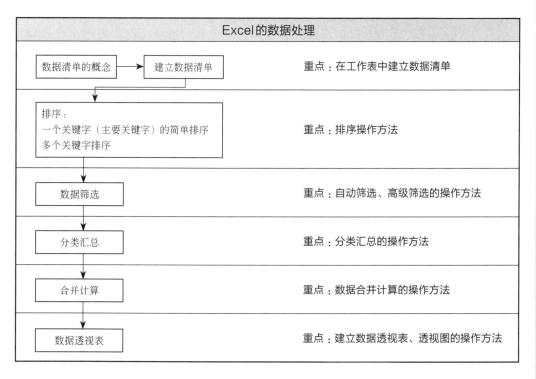

Excel的数据处理	
数据清单的概念 → 建立数据清单	重点：在工作表中建立数据清单
排序： 一个关键字（主要关键字）的简单排序 多个关键字排序	重点：排序操作方法
数据筛选	重点：自动筛选、高级筛选的操作方法
分类汇总	重点：分类汇总的操作方法
合并计算	重点：数据合并计算的操作方法
数据透视表	重点：建立数据透视表、透视图的操作方法

课堂测验

操作题（源文件下载地址：www.cipedu.com.cn）

1.如图4-123所示，对工作表“产品销售情况表”内数据清单的内容按主要关键字“产品类别”的升序，次要关键字“销售额排名”的升序次序进行排序，对排序后的数据进行分类汇总，分类字段为“产品类别”，汇总方式为“求和”，汇总项为“销售额（万元）”，汇总结果显示在数据下方，工作表名不变，保存工作簿。

	A	B	C	D	E	F	G
1	季度	分公司	产品类别	产品名称	销售数量	销售额（万元）	销售额排名
2	1	西部2	K-1	空调	89	12.28	26
3	1	南部3	D-2	电冰箱	89	20.83	9
4	1	北部2	K-1	空调	89	12.28	26
5	1	东部3	D-2	电冰箱	86	20.12	10
6	1	北部1	D-1	电视	86	38.36	1
7	3	南部2	K-1	空调	86	30.44	4
8	3	西部2	K-1	空调	84	11.59	28
9	2	东部2	K-1	空调	79	27.97	6
10	3	西部1	D-1	电视	78	34.79	2
11	3	南部3	D-2	电冰箱	75	17.55	18
12	2	北部1	D-1	电视	73	32.56	3
13	2	西部3	D-2	电冰箱	69	22.15	8
14	1	东部1	D-1	电视	67	18.43	14
15	3	东部1	D-1	电视	66	18.15	16
16	2	东部3	D-2	电冰箱	65	15.21	23
17	1	南部1	D-1	电视	64	17.60	17
18	3	北部1	D-1	电视	64	28.54	5

产品销售情况表 / Sheet2 / Sheet3

图4-123　4.6课堂测验1工作表

2. 如图4-124所示，对工作表“产品销售情况表”内数据清单的内容进行筛选，条件为“销售额排名在前20（使用小于或等于20），分公司为所有南部的分公司”，将筛选后的数据按主要关键字“销售额排名”的升序，次要关键字“分公司”的升序次序进行排序，工作表名不变，保存工作簿。

	A	B	C	D	E	F	G
1	季度	分公司	产品类别	产品名称	销售数量	销售额（万元）	销售额排名
2	1	西部2	K-1	空调	89	12.28	26
3	1	南部3	D-2	电冰箱	89	20.83	9
4	1	北部2	K-1	空调	89	12.28	26
5	1	东部3	D-2	电冰箱	86	20.12	10
6	1	北部1	D-1	电视	86	38.36	1
7	3	南部2	K-1	空调	86	30.44	4
8	3	西部2	K-1	空调	84	11.59	28
9	2	东部2	K-1	空调	79	27.97	6
10	3	西部1	D-1	电视	78	34.79	2
11	3	南部3	D-2	电冰箱	75	17.55	18
12	2	北部1	D-1	电视	73	32.56	3
13	2	西部3	D-2	电冰箱	69	22.15	8
14	1	东部1	D-1	电视	67	18.43	14
15	3	东部1	D-1	电视	66	18.15	16
16	2	东部3	D-2	电冰箱	65	15.21	23
17	1	南部1	D-1	电视	64	17.60	17
18	3	北部1	D-1	电视	64	28.54	5

产品销售情况表 / Sheet2 / Sheet3

图4-124　4.6课堂测验2工作表

3. 对于如图4-125所示的“Sheet1”工作表和图4-126所示的“Sheet3”工作表。(1)对“Sheet1”工作表内的“2003年中原市主要企业利润统计表(万元)”和“2002年中原市主要企业利润统计表(万元)”数据，在“Sheet2”的“中原市主要企业年平均利润统计表(万元)”中进行“平均值”合并计算；(2)使用“Sheet3”工作表中的数据，以“年度”为分页，以“企业名称”为行字段，以“地理位置”为列字段，以“纯利润”为平均值项，从“Sheet4”的A6单元格起建立数据透视表。

	A	B	C	D	E
1	2003年度中原市主要企业利润统计表(万元)			2002年度中原市主要企业利润统计表(万元)	
2	企业名称	纯利润		企业名称	纯利润
3	张庄锅炉厂	2328		红都方便面厂	8321
4	亚东制药有限公司	6830		红太阳超市	5360
5	新方洗衣粉厂	5581		金宝食品有限公司	3180
6	欣欣服饰有限公司	5230		利华酒业公司	5832
7	为民车辆厂	4864		利民鞋业有限公司	4280
8	天华食品有限公司	1202		天度水泵厂	2428
9	天度水泵厂	1428		天华食品有限公司	2202
10	利民鞋业有限公司	3680		为民车辆厂	3864
11	利华酒业公司	6432		欣欣服饰有限公司	4830
12	金宝食品有限公司	2480		新方洗衣粉厂	4981
13	红太阳超市	4360		亚东制药有限公司	5630
14	红都方便面厂	7321		张庄锅炉厂	3328
15					

Sheet1 / Sheet2 / Sheet3 / Sheet4

图4-125 4.6课堂测验3 Sheet1工作表

	A	B	C	D	E
1	年度	企业名称	地理位置	纯利润	
2	2003年度	张庄锅炉厂	湛南区	2328	
3	2003年度	亚东制药有限公司	桥东区	6830	
4	2003年度	新方洗衣粉厂	湛北区	5581	
5	2003年度	欣欣服饰有限公司	新华区	5230	
6	2003年度	为民车辆厂	湛南区	4864	
7	2003年度	天华食品有限公司	桥东区	1202	
8	2003年度	天度水泵厂	湛南区	1428	
9	2003年度	利民鞋业有限公司	新华区	3680	
10	2003年度	利华酒业公司	湛北区	6432	
11	2003年度	金宝食品有限公司	新华区	2480	
12	2003年度	红太阳超市	桥东区	4360	
13	2003年度	红都方便面厂	湛北区	7321	
14	2004年度	红都方便面厂	湛北区	8321	
15	2004年度	红太阳超市	桥东区	5360	
16	2004年度	金宝食品有限公司	新华区	3180	
17	2004年度	利华酒业公司	湛北区	5832	

Sheet1 / Sheet2 / Sheet3 / Sheet4

图4-126 4.6课堂测验3 Sheet3工作表

4.7 保护数据

Excel有一定的安全机制，可以有效保护工作簿中的数据，防止未经许可的数据访问或修改；还可以设置隐藏工作簿、工作表、工作表的行（或列）或单元格的内容。

4.7.1 保护工作簿和工作表

（1）保护工作簿

微视频：
保护工作簿

工作簿的保护包括两个方面：

- 控制访问工作簿
- 禁止对工作簿或工作表进行操作

① 设置打开、修改权限密码　控制访问工作簿的操作步骤如下。

步骤1：打开工作簿，点击“文件”菜单中的“另存为”命令，打开如图4-127所示的“另存为”对话框。

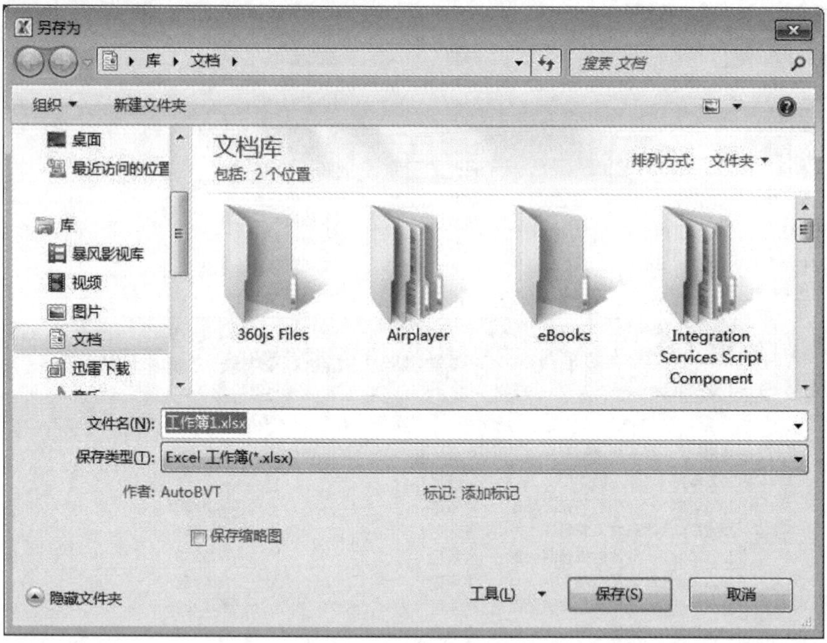

图4-127　“另存为”对话框

步骤2：点击“另存为”对话框下方的“工具”下拉按钮，在弹出的下拉菜单中选择“常规选项”，出现“常规选项”对话框，如图4-128所示。

步骤3：在“常规选项”对话框中的“打开权限密码”文本框中输入密码，单击“确定”按钮后，要求用户再次输入密码，再次输入密码点击“确定”按钮后，返回“另存为”对话框，保存文件后即完成操作。

设置了“打开权限密码”的工作簿文件，在打开的时候要求输入密码，只有输入正确的密码才可以打开工作簿。

在上述“常规选项”对话框中还可以设置“修改权限密码”，如果设置了此密码，则文件打开的时候会弹出如图4-129的对话框，输入正确的密码，点击“确定”按钮则打开后可以修改文件并保存；如果点击“只读”按钮，则以“只读”方式打开工作簿。

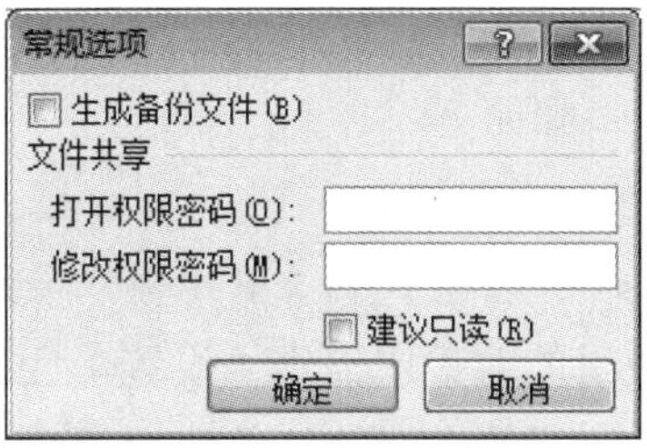

图4-128　常规选项设置

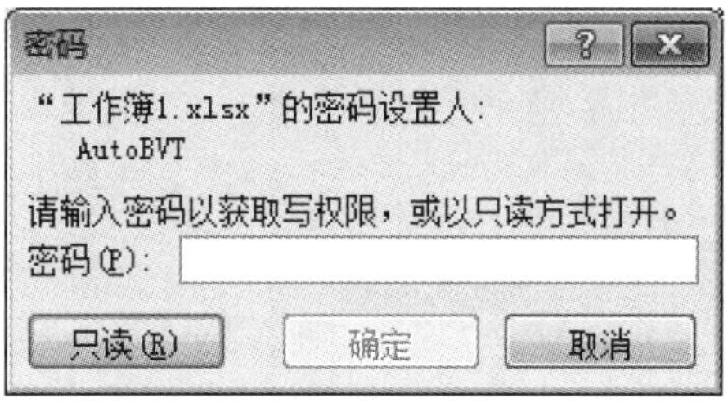

图4-129　修改权限密码

如需修改或删除工作簿的“打开权限密码”或者“修改权限密码”，首先正常打开工作簿，然后再次选择“文件”菜单中的“另存为”命令，按照上述步骤在“常规选项”对话框中的相应密码设置文本框中输入新密码或者删除密码后保存工作簿即可。

② 保护工作簿结构和窗口　如果不允许他人对工作簿中的工作表进行移动、删除、隐藏等，或禁止对工作簿窗口进行移动、缩放等操作，则可以对工作簿的结构和窗口进行保护。步骤如下。

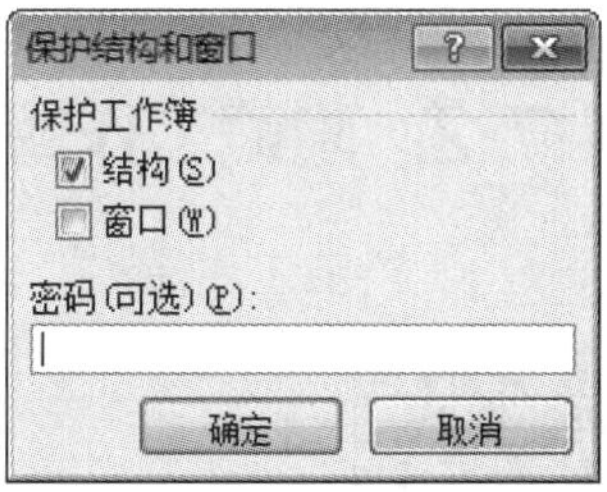

图4-130　保护结构和窗口设置

步骤1：打开要保护结构或窗口的工作簿。

步骤2：点击“审阅”选项卡下“更改”分组中的“保护工作簿”命令，显示“保护结构和窗口”对话框，如图4-130所示。

步骤3：在“保护结构和窗口”对话框中选定“结构”复选框，则工作簿中的工作表将不能移动或删除等；选定“窗口”复选框，则每次打开工作簿时将保持窗口的大小和位置不变，窗口也不能进行移动或缩放、取消等操作。

步骤4：输入密码，单击“确定”按钮；再次输入密码，单击“确定”按钮。

对于已设置“保护工作簿”的工作簿，再次点击“审阅”选项卡下“更改”分组中的“保护工作簿”命令后，输入正确密码即可撤销保护；如需设置新密码，重复上述操作即可。

（2）保护工作表

保护工作表的操作步骤如下。

步骤1：选定要保护的工作表。

步骤2：点击“审阅”选项卡下“更改”分组中的“保护工作表”命令，显示“保护工作表”对话框，如图4-131所示。

微视频：
保护工作表

步骤3：选定“保护工作表及锁定的单元格内容”复选框，在“取消工作表保护时使用的密码”文本框中输入密码，在“允许此工作表的所有用户进行”列表中选定允许用户进行的操作。

步骤4：再次输入密码，单击“确定”按钮。

再次点击“审阅”选项卡下“更改”分组中的“保护工作表”命令后，输入正确密码即可撤销保护。

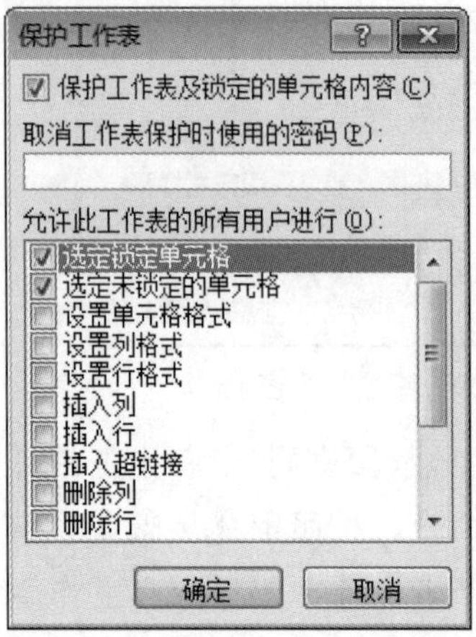

图131 保护工作表设置

（3）保护单元格

保护单元格的操作步骤如下

步骤1：选定要保护的单元格。

步骤2：点击“开始”选项卡下“单元格”分组中的“格式”按钮，在弹出的菜单中点击“设置单元格格式”菜单项，在打开的“设置单元格格式”对话框中点击“保护”选项卡，选定“锁定”复选框，点击“确定”按钮。

步骤3：打开“保护工作表”对话框，选定“保护工作表及锁定的单元格内容”复选框，在“取消工作表保护时使用的密码”文本框中输入密码，在“允许此工作表的所有用户进行”列表中只选定“选定未锁定的单元格”复选框，点击“确定”按钮。

4.7.2 隐藏工作簿和工作表

（1）隐藏工作簿

微视频：隐藏工作簿和工作表

打开要隐藏的工作簿，点击“视图”选项卡下“窗口”分组中的“隐藏”按钮，即可隐藏工作簿，工作簿隐藏后，其数据仍可以调用。退出Excel，再次打开该工作簿时，将以隐藏方式打开。

点击“视图”选项卡下“窗口”分组中的“取消隐藏”按钮，弹出“取消隐藏”对话框，选定要取消隐藏的工作簿，点击“确定”按钮即可取消隐藏。

（2）隐藏工作表

单击要隐藏的工作表标签，在“开始”选项卡下“单元格”分组中单击“格式”下拉按钮，选择“隐藏和取消隐藏”菜单项中的“隐藏工作表”命令，即可隐藏选定工作表，如图4-132所示。

要显示隐藏的工作表，同样单击“格式”下拉按钮，选择“隐藏和取消隐藏”中“取消隐藏工作表”命令，在弹出的列表中选择要显示的工作表即可。

也可在要隐藏的工作表标签上单击鼠标右键，在弹出的快捷菜单中选择“隐藏”，来实现隐藏工作表的操作；在任一工作表标签上右键，在弹出的菜单中选择“取消隐藏”后选择要取消隐藏的工作表，来完成工作表的取消隐藏。

（3）隐藏行（或列）

与隐藏工作表类似，选定要隐藏的行（或列），在“开始”选项卡下“单元格”分组中单击“格式”下拉按钮，选择“隐藏和取消隐藏”菜单项中的“隐藏行”（或“隐藏列”）命令，即可完成；选定已隐藏行的相邻行（或列）（这里的相邻行指的是：隐藏行的前1行和后1行），点击菜单项中的“取消隐藏行”（或“取消隐藏列”）命令，即可完成取消隐藏行（或列）。

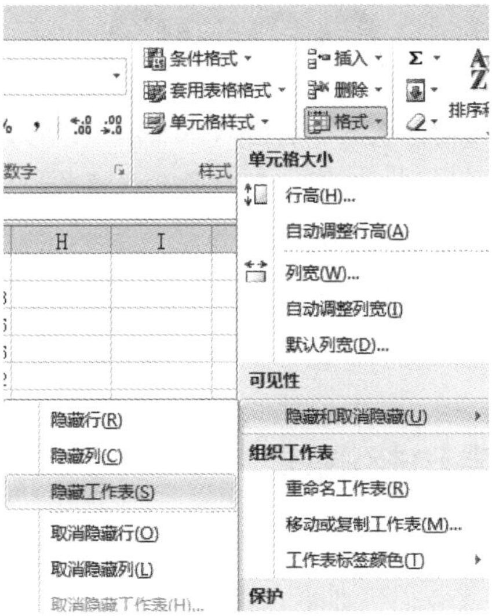

图4-132　隐藏工作表

此外，选定要隐藏的行（或列），然后在其上单击鼠标右键，在弹出的菜单中选择“隐藏”也可实现隐藏行（或列）；选定已隐藏行的相邻行（或列），然后在其上单击鼠标右键，在弹出的菜单中选择“取消隐藏”也可实现取消隐藏行（或列）。

（4）隐藏单元格的内容

隐藏单元格的内容可以使单元格的内容不在编辑栏中显示，对于有重要公式的单元格，隐藏后只在单元格中显示结果，编辑区看不到公式本身。

步骤1：选定要隐藏的单元格。

步骤2：点击“开始”选项卡下“单元格”分组中的“格式”按钮，在弹出的菜单中点击“设置单元格格式”菜单项，在打开的“设置单元格格式”对话框中点击“保护”选项卡，取消选定“锁定”复选框，选定“隐藏”复选框，点击“确定”按钮。

步骤3：打开“保护工作表”对话框，选定“保护工作表及锁定的单元格内容”复选框，点击“确定”按钮。

如要取消隐藏单元格，先取消“保护工作表”，选定要取消隐藏的单元格，然后打开“设置单元格格式”对话框，在其中的“保护”选项卡中取消选定“隐藏”复选框即可。

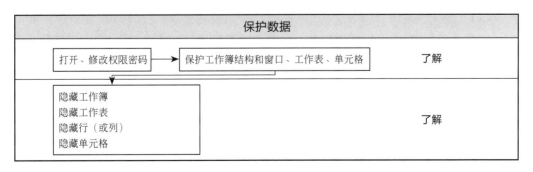

学习总结

保护数据	
打开、修改权限密码 → 保护工作簿结构和窗口、工作表、单元格	了解
隐藏工作簿 隐藏工作表 隐藏行（或列） 隐藏单元格	了解

课堂测验

操作题

1. 建立一个工作簿文件，设置“打开权限密码”、“修改权限密码”，设置保护工作簿结构和窗口；设置保护工作表、保护单元格操作。

2. 建立一个工作簿文件，进行隐藏工作簿、隐藏工作表、隐藏行（或列）、隐藏单元格的操作。

4.8 打印工作表和超链接

工作表建立后，有时候我们需要将它打印出来，打印前要根据实际需要进行页面设置；也可为工作表中的内容建立超链接。

4.8.1 页面设置

Excel 的页面设置操作主要是在“页面布局”选项卡中的“页面设置”分组中完成的。点击“页面布局”选项卡，“页面设置”分组如图4-133所示。

微视频：页面设置

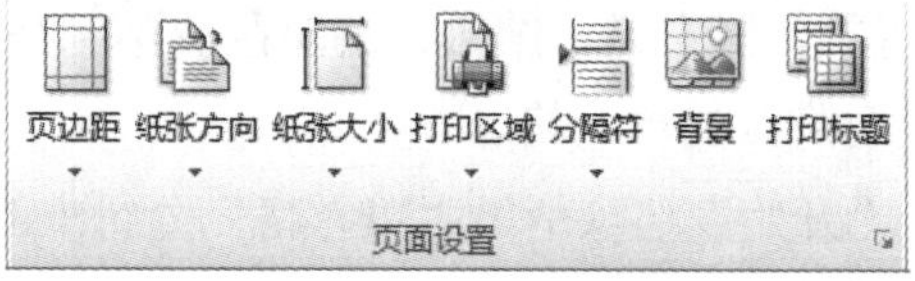

图4-133 “页面设置”分组

（1）设置页边距

打开要设置页边距的工作表，点击“页面设置”分组中的“页边距”下拉按钮，在弹出的列表项中可以将页边距快速设置为“上次自定义设置”“普通”“宽”或“窄”，也可以点击“自定义边距”进行上、下、左、右边距的详细设置。

（2）设置纸张方向

打开要设置纸张方向的工作表，点击“页面设置”分组中的“纸张方向”下拉按钮，在弹出的列表项中可以快速将纸张方向设置为“纵向”或“横向”。

（3）设置纸张大小

打开要设置纸张大小的工作表，点击“页面设置”分组中的“纸张大小”下拉按钮，在弹出的列表项中可以快速将纸张大小设置为预设的各种纸张大小，如：A4、B5等，也可选择“其他纸张大小”项进行设置。

（4）设置打印区域

Excel 的工作表本身就是一张“大表”，如果直接打印，默认将打印工作表中的所有内容。那么怎么样快速打印需要打印的数据区域呢？

首先，将需要打印的区域选定；然后，点击“页面设置”分组中的“打印区域”下拉按钮，在弹出的列表项中选择“设置打印区域”列表项；此时打印，将只打印设置为打印区域的数据区域。

如需取消打印区域，点击“页面设置”分组中的“打印区域”下拉按钮，在弹出的列表项中选择“取消打印区域”列表项即可。

（5）设置强制分页

默认情况下，打印工作表时，当前页面使用完后，后续的内容才会显示到下一页。但有时候需要强制将某些内容从新的一页开始显示，这时候就需要设置“分页符”。如：在第6行的上方插入分页符，从第6行开始的内容将从下页开始显示。在第6行的上方插入“分页符”的方法是：

选定第6行，然后点击“页面设置”分组中的“分隔符”下拉按钮，在弹出的列表项中选择“插入分页符”命令即可。

选定第6行，然后点击“页面设置”分组中的“分隔符”下拉按钮，在弹出的列表项中选择“删除分页符”命令即可删除第6行上方的分页符。

此外，选定某列，用上述方法可在某1列的前面插入或者删除分页符。选定某一单元格，使用上述方法可在该单元格所在行的上方和所在列的前方同时插入分页符；如需删除，选定该单元格，然后用上述方法进行删除。

（6）设置背景

打开要设置背景的工作表，点击“页面设置”分组中的“背景”按钮，在弹出的“工作表背景”对话框中选择要设置为背景的图片，然后点击“确定”按钮，即可设置背景。工作表设置背景后，“背景”按钮自动变成“删除背景”按钮，点击“删除背景”按钮即可删除背景。

（7）设置打印标题

为工作表设置打印标题后，工作表在打印每页内容前，首先打印设置为“打印标题”的内容。打印标题分“顶端标题行”和“左端标题行”，最常用的是顶端标题行。

设置打印标题的方法是：打开要设置“打印标题”的工作表，点击“页面设置”分组中的“打印标题”按钮，显示如图4-134所示的“页面设置”对话框，并自动切换至“工作表”选项卡，点击“顶端标题行”文本框右侧的选定数据区域按钮“”，将要设置为“顶端标题行”的行选定后返回，点击“确定”按钮，即可完成设置。

如需取消“顶端标题行”，在该对话框中，将“顶端标题行”文本框中的内容删除，点击“确定”按钮即可。

“左端标题行”的设置和取消的操作方法与“顶端标题行”相似，这里不再赘述。

（8）在“页面设置”对话框中进行页面设置

通过上述的操作方法，可以快速完成页边距、纸张方向、纸张大小等设置，此外

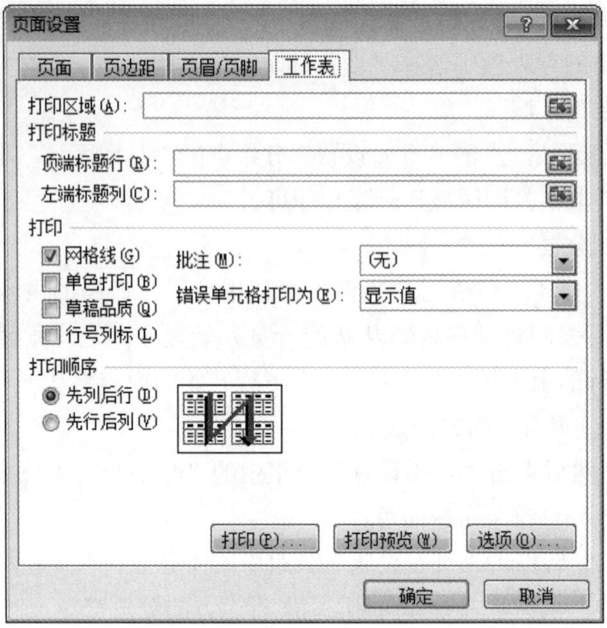

图4-134　设置“打印标题”

还可通过“页面设置”对话框进行更多设置。

点击“页面设置”分组右下角的对话框启动器，即可打开“页面设置”对话框。实际上，此时打开的“页面设置”对话框与图4-134所示的对话框是同一对话框，只是这里打开的对话框，默认显示的是“页面”选项卡的内容。“页面设置”对话框中有四个选项卡，分别是：页面、页边距、页眉/页脚、工作表。

在“页面”选项卡中可以进行“纸张方向”“缩放比例”“纸张大小”“打印质量”的设置。

在“页边距”选项卡中可以进行“上”“下”“左”“右”边距，以及“页眉”“页脚”距离和居中方式的设置。

在“页眉/页脚”选项卡中可以进行“页眉”“页脚”的设置。页眉是打印页顶部显示的内容，页脚是打印页底部显示的内容。点击“页眉”下拉列表框，在其中可以选择预设的页眉；如需自定义页眉内容，点击“自定义页眉”按钮，在弹出的“页眉”对话框中进行设置，如图4-135所示。点击“页脚”下拉列表框，在其中可以选择预设的页脚；如需自定义页脚内容，点击“自定义页脚”按钮，在弹出的“页脚”对话框中进行设置。

在“工作表”选项卡中可以进行“打印区域”“打印标题”“打印”“打印顺序”设置。

4.8.2　打印预览和打印

微视频：打印预览和打印

“页面设置”完成后即可进行打印，真正打印前，为了确认打印效果是否满足需要，应先利用打印预览检查打印效果。

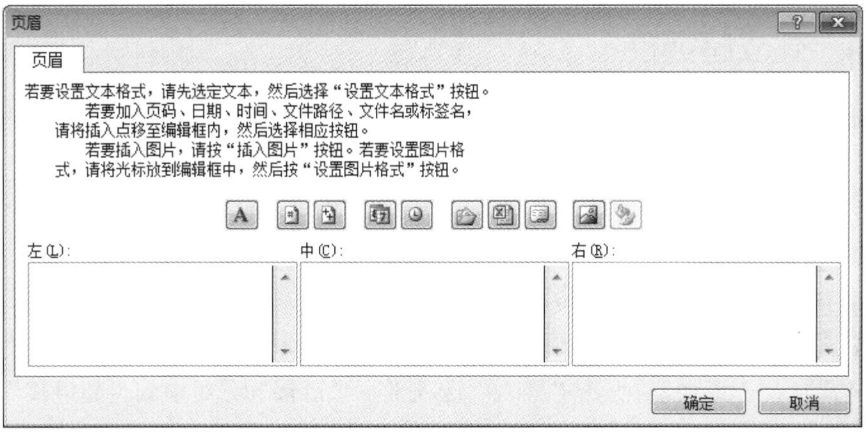

图4-135　自定义页眉

单击“文件”菜单中的“打印”命令或单击快速访问工具栏上的“打印预览和打印”按钮，弹出打印预览和打印界面，如图4-136所示，在窗口右侧的“打印预览”窗格可以翻页并查看各页面的预览打印效果。

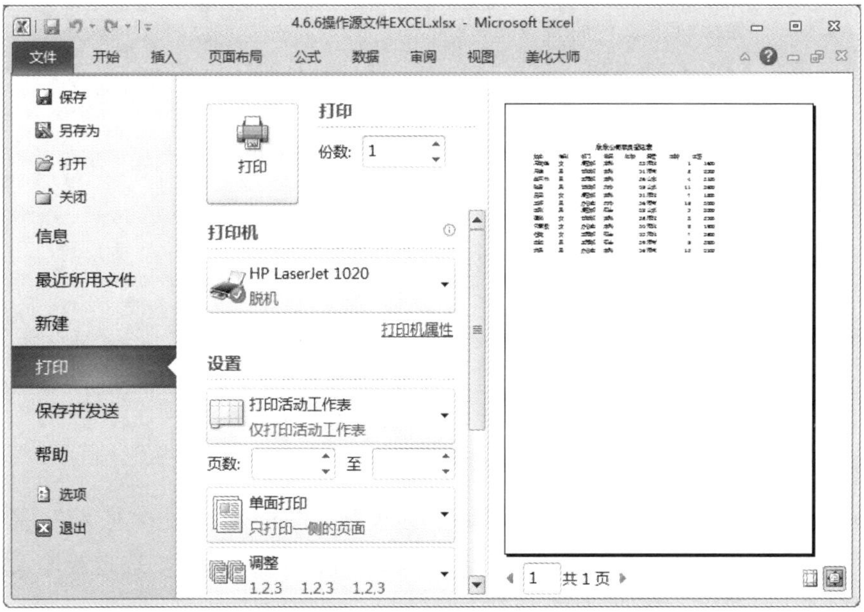

图4-136　打印预览和打印界面

4.8.3 打印

单击“文件”菜单中的“打印”命令或单击快速访问工具栏上的“打印预览和打印”按钮，弹出打印预览和打印界面，如图4-133所示，“打印预览”窗格左侧可以进行打印设置和执行打印。直接点击“打印”

微视频：打印

按钮，则按照默认参数执行打印，也可先在此进行打印设置，然后再执行打印。

4.8.4 建立超链接

Excel 中的超链接和网页中的超链接作用是相似的，即点击某个工作表中的超链接可以快速跳转到当前工作表的某一位置、当前工作簿的其他工作表、其他工作簿或其他类型的文件。超链接可以建立在单元格的文本上，也可以建立在图形上。

（1）创建超链接

微视频：建立超链接

操作步骤如下。

步骤1：选定要建立超链接的单元格或图形。

步骤2：点击“插入”选项卡下“链接”分组中的“超链接”按钮，打开“插入超链接”对话框，如图4-137所示，在左侧的“链接到”点击选择类型，如“现有文件或网页”“本文档中的位置”“新建文档”“电子邮件地址”，然后在右侧进行详细设置，设置完成后点击“确定”按钮。

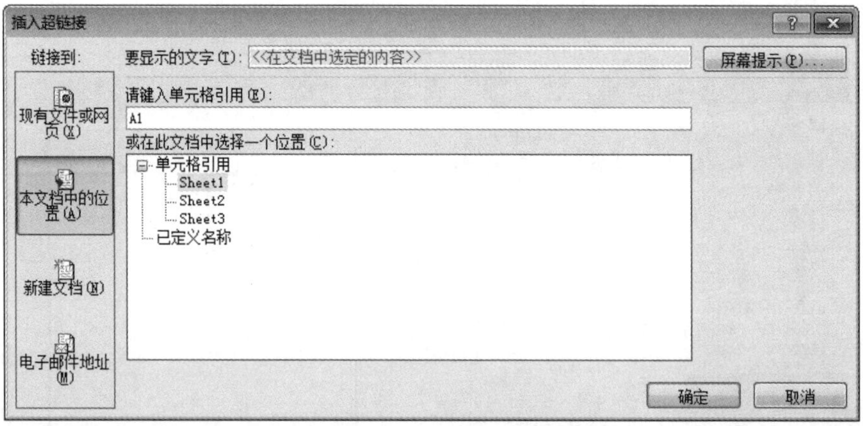

图4-137 插入超链接

（2）修改超链接

单击要修改的包含超链接内容（如：文本框或图形），点击“插入”选项卡下“链接”分组中的“超链接”按钮，打开“编辑超链接”对话框，选定或输入新的链接位置后点击“确定”按钮。

（3）复制或移动超链接

选定包含超链接的单元格或图形，点击“开始”选项卡下“剪贴板”分组中的“复制”按钮，定位到目标位置后，点击“剪贴板”分组中的“粘贴”按钮。

（4）取消超链接

选定包含超链接的单元格或图形，在其上单击鼠标右键，弹出的快捷菜单中选择“取消超链接”菜单项。

学习总结

打印工作表和超链接	
页面设置	重点：设置纸张大小、打印区域、打印标题
打印预览与打印	重点：打印预览
打印设置、打印	了解即可
超链接的建立、修改、取消	重点：超链接的建立

课堂测验

操作题（源文件下载地址：www.cipedu.com.cn）

如图4-138所示的Sheet1工作表，按要求完成如下操作：

（1）设置页面，纸张大小选择A4，页边距上、下2.5，左、右2，页眉、页脚1.4，水平居中对齐。

（2）设置页眉“欣欣公司职员登记表”，页脚设置“第1页 共？页”模式。

（3）设置打印区域，设置第一行和第二行为打印标题行。

（4）打印10份，打印预览后保存文档。

	A	B	C	D	E	F	G	H
1	欣欣公司职员登记表							
2	姓名	性别	部门	学历	年龄	籍贯	工龄	工资
3	王辉	男	办公室	大专	36	河南	15	2000
4	吴圆	女	后勤部	本科	31	河北	7	1800
5	张勇	男	营销部	大专	35	山东	11	2600
6	李波	男	工程部	硕士	29	河南	5	2800
7	司慧霞	女	办公室	本科	30	河北	8	1900
8	王刚	男	后勤部	硕士	28	山东	3	2200
9	谭华	女	营销部	本科	25	河北	2	2300
10	赵军伟	男	工程部	本科	26	山东	4	2100
11	周健	男	营销部	本科	31	河南	8	2300
12	任敏	女	工程部	硕士	32	河北	7	2500
13	韩禹	男	办公室	本科	36	河南	13	2100
14	周敏捷	女	后勤部	本科	22	河北	1	1600

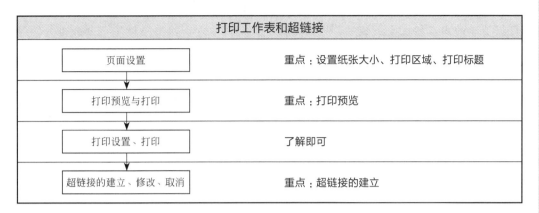

图4-138　4.8课堂测验工作表

课后习题

操作题（源文件下载地址：www.cipedu.com.cn）

1.（1）打开工作簿文件“4课后习题1EXCEL.xlsx”：①A1:E1单元格合并为一个单元格，内容水平居中，计算“总计”行的内容，将工作表命名为“连锁店销售情况表”。②选取“连锁店销售情况表”的A2:E8单元格的内容建立“簇状柱形图”，图例靠右，插入到表的A10:G25单元格区域内。

（2）打开工作簿文件“4课后习题1EXC.xlsx”，对工作表“产品销售情况表”内数据清单的内容按主要关键字“产品名称”的降序次序和次要关键字“分公司”的降序次序进行排序，完成对各产品销售额总和的分类汇总，汇总结果显示在数据下方，工作表名不变，保存“4课后习题1EXC xlsx”工作簿。

2.（1）打开“4课后习题2EXCEL.xlsx”文件：①将Sheet1工作表的A1:F1单元格合并为一个单元格，内容水平居中；按表中第2行中各成绩所占总成绩的比例计算“总成绩”列的内容（数值型，保留小数点后1位），按总成绩的降序次序计算“成绩排名”列的内容（利用RANK.EQ函数，降序）。②选取“学号”列（A2:A10）和“总成绩”列（E2:E10）数据区域的内容建立“簇状棱锥图”，图表标题为“成绩统计图”，不显示图例，设置数据系列格式为纯色填充（紫色，强调文字颜色4，深色25%），将图插入到表的A12:D27单元格区域内，将工作表命名为“成绩统计表”，保存“4课后习题2EXCEL.xlsx”文件。

（2）打开工作簿文件“4课后习题2EXC.xlsx”，对工作表“产品销售情况表”内数据清单的内容建立数据透视表，按行标签为“季度”，列标签为“产品名称”，求和项为“销售数量”，并置于现工作表的I8:M13单元格区域，工作表名不变，保存“4课后习题2EXC.xlsx”工作簿。

3.（1）打开工作簿文件“4课后习题3EXCEL.xlsx”，①将工作表Sheet1的A1:D1单元格合并为一个单元格，内容水平居中，计算“增长比例”列的内容，增长比例=（当年销量—去年销量）/当年销量（百分比型，保留小数点后两位），利用条件格式将D3:D19区域设置为实心填充绿色（标准色）数据条。②选取工作表的“产品名称”列和“增长比例”列的单元格内容，建立“簇状圆锥图”，图表标题为“产品销售情况图”，图例位于底部，插入到表的F2:L19单元格区域内，将工作表命名为“近两年销售情况表”。

（2）打开工作簿文件“4课后习题3EXC.xlsx”，对工作表“产品销售情况表”内数据清单的内容按主要关键字“季度”的升序，次要关键字“销售额（万元）”的降序进行排序，对排序后的数据进行分类汇总，分类字段为“季度”，汇总方式为“求和”，汇总项为“销售额（万元）”，汇总结果显示在数据下方，工作表名不变，保存“4课后习题3EXC.xlsx”工作簿。

4.（1）打开“4课后习题4EXCEL.xlsx”文件：①将Sheet1工作表的A1:F1单元格合并为一个单元格，内容水平居中；按表中第2行中各成绩所占总成绩的比例计算“总成绩”列的内容（数值型，保留小数点后1位），按总成绩的降序次序计算“成绩排名”列的内容（利用RANK.EQ函数，降序）。②选取“学号”列（A2:A12）和“成绩排名”列（F2:F12）数据区域的内容建立“簇状圆柱图”，图表标题为“学生成绩统计图”，图例位于底部，设置数据系列格式为纯色填充（橄榄色，强调文字颜色

3，深色25%），将图插入到表的A14:D29单元格区域内，将工作表命名为“学生成绩统计表”，保存“4课后习题4EXCEL.xlsx”文件。

（2）打开工作簿文件“4课后习题4EXC.xlsx”，对工作表“产品销售情况表”内数据清单的内容建立数据透视表，按行标签为“分公司”，列标签为“产品名称”，求和项为“销售额（万元）”，并置于现工作表的I6:M20单元格区域，工作表名不变，保存“4课后习题4EXC.xlsx”工作簿。

05

第5章

PowerPoint 2010的使用

Chapter five

本章学习要点

- PowerPoint 2010的基础知识和基本操作方法
- 幻灯片基本操作
- PowerPoint 2010中插入图形、表格等对象
- PowerPoint 2010中主题、背景等设置
- PowerPoint 2010中切换、动画效果的设置

演示文稿在日常的工作和学习中已经得到广泛使用，如制作会议演讲胶片、教学课件等。本章的重点内容是PowerPoint的基本操作、幻灯片和演示文稿的创建与删除，以及幻灯片的修饰、切换效果、动画效果的设置、主题模板的应用等。通过本章的学习，读者可以学会用PowerPoint 2010制作演示文稿、美化幻灯片并进行动画设置。

5.1 PowerPoint 2010概述

Microsoft PowerPoint是微软公司的办公软件Microsoft office的组件之一。一般用于办公场合，如会议、项目汇报及教学等领域。PowerPoint可以使用户更加生动、直观、形象地将相应的内容展示给观众。

5.1.1 PowerPoint 2010软件简介

Microsoft PowerPoint 2010 为用户提供了多种方式来创建并共享动态演示文稿。激动人心的视觉效果可以让您在演示过程中为听众轻松地讲述一段动人的故事。通过增强的视频及图片编辑工具、SmartArt图形以及文字效果，用户可以对自己的演示内容进行美化，从而吸引更多的听众。此外，PowerPoint 2010 可以让用户与他人协同工作，或者将演示文稿发布到网络中并随时随地通过个人电脑或基于Windows Mobile 的智能手机进行访问。此外，PowerPoint 2010演示文稿还可保存为视频等格式。

5.1.2 PowerPoint 2010的启动和退出

（1）启动PowerPoint 2010

方法一：执行“开始/所有程序/Microsoft office/Microsoft PowerPoint 2010”命令。启动PowerPoint 2010，进入PowerPoint 操作环境，如图5-1所示。

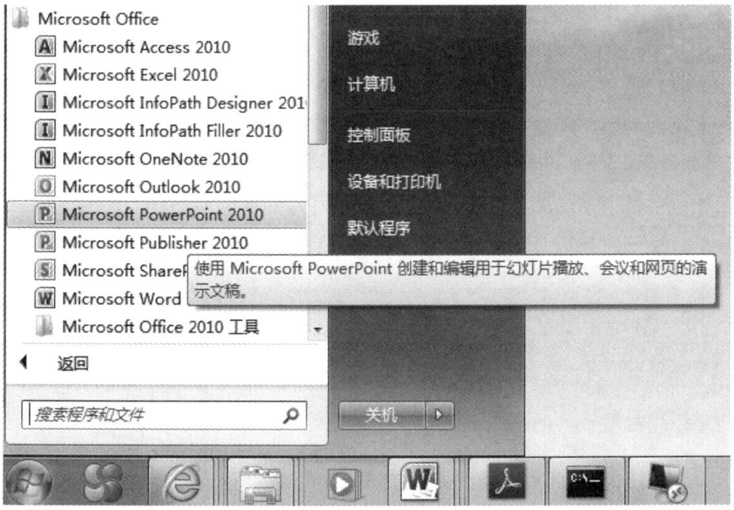

图5-1　打开PowerPoint 2010

微视频：
PowerPoint的
启动与退出

方法二：双击桌面上已有的PowerPoint 2010文件图标“”来启动PowerPoint 2010。

（2）退出PowerPoint 2010

和大多数应用程序一样，退出PowerPoint 2010的方法有很多种。

方法一：单击“文件”菜单中的“退出”命令。

方法二：单击右上角的“关闭”按钮。

方法三：按“Alt+F4”组合键，直接退出当前程序。

方法四：双击左上角的PowerPoint快捷图标退出。

如果曾在PowerPoint 2010幻灯片上做过输入或编辑的动作，关闭时会出现提示保存信息，按需求选择即可，如图5-2所示。

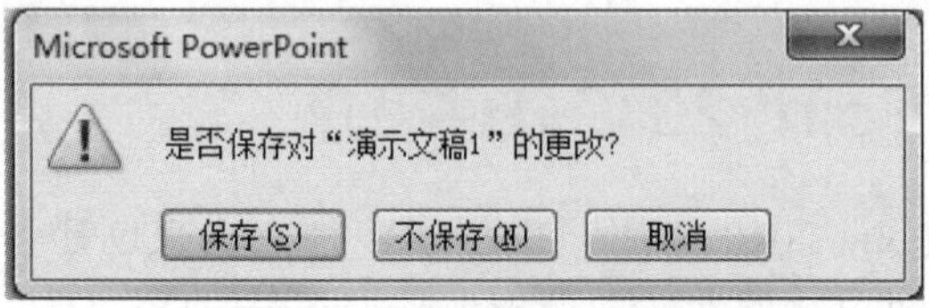

图5-2　PowerPoint 2010保存信息提示

补充提示

养成保存文档的习惯非常重要，如文档编辑后没有保存，基本无法恢复。

5.1.3　PowerPoint 2010窗口的组成

启动PowerPoint 2010后将进入其工作界面，熟悉其工作界面各组成部分是制作演示文稿的基础。PowerPoint 2010工作界面是由标题栏、快速访问工具栏、“文件”菜单、功能选项卡、功能区、“幻灯片/大纲”窗格、幻灯片工作区、幻灯片编辑区、备注窗格和状态栏等部分组成，如图5-3所示。

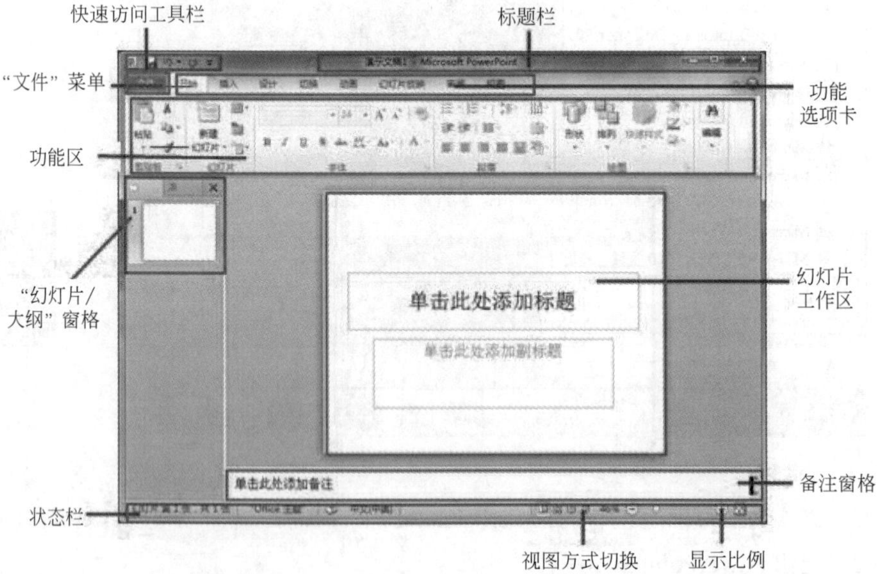

图5-3　PowerPoint 2010工作界面

（1）标题栏

位于PowerPoint工作界面的右上角，它用于显示演示文稿名称和程序名称，最右侧的3个按钮分别用于对窗口执行最小化、最大化和关闭等操作。

（2）快速访问工具栏

该工具栏上提供了最常用的“保存”按钮、“撤销”按钮和“恢复”按钮，单击对应的按钮可执行相应的操作。如需在快速访问工具栏中添加其他按钮，可单击其后的按钮，在弹出的菜单中选择所需的命令即可。

（3）“文件”菜单

用于执行PowerPoint演示文稿的新建、打开、保存和退出等基本操作；该菜单右侧列出了用户经常使用的演示文档名称。

（4）功能选项卡

相当于菜单命令，它将PowerPoint 2010的所有命令集成在几个功能选项卡中，选择某个功能选项卡可切换到相应的功能区。

（5）功能区

在功能区中有许多自动适应窗口大小的工具栏，不同的工具栏中分组放置了与此相关的命令按钮或列表框。

（6）“幻灯片/大纲”窗格

用于显示演示文稿的幻灯片数量及位置，通过它可更加方便地掌握整个演示文稿的结构。在“幻灯片”窗格下，将显示整个演示文稿中幻灯片的编号及缩略图；在“大纲”窗格下列出了当前演示文稿中各张幻灯片中的文本内容。

（7）幻灯片编辑区

是整个工作界面的核心区域，用于显示和编辑幻灯片，在其中可输入文字内容、插入图片和设置动画效果等，是使用PowerPoint制作演示文稿的操作平台。

（8）备注窗格

位于幻灯片编辑区下方，可供幻灯片制作者或幻灯片演讲者查阅该幻灯片信息或在播放演示文稿时对需要的幻灯片添加说明和注释。

（9）状态栏

位于工作界面最下方，用于显示演示文稿中所选的当前幻灯片以及幻灯片总张数、视图切换按钮以及页面显示比例等。

5.1.4 PowerPoint 2010的视图方式

打开PowerPoint 2010界面后，在状态栏可以看到“视图模式”按钮组“”中的按钮，有4种视图模式，即：普通视图、幻灯片浏览视图、阅读视图和幻灯片放映视图，这4种视图之间切换可以满足使用的需求。同样打开PowerPoint 2010界面后，选择“视图/演示文稿视图”，分别是普通视图、幻灯片浏览视图、备注视图和阅读视图，在其中单击相应的按钮也可切换到对应的视图模式下，如图5-4所示。

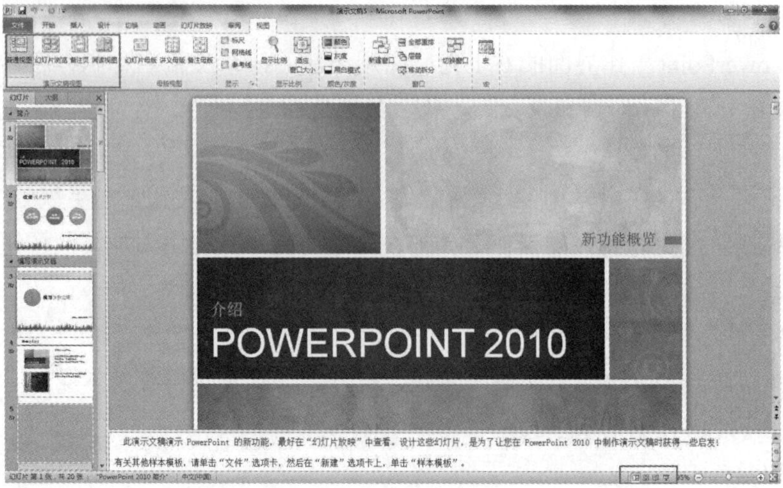

图5-4　演示文稿视图

（1）普通视图

普通视图是PowerPoint 2010默认的，也是最常用的视图方式，启动PowerPoint 2010后看到的就是这个视图。在其他视图方式下，单击“普通视图”按钮“”即可切换到普通视图，在该视图中可以同时显示幻灯片编辑区、“幻灯片/大纲”窗格以及备注窗格。在该模式下可以调整幻灯片的结构、编辑单张幻灯片中的内容，如图5-5所示。

（2）幻灯片浏览视图

单击“浏览幻灯片”按钮“”可以进入到浏览幻灯片视图，在幻灯片浏览视图模式下可浏览所有幻灯片的缩略图，能够重新排列、移动、复制或删除幻灯片等，也可以改变幻灯片的版式和结构、设计模式和配色方案等，但不能对单张幻灯片的具体内容进行编辑。如图5-6所示。

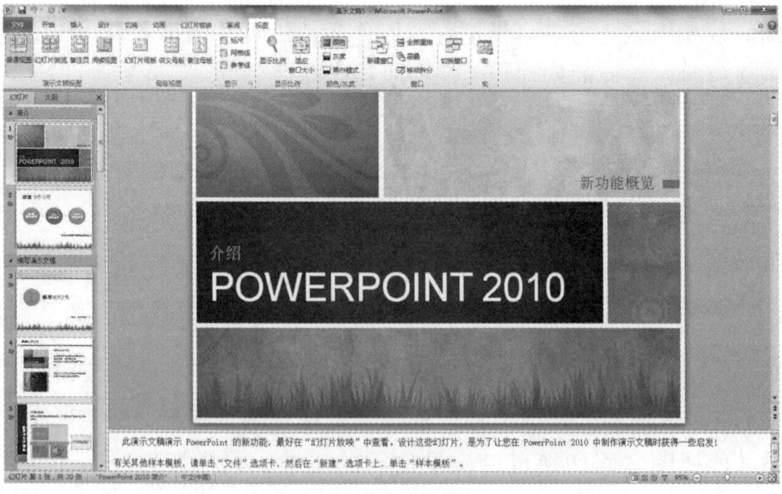

图5-5　普通视图

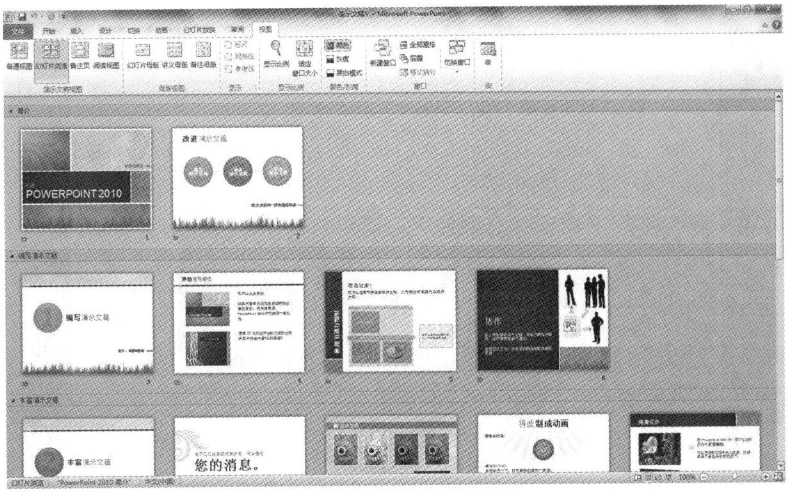

图5-6　幻灯片浏览视图

（3）阅读视图

单击“阅读视图”按钮“ ”可以进入到阅读视图，该视图是PowerPoint 2010新增的视图，单击状态栏中的按钮“ ”可以切换到上一张，单击按钮“ ”可以切换到下一张，仅显示标题栏、阅读区和状态栏，主要用于浏览幻灯片的内容，如图5-7所示。

（4）幻灯片放映视图

单击“幻灯片放映视图”按钮“ ”可以进入幻灯片放映视图，在该视图模式下，演示文稿中的幻灯片将以全屏动态放映。该模式主要用于查看每张幻灯片在制作完成后的实际放映效果，如动画效果、声音效果、幻灯片的切换效果等。在该模式下放映预览，对满意的动画等效果可以标注后再进行修改，但在该视图模式下不能进行编辑，如图5-8所示。

图5-7　阅读视图

图5-8　幻灯片放映视图

学习总结

PowerPoint 2010概述	
PowerPoint 2010软件简介	
PowerPoint 2010启动和退出	重点：PPT软件的启动、退出
PowerPoint 2010窗口组成	重点：PPT窗口界面各功能区域
PowerPoint 2010视图方式	重点：PPT视图方式

课堂测验

选择题

1.PowerPoint 2010 系统默认的视图方式是（　　）。

A. 大纲视图　　B. 幻灯片浏览视图

C. 普通视图　　D. 幻灯片视图

2. 在Powerpoint 2010中，对已做过的有限次编辑操作，以下说法正确的是（　　）。

A. 不能对已作的操作进行撤消

B. 能对已经做的操作进行撤消，但不能恢复撤消后的操作

C. 不能对已做的操作进行撤消，也不能恢复撤消后的操作

D. 能对已做的操作进行撤消，也能恢复撤消后的操作

3. 下列（　　）不属于PowerPoint 2010创建的演示文稿的格式文件保存类型。

A. PowerPoint放映　　B. Rtf文件

C. PowerPoint模板　　D. Word文档

4. 下列（　　）属于演示文稿的扩展名。

A. .opx　　B. .pptx　　C. .dwg　　D. .jpg

5. 下列叙述错误的是（　　）。

A. 幻灯片母版中添加了放映控制按钮，则所有的幻灯片上都会包含放映控制按钮

B. 在幻灯片之间不能进行跳转链接

C. 在幻灯片中也可以插入自己录制的声音文件

D. 在播放幻灯片的同时，也可以播放CD唱片

5.2　幻灯片的基本操作

本节主要掌握演示文稿和幻灯片的基本操作，主要包括创建演示文稿和幻灯片、幻灯片的插入、删除和保存，以及幻灯片板式的应用和幻灯片顺序的调整等内容。

5.2.1　创建演示文稿

PowerPoint提供的创建新演示文稿的基本方法有：创建空白演示文稿、根据样板模板创建、使用我的模板、使用Office.com模板、根据主题创建。

（1）创建空白演示文稿

方法一：执行“开始/所有程序/Microsoft office/Microsoft PowerPoint 2010”命令。启动PowerPoint 2010后，将默认新建一个空白演示文稿。

方法二：启动PowerPoint 2010后，选择“文件/新建”命令，在“可用的模板和主题”栏中单击“空白演示文稿”图标，再单击“创建”按钮，即可创建一个空白演示文稿，如图5-9所示。

微视频：创建演示文稿

方法三：启动PowerPoint 2010后，可通过快捷键“Ctrl+N”组合键快速新建一个空白演示文稿。

（2）使用“样本模板”创建演示文稿

执行“开始/所有程序/Microsoft office/Microsoft PowerPoint 2010”命令，启动PowerPoint 2010。

启动PowerPoint 2010后，选择“文件/新建”命令，在“可用的模板和主题”栏中单击“样本模板”按钮“”，在打开的页面中选择所需的模板选项，单击“创建”按钮“”，如图5-10和图5-11所示。

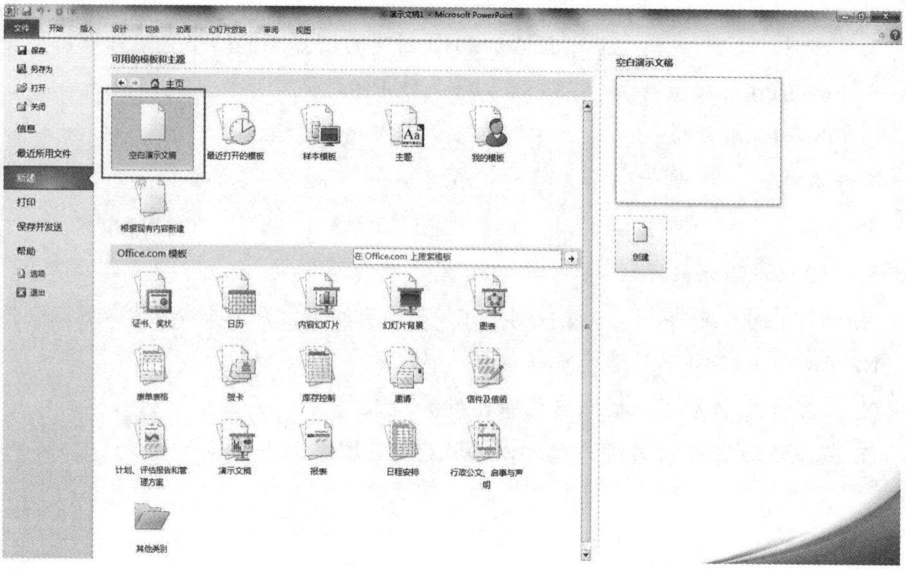

图5-9 创建空白演示文稿

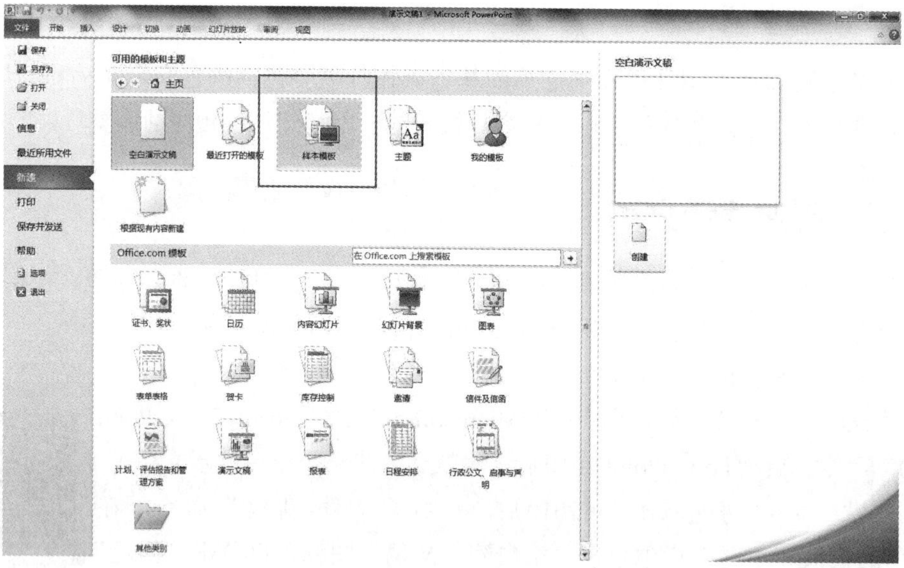

图5-10 样本模版界面

（3）Office.com模板创建演示文稿

执行“开始/所有程序/Microsoft office/Microsoft PowerPoint 2010”命令，启动PowerPoint 2010。

启动PowerPoint 2010后，选择“文件/新建”命令，在“Office.com模板”栏中选择所需的模板。如选择“内容幻灯片”中的“植物幼苗幻灯片”模板的操作步骤如下：

单击“内容幻灯片”按钮“ ”，在打开的页面中选择“植物幼苗图像幻灯片”模板，单击“下载”按钮，在打开的“正在下载模板”对话框中将显示下载的进度，如图5-12所示。下载完成后，将自动根据下载的模板创建演示文稿，如图5-13所示。

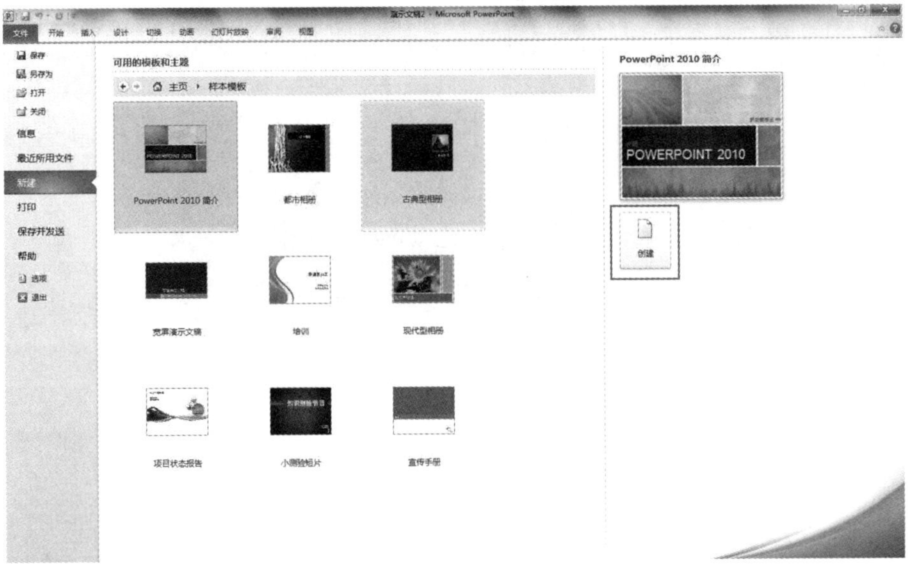

图5-11　选择样本模板

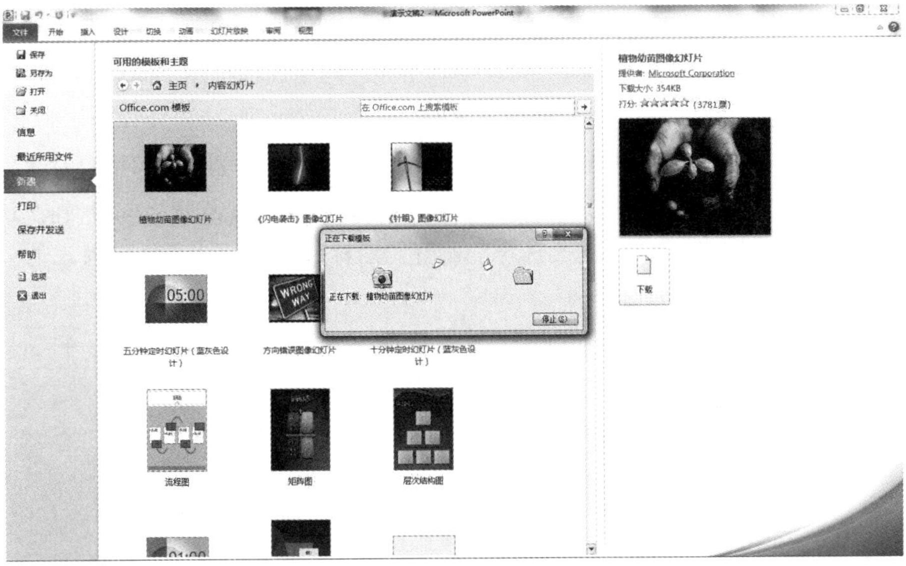

图5-12　下载模版

补充提示

用Office.com上的模板来创建演示文稿时，是要在Office.com上下载模板后才能使用，因此必须连通网络。

图5-13　创建的演示文稿

（4）使用已安装的主题创建

PowerPoint 2010中，还可使用“主题”模板来创建演示文稿，主题中包含幻灯片背景、颜色、字体、版式、切换方式等，我们可以把这些已经设置好的格式直接应用于自己的演示文稿。PowerPoint自带了很多主题，我们可以根据自己的需要来选择主题模板。

操作方法是，选择“文件/新建”命令后，在“可用的模板和主题”列表中点击“主题”图标，并在弹出的“主题”列表中点击相应的主题模板图标即可。

（5）选定幻灯片

① 选定单张幻灯片　在普通视图或备注页视图下，单击左侧大纲窗格中要选定的幻灯片图标，此时在幻灯片窗格中显示该幻灯片，表示该幻灯片被选定，成为当前幻灯片。

在幻灯片浏览视图下，单击要选定的幻灯片图标，其外围被亮色包围，表示该幻灯片被选定，成为当前幻灯片。

② 选定多张幻灯片　在普通视图或备注页视图下，按住“Shift”键，单击大纲窗格中要选定的所有幻灯片图标。

③ 全选　在普通视图的大纲窗格中或幻灯片浏览视图下，按下全选快捷键“Ctrl+A”即可选定全部幻灯片。

5.2.2 插入/删除和保存幻灯片

使用“空白演示文稿”创建的演示文稿，默认只有1张幻灯片，且默认该幻灯片为“标题幻灯片”版式。

（1）插入幻灯片

① 插入新幻灯片

步骤1：将插入点定位到要插入幻灯片的位置，此时插入点位置显示一条闪烁的黑线，如图5-14所示。

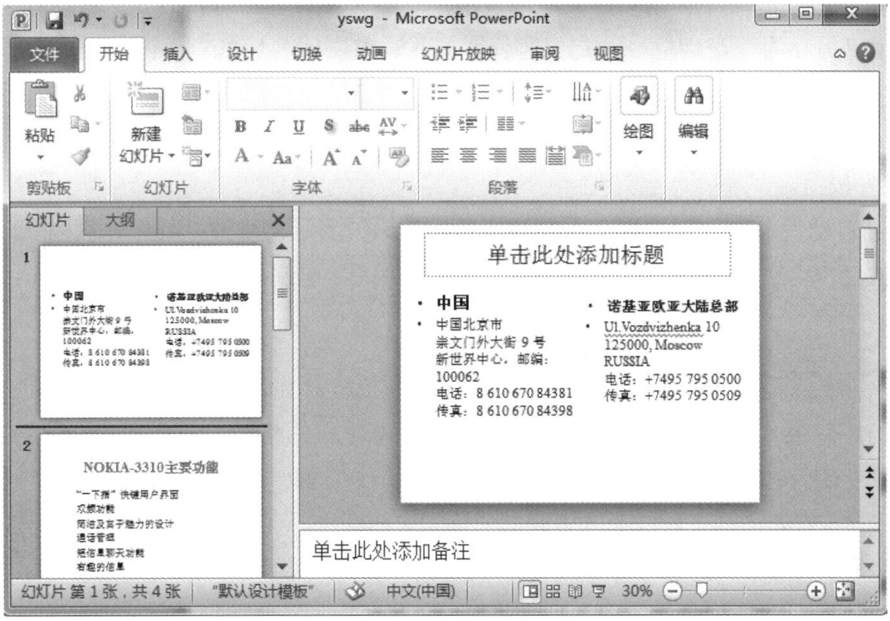

图5-14　定位插入点

步骤2：单击“开始”选项卡下“幻灯片”分组中的“ ”命令，将在插入点位置插入默认版式的幻灯片；如果点击其中的“新建幻灯片”命令，将弹出“默认设计模板”列表，选择所需的版式即可插入相应版式的幻灯片。

在“开始”功能区的“幻灯片”分组中，单击“新建幻灯片”下拉按钮，选择合适的版式。

② 插入当前幻灯片的副本　选定幻灯片，在“开始”选项卡下的“幻灯片”分组中，单击“新建幻灯片”下拉按钮，选择“复制所选幻灯片”命令，即可插入一张与当前选定幻灯片相同的幻灯片（新幻灯片将插入在该幻灯片之后）。

③ 插入来自其他演示文稿文件的幻灯片

步骤1：打开其他演示文稿文件，选定要复制的幻灯片，点击“开始”选项卡下“剪贴边”分组中的“复制”命令；

步骤2：打开目标演示文稿，将插入点定位到目标位置，点击“开始”选项卡下“剪贴边”分组中的“粘贴”命令图标“ ”即可。

（2）删除幻灯片

选定要删除的幻灯片，按键盘上的“Delete”键，即可删除幻灯片；也可单击鼠标右键，在弹出的快捷菜单中选择“删除幻灯片”命令。

（3）保存幻灯片

① 使用保存工具按钮　单击快速访问工具栏上的“保存”按钮即可完成保存。若是第一次保存，会出现“另存为”对话框，单击“保存位置”栏的下拉按钮，选择要保存文件的位置，在“文件名”处输入文件名，保存类型默认为.pptx格式，单击

“保存”按钮，完成保存。

② 使用菜单命令　选择“文件”拉菜单中的“保存”命令，若是第一次保存，也会出现“另存为”对话框，选定保存位置、并输入文件名后单击“保存”按钮即可。

③ 已存在的演示文稿换名保存　选择“文件”下拉菜单中的“另存为”命令，弹出“另存为”对话框。然后选定保存位置并在“文件名”处输入新的文件名，并单击“保存”按钮。

④ 自动保存　设置了自动保存功能后，在编辑演示文稿的过程中，每隔一段时间系统就会自动保存当前信息。这可以避免或减少因断电或死机带来的数据丢失。

5.2.3 改变幻灯片版式

幻灯片版式是PowerPoint软件中的一种常规排版的格式，我们可以通过改变幻灯片的版式来改变幻灯片的布局，操作步骤如下。

微视频：设置幻灯片版式

步骤1：选定要查看或改变版式的幻灯片。

步骤2：点击“开始”选项卡下“幻灯片”分组中的“版式”按钮，弹出“版式”下拉列表，如图5-15所示。

步骤3：选定需要应用的幻灯片版式。

图5-15　幻灯片版式

5.2.4 调整幻灯片的顺序

在制作演示文稿的过程中，有时候需要调整幻灯片的顺序，实质上就是移动幻灯片。在幻灯片浏览视图中，选定要移动的幻灯片，按住鼠标左键将幻灯片拖动到目标位置，当目标位置出现一条线时，松开鼠标，所选幻灯片即可移动到该位置。

移动幻灯片也可以先选定要移动的幻灯片，然后点击“开始”选项卡下“剪贴板”分组中的“剪切”按钮，定位插入点到目标位置，然后点击“粘贴”按钮来完成。

学习总结

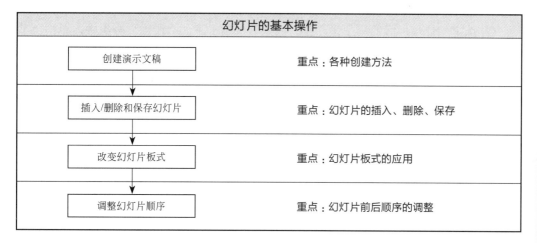

幻灯片的基本操作	
创建演示文稿	重点：各种创建方法
↓ 插入/删除和保存幻灯片	重点：幻灯片的插入、删除、保存
↓ 改变幻灯片板式	重点：幻灯片板式的应用
↓ 调整幻灯片顺序	重点：幻灯片前后顺序的调整

课堂测验

选择题

1. 在 PowerPoint 中输入文本时，按一次回车键则系统生成段落。如果是在段落中另起一行，需要按下列（　　）键。

A. Ctrl+Enter　　B. Shift+Enter　　C. Ctrl+Shift+Enter　　D. Ctrl+Shift+Del

2. 选择全部幻灯片时，可用快捷键（　　）。

A. Shift+A　　B. Ctrl+A　　C. F3　　D. F4

5.3 修饰演示文稿

演示文稿中各幻灯片的内容一般不同，但有些内容可能相同，在编辑每张幻灯片时都重复输入这些内容，既麻烦又没有必要。这时可以编辑幻灯片的母版，使所有幻灯片中出现相同的内容。

5.3.1 用母板统一幻灯片的外观

PowerPoint中有一类特殊的幻灯片，即为母版。母版有幻灯片母版、讲义母版和备注母版3种。

（1）为每张幻灯片增加相同的对象

由于幻灯片母版上的对象将出现在每张幻灯片的相同位置上，因此，如果要让文本或图形出现在每一张幻灯片相同的位置上，最好的办法是把文本或图形添加到幻灯片母版上。

以插入剪贴画为例，使用母版的方法如下：

① 在“视图”选项卡下的“母版视图”分组中，单击“幻灯片母版”按钮，出现该演示文稿的幻灯片母版。

② 选定幻灯片母版的第一张，在“插入”选项卡下的“图像”分组中，单击“剪贴画”按钮，出现剪贴画任务窗格，如图5-16、图5-17所示。

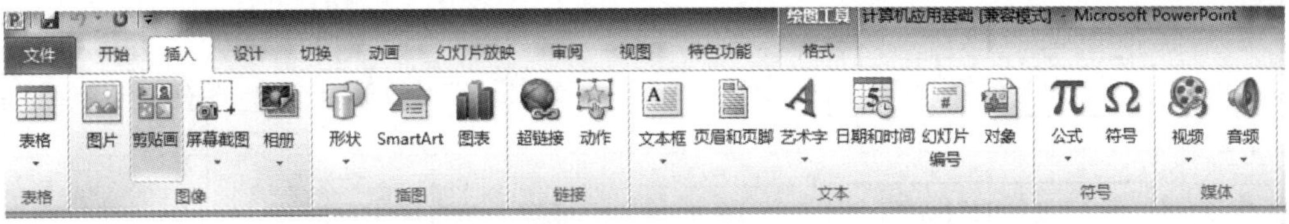

图5-16　剪贴画功能

③ 在“结果类型”栏中选择图片类型。然后单击“搜索”按钮，下方将显示搜索到的该类剪贴画。

④ 单击需要的剪贴画，则将该剪贴画插入幻灯片的母版中。

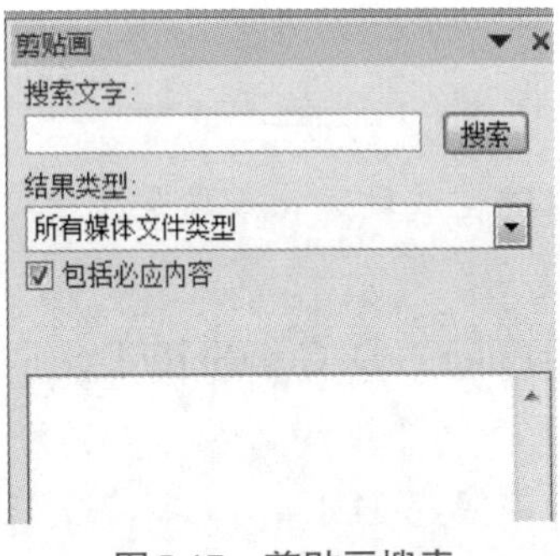

图5-17　剪贴画搜索

⑤ 单击“关闭母版视图”按钮，退出幻灯片母版。

（2）建立与母版不同的幻灯片

如果想要在所有的幻灯片中使个别幻灯片的样式与母版的不一致，可以这样做：

① 选择需要和母版不一致的幻灯片。

② 在“设计”选项卡下的“背景”分组中，勾选“隐藏背景图形”复选框，则当前幻灯片中的母版信息将被清除。

5.3.2 应用主题

主题是快速设置幻灯片格式的工具，主题中包含幻灯片背景、颜色、字体、版式、切换方式等，我们可以把这些已经设置好的格式直接应用于自己的演示文稿。PowerPoint自带了很多主题，我们可以根据自己的需要来选择主题模板。

（1）新建演示文稿时选择主题

在5.2.1中已做过介绍，这里不再赘述。

（2）现有演示文稿应用主题

步骤1：打开要用主题的演示文稿。

步骤2：在“设计”选项卡下的“主题”分组中，点击主题列表右下角的“▾”按钮，显示所有的主题，点击选定所需主题即可应用到当前演示文稿，如图5-18所示。

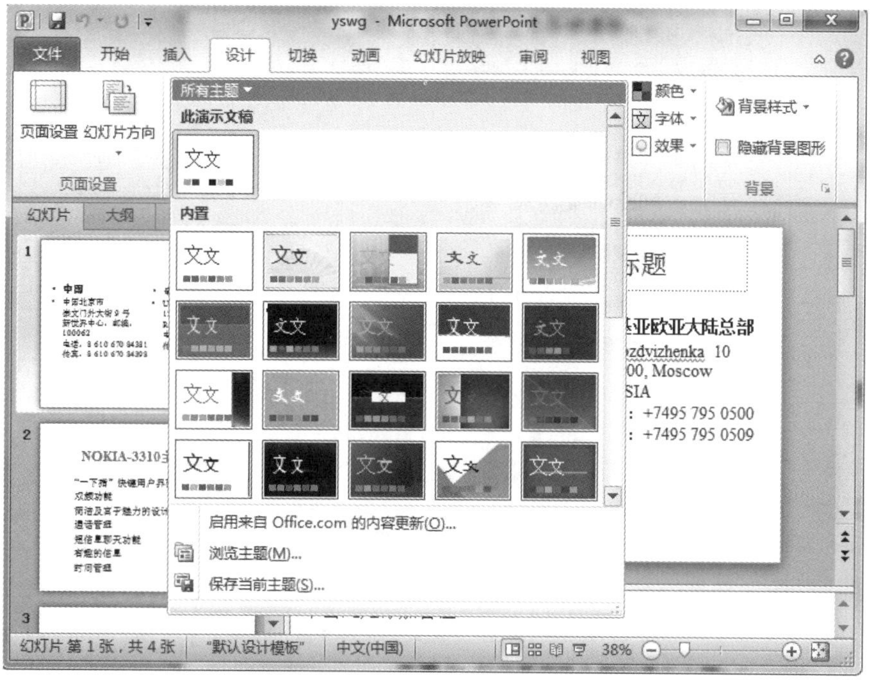

图5-18　应用主题

微视频：设置幻灯片主题

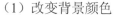

也可进一步对应用主题后的演示文稿进行进一步设置。

① 选用标准主题颜色（字体、效果）　在“设计”选项卡的“主题”分组中，单击“颜色”“字体”“效果”下拉按钮，出现“主题颜色”“主题字体”和“主题效果”列表，并在列表中选择所需的方案。

② 自定义主题颜色（字体）　在“设计”选项卡的“主题”分组中，单击“颜色”（或“字体”）下拉按钮，选择“新建主题颜色”（或“新建主题字体”）选项，弹出“新建主题颜色”（或“新建主题字体”）对话框，进行自定义设置即可。

5.3.3　设置背景

幻灯片的背景是幻灯片的重要组成部分，改变幻灯片背景可以使幻灯片整体面貌发生变化，较大程度地改善放映效果。可以在PowerPoint中轻松改变幻灯片背景的颜色、过渡、纹理、图案及背景图像等。

微视频：设置背景

（1）改变背景颜色

改变背景颜色的操作就是为幻灯片的背景均匀地“喷”上一种颜色，

快速地改变整个演示文稿的风格。

① 在“设计”选项卡的“背景”分组中，单击“背景样式”右侧的下三角对话框启动器按钮，选择“设置背景格式”选项，弹出“设置背景格式”对话框。

② 单击“填充”标签，选中“纯色填充”单选按钮，在“颜色”下拉列表中选择需要使用的背景颜色。如果没有合适的颜色，可以单击“其他颜色”，在弹出的“颜色”对话框中设置。选择好颜色后，单击“确定”按钮，如图5-19所示。

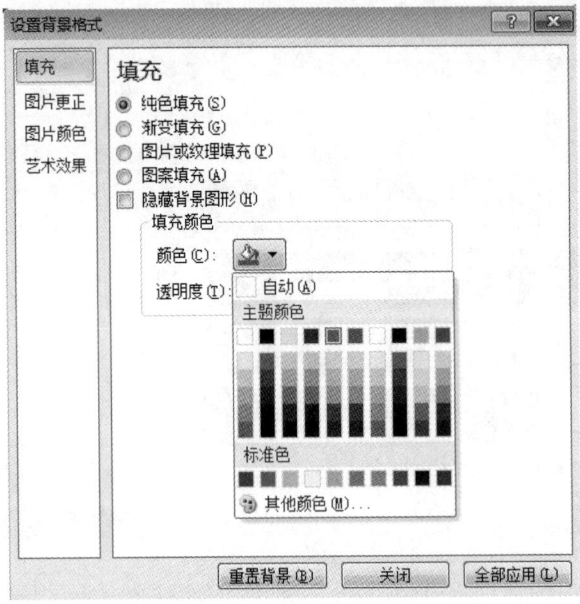

图5-19　纯色填充

③ 这时将返回“设置背景格式”对话框，单击“关闭”或“全部应用”按钮完成背景颜色设置的操作。

补充提示

这里，请大家注意“关闭”和“全部应用”的区别，前者是将颜色的设置用于当前幻灯片，后者是将颜色的设置用于该演示文稿的所有幻灯片。

（2）改变背景的其他设置

① 在“设计”选项卡的“背景”分组中，单击“背景样式”下拉按钮，选择“设置背景格式”选项，弹出“设置背景格式”对话框。

② 单击“填充”标签，选中“渐变填充”单选按钮，在“预设颜色”下拉列表中选择需要使用的背景颜色。

③ 在“方向”中选择合适的方向。

④ 单击“关闭”或“全部应用”按钮完成背景设置操作，如图5-20所示。

“填充效果”有4种类型：纯色填充、渐变填充、图片或纹理填充、图案填充。

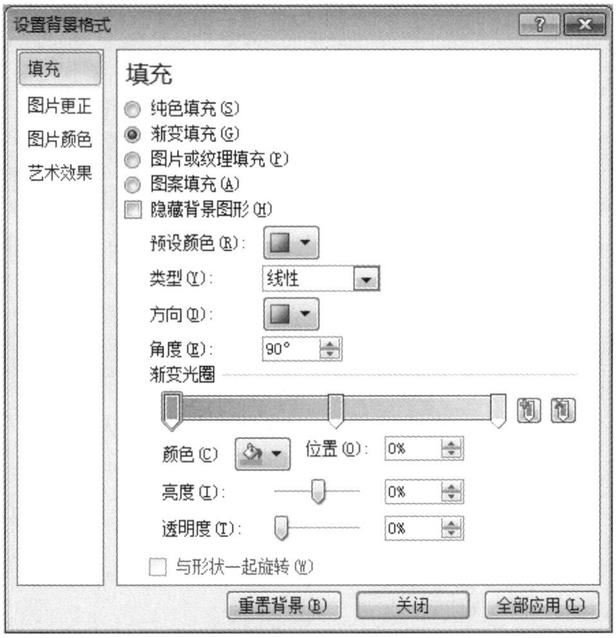

图5-20　渐变填充

5.3.4　添加图形、表格和艺术字

（1）绘制基本图形

① 绘制直线　在“插入”选项卡的“插图”分组中，单击“形状”下拉按钮，出现“形状”选项区，单击“直线”按钮，鼠标指针呈十字形。移动鼠标指针到幻灯片中直线的开始位置，按住左键拖曳鼠标指针到直线结束位置，则一条直线就画好了。

单击直线，直线两端出现控点。将鼠标指针移动到某一个控点上，指针变成双箭头，拖曳控点可以改变直线的长度和方向。

② 绘制矩形（椭圆）

a.在“插入”选项卡的“插图”分组中，单击“形状”下拉按钮，出现“形状”选项区，单击“矩形”(“椭圆”)按钮，鼠标指针呈现十字形。

b.将鼠标指针移动到幻灯片的合适位置，按下鼠标左键拖曳可以画出一个矩形(椭圆)。

c.移动鼠标指针到矩形（椭圆）的控点上，指针呈现双向箭头，拖曳控点可以改变矩形（椭圆）的大小和形状。

③ 向图形添加文本　当需要向图形中添加文本时，可以用鼠标右键单击图像，在弹出的快捷菜单中选择“编辑文本”命令后可输入文本内容。

（2）插入表格

① 创建表格

步骤1：单击演示文稿，并选择要插入表格的幻灯片。

步骤2：在“插入”选项卡的“表格”分组中，单击“表格”下拉

微视频：
插入表格

按钮，选择“插入表格”选项，出现“插入表格”对话框，在“行数”、“列数”框中输入表格的行数和列数。

步骤3：单击“确定”按钮，出现一个表格，拖曳表格控点，调整表格的大小；拖曳边框可以改变位置。

② 在表格中输入文本　创建表格后，光标位于左上角第一个单元格中，此时就可以输入内容了。若要在其他单元格中输入内容，只需将光标定位到其他单元格后即可输入。

③ 编辑表格

a.选中表格对象　单击第一个单元格，拖曳鼠标指针到该行行末即选择了整行，若拖曳鼠标指针到该列列末即选择了整列。对于选择某些单元格，可以拖曳鼠标指针选择相邻单元格。

b.插入行或列　将鼠标指针置于某行的任意单元格中，在“表格工具”的“布局”功能区的“行和列”分组中，单击“在上方插入行”（“在下方插入行”）按钮，即可在当前行的上方（下方）插入一行。

采用同样的方法，单击“在左侧插入列”（“在右侧插入列”）命令，即可在当前列的左侧（右侧）插入一列。

c.合并和拆分单元格　合并单元格的方法：选择要合并的单元格，在“表格工具”的“布局”功能区的“合并”分组中，单击“合并单元格”按钮。

拆分单元格的方法：选择要拆分的单元格，在“表格工具”的“布局”功能区的“合并”分组中，单击“拆分单元格”按钮。

（3）插入艺术字

微视频：插入艺术字

修饰文本除了字体、字形、颜色等格式化方法外，用户还可以对文本进行艺术化处理，使其具有艺术效果。

① 创建艺术字

a.在“插入”选项卡的“文本”分组中，单击“艺术字”下拉按钮，出现“艺术字库”。

b.在“艺术字库”中单击一种艺术字样式，出现“编辑‘艺术字’文字”文本框。用户可以在该文本框中输入文本，还可以设置字体、字号和字形等。

② 修饰艺术字的效果　创建艺术字后，还可以进行大小、颜色、形状，以及缩放、旋转等修饰处理。

选定艺术字，其周围会出现8个白色控点、一个绿色控点和一个黄色小菱形。拖动白色控点可以改变艺术字的大小，拖动黄色小菱形可以改变艺术字的变形幅度，拖动绿色控点可以自由旋转艺术字。选定艺术字后，自动显示“绘图工具”的“格式”选项卡，在该选项卡的各功能区分组中可以进一步对艺术字进行设置。

5.3.5 添加多媒体对象

（1）插入剪贴画

在普通视图下，选择要插入剪贴画的幻灯片。方法如下：

① 在“插入”选项卡的“图像”分组中，单击“剪贴画”按钮，出现剪贴画任务窗格。

② 在“搜索文字”栏中输入剪贴画的类别，选择“结果类型”，然后单击“搜索”按钮，则任务窗格中出现搜索到的剪贴画列表。

③ 选择一种剪贴画，插入到幻灯片中，然后调整大小和位置。

（2）插入图片

在普通视图下，选择要插入图片的幻灯片。方法如下：

① 在“插入”选项卡的“图像”分组中，单击“图片”按钮，弹出“插入图片”对话框。

② 在“查找范围”栏中选择目标图片存储的位置，并在缩略图中选择需要的图片，然后单击“插入”按钮即可。

③ 调整图片的大小和位置　选择图片，并拖曳其上下（左右）边框的控点可以在垂直（水平）方向上缩放。拖曳图片四角之一的控点可以在水平和垂直两个方向上同时进行缩放。

微视频：
插入图片

5.3.6 设置切换效果

设置幻灯片切换效果的方法如下：

① 打开演示文稿，选定要设置切换效果的幻灯片，在“切换”选项卡的“切换到此幻灯片”分组中，在“幻灯片切换方式”列表中，选择要设置的幻灯片切换方式；单击“效果选项”下拉按钮，有“自顶部”、“自右侧”、“自底部”、“自左侧”、“自右上部”、“自右下部”、“自左上部”和“自左下部”8项，选择需要的切换效果，如图5-21所示。

微视频：
设置切换效果

② 在“切换”选项卡的“计时”分组中，在下方“持续时间”栏中可以选择幻灯片的持续时间，在“声音”栏中可以选择切换时的声音效果。

图5-21　切换效果设置

③ 在“换片方式”栏中可以设置幻灯片的换片方式，有“单击鼠标时”和“自动换片”两种方式。

④ 此时，所设置的幻灯片切换效果只适用于所选幻灯片（组）。要想让全部幻灯

片均采用该效果，可以单击“全部应用”按钮。

5.3.7 设置动画效果

自定义动画效果的方法如下：

① 在普通视图下选择需要设置动画的幻灯片，然后，在“动画”选项卡的“高级动画”分组中，单击“动画窗格”按钮，出现“动画窗格”任务窗格。

② 在幻灯片中选择需要设置动画的对象，然后单击“添加动画”按钮，出现下拉菜单，其中有“进入”、“强调”、“退出”和“动作路径”4个菜单。每个菜单均有相应动画类型命令。

微视频：设置动画效果

③ 选择某类型动画。比如，选择“进入|飞入”命令，则激活“动画窗格”任务窗格的各项设置。

④ 根据需要对各项进行设置。在“动画”选项卡的“计时”分组中，“开始”下拉列表用于设置开始动画的方式，“持续时间”框用于设置飞入的速度；在“动画”分组中，“效果选项”下拉列表用于选择飞入方向。

⑤ 设置完成后，再设置下一个对象。

⑥ 待所有的对象都设置完毕后，完成动画设置的操作。

动画设置后，可以播放幻灯片来看一看设置效果。如果还需要调整，则重新进入“动画”选项卡中，按照以上步骤重新设置即可。

学习总结

修饰演示文稿	
用母版统一幻灯片外观	重点：选取合适的母版
应用主题	重点：主题的选取
设置背景	重点：背景的相关设置
添加图形、表格和艺术	重点：图形、表格、艺术字的设置
添加多媒体对象	重点：图片的插入
设置切换效果	重点：切换效果的相关设置
设置动画效果	重点：动画效果的相关设置

课堂测验

选择题

1. 在演示文稿中，给幻灯片重新设置背景，若要给所有幻灯片使用相同背景，则在“背景”对话框中应单击（　　）按钮。

A. 全部应用　　B. 应用　　C. 取消　　D. 重置背景

2. 创建动画幻灯片时，应选择“动画”选项卡的“动画”组中（　　）。

A. 自定义动画　　B. 动作设置　　C. 动作按钮　　D. 自定义放映

3. 在幻灯片上常用图表（　　）。

A. 可视化地显示文本　　B. 直观地显示数据

C. 说明一个进程　　D. 直观地显示一个组织的结构

4. 绘制图形时，如果画一条水平、垂直或者45度角的直线，在拖动鼠标时，需要按下列（　　）键。

A. Ctrl　　B. Tab　　C. Shift　　D. F4

5. 若要使一张图片出现在每一张幻灯片中，则需要将此图片插入到（　　）中。

A. 幻灯片模版　　B. 幻灯片母板　　C. 标题幻灯片　　D. 备注页

6. 在幻灯片浏览视图中要选定连续的多张幻灯片，先选定起始的一张幻灯片，然后按（　　）键，再选定末尾的幻灯片。

A. Ctrl　　B. Enter　　C. Alt　　D. Shift

5.4 输出演示文稿

5.4.1 放映演示文稿

（1）幻灯片的放映方式

幻灯片的放映类型共3种，分别是演讲者放映（全屏幕）、观众自行浏览（窗口）、展台浏览（全屏幕），在“设置放映方式”对话框中根据不同的需求进行选择，并进行相关的设置。

放映类型的设置，点击“幻灯片放映”选项卡下“设置”分组中的“设置幻灯片放映”按钮，在弹出的“设置放映方式”对话框中的“放映类型”栏中选择需要的类型。在对话框中还有“放映选项”“换片方式”“放映幻灯片”栏，可以根据需求进行相关的设置，如图5-22所示。

① 演讲者放映（全屏幕）　这种放映方式将会以全屏的方式放映演示文稿。这是最常用的放映方式，演讲者在放映过程中具有完全的控制权。如图5-23所示。

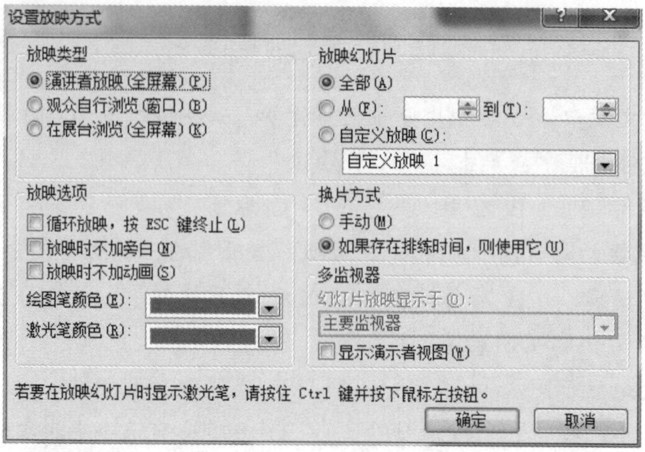

图5-22　设置放映方式

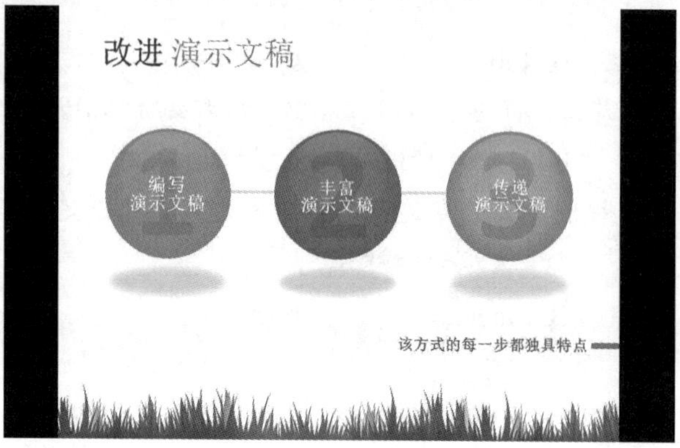

图5-23　演讲者放映（全屏幕）

在放映过程中点击鼠标右键，弹出快捷菜单，如图5-24所示，菜单中主要有“下一张”“上一张”“定位至幻灯片”“转到节”“屏幕”“指针选项”等，演讲者可以根据自己的需求选择不同的功能。

② 观众自行浏览（窗口）　以这种方式进行放映演示文稿，将以窗口方式显示（显示标题栏和状态栏），可以在放映过程中进行移动、编辑、复制和打印幻灯片，如图5-25所示。放映过程中可以用滚动条或者Page Up和Page Down键切换幻灯片。

③ 展台浏览（全屏幕）　这种放映方式将自动放映演示文稿，主要用于在展览会场或会议中。在播放的过程中不能单击鼠标手动放映幻灯片，可以通过单击幻灯片中的超链接动作按钮来切换，如图5-26所示。

（2）其他设置

在“幻灯片放映”选项卡中还可以进行“自定义幻灯片放映”“隐藏幻灯片”“排练计时”“录制幻灯片演示”等操作。

① 自定义幻灯片放映　自定义放映是指在放映演示文稿过程中，可以指定放映哪几张幻灯片，放映的幻灯片可以是连续的，也可以不是连续的。

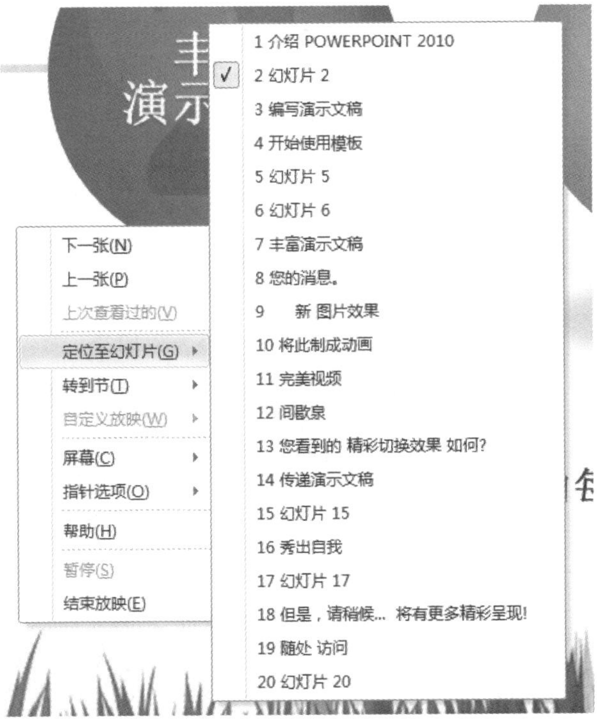

图5-24　控制放映的快捷菜单

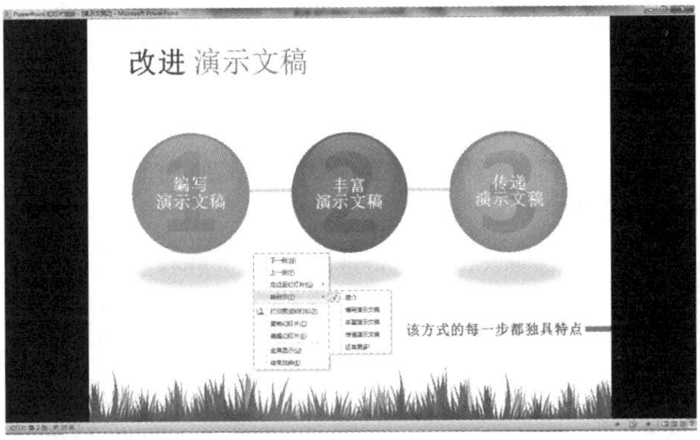

图5-25　观众自行浏览

图5-26　在展台浏览

步骤1：打开演示文稿，在“幻灯片放映”选项卡下的“开始放映幻灯片”分组中，单击“自定义幻灯片放映”按钮“ ”，在弹出的菜单中选择“自定义放映”按钮“自定义放映(W)...”，如图5-27所示。

步骤2：在打开的“自定义放映”对话框中，单击“新建”按钮，打开“自定义放映”对话框，在“幻灯片放映名称”文本中输入标题，如图5-28所示。

步骤3：在“在演示文稿中的幻灯片”列表框中选择要放映的幻灯片，比如第3、4、7张幻灯片（按住Ctrl键点击相应的列表项可以一次选择多项），然后点击“添加”按钮“添加(A) >>”，然后再点击“确定”按钮，如图5-29所示。

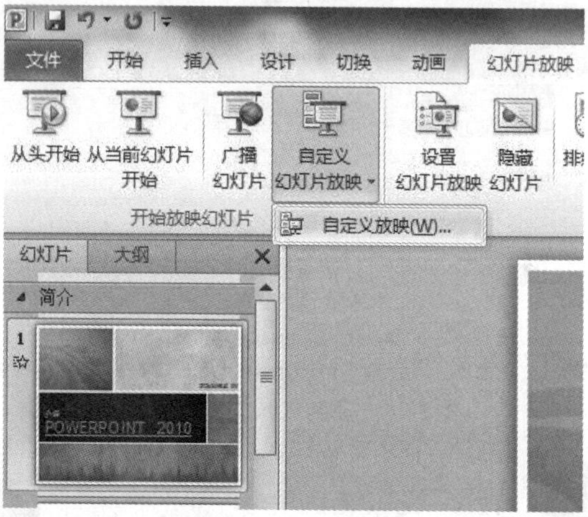

图5-27　自定义放映

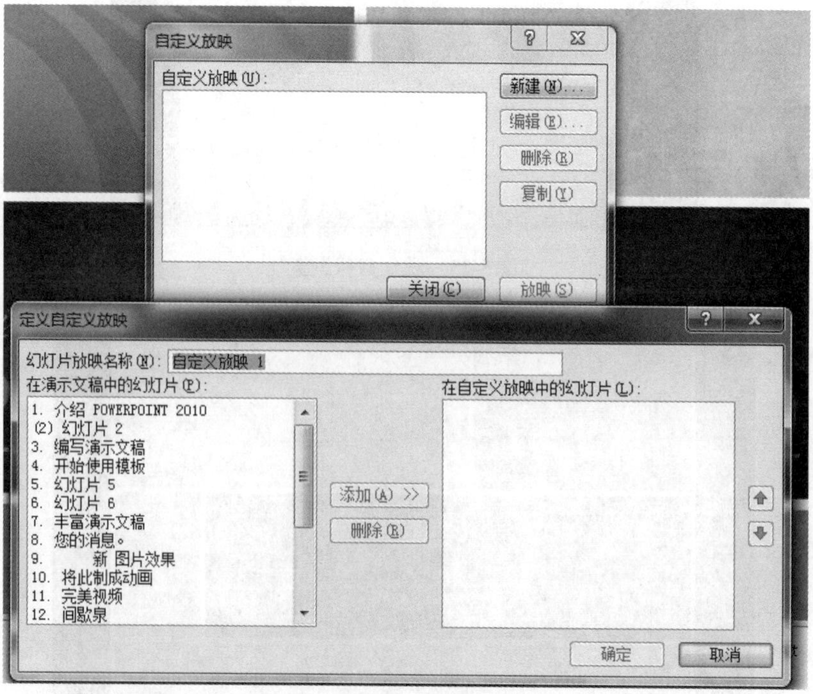

图5-28　定义自定义放映

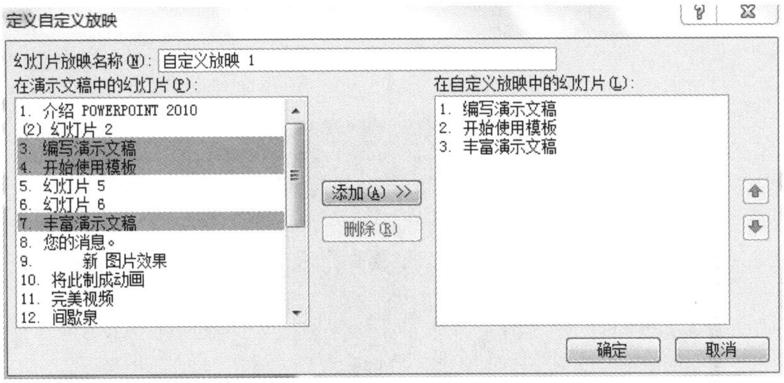

图5-29　选择自定义放映幻灯片

步骤4：返回到“自定义放映”对话框，在“自定义放映”列表框中显示出新创建的幻灯片放映名称，然后选择“关闭”按钮“关闭(C)”，如图5-30所示，返回到演示文稿普通视图中。

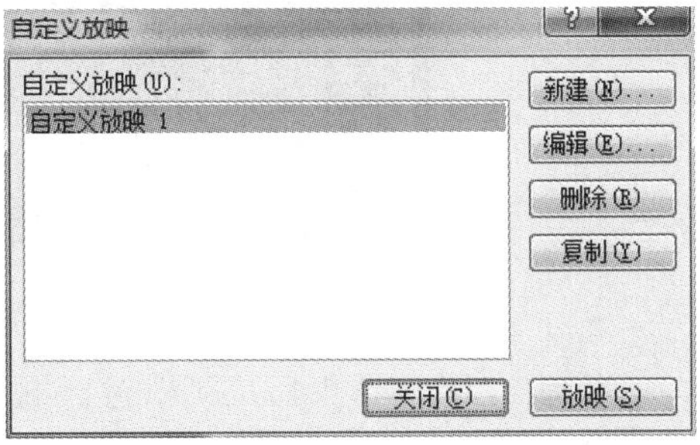

图5-30　完成自定义放映

步骤5：选择“幻灯片放映/开始放映幻灯片”组中的“自定义幻灯片放映”按钮“”，在下拉列表中选择刚定义好的“自定义放映1”，即可进入自定义幻灯片放映状态，如图5-31所示。

补充提示

在“在演示文稿中的幻灯片”列表框中选择要放映的幻灯片时按住“Ctrl”键并点击选择可一次选定多张后添加；也可以反复执行选定单张后点“添加”按钮“添加(A) >>”的操作添加多张幻灯片。

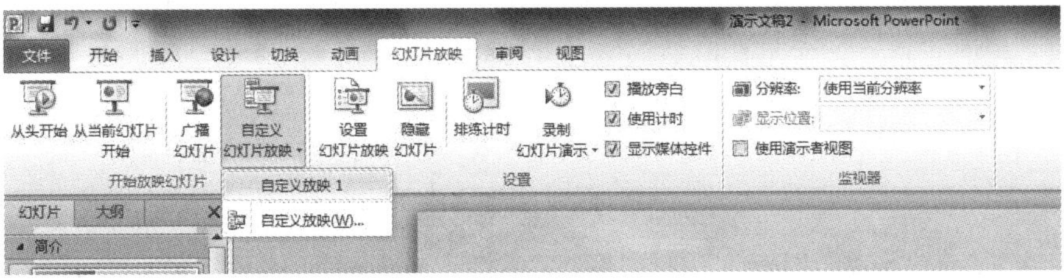

图5-31　选择“自定义放映”

② 排练计时　排练计时可用于计算演示文稿在放映每张幻灯片时的播放时间，然后在正式放映时让其自行放映，演讲者可以专心进行演讲而不用再去控制幻灯片的切换等操作。在播放的过程中如果要提前结束本张幻灯片可以点击鼠标进入下一张，并不影响后面的播放，如果没有预设排练时间，则需要手动切换幻灯片。

步骤1：打开演示文稿后，点击“幻灯片放映”选项卡下“设置”分组中的排练计时按钮“”，便可进入到排练计时状态，“录制”工具栏开始计时，如图5-32所示。开始排练计时，第一张幻灯片完成后单击鼠标进入下一张，直到需要录制的全部完成。

图5-32　录制排练时间

步骤2：录制结束后，跳出对话框提示“幻灯片放映共需时间，是否保留幻灯片排练时间？”，点击“是”按钮“是(Y)”即将保留，点击“否”按钮“否(N)”将不保留，如图5-33所示。

图5-33　录制完成

步骤3：在“幻灯片放映”选项卡下“设置”分组中点击“设置幻灯片放映”按钮，在打开的“设置放映方式”对话框中的“换片方式”处选择“如果存在排练计时，则使用它”，如图5-34所示。然后放映幻灯片，就可以实现根据排列计时的时间进行幻灯片放映了。

③ 隐藏幻灯片　隐藏幻灯片是指在演示文稿放映的过程中，可以让暂时不需要的幻灯片隐藏起来，等需要放映的时再将它们显示出来。

打开演示文稿，在普通视图或者幻灯片浏览视图模式下，按住“Ctrl”键选中要隐藏的多张幻灯片，在“幻灯片放映”选项卡下的“设置”分组中，点击“隐藏幻灯片”按钮，即可将选中的幻灯片设置隐藏，选中该幻灯片再次点击“隐藏幻灯片”按钮即可取消隐藏，如图5-35所示。

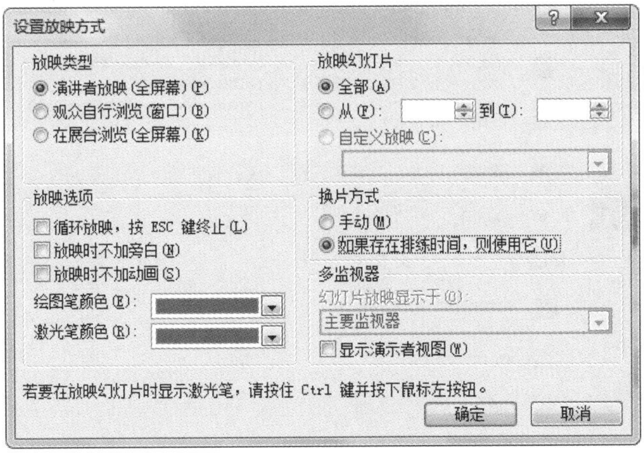

图5-34　使用排列计时

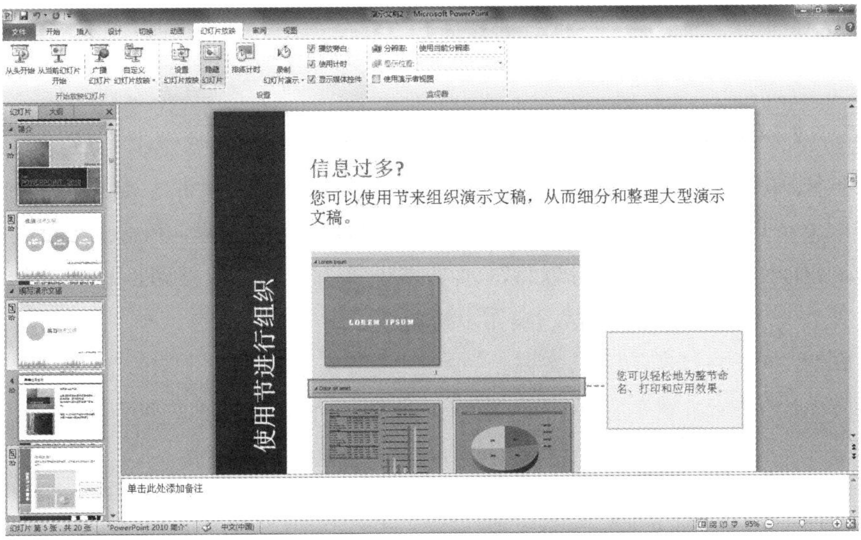

图5-35　隐藏幻灯片

5.4.2　将演示文稿打包成CD

演示文稿编辑制作完毕后，在PowerPoint 2010中可以将演示文稿保存为视频、打包成CD或者另存为PDF等文件类型。

保存并发送的方式主要有“电子邮件发送”“保存到远程Web”“广播幻灯片”“保存到SharePoint”等，保存并发送的文件类型主要有“创建PDF/XPF文档”“创建视频”“将演示文稿打包成CD”等。

将演示文稿编辑制作完后，点击“文件”菜单，在“文件”菜单中选择“保存并发送”，然后根据实际需要点击相应的功能列表项即可进行相应的操作，如图5-36所示。

图 5-36　演示文稿保存并发送

5.4.3　打印演示文稿

演示文稿制作完成后，除了放映演示文稿外，为了配合演讲，还可以将演示文稿打印到纸上，以方便自己演讲时使用和作为演讲提要发给大家，PowerPoint的打印方法与Word基本相同。此外，可以将演示文稿设置为“讲义”打印，这样，一页纸上可以放置2～9张幻灯片的内容，操作步骤如下。

步骤1：打开要打印的演示文稿。

步骤2：点击“文件”菜单中的“打印”命令，窗口如图5-37所示。

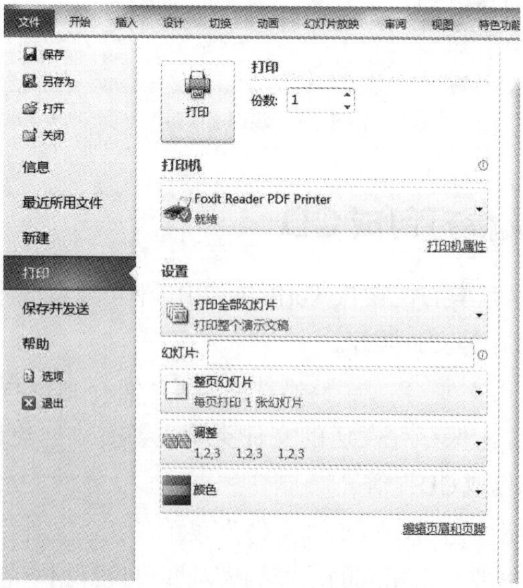

图 5-37　打印 PPT

步骤3：点击“设置”下“打印全部幻灯片”位置处的列表框，显示如图5-38所示的列表项，点击其中的“4张水平放置的幻灯片”，在右侧可以看到打印预览效果，如图5-39所示。

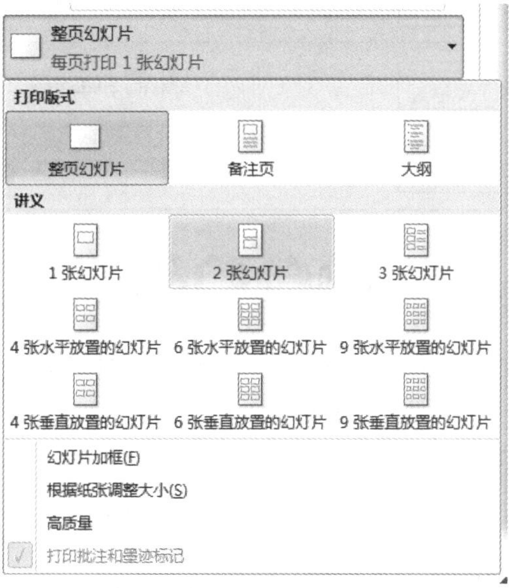

图5-38　打印设置

步骤4：点击“打印”按钮，即可进行打印。

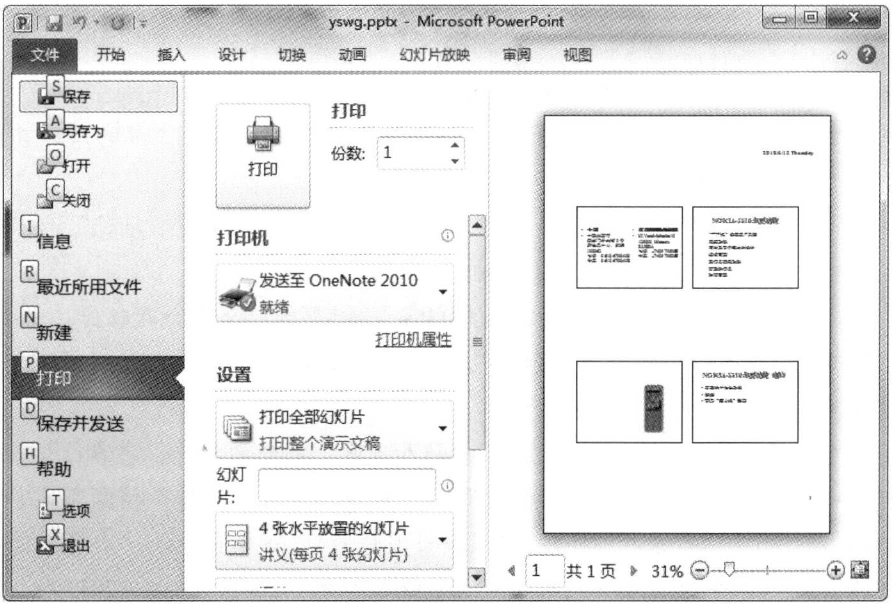

图5-39　打印预览

学习总结

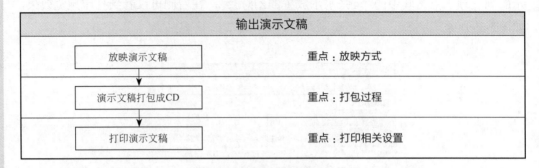

输出演示文稿	
放映演示文稿	重点：放映方式
演示文稿打包成CD	重点：打包过程
打印演示文稿	重点：打印相关设置

课堂测验

选择题

1. 放映幻灯片时，要对幻灯片的放映具有完整的控制权，应使用（　　）。

A. 演讲者放映　　B. 观众自行浏览　　C. 展台浏览　　D. 重置背景

2. 如果要求幻灯片能够在无人操作的环境下自动播放，应该事先对演示文稿进行（　　）。

A. 自动播放　　B. 排练计时　　C. 存盘　　D. 打包

3. 在PowerPoint 2010中，（　　）不是演示文稿的输出形式。

A. 打印输出　　B. 幻灯片放映　　C. 网页　　D. 幻灯片拷贝

课后习题

操作题（源文件下载地址：www.cipedu.com.cn）

1. 打开演示文稿“源文件1.pptx”，按照下列要求完成对此文稿的修饰并保存，内容请按照题干所示的全角或半角形式输入。

（1）使用“奥斯汀”主题修饰全文，全部幻灯片切换方案为“推进”，效果选项为“自顶部”，放映方式为“观众自行浏览”。

（2）第二张幻灯片的版式改为“两栏内容”，标题为“全面公开政府‘三公’经费”，左侧文本设置为“仿宋”、23磅字，右侧内容区插入图片ppt1.png，图片动画设置为“进入”“旋转”。

（3）第一张幻灯片前插入版式为“标题和内容”的新幻灯片，内容区插入3行5列的表格。表格行高均为3cm，表格所有单元格内容均为居中对齐和垂直居中对齐，第1行的第1～5列依次录入“年度”“因公出国费用”“公务接待费”“公务车购置费”和“公务车运行维护费”，第1列的第2、3行依次录入“2011年”和“2012年”。其他单元格内容按第二张幻灯片的相应内容填写，数字后单位为万元。标题为“北京市政法某部门‘三公’经费财政拨款情况”。备注区插入“财政拨款是指当年‘三公’经费的预算数”。移动第三张幻灯片，使之成为第一张幻灯片，删除第三张幻灯片。

（4）第一张幻灯片前插入版式为“标题幻灯片”的新幻灯片，主标题为“全面公开政府‘三公’经费”，副标题为“2015年之前实现全国市、县级政府全面公开‘三公’经费”。

2. 打开演示文稿“源文件2.pptx”，按照下列要求完成对此文稿的修饰并保存，内容请按照题干所示的全角或半角形式输入。

（1）使用“凤舞九天”主题修饰全文，全部幻灯片切换方案为“棋盘”，效果选项为“自顶部”。

（2）第三张幻灯片的版式改为“两栏内容”，标题为“你一个月转多少钱才饿不死？”，左侧文本字体设置为“仿宋”，右侧内容区插入ppt2.png，图片动画设置为“进入”“翻转式由远及近”。

（3）第三张幻灯片前插入版式为“标题和内容”的新幻灯片，内容区插入8行2列的表格。第1行的第1、2列依次录入“档次”和“城市及月薪”，第1列的第2～8行依次录入“一档”“二档”……“七档”。其他单元格内容按第一张和第二张幻灯片的相应内容填写。例如第2行第1列为“一档”，第2行第2列为“香港18500元，澳门8900元”。标题为“全国城市月薪分档情况”。

（4）移动第四张幻灯片，使之成为第一张幻灯片，删除第二张幻灯片。第二张幻灯片的标题为“全国月薪分为七档”。第一张幻灯片前插入版式为“标题幻灯片”的新幻灯片，主标题为“你一个月赚多少钱才饿不死？”，副标题为“全国城市月薪分为七档”。

3. 打开演示文稿“源文件3.pptx”，按照下列要求完成对此文稿的修饰并保存，内容请按照题干所示的全角或半角形式输入。

（1）使用“模块”主题修饰全文，全部幻灯片切换方案为“旋转”，效果选项为“自顶部”。

（2）第二张幻灯片的 版式改为“两栏内容”，标题为“世界第一高人苏丹克森”，左侧内容区的文本设置为25磅字，右侧内容区域插入ppt3.png。移动第一张幻灯片，使之成为第二张幻灯片，幻灯片板式改为“标题和竖排文字”，标题为“土耳其文化与美食节”。

（3）在第一张幻灯片前插入版式为“空白”的新幻灯片，并在位置（水平：2.5cm，自：左上角，垂直：5.3cm，自：左上角）插入样式为“填充-红色，强调文字颜色6，暖色粗糙棱台”的艺术字“世界第一高人苏丹克森”，艺术字高度为6.77cm。艺术字文字效果为“转换-弯曲-双波形1”。艺术字动画设置为“强调”、“波浪形”，效果选项为“整批发送”。第一张幻灯片的背景设置为“水滴”纹理。

4. 打开演示文稿“源文件4.pptx”，按照下列要求完成对此文稿的修饰并保存，内容请按照题干所示的全角或半角形式输入。

（1）使用“时装设计”主题修饰全文，全部幻灯片切换方案为“百叶窗”，效果选项为“水平”。

（2）将第二张幻灯片的版式改为“两栏内容”，标题为“火爆的‘十一’黄金周”，右侧内容区插入图片ppt4.png。在第三张幻灯片后插入版式为“标题和内容”的新幻灯片，标题为“中国员工难以带薪休假的原因”。内容区插入3行2列的表格，第1行的第1、2列依次录入“原因”和“具体内容”，将第一张幻灯片的第一和第二段文本依次移动到表格第2行的第1、2列，将第一张幻灯片的第三和第四段文本依次移动到表格第3行的第1、2列。删除第一张幻灯片。

（3）第二张幻灯片版式改为“比较”，标题为“黄金周‘人山人海之痛’”，右侧内容区插入图片ppt4.png，图片和文本动画均设置为“进入”“轮子”，效果选项为“4轮辐图案”。动画顺序为先文本后图片。第一张幻灯片前插入版式为“标题幻灯片”的新幻灯片，主标题为“如何改变‘人山人海’的中国式旅游”，副标题为“根本方法是落实带薪休假”。

06

第6章

因特网基础与简单应用

Chapter six

本章学习要点

- ☑ 计算机网络的基本概念
- ☑ 因特网基础：TCP/IP协议、C/S体系结构、IP地址和接入方式
- ☑ Internet Explorer的应用
- ☑ 电子邮件的收发

随着经济全球化和社会信息化的深入发展，数字化、网络化和信息化已经成为这个时代的“新常态”，而要实现信息化就离不开发达的网络，网络已经成为信息时代的重要基础，对整个社会的发展和人们的生活产生着不可估量的影响，是现代社会最重要的基础设施。因特网已经深深地影响和改变了人们的工作、生活方式，并正以极快的速度在不断发展。

6.1 计算机网络的基本概念

计算机网络是计算机技术与通信技术高度发展、紧密结合的产物。

6.1.1 计算机网络简介

计算机网络是以物理方式把分布在不同地点的两台以上的计算机连接在一起，按照一定的协议来实现计算机之间的通信，以实现软件、硬件和数据资源共享为目的的计算机系统的集合。

计算机网络的功能主要体现在信息交换、资源共享、集中管理、分布式处理四个方面。

（1）信息交换

信息交换是计算机网络最基本的功能之一。通过这个功能，可以使分散在不同地理位置上的计算机之间相互传输信息（包括文字、图片、音频视频等类型），进行统一的调配、控制和管理。它是实现其他功能的基础。人们可以通过网络发送E-mail，发布新闻消息，进行电子商务、远程教育、远程医疗等活动。

（2）资源共享

“资源”是指计算机网络中所有的硬件、软件和信息资源。在硬件资源中通常有大型主机、硬盘、打印机、高级绘图仪以及各种通信设备等，在软件资源中，通常有系统软件、应用软件以及为用户设计的专用程序等，信息资源是指反映各类信息的程序、数据库或数据文件。

“共享”是指网络中的指定用户能够部分或全部使用这些资源。对于独立的计算机而言，无论硬件还是软件方面，性能总是有限的。如果使用网络把多台计算机连接起来，那么可用的资源将会大大增加。通过资源共享，可使网络中各单位的资源互通有无，从而大大提高了资源的利用率。

（3）集中管理

计算机网络技术的发展和应用，已使得现代的办公手段，经营管理方式等发生了重大变化。目前，已经有了许多MIS系统（管理信息系统），OA系统（办公自动化）等，通过这些系统可以实现日常工作的集中管理，提高工作效率，增加经济效益。

（4）分布式处理

对于要处理综合性的大型问题时，可以将任务分成若干小问题，然后分发给网络中不同的计算机进行处理，完成后再把结果集中反馈给用户。这种功能充分利用网络资源，扩大了计算机的处理能力，是现代计算机和网络系统发展的一个趋势。

6.1.2 计算机网络中的数据通信

数据通信是通信技术和计算机技术相结合而产生的一种新的通信方式。数据通信是指在两个计算机或终端之间以二进制的形式进行信息交换、传输数据。关于数据通信的相关概念，下面介绍几个常用术语。

（1）信道

信道是信息传输的媒介或渠道，作用是把携带有信息的信号从它的输入端传递到输出端。根据传输媒介的不同，信道可分为有线信道和无线信道两类。常见的有线信道包括双绞线、同轴电缆、光缆等。无线信道有地波传播、短波、超短波、人造卫星中继等。

（2）数字信号和模拟信号

通信的目的是为了传输数据，信号是数据的表现形式。对于数据通信技术来讲，它要研究的是如何将表示各类信息的二进制比特序列通过传输媒介在不同计算机之间传输。信号可以分为数字信号和模拟信号两类。数字信号是一种离散的脉冲序列，计算机产生的电信号用两种不同的电平表示0和1。模拟信号是一种连续变化的信号，如电话线上传输的按照声音强弱幅度连续变化所产生的电信号，就是一种典型的模拟信号，可以用连续的电波表示。

（3）调制与解调

普通电话线是针对语音通话而设计的模拟信道，适用于传输模拟信号。但是计算机产生的是离散脉冲表示的数字信号，因此要利用电话交换网实现计算机的数字脉冲信号的传输，就必须首先将数字脉冲信号转换成模拟信号。将发送端数字脉冲信号转换成模拟信号的过程称为调制；将接收端模拟信号还原成数字脉冲信号的过程称为解调。将调制和解调两种功能结合在一起的设备称为调制解调器（Modem）。

（4）带宽与传输速率

在模拟信道中，以带宽表示信道传输信息的能力。带宽是以信号的最高频率和最低频率之差表示，即频率的范围。频率是模拟信号波每秒的周期数，用Hz、kHz、MHz或GHz作为单位。在某一特定带宽的信道中，同一时间内，数据不仅能以某一种频率传送，而且还可以用其他不同的频率传送。因此，信道的带宽越宽（带宽数值越大），其可用的频率就越多，其传输的数据就越大。

在数字信道中，用数据传输速率（比特率）表示信道的传输能力，即每秒传输的二进制位数（bps，比特/秒），单位为bps、Kbps、Mbps、Gbps与Tbps。

研究证明，信道的最大传输速率与信道带宽之间存在着明确的关系，所以人们经常用“带宽”来表示信道的数据传输速率，“带宽”与“速率”几乎成了同义词。带宽与数据传输速率是通信系统的主要技术指标之一。

（5）误码率

误码率是指二进制比特在数据传输系统中被传错的概率，是通信系统的可靠性指标。数据在通信信道传输中一定会因某种原因出现错误，传输错误是正常的和不可避免的，但是一定要控制在某个允许的范围内。在计算机网络系统中，一般要求误码率低于10^{-6}。

6.1.3 网络的形成与分类

（1）计算机网络的发展

计算机网络是计算机技术与通信技术结合的产物，是计算机科学中很重要的一个分支，计算机网络的发展大致经历了下面四个过程。

① 第一代计算机网络——远程终端联机阶段。

20世纪50年代中期至60年代末期，计算机技术与通信技术相结合，形成了计算机网络的雏形。这个阶段网络应用主要目的是提供网络通信、保障网络连通，是多用户系统的变种。美国IBM公司在1963年投入使用的飞机订票系统SABBRE-1就是这类系统的代表之一。其特点是：计算机是网络的中心和控制者，终端围绕中心计算机分布在各处，呈分层星型结构，各终端通过通信线路共享主机的硬件和软件资源，计算机的主要任务还是进行批处理，在20世纪60年代出现分时系统后，则具有了交互式处理和成批处理能力。

② 第二代计算机网络——计算机网络阶段。

20世纪60年代末期，出现了多台计算机互联的初级计算机网络，这种网络将分散在不同地点的计算机通过通信线路连接起来。分组交换网由通信子网和资源子网组成，以通信子网为中心，不仅共享通信子网的资源，还可共享资源子网的硬件和软件资源。网络的共享采用排队方式，即由结点的分组交换机负责分组的存储转发和路由选择，给两个进行通信的用户段续（或动态）分配传输带宽，这样就可以大大提高通信线路的利用率，非常适合突发式的计算机数据。

③ 第三代计算机网络——计算机网络互联阶段。

为了使不同体系结构的计算机网络都能互联，国际标准化组织ISO提出了一个能使各种计算机在世界范围内互联成网的标准框架——开放系统互连基本参考模型OSI。这样，只要遵循OSI标准，一个系统就可以和位于世界上任何地方的、也遵循同一标准的其他任何系统进行通信。

④ 第四代计算机网络——国际互联网与信息高速公路阶段。

计算机网络向互连、高速、智能化和全球化发展，并且迅速得到普及，实现了全球化的广泛应用。这个阶段的典型代表就是Internet，它的特点是采用高速网络技术，通过综合业务数字网的实现，使得多媒体和智能型网络渗透到所有的学习和生活中。

我国计算机网络的发展：

1980年，铁道部（现中国铁路总公司）开始进行计算机互联网的实验。

1989年11月，我国第一个公组交换交换网CNPAC建成使用。

20世纪80年代后期，公安、银行、军队等也相继建立他们专用的计算机广域网。国内的好多单位开始建成大量的局域网。

1994年4月20日，我国用64Kb/s专线正式接入因特网，这标志着我国正式成为国际上接入因特网的国家。

同年5月中国科学院高能物理研究所设立了我国第一个万维网服务器。

同年9月中国公用计算机互联网CHINANET正式启用。

2004年2月，我国第一个下一代互联网CNGI的主干网CERNET2实验网正式开通并投入使用，这标志着我国已经与国际先进水平同步。

到目前为止，我国已建成中国公用计算机互联网（CHINANET）等9个全国范围的可以和因特网互联的公用计算机网络。

（2）计算机网络的分类

根据网络覆盖的地理范围和规模分类，能较好地反映出网络的本质特征。由于网络覆盖的地理范围不同，它们所采用的传输技术也就不同，因此形成不同的网络技术特点与网络服务功能。依据这一分类标准，可以将计算机网络分为三种，即：局域网、城域网和广域网。

① 局域网（LAN） 局域网是目前最常见，应用最广的一种网络，所覆盖的地区范围较小。随着整个计算机网络技术的发展和提高，局域网得到充分地应用和普及。局域网在计算机数量配置上没有太多的限制，少的只有两台，多的可达到几百台、几千台。在网络所涉及的地理距离上一般来说可以是几米至10公里以内，局域网一般位于一个建筑物或一个单位内。

② 城域网（MAN） 城域网的覆盖范围介于广域网与局域网之间，一般是一个城市或地区组建的网络，覆盖范围为几十公里。与LAN相比扩展的距离更长，链接的计算机数量更多，在地理范围上可以说是LAN网络的延伸。一个MAN通常连接着多个LAN。由于光纤连接的引入，使MAN中高速的LAN互联成为可能。需要指出的是广域网、城域网和局域网的划分只是一个相对的分界，而且随着计算机网络技术的发展，三者之间的界限已经变得模糊了。

③ 广域网（WAN） 广域网所覆盖的范围通常为几十公里到几千公里，可以跨越辽阔的地理区域进行长距离的信息传输，所包含的地理范围通常是一个国家或洲。在广域网内，用于通信的传输装置和介质一般由电信部门提供，网络则由多个部门或国家联合组建，网络规模大，能实现较大范围的资源共享，如国际互联网Internet。

6.1.4 网络拓扑结构

计算机网络的拓扑结构是把网络中的计算机和通信设备抽象为一个点，把传输介质抽象为一条线，由这些点和线组成的几何图形就是计算机网络拓扑结构。目前主要的拓扑结构有总线型结构、星型结构、环型结构、树型结构以及它们的混合型结构。

（1）总线型结构

总线型结构是将所有入网的计算机均接入到一条通信线路上，传输信息可以沿着这条通信线路从不同的方向传输，为防止信号反射，一般需要在两端连接终结器来匹配线路阻抗。总线型结构的优点是信道利用率高，结构简单，价格便宜。缺点是同一时刻只能有两个网络节点互相通信，网络延伸距离有限，容纳节点数目有限。如果总线上有一个点出现故障，将会影响整个网络的正常运行。总线型结构在局域网中采用得比较多，如图6-1所示。

图6-1　总线型结构

（2）星型结构

星型结构是以一个节点为中心的网络通信系统，各种类型的入网设备均与该中心节点有物理链路直接相连。星型结构的优点是结构简单，建立网络容易，控制简单，受故障影响的设备少。缺点是主节点负载过重，可靠性低，通信线路利用率低，如图6-2所示。

（3）环型结构

环型结构是将各台连网的计算机用通信线路连接成一个闭合的环。在这一结构中，信息按照固定的方向（顺时针或者逆时针）传输。环型结构的优点是一次通信信息在网中传输的最大传输延迟是固定的，每个网上节点只与其他两个节点有物理链路直接互连，因此，传输控制机制较为简单，实时性强。缺点是一个节点出现故障可能会终止全网运行，因此可靠性较差，如图6-3所示。

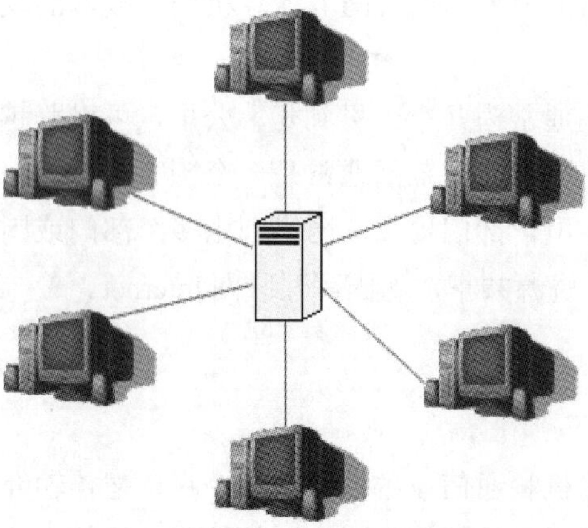

图6-2　星型结构

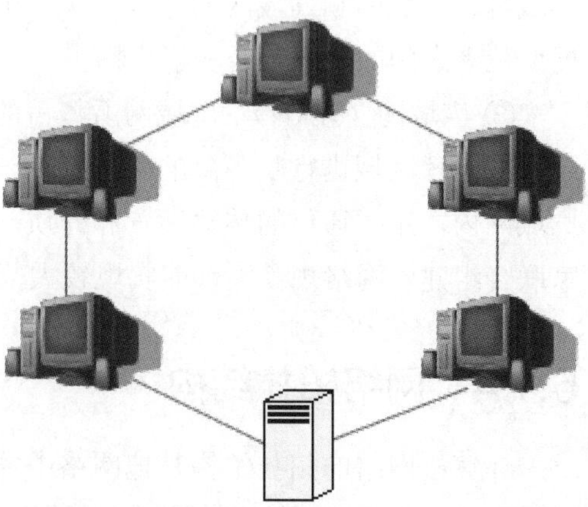

图6-3　环型结构

（4）树型结构

树型结构实际上是星型结构的一种变形，它将原来用单独链路直接连接的节点通过多级处理主机进行分级连接。这种结构与星型结构相比降低了通信线路的成本，但增加了网络复杂性。网络中除最低层节点及其连线外，任一节点或连线的故障均影响其所在支路网络的正常工作，如图6-4所示。

（5）网状结构

网状结构分为全连接网状和不完全连接网状两种形式。全连接网状中，每一个节点和网中其他节点均有链路连接。不完全连接网中，两节点之间不一定有直接链路连接，它们之间的通信，依靠其他节点转接。这种网络的优点是节点间路径多，碰撞和阻塞可大大减少，局部的故障不会影响整个网络的正常工作，可靠性高，网络扩充和主机入网比较灵活、简单。但这种网络关系复杂，建网不易，网络控制机制复杂。广域网中一般用不完全连接的网状结构，如图6-5所示。

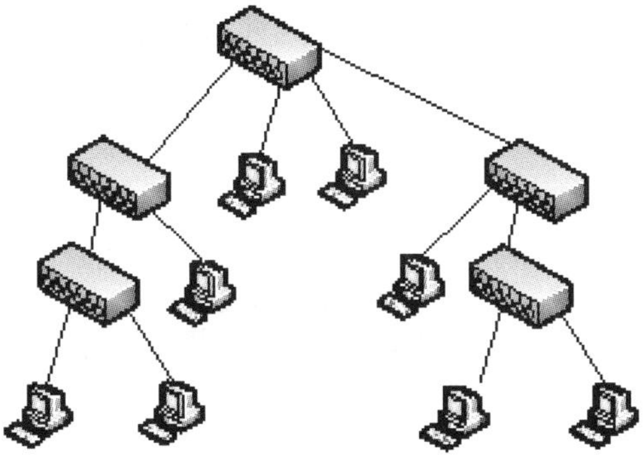

图6-4　树型结构

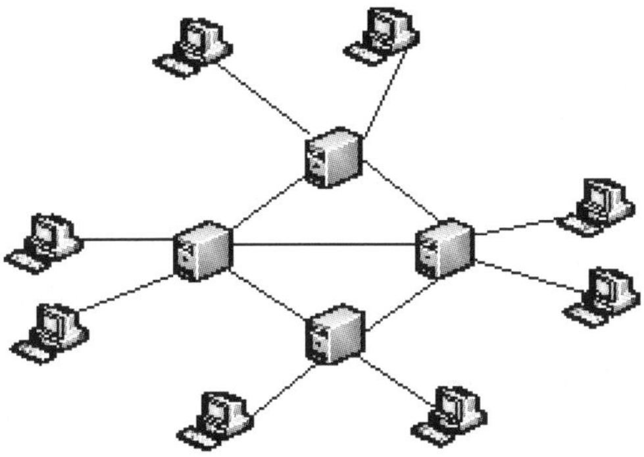

图6-5　网状结构

（6）蜂窝状结构

蜂窝拓扑结构是无线局域网中常用的结构。它以无线传输介质（微波、卫星、红外等）点到点和多点传输为特征，适用于城市网、校园网、企业网。

6.1.5　网络中的硬件设备

（1）网络服务器

服务器（Server，如图6-6所示）是网络环境下能为网络用户提供集中计算、信息发布及数据管理等服务的专用计算机。根据不同的计算能力，服务器又分为工作组级服务器、部门级服务器和企业级服务器。对于小型网络，可以只有一台服务器，这台服务器既负责网络的管理功能，也负责网络的通信功能，提供各种网络服务。对于大型网络，可以有多台服务器，分别完成各种网络功能，例如网络数据库服务器、电子邮件服务器、WWW服务器和FTP服务器等。

（2）网络工作站

网络工作站（WorkStation，如图6-7所示）是使用网络服务器所提供服务的计算机，是网络中个人使用的计算机，也称网络客户机。网络中的工作站和独立的计算机是有区别的，它们是网络的一部分，可以和网络中其他工作站和服务器通信。它的主要作用是为网络用户提供一个平台，访问网络服务器、共享网络资源。

图6-6　网络服务器

图6-7　网络工作站

（3）传输介质

传输介质（Transmission Media）是网络中发送方与接受方之间的物理通道，它对网络数据通信质量有很大的影响。网络中使用的传输介质包括有线介质和无线介质。有线介质通常是同轴电缆、双绞线、光纤，如图6-8～图6-10所示。最常用的无线传输介质有微波、红外线、激光和卫星等。

图6-8　同轴电缆

图6-9　双绞线

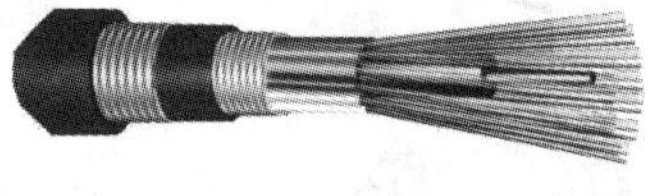

图6-10　光纤

（4）网络连接设备

① 网络适配卡（Network Adapter）　简称网卡，是将计算机连接到网络的硬件设备，如图6-11所示。网卡通过总线与微机相连，再通过电缆接口与网络传输媒体相连接，即网卡插在计算机或者服务器的扩展槽中，通过传输介质与网络连接。网卡是局域网的通信设备，选择网卡时，要考虑网络的拓扑结构。

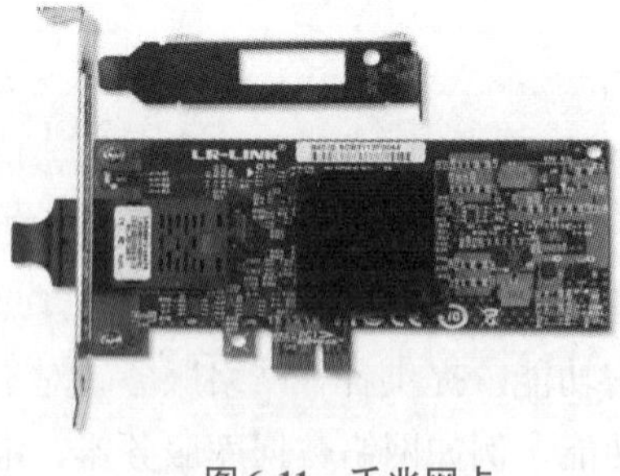

图6-11　千兆网卡

图6-12　调制解调器

② 调制解调器（Modem）　是PC通过电话线接入因特网的必备设备，它具有调制和解调两大功能，如图6-12所示。早期，家庭用户上网最常用的方法是通过使用调制解调器经过电话线与Internet服务提供商（ISP）相连接。调制解调器将计算机输出的数字信号调制成模拟信号，又能将模拟信号调制成数字信号。

③ 交换机（Switch）　是一种用于电信号转发的网络设备，如图6-13所示。它可以为接入交换机的任意两个网络节点提供独享的电信号通路。最常见的交换机是以太

网交换机。其他常见的还有电话语音交换机、光纤交换机等。

④ 路由器（Router） 是实现局域网和广域网互联的主要设备，是将处于不同地理位置的局域网通过广域网进行互联的一种常见的方式，如图6-14所示。在广域网中从一个节点传输到另一个节点时要经过许多的网络，可以经过许多不同的路径。路由器就在一个网络传输到另外一个网络时进行路径的选择，使信息的传输能经过一条最佳的通道。对于计算机网络来说，路由器是广域网的主要互联设备，路由器性能的好坏，对于广域网的传输性能有极大的影响。

图6-13　交换机

图6-14　路由器

6.1.6　计算机网络软件

计算机网络软件一般包括网络操作系统、网络通信协议、网络应用系统等。

（1）网络操作系统

网络操作系统是用于管理网络软、硬资源，提供简单网络管理的系统软件。

（2）网络通信协议

网络通信协议是网络中计算机交换信息时的约定，它规定了计算机在网络中互通信息的规则。计算机网络大都按层次结构模型去组织计算机网络协议。

影响最大、功能最全、发展前景最好的网络层次模型，是国际标准化组织（ISO）所建议的“开放系统互连（OSI）”基本参考模型。它由物理层、数据链路层、网络层、传输层、会话层、表示层和应用层7层组成。

就其整体功能来说，可以把OSI网络体系模型划分为通信支撑平台和网络服务支撑平台两部分。通信支撑平台由OSI底4层（即物理层、数据链路层、网络层和传输层）组成，其主要功能是向高层提供与通信子网特性无关的、可靠的、端到端的数据通信功能，用于实现开放系统之间的互连与互通。网络服务支撑平台由OSI高3层（即会话层、表示层和应用层）组成，其主要功能是向应用进程提供访问OSI环境的服务，用于实现开放系统之间的互操作。

（3）网络应用系统

根据网络的组建目的和需求，研制、开发或购置应用系统，其任务是实现网络总体规划的各项业务，提供网络服务和资源共享。

网络应用系统有通用和专用之分。通用网络应用系统适用于较广泛的领域和行业，如数据收集系统、数据转发系统和数据库查询系统等。专用网络应用系统只适用于特定的行业和领域，如银行核算、铁路控制、军事指挥等。

6.1.7 无线局域网

无线局域网（WLAN）是无线通信技术和计算机网络技术相结合的产物。无线局域网就是采用电磁波作为介质、通过无线信道来实现网络设备之间的通信。它提供了一种使用无线多址信道的有效方法来支持计算机之间的通信，并实现通信的移动化、个性化。

（1）无线局域网的优点

① 安装便捷　一般在网络建设中，施工周期最长、对周边环境影响最大的，就是网络布线施工工程。在施工过程中，往往需要破墙掘地、穿线架管。而无线局域网最大的优势就是免去或减少了网络布线的工作量，一般只要安装一个或多个接入点AP设备，就可建立覆盖整个建筑或地区的局域网络。

② 使用灵活　在有线网络中，网络设备的安放位置受网络信息点位置的限制。而一旦无线局域网建成后，在无线网的信号覆盖区域内任何一个位置都可以接入网络。

③ 经济节约　由于有线网络缺少灵活性，这就要求网络规划者尽可能地考虑未来发展的需要，这就往往导致预设大量利用率较低的信息点。而一旦网络的发展超出了设计规划，又要花费较多费用进行网络改造，而无线局域网可以避免或减少以上情况的发生。

④ 易于扩展　无线局域网有多种配置方式，能够根据需要灵活选择。这样，无线局域网就能胜任从只有几个用户的小型局域网到上千用户的大型网络，并且能够提供像“漫游”等有线网络无法提供的特性。由于无线局域网具有多方面的优点，所以发展十分迅速。在最近几年里，无线局域网已经在医院、商店、工厂和学校等不适合网络布线的场合得到了广泛应用。

（2）无线局域网的相关技术

在无线局域网的发展中，WiFi由于其较高的传输速度、较大的覆盖范围等优点，发挥了重要的作用。WiFi不是具体的协议或标准，它是无线局域网联盟为了保障使用WiFi标志的商品之间可以相互兼容而推出的，在如今许多的电子产品如笔记本电脑、手机、PDA等上面都可以看到WiFi的标志。针对无线局域网，IEEE（美国电气和电子工程师协会）制定了一系列无线局域网标准，即IEEE 802.11家族，包括802.11a、802.11b、802.11g等，802.11现在已经非常普及了。随着协议标准的发展，无线局域网的覆盖范围更广，传输速率更高，安全性、可靠性等也大幅提高。

学习总结

计算机网络的基本概念	
计算机网络简介（了解）	计算机网络是以物理方式把分布在不同地点的两台以上的计算机连接在一起，按照一定的协议来实现计算机之间的通信，以实现软件、硬件和数据资源共享为目的的计算机系统的集合。 计算机网络的功能：主要体现在信息交换、资源共享、集中管理、分布式处理四个方面

续表

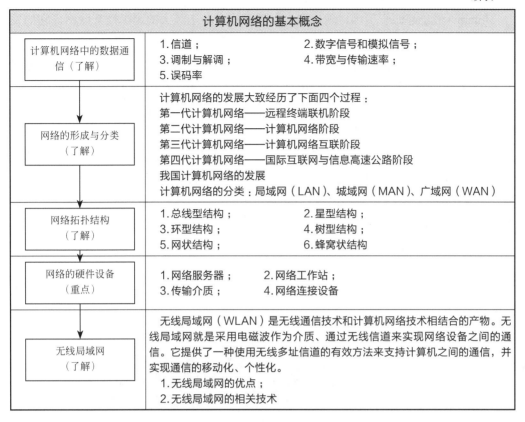

计算机网络的基本概念	
计算机网络中的数据通信（了解）	1. 信道；　2. 数字信号和模拟信号； 3. 调制与解调；　4. 带宽与传输速率； 5. 误码率
网络的形成与分类（了解）	计算机网络的发展大致经历了下面四个过程： 第一代计算机网络——远程终端联机阶段 第二代计算机网络——计算机网络阶段 第三代计算机网络——计算机网络互联阶段 第四代计算机网络——国际互联网与信息高速公路阶段 我国计算机网络的发展 计算机网络的分类：局域网（LAN）、城域网（MAN）、广域网（WAN）
网络拓扑结构（了解）	1. 总线型结构；　2. 星型结构； 3. 环型结构；　4. 树型结构； 5. 网状结构；　6. 蜂窝状结构
网络的硬件设备（重点）	1. 网络服务器；　2. 网络工作站； 3. 传输介质；　4. 网络连接设备
无线局域网（了解）	无线局域网（WLAN）是无线通信技术和计算机网络技术相结合的产物。无线局域网就是采用电磁波作为介质、通过无线信道来实现网络设备之间的通信。它提供了一种使用无线多址信道的有效方法来支持计算机之间的通信，并实现通信的移动化、个性化。 1. 无线局域网的优点； 2. 无线局域网的相关技术

课堂测验

简答题

1. 计算机网络如何分类?
2. 计算机网络的硬件设备有哪些?

6.2 因特网的基础知识

因特网是Internet的中文译名，又叫做国际互联网。它是由那些使用TCP/IP协议互相通信的计算机连接而成的全球网络。一旦你连接到它的任何一个节点上，就意味着您的计算机已经连入了Internet。Internet目前的用户已经遍及全球。

6.2.1 因特网概述

Internet是指通过TCP/IP协议将世界各地的网络连接起来实现信息传递和资源共享，提供各种应用服务的全球性计算机网络。

（1）Internet的起源与发展

Internet最早起源于美国，现在已经发展成为世界上最大的国际性互联网。它的发展经历了三个阶段。

第一阶段是从单个网络ARPANET向互联网发展的过程。1969年美国国防部创建了第一个单个分组交换网络ARPANET，到了20世纪70年代中期ARPA开始研究分组无线电网络互联技术，这就是今天Internet的雏形。1983年TCP/IP协议成为ARPANET的标准协议，使得所有使用该协议的计算机实现了互联和通信，因特网诞生。

第二阶段是建成了三级结构的Internet。从1985年起，美国国家科学基金会利用ARPAnet发展出来的TCP/IP通信协议，在5 个科研教育服务超级电脑中心的基础上建立了NSFNET，它是一个三级计算机网络，分为主干网、地区网和校园网（或企业网），成为Internet的主要组成部分。1991年，NSF和美国政府认识到要将Internet使用范围扩大，于是决定将Internet的主干网由私人公司来运营，极大地促进了Internet的发展。

第三阶段是逐步形成了多层次ISP结构的Internet。这一阶段主要由因特网服务提供者ISP来管理并经营Internet的接入，如图6-15所示。

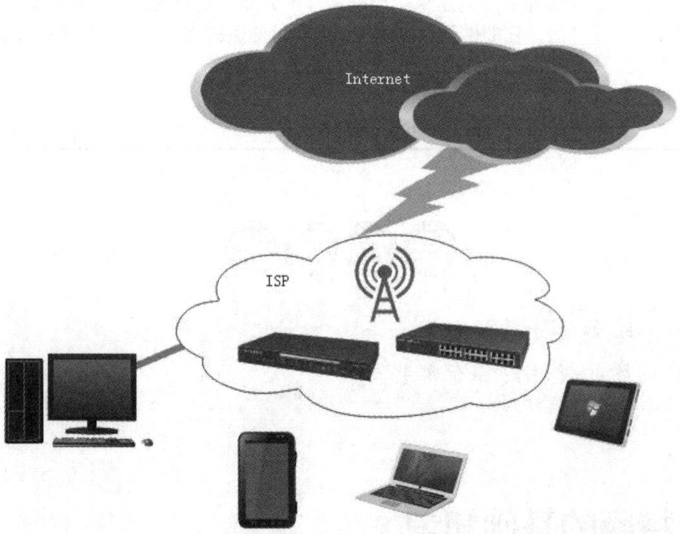

图6-15　Internet的接入

（2）Internet的组织与管理

① 因特网协会　1992年成立了一个国际性组织叫因特网协会（Internet Society，简称ISOC），是一个非营利性的国际性组织，以便对因特网进行全面管理以及在世界范围内促进其发展和使用。互联网协会参与广泛的互联网问题，包括政策、管理、技术和发展。因特网协会一切工作的基础是保证每个人都能使用健康、可持续的互联网，是Internet最权威的组织。

② 中国Internet管理　中国互联网络信息中心（China Internet Network Information Center，简称CNNIC）是经国家主管部门批准，于1997年6月3日组建的管理和服务

机构，行使国家互联网络信息中心的职责。作为中国信息社会基础设施的建设者和运行者，中国互联网络信息中心（CNNIC）以“为我国互联网络用户提供服务，促进我国互联网络健康、有序发展”为宗旨，负责管理维护中国互联网地址系统，引领中国互联网地址行业发展，权威发布中国互联网统计信息，代表中国参与国际互联网社群。

6.2.2 因特网的基本概念

因特网的网络互联是多种多样、复杂多变的，其结构是开放的，并且易于扩展。开放性的结构将ISP（Internet业务提供商）、ICP（Internet内容提供商）、IDC（Internet数据中心）等用户连接起来，是由众多的计算机网络互连组成，因特网主要采用TCP/IP协议组，采用分组交换技术，由众多路由器通过电信传输网连接而成的一个世界性范围信息资源网。

（1）TCP/IP协议

TCP/IP即传输控制协议/因特网互联协议，又称为网络通信协议，是因特网最基本的协议和Internet国际互联网络的基础。

① IP协议　IP协议是TCP/IP协议体系中的网络层协议，是用于将多个包交换网络（不同类型的物理网络）连接起来的，它在源地址和目的地址之间传送一种称之为数据包的东西，它还提供对数据大小的重新组装功能，以适应不同网络对包大小的要求。

IP协议的主要功能是在相互连接的网络之间传递IP数据报。其中包括两个部分。

寻址与路由：首先要用IP地址来标识Internet的主机，在每个IP数据报中，都会携带源IP地址和目标IP地址来标识该IP数据报的源和目的主机。IP协议可以根据路由选择协议提供的路由信息对IP数据报进行转发，直至抵达目的主机。

分段与重组：IP数据报通过不同类型的通信网络发送，IP数据报的大小会受到这些网络所规定的最大传输单元（MTU）的限制。再将IP数据报拆分成一个个能够适合下层技术传输的小数据报，被分段后的IP数据报可以独立地在网络中进行转发，在到达目的主机后被重组，恢复成原来的IP数据报。

② TCP协议　TCP即传输控制协议，位于传输层。TCP协议向应用层提供面向连接的服务，确保网络上所发送的数据报可以完整地接收，一旦某个数据报丢失或损坏，TCP发送端可以通过协议机制重新发送这个数据报，以确保发送端到接收端的可靠传输。依赖于TCP协议的应用层协议主要是需要大量传输交互式报文的应用，如远程登录协议Telnet、简单邮件传输协议SMTP、文件传输协议FTP、超文本传输协议HTTP等。

简单来说，TCP负责发现传输的问题，有问题就发出信号，要求重新传输，直到所有数据安全正确地传输到目的地；而IP是给因特网的每一台设备规定一个地址。

（2）IP地址的划分

① IP地址　IP地址（Internet Protocol Address）是IP协议提供的一种统一的地址

格式，它为互联网上的每一个网络和每一台主机分配一个逻辑地址，以此来屏蔽物理地址的差异。

IP地址是一个32位的二进制数，通常被分割为4个“8位二进制数”（也就是4个字节）。IP地址通常用“点分十进制”表示成（a.b.c.d）的形式，其中，a，b，c，d都是0～255之间的十进制整数。例：点分十进IP地址（100.4.5.6），实际上是32位二进制数（01100100.00000100.00000101.00000110）。

IP地址是一种在Internet上的给主机编址的方式，也称为网际协议地址。常见的IP地址，分为IPv4与IPv6两大类。

IP地址编址方案：IP地址编址方案将IP地址空间划分为A、B、C、D、E五类，其中A、B、C是基本类，D、E类作为多播和保留使用。

IPv4就是有4段数字，每一段最大不超过255。由于互联网的蓬勃发展，IP位址的需求量愈来愈大，出现了IP地址不足的情况。地址空间的不足必将妨碍互联网的进一步发展。为了扩大地址空间，通过IPv6重新定义了地址空间。IPv6采用128位地址长度。在IPv6的设计过程中除了一劳永逸地解决了地址短缺问题以外，还考虑了在IPv4中解决不好的其他问题。

最初设计互联网络时，为了便于寻址以及层次化构造网络，每个IP地址包括两个标识码（ID），即网络ID和主机ID。同一个物理网络上的所有主机都使用同一个网络ID，网络上的一个主机（包括网络上工作站，服务器和路由器等）有一个主机ID与其对应。Internet委员会定义了5种IP地址类型以适合不同容量的网络，即A类～E类。

其中A、B、C三类（如表6-1所示）由Internet NIC在全球范围内统一分配，D、E类为特殊地址。

表6-1　A、B、C三类地址

网络类别	最大网络数	IP地址范围	最大主机数	私有IP地址范围
A	126（2^7-2）	0.0.0.0～127.255.255.255	16777214	10.0.0.0～10.255.255.255
B	16384（2^{14}）	128.0.0.0～191.255.255.255	65534	172.16.0.0～172.31.255.255
C	2097152（2^{21}）	192.0.0.0～223.255.255.255	254	192.168.0.0～192.168.255.255

② 子网掩码　子网掩码（Subnet Mask）又叫网络掩码、地址掩码、子网络遮罩，它是一种用来指明一个IP地址的哪些位标识的是主机所在的子网以及哪些位标识的是主机的位掩码。子网掩码不能单独存在，它必须结合IP地址一起使用。子网掩码只有一个作用，就是将某个IP地址划分成网络地址和主机地址两部分。对于A类地址来说，默认的子网掩码是255.0.0.0；对于B类地址来说默认的子网掩码是255. 255.0.0；对于C类地址来说默认的子网掩码是255.255.255.0。

③ 域名　由于IP地址是数字标识，使用时难以记忆和书写，因此在IP地址的基础上又发展出一种符号化的地址方案，来代替数字型的IP地址。每一个符号化的地址都与特定的IP地址对应，这样网络上的资源访问起来就容易得多了。这个与网络上的

数字型IP地址相对应的字符型地址，就被称为域名（Domain Name）。

域名系统（Domain Name System，DNS）规定，域名中的标号都由英文字母和数字组成，每一个标号不超过63个字符，也不区分大小写字母。标号中除了连字符（-）外不能使用其他的标点符号。级别最低的域名写在最左边，而级别最高的域名写在最右边。由多个标号组成的完整域名总共不超过255个字符。域名的分类有两种。

一是国际域名（International Top-level Domain-names，iTDs），也叫国际顶级域名。这也是使用最早也最广泛的域名。例如表示工商企业的 .com，表示网络提供商的 .net，表示非盈利组织的 .org 等。

二是国内域名，又称为国内顶级域名（National Top-level Domainnames，nTLDs），即按照国家的不同分配不同后缀，这些域名即为该国的国内顶级域名。200多个国家和地区都按照ISO3166国家代码分配了顶级域名，例如中国是.cn，美国是.us，日本是.jp等。

在实际使用和功能上，国际域名与国内域名没有任何区别，都是互联网上的具有唯一性的标识。只是在最终管理机构上，国际域名由美国商业部授权的互联网名称与数字地址分配机构（The Internet Corporation for Assigned Names and Numbers，ICANN）负责注册和管理；而国内域名则由中国互联网络管理中心（China Internet Network Information Center，CNNIC）负责注册和管理。表6-2列出了一些常见的域名。

表6-2　常见的域名

域　名	含　义
.ac	科研机构
.com	工、商、金融等企业
.edu	教育机构
.gov	政府部门
.mil	军事机构
.net	互联网络、接入网络的信息中心
.org	各种非营利性组织
.biz	网络商务向导
.info	提供信息服务的企业
.pro	医生、律师、会计师等专业人员的通用顶级域名
.name	适用于个人注册的通用顶级域名
.coop	适用于商业合作社的专用顶级域名
.aero	适用于航空运输业的专用顶级域名
.museum	适用于博物馆的专用顶级域名
.asia	适用于亚洲地区的域名
.int	国际组织

④ 默认网关　一个用于 TCP/IP 协议的配置项，是一个可直接到达的IP路由器的

IP地址。配置默认网关（Default Gateway）可以在IP路由表中创建一个默认路径。一台主机可以有多个网关。默认网关的意思是一台主机如果找不到可用的网关，就把数据包发给默认指定的网关，由这个网关来处理数据包。现在主机使用的网关，一般指的是默认网关。一台电脑的默认网关是不可以随随便便指定的，必须正确地指定，否则就会将数据包发给不是网关的电脑，从而无法与其他网络的电脑通信。默认网关的设定有手动设置和自动设置两种方式。

⑤ DNS服务器　DNS服务器是计算机域名系统（Domain Name System 或Domain Name Service）的缩写，它是由域名解析器和域名服务器组成的。域名服务器是指保存有该网络中所有主机的域名和对应IP地址、并具有将域名转换为IP地址功能的服务器。其中域名必须对应一个IP地址，而IP地址不一定有域名。域名系统采用类似目录树的等级结构。域名服务器为客户机/服务器模式中的服务器方，它主要有两种形式：主服务器和转发服务器。将域名映射为IP地址的过程就称为“域名解析”。

6.2.3　接入因特网

接入因特网的方式有很多，一般都是通过提供因特网接入服务的ISP接入Internet。主要的接入方式有：电话拨号接入、ADSL接入、局域网接入和Cable Modem接入等。

（1）电话拨号接入（PSTN）

早期家庭用户接入互联网的普遍的窄带接入方式。即通过电话线，利用当地运营商提供（ISP）的接入号码，拨号接入互联网，速率不超过56Kbps。特点是使用方便，只需有效的电话线及自带调制解调器（MODEM）的PC就可完成接入。运用在一些低速率的网络应用（如网页浏览查询，聊天，EMAIL等），主要适合于临时性接入或无其他宽带接入场所的使用。缺点是速率低，无法实现一些高速率要求的网络服务，其次是费用较高（接入费用由电话通信费和网络使用费组成）。

（2）ADSL方式接入

ADSL可直接利用现有的电话线路，通过ADSL MODEM后进行数字信息传输。理论速率可达到8Mbps的下行和1Mbps的上行，传输距离可达4 ～ 5km。ADSL2+速率可达24Mbps下行和1Mbps上行。另外，最新的VDSL2技术可以达到上下行各100Mbps的速率。特点是速率稳定、带宽独享、语音数据不干扰等。适用于家庭、个人等用户的大多数网络应用需求，满足一些宽带业务包括IPTV、视频点播（VOD），远程教学，可视电话，多媒体检索，LAN互联，Internet接入等。

ADSL技术具有以下一些主要特点：可以充分利用现有的电话线网络，通过在线路两端加装ADSL设备便可为用户提供宽带服务；它可以与普通电话线共存于一条电话线上，接听、拨打电话的同时能进行ADSL传输，而又互不影响；进行数据传输时不通过电话交换机，这样上网时就不需要缴付额外的电话费，可节省费用；ADSL的数据传输速率可根据线路的情况进行自动调整，它以“尽力而为”的方式进行数据传输。

（3）Cable Modem接入

是一种基于有线电视网络铜线资源的接入方式。具有专线上网的连接特点，允许用户通过有线电视网实现高速接入互联网。适用于拥有有线电视网的家庭、个人或中小团体。特点是速率较高，接入方式方便（通过有线电缆传输数据，不需要布线），可实现各类视频服务、高速下载等。缺点在于基于有线电视网络的架构是属于网络资源分享型的，当用户激增时，速率就会下降且不稳定，扩展性不够。

（4）光纤宽带接入

通过光纤接入到小区节点或楼道，再由网线连接到各个共享点上（一般不超过100m），提供一定区域的高速互联接入。特点是速率高，抗干扰能力强，适用于家庭、个人或各类企事业团体，可以实现各类高速率的互联网应用（视频服务、高速数据传输、远程交互等），缺点是一次性布线成本较高。

补充提示

创建宽带连接，并连接ADSL网络的方法在第2章2.4.8配置宽带连接中有详细介绍。

学习总结

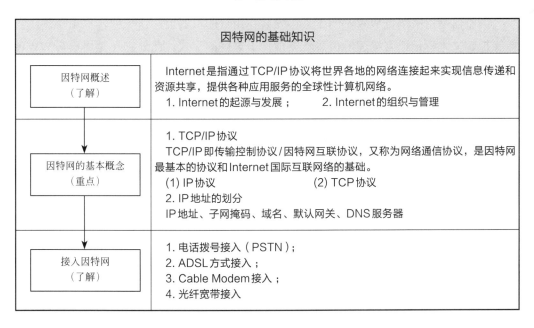

因特网的基础知识	
因特网概述（了解）	Internet是指通过TCP/IP协议将世界各地的网络连接起来实现信息传递和资源共享，提供各种应用服务的全球性计算机网络。 1. Internet的起源与发展；　2. Internet的组织与管理
↓ 因特网的基本概念（重点）	1. TCP/IP协议 TCP/IP即传输控制协议/因特网互联协议，又称为网络通信协议，是因特网最基本的协议和Internet国际互联网络的基础。 (1) IP协议　(2) TCP协议 2. IP地址的划分 IP地址、子网掩码、域名、默认网关、DNS服务器
↓ 接入因特网（了解）	1. 电话拨号接入（PSTN）； 2. ADSL方式接入； 3. Cable Modem接入； 4. 光纤宽带接入

课堂测验

简答题

1. 请描述TCP/IP协议、IP地址、域名、DNS服务器。

2. IP地址分为几类？每类IP的地址范围如何？

6.3 Internet Explorer的应用

用户要在网络中进行信息的浏览，需要通过浏览器来完成。Internet Explorer是微软公司推出的一款网页浏览器，简称IE。微软的Windows操作系统基本都集成了这样的浏览器，Windows 7中使用的是Internet Explorer 8（简称IE 8），在本节课程中主要介绍IE系列中比较经典的一个版本IE 9浏览器的常用功能及使用方法。

6.3.1 浏览网页的相关概念

（1）万维网（www）

万维网，又称WWW（Word Wide Web），是一种建立在因特网上的全球性的、交互动态的、超文本、超媒体信息系统。WWW网站中包含许多网页（又称Web页），每个Web站都有一个主页（Home Page），是该Web站点的信息目录表或菜单。万维网其实是一个由千千万万个网页组成的信息网。WWW是Internet上把所有信息组织起来的一种方式，它是一个超文本文档的集合。

（2）浏览器

浏览器是用来浏览WWW的工具，安装在用户的机器上，是一种客户端软件。它能够把超文本标记语言描述的信息转换成便于理解的形式。此外它还是用户与WWW之间的桥梁，把用户对信息的请求转换成网络上计算机能够识别的命令。浏览器有很多种，目前最常用的浏览器有微软公司的Internet Explorer和Google公司的Chrome等。

（3）超文本（Hypertext）

超文本是一些和其他信息具有链接关系的文本信息，这种链接关系就是一种超文本链接。超文本链接将前一页文本和后一页文本链接起来。超文本与普通文本的最大区别在于普通文本是线性组织，而超文本是以网状结构组织的。在超文本中，可以方便地在文档中来回切换。

（4）超文本标记语言（HTML）

超文本文件由超文本标记语言（Hypertext Markup Language，HTML）编写而成，超文本标记语言是一种在WWW中用来指定超文本内容和格式的语言。

（5）统一资源定位器（URL）

统一资源定位器（Uniform Resource Locator，URL）是WWW页的地址，它从左到右由下面几个部分组成。

① Internet资源类型　指出WWW客户程序用来操作的工具。如“http://”表示WWW服务器，采用http协议传输；“ftp://”表示FTP服务器，采用ftp协议传输。

② 服务器地址（Host）　指出WWW页所在的服务器域名。

③ 端口（Port）　有时对某些资源的访问，需给出相应服务器的端口号。

④ 路径（Path）　指明服务器上某资源的位置。不指明端口和路径时，其采用默

认值。

统一资源定位器URL的地址格式为：资源类型：//host:port/path。

如http://www.shemu.edu.cn/education/index.htm，就是一个典型的URL地址。客户程序首先看到http（超文本传输协议），便知道处理的是HTML链接。接下来的www.shemu.edu.cn是站点地址，然后是目录education，最后是文件名index.htm。

（6）超文本传输协议（HTTP）

超文本传输协议（Hypertext Transfer Protocol，HTTP）是WWW浏览器和WWW服务器之间的通信协议。

（7）FTP文件传输协议

FTP即文件传输协议，是因特网提供的基本服务。FTP在TCP/IP协议体系结构中位于应用层。使用FTP协议可以在因特网上将文件从一台计算机传送到另一台计算机，不管这两台电脑位置相距多远，使用的是什么操作系统，也不管它们通过什么方式接入因特网。

6.3.2 初识IE

IE浏览器是Windows 7操作系统下的一个应用软件，使用“ ”作为程序图标。

微视频：IE浏览器的启动和关闭

（1）IE浏览器的启动和关闭

① 启动IE浏览器　单击“开始”按钮，依次点击“所有程序”“Internet Explorer”，打开IE浏览器。或者可以在桌面及任务栏上设置IE的快捷方式，以后操作时就可以直接打开程序了。如图6-16所示。

图6-16　IE浏览器窗口

② 关闭IE窗口　和其他应用程序的操作方法一样，可以在IE窗口右上角点击“关闭”按钮来关闭、也可以使用IE窗口左上角的弹出菜单中的“关闭”，或在任务栏的IE图标上点击右键选择“关闭窗口”，还可以使用“Alt+F4”快捷键来关闭。

（2）IE窗口中的功能按钮（见图6-17）

① 前进、后退按钮　可以在浏览记录中前进与后退，让我们方便地返回以前访问过的页面或地址。

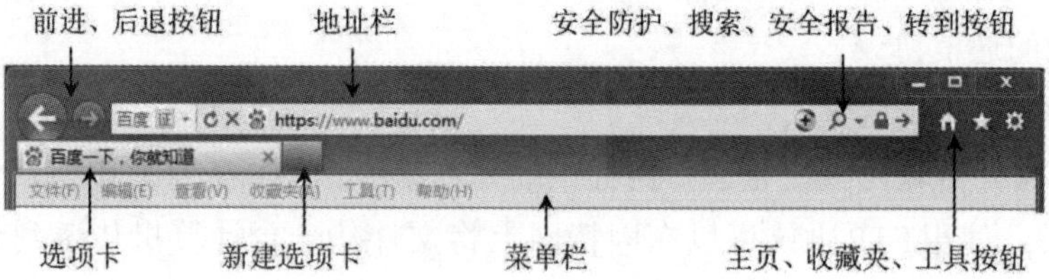

图6-17　IE窗口功能按钮

② 地址栏　在IE9浏览器中将地址栏与搜索栏合二为一，不仅可以输入要访问的网站地址，也可以直接在地址栏输入关键词实现搜索。

③ 安全防护　从图标上看其实是360安全卫士图标，只有本机安装了360安全卫士才可以使用这个按钮，作用是对浏览器访问的地址或页面进行安全防护，可以手动关闭此功能，在它的图标上面用鼠标左键点击一下，然后它就会弹出一个列表。我们点击一下列表中的隐藏地址栏图标。

④ 搜索　对地址栏中输入的关键词进行搜索。搜索按钮后面的三角形图标是一个下拉按钮，单击时可以在下拉列表中显示最近访问过的地址。

⑤ 选项卡　表示已经打开的网页，每个选项卡单独打开一个网页页面，浏览器可以打同时打开多个页面。单击右侧的“新建选项卡”按钮可以新建一个选项卡，与之前的选项卡并列在一行上显示。

⑥ 主页　每次打开IE浏览器时会自动打开一个选项卡，选项卡中默认显示一个主页，主页的地址可以在Internet选项中设置，并且可以设置多个主页，这样打开IE就会打开多个选项卡显示多个主页的内容。

⑦ 收藏夹　IE9将收藏夹、源和历史记录集成在一起了，单击收藏夹就可以展开小窗口。右侧的“工具”按钮，打开后可以看到“打印”“文件”“Internet选项”等功能。

⑧ 菜单栏　IE9默认菜单栏不显示，在浏览器窗口上方空白区域单击鼠标右键，或在左上角单击鼠标左键，即可弹出一个菜单如图6-18所示，可在上面勾选需要在IE上显示的工具栏。

注意：如果IE浏览器中有多个选项卡打开时，使用选项卡右上角的“关闭”按钮可以关闭单个选项卡，也可以使用窗口右上角的“关闭”按钮，IE会提示“关闭所有选项卡还是关闭当前的选项卡”，如图6-19所示，如果勾选了“总是关闭所有选项卡”，则以后都会默认关闭所有选项卡。

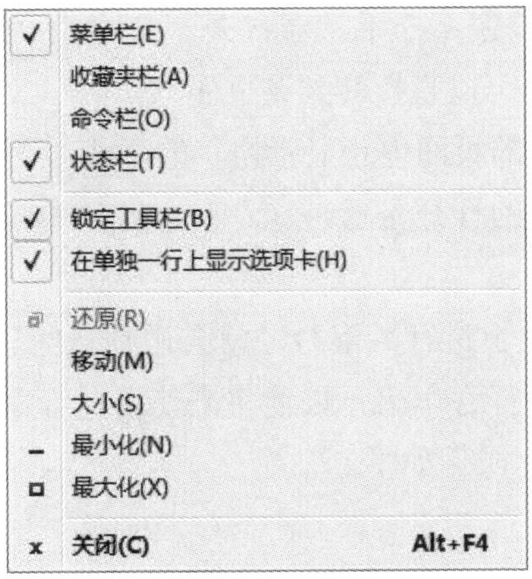

图6-18　IE9显示工具栏菜单

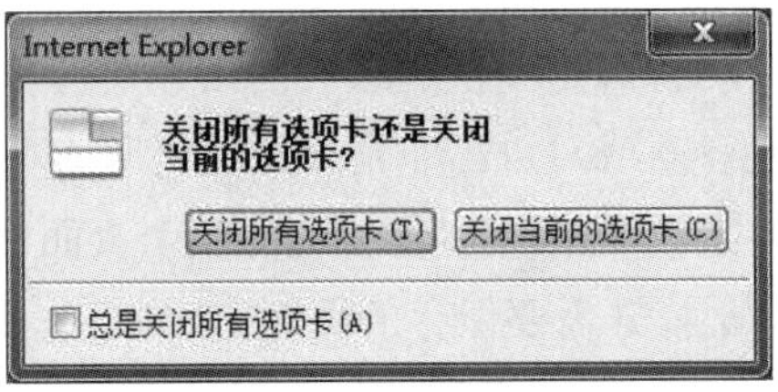

图6-19　浏览器关闭提示窗口

6.3.3　页面浏览

在浏览器中进行页面内容的浏览是用户在网上冲浪时的最基本需要，通常还要掌握以下几个方面的操作。

（1）页面地址输入

将光标点击到浏览器地址栏中后输入需要浏览的页面地址即可。默认情况下，用户第一次输入使用的地址时，IE浏览器会对地址进行记忆，当再次使用这个地址时，只需要输入地址开始的几个字符，此时地址栏会在保存的记录中进行检查并把开始几个字符符合的地址在列表中列出来供用户选择，用户使用鼠标直接单击相应地址即可转到相应的页面。

地址输入或者选择后，按回车键或单击“转到”按钮，浏览器会根据地址栏中的地址打开相应的页面。

（2）页面浏览

通过浏览器打开页面就可以浏览页面了。一般将网站的第一个页面称为主页或首页。网页页面上有很多链接，它们是显示不同颜色、或带有下划线的文字，或是图片等，链接直接的体现是当光标移动到上面时会变成一只小手图标，此时点击鼠标左键就可以从当前页面跳转到另一个页面。需要注意的是部分链接单击后会使用当前选项卡打开新的链接，使本选项卡的内容发生改变，而有的链接会自动打开一个新的选项卡来显示新链接的内容，对于前者可以在链接上单击鼠标右键，在弹出菜单上单击“在新选项卡中打开”。

浏览页面时经常需要返回到前面曾经浏览过的页面中，此时可以使用前面提到的“后退和前进”按钮来完成。

- 单击“主页”按钮可以返回到启动IE浏览器时默认显示的页面。
- 单击“后退”按钮可以返回到上次访问过的地址页面。
- 单击“前进”按钮可以返回到单击“后退”按钮前看过的地址页面。

• 在单击“后退”和“前进”按钮时，可以按住不松手，会打开一个下拉列表，列出最近浏览过的几个地址，单击选定的页面，便可以直接转到该页面。

• 单击“停止”按钮，可以对正在打开过程中的页面停止显示内容的下载。

• 单击“刷新”按钮可以重新对页面进行全新的打开显示。

（3）页面内容的保存

因特网是一个超级大的信息资源库，我们在网上进行冲浪时经常会遇到一些自己特别喜欢或对自己非常有用的资源或页面，就需要保存下来，以便将来使用。

① 页面保存　将浏览的整个页面都保存下来，操作如下：

a. 打开需要保存的页面；

b. 按Alt键显示菜单栏（当菜单栏在隐藏时），单击“文件”→“另存为”命令，打开“保存网页”对话框，或使用快捷键“Ctrl+S”；

c. 选择要保存文件的路径；

d. 在文件名框内输入文件名；

e. 在保存类型中，根据需要可以选择“网页，全部”“Web档案，单个文件”“网页，仅HTML”“文本文件”四种类型之一。文本文件类型比较节省存储空间，但只能保存文字信息，不能保存图片等多媒体信息；

f. 单击“保存”按钮进行保存。

② 打开已保存的页面　已经保存好的网页页面，使用时可以不用连接到因特网，因为页面内容已经保存在本地磁盘上，不再需要通过网络进行下载。

a. 在IE浏览器上单击“文件”→“打开”命令，显示“打开”对话框；

b. 单击“浏览”按钮，直接从相应文件夹目录中选择要打开的页面文件；

c. 单击“确定”按钮，便打开了选择的网页页面。

③ 保存部分页面内容　在对网页页面内容进行保存时，页面中只有部分内容需要保存，这时我们可以灵活运用“Ctrl+C”（复制）和“Ctrl+V”（粘贴）快捷键将页面上自己感兴趣的内容复制、粘贴到一个空白文件上。

a. 使用鼠标光标选定想要保存的页面文字内容；

b. 使用“Ctrl+C”快捷键将选定的内容复制到剪贴板；

c. 打开一个空白Word文件或记事本，按“Ctrl+V”将内容粘贴到文档中；

d. 输入新的文件名和指定保存位置，保存文档。

注意：保存在记事本里的文字不会保留之前在页面上时显示的字体和样式，超链接的文字保存在记事本里也会失效。

④ 图片、音频等文件的保存　网页页面中的内容非常丰富，还经常会对页面中的图片进行保存。

a. 在页面中显示的图片上单击鼠标右键；

b. 在弹出的菜单上选择“图片另存为”，单击打开“保存图片”对话框；

c. 在对话框内选择要保存图片的路径，输入图片名称；

d. 单击“保存”按钮进行图片保存。

Internet上的超链接都是指向一个资源的，这个资源可以是一个页面，也可以是一个音频文件或视频文件、压缩文件等。用户如何下载、保存这类资源。

a. 在超链接上单击鼠标右键；

b. 在弹出的菜单上选择“目标另存为”，单击打开“另存为”对话框；

c. 在对话框内选择要保存的路径，输入需要保存的文件的名称；

d. 单击“保存”按钮进行保存。

下载保存这类资源时IE底部首先会显示图6-20所示提示需要下载的资源保存的路径，开始下载后如图6-21所示，显示下载完成百分比，预计剩余时间，暂停、取消等功能按钮。点击“查看下载”按钮可以打开如图6-22所示窗口，列出通过IE浏览器下载的文件列表，以及资源的状态和保存位置等信息，方便用户查看和跟踪下载的文件。

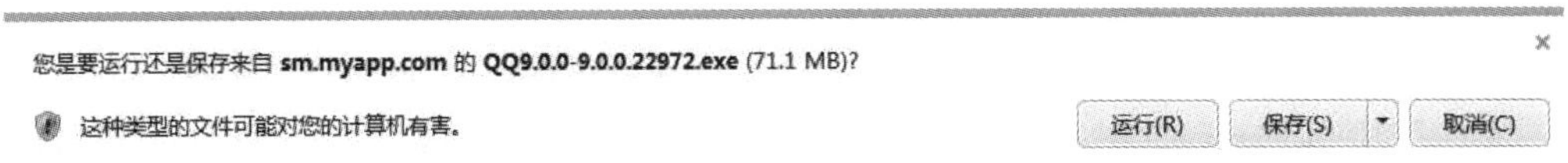

图6-20　下载保存提示

图6-21　下载状态

图6-22　查看下载任务

（4）浏览器主页

IE浏览器每次启动时会打开主页直接显示，我们可以将平时使用最频繁的网站页面地址设置为主页。

① 打开IE浏览器，单击“工具”按钮打开“Internet选项”对话框。

② 选择“常规”标签打开选项卡，在“主页”组中进行设置。如图6-23所示。

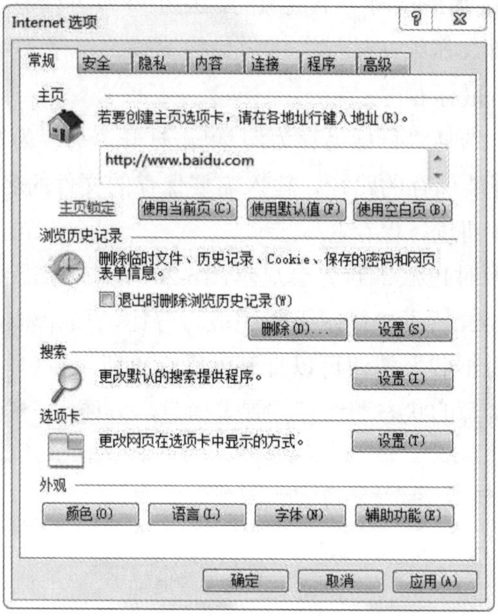

图6-23 “Internet选项”对话框

“使用当前页”按钮：选择这个按钮时上面的地址框中便会填入浏览器显示的当前页面地址。还可以在地址框中输入自己想要设置的页面地址。

“使用默认值”按钮：选择这个按钮时在地址框中会自动填入微软公司的网站地址。

“使用空白页”按钮：选择此项后浏览器在启动的时候不显示任何网站页面，只显示空白选项卡。

③ 如果想设置多个主页，可以在地址框中另起一行，输入多个地址。

④ 以上设置完成后还没有生效，必须单击“确定”或“应用”按钮，单击“确定”会关闭“Internet选项”对话框，而“应用”按钮会使之前所做的更改生效，但是不会关闭“Internet选项”对话框，以便用户继续更改其他选项。

（5）收藏夹

IE浏览器的收藏夹为用户提供了方便的页面地址保存的功能。下面介绍如何将页面地址添加到收藏夹中。

微视频：收藏夹的使用

① 使用“添加收藏夹”功能按钮　首先在浏览器中打开要收藏的网页页面，单击IE浏览器上的“收藏夹”按钮，在打开的窗口中选中“收藏夹”选项卡，如图6-24所示。在选项卡上方单击“添加到收藏夹”按钮，打开“添加收藏”对话框，如图6-25所示。

在图6-25中直接点击“添加”按钮便会将“百度网址”添加到“收藏夹”根目录下。名称可以自己根据需求进行修改，单击“创建位置”后面的下拉框可以展开下面的列表，列表中列出了自行创建的收藏夹二级目录，可以选择某个文件夹进行保存。

图6-24 “收藏夹”窗口

② 创建收藏夹二级目录　收藏夹下可以包含多个子文件夹，也就是二级目录，将收藏的页面地址进行分类存放到各子文件夹中，便于用户日常的使用和管理。

在图6-25中单击“新建文件夹”按钮，打开“创建文件夹”对话框，如图6-26所示。在“文件夹名”框中输入新文件夹名称，单击“创建”按钮，便在收藏夹下添加了一个新的文件夹。

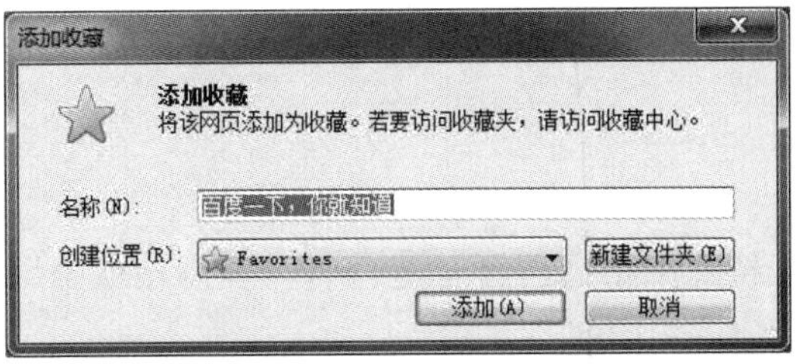

图6-25 “添加收藏”对话框

图6-26 “创建文件夹”对话框

③ 拖动收藏　将网页图标拖动到收藏夹或其中某个子文件夹中是一种比较快捷的收藏方法。

首先在图6-24中的收藏夹窗口中单击“固定收藏夹中心”按钮，将收藏夹固定到IE浏览器窗口左边，如图6-27所示。再打开要收藏的网页页面，拖动地址框中网页地址前面的图标到收藏夹中，或某一个文件夹中。鼠标指针经过之处会出现一条黑线，表示鼠标的位置，此时松开鼠标左键，网页地址便会自动存放于黑线所在位置了。当黑线落在某个文件夹上时，稍停顿该文件夹会自动展开，此时松开左键，网页地址便会存放在该文件夹下。

图6-27 固定收藏夹中心

④ 收藏夹中地址的使用 首先打开收藏夹如图6-24或图6-27所示，在收藏夹中选择需要打开的收藏地址，或先打开收藏夹中的文件夹，选择地址单击，IE浏览器便会自动转向相应的页面。

⑤ 收藏夹的整理 收藏夹在使用的过程中收藏的地址会越来越多，为便于查找，我们可以根据需求对收藏夹中的地址进行分类整理。打开收藏夹后在收藏的文件夹中或地址上单击鼠标右键选择复制、剪切、重命名、删除、新建等操作，还可以使用拖拽的方式移动文件夹或地址的位置，从而对收藏夹的内容进行管理。

6.3.4 信息的搜索

用户在使用Internet时经常要查找一些特定的信息资源，专门有一些网站就是用来解决用户的这一需求的，这种网站称为“搜索引擎”。

微视频：信息搜索

常见的搜索引擎有：百度（www.baidu.com）、搜狗搜索（www.sogou.com）、谷歌（www.google.com）、360搜索（www.so.com）等。下面以百度为例介绍简单的信息搜索方法，以提高学习和工作的效率。

① 打开IE浏览器在地址栏中输入百度搜索引擎的网址（www.baidu.com），转到百度页面中，在文本栏中输入需要搜索的关键词，比如“全国计算机等级考试”，如图6-28所示。

② 搜索关键词输入完成后单击“百度一下”按钮，进行针对关键词的搜索，搜索结果页面如图6-29所示。

③ 在图6-29页面中列出了所有包含关键词“全国计算机等级考试”的搜索结果，

选择单击其中某一项就可以转到相应网页进行内容的查看了。

图6-28 百度搜索引擎

图6-29 百度搜索结果

注意：如图6-29上所示在百度页面上方显示了如“网页、新闻、贴吧、图片、音乐、视频”等，用户可以在搜索时选择不同的大类，可以缩小搜索范围，提高搜索精确度。其他的搜索引擎使用方法基本和百度搜索引擎是类似的。

6.3.5 使用FTP传输文件

FTP是文件传输协议的缩写，主要完成与远程计算机的文件传输。如果要允许用户在FTP中上载或下载文件，就需要在服务器上设置 FTP。需要将文件放在 FTP服务器上的目录中，以便用户可以建立 FTP 连接并通过 FTP 客户端或启用FTP的IE浏览器进行文件传输。

微视频：FTP的使用

在使用浏览器进行FTP站点的登录时，常用的有匿名用户登录和指定账户登录两种，匿名用户登录时浏览器会自动使用Anonymous账户进行登录，不需要输入密码。使用指定账户登录时，浏览器会弹出验证窗口让用户输入指定的账户及密码才能登录。

访问FTP站点时需要输入完整的URL地址，只是URL协议部分应该使用ftp，例如：ftp://192.168.31.86/。下面我们介绍FTP简单的使用方法，站点的浏览和文件下载。

IE浏览器中访问FTP站点并下载文件具体操作如下。

① 首先打开IE浏览器并在地址栏中输入需要访问的FTP站点地址按回车键进行登录。

② 我们示例中的FTP站点是匿名站点，因此IE会自动匿名登录，如图6-30所示。

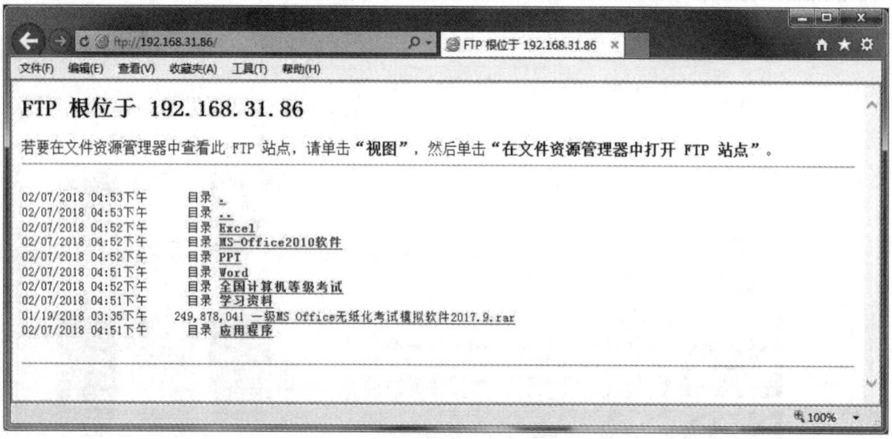

图6-30 IE浏览器浏览FTP站点

在图6-30所示的FTP站点中所有资源都是以链接的方式显示，可以对文件链接单击鼠标左键进行浏览，或在链接上点击鼠标右键选择“目标另存为”来对文件进行下载。

FTP站点也可以Windows资源管理器中进行浏览或下载。

① 首先打开Windows资源管理器，或打开桌面上的计算机图标。

② 在资源管理器的上方地址栏中输入FTP站点地址，按回车键后可显示出FTP站点内的资源，显示效果和浏览本地计算机中的资源是一样的。如图6-31所示。

③ 如果需要下载FTP站点中的资源，可以在其图标上点击鼠标右键选择“复制到文件夹……”，在弹出的“浏览文件夹”窗口中选择要下载的目的位置便可。下载时也可以和我们日常使用时一样，选择“复制、粘贴”操作来完成。

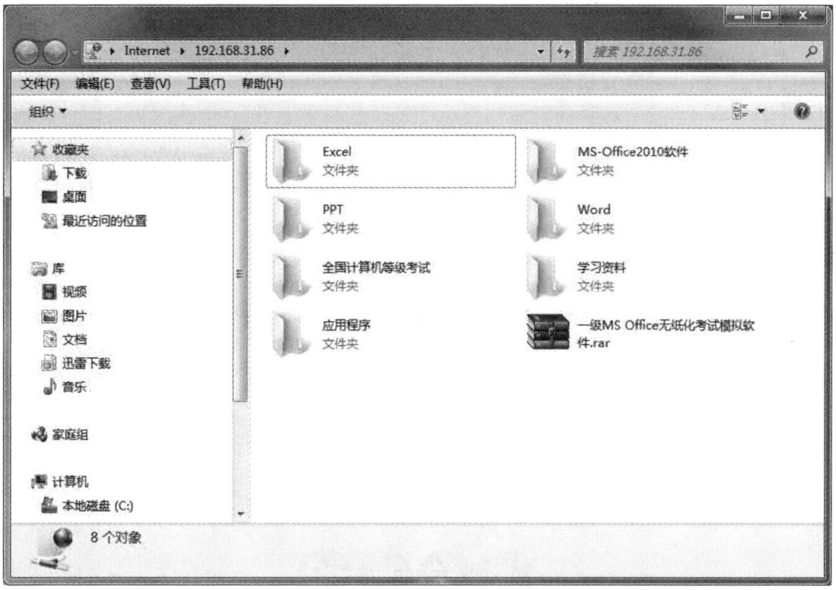

图6-31 使用Windows资源管理器浏览FTP站点

④ 下载开始后IE浏览器会弹出对话框“正在复制……”，如图6-32所示。

图6-32 FTP资源下载进度对话框

下载完成后图6-32的对话框会自动关闭，此时返回到下载时选择的目的位置，就可以查看到已经下载好的文件了。

学习总结

Internet Explorer的应用	
浏览网页的相关概念（了解）	基本概念：万维网（www）、浏览器、超文本、超文本标记语言（HTML）、统一资源定位器（URL）、超文本传输协议（HTTP）、FTP文件传输协议

续表

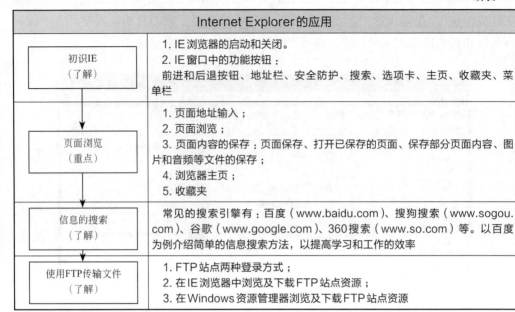

Internet Explorer的应用	
初识IE（了解）	1. IE浏览器的启动和关闭。 2. IE窗口中的功能按钮： 前进和后退按钮、地址栏、安全防护、搜索、选项卡、主页、收藏夹、菜单栏
页面浏览（重点）	1. 页面地址输入； 2. 页面浏览； 3. 页面内容的保存：页面保存、打开已保存的页面、保存部分页面内容、图片和音频等文件的保存； 4. 浏览器主页； 5. 收藏夹
信息的搜索（了解）	常见的搜索引擎有：百度（www.baidu.com）、搜狗搜索（www.sogou.com）、谷歌（www.google.com）、360搜索（www.so.com）等。以百度为例介绍简单的信息搜索方法，以提高学习和工作的效率
使用FTP传输文件（了解）	1. FTP站点两种登录方式； 2. 在IE浏览器中浏览及下载FTP站点资源； 3. 在Windows资源管理器浏览及下载FTP站点资源

课堂测验

操作题

1. 打开指定的页面，以文本文件形式保存打开的页面。
2. 打开指定的页面，保存页面中的所有图片并以指定名称进行命名。

6.4 电子邮件

6.4.1 E-mail概述

E-mail即电子邮件，是一种用电子手段提供信息交换的通信方式，是互联网应用最广的服务。通过网络的电子邮件系统，用户可以以非常低廉的价格（不管发送到哪里，都只需负担网费）、非常快速的方式（几秒钟之内可以发送到世界上任何指定的目的地），与世界上任何一个角落的网络用户联系。

电子邮件类似于普通纸质信件。使用电子邮件服务，用户首先必须要拥有一个电子邮箱，每个电子邮箱对应有一个唯一的电子邮件地址（也就是账号）。

（1）电子邮件地址

电子邮件地址的格式是固定的：<用户标识>@<邮件主机域名>。用户标识由用户在申请电子邮箱时根据服务商要求自行设置，一般由字母、数字及下划线构成，用户标识在本服务商提供的电子邮件服务中必须是唯一的。@是固定格式，不能改变，邮件主机域名由邮件服务商提供，不同的电子邮件服务商提供的主机域名不同。地址中间不能有空格或逗号。例如：cs_2018@126.com便是在网易126上申请的一个完整的电子邮箱。

注意：电子邮件首先被发送到收件人的邮件服务器，存放在属于收件人的电子邮箱里所有的邮件服务器都是24小时工作，随时可以接收或发送邮件，发信人可以随时上网发邮件，收件人也可以随时连接因特网打开自己的电子邮箱阅读邮件。由此可知，在因特网上收发电子邮件不受地域或时间的限制，双方的计算机并不需要同时打开。

（2）电子邮件格式

电子邮件有两个基本组成部分：信头和信体。信头类似普通的信封，信体类似信件内容。

① 信头

收件人：收件人的电子邮件地址。如果给多个人发邮件，地址之间用分号隔开。

抄送：指同时可以接收到此邮件的其他人的电子邮件地址。

主题：信件的标题，描述邮件内容的主题，可以是一句话或一个词。

② 信体　信体指的是电子邮件的主体内容，是希望收件人看到的正文内容。还可以包含有附件，比如图片、音频视频、文档等都可以作为附件和电子邮件一起发送。

（3）免费电子邮箱申请

随着因特网的飞速发展，很多大型网站都提供免费电子邮箱服务，如新浪（www.sina.com.cn）、搜狐（www.sohu.com）、网易（www.163.com）等。申请免费邮箱时首先进入邮箱提供商的主页选择“免费邮箱”，进入注册页面后根据每一项要求提示填入相关信息即可成功申请免费电子邮箱。

6.4.2　Outlook 2010的基本设置

电子邮件的收发除了常用的在IE浏览器中直接登录进行使用外，还可以使用电子邮件客户端软件。通过使用客户端软件可以完成电子邮件的收发或公司内部OA的邮件管理、备份电子邮件和联系人等信息、高效管理日程安排等，相较于IE浏览器中使用电子邮件有明显的功能特色优点。下面我们以Microsoft Outlook 2010为例详细介绍使用方法。

微视频：
设置账号

（1）设置账号

首先启动Outlook 2010，第一次使用该软件时启动的是配置向导，如图6-33所示。

软件启动后单击“下一步”按钮，显示配置电子邮件账户确认界面，如图6-34所示。选择“是”后单击“下一步”，进入到电子邮件账户信息设置界面，如图6-35所示。

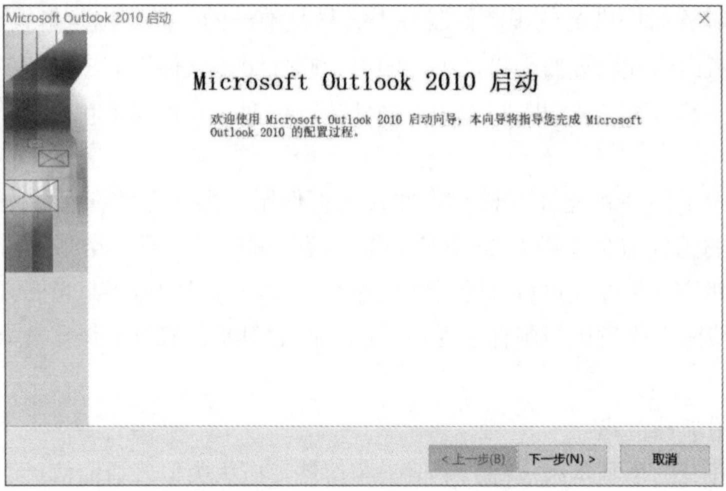

图6-33　Outlook　2010启动向导

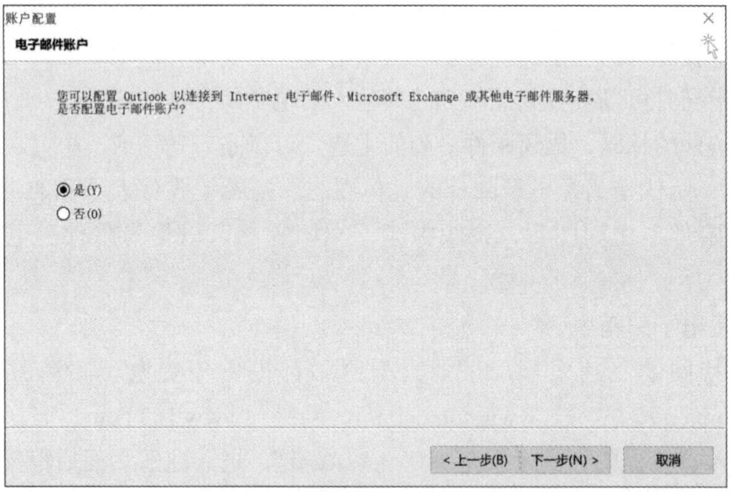

图6-34　是否配置电子邮件账户

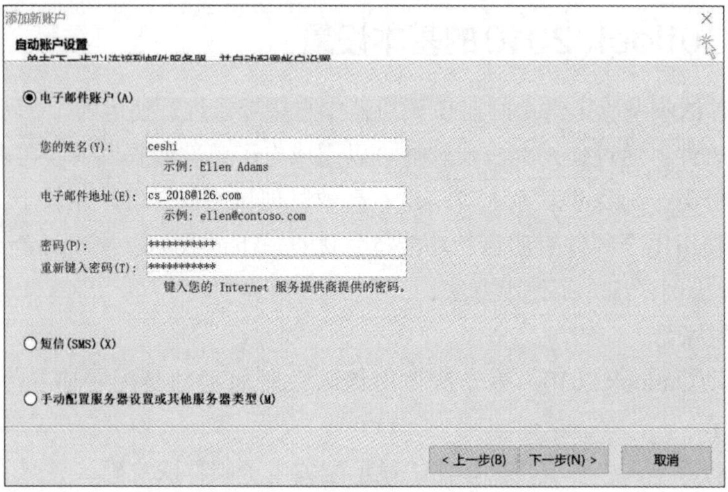

图6-35　电子邮件账户信息设置

在图6-35中“您的姓名”由用户根据情况自行填写，“电子邮件地址”中填写用户已经申请好的邮件地址，后面两项密码填写申请电子邮箱时自己设置的邮箱密码，单击“下一步”进入配置电子邮件服务器设置界面，如图6-36所示。

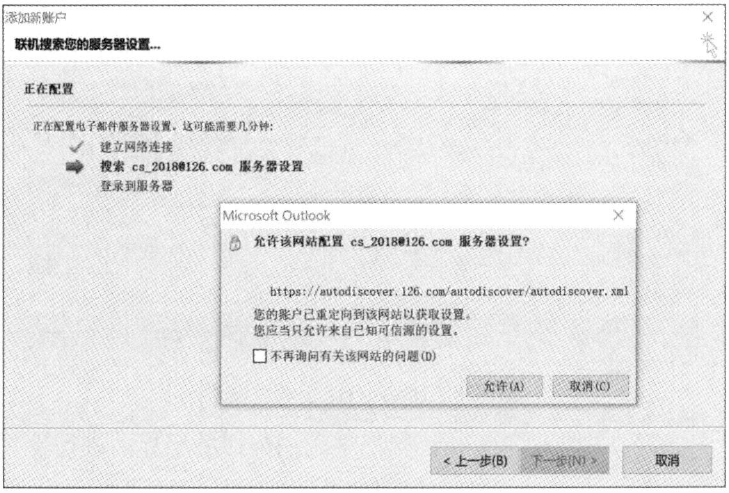

图6-36　配置电子邮件服务器设置

选择“允许”按钮系统自动搜索服务器设置，一般默认情况下邮件服务器的IMAP服务是没有开启的，所以会出现图6-37所示的提示，我们可以使用IE浏览器进入你自己的电子邮箱，在“设置”中找到IMAP服务并开启服务。再回到图6-37界面中继续单击“下一步”进行多次后出现图6-38所示界面，按要求填入每项内容进行设置。

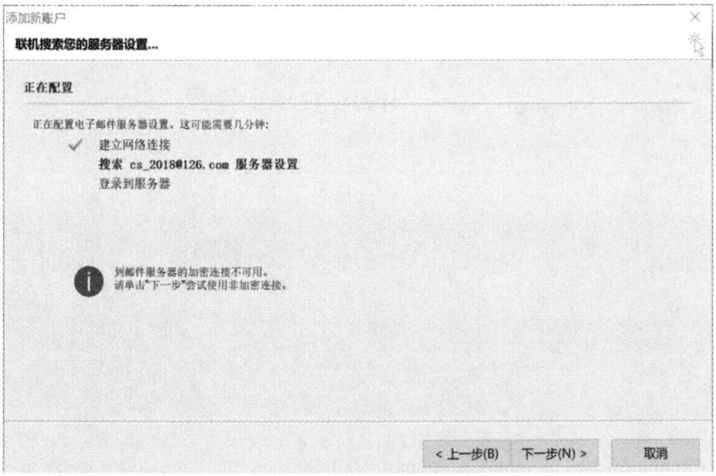

图6-37　搜索服务器设置没有通过

在图6-38中“您的姓名”用户自己设置，“电子邮件地址”填写图6-35中所填地址便可，服务器信息中的项目每个电子邮件服务商的不同所填内容也不同，需要填写时可上相关官方网站进行查询，鼠标点击文本框“用户名”会自动出现，也可自行填写电子邮箱地址的用户标识，“密码”填写图6-35中所填密码即可，再点击“其他设

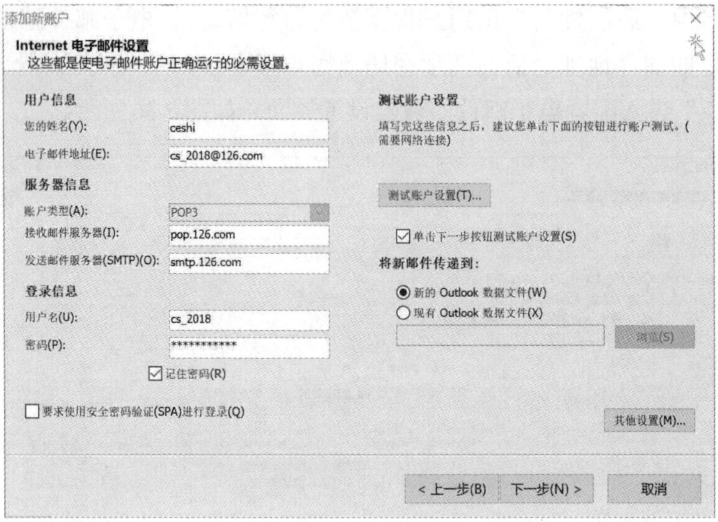

图6-38 Internet电子邮件设置

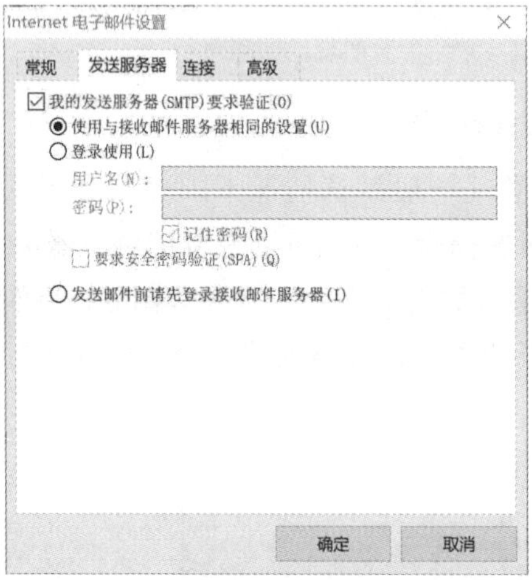

图6-39 “其他设置”界面

置”进入图6-39所示界面进行设置，单击“确定”后返回到图6-38界面再点“下一步”按钮，然后进入图6-40所示界面。

在图6-40中前两项不需要作修改，而“密码”需要修改成用户在IE浏览器中启用IMAP时设置的“授权码”，输入完成后还会弹出相同的界面，不过“服务器”地址有所改变，此时将“密码”还是修改成用户在IE浏览器中启用IMAP时设置的“授权码”，点击“确定”后出现如图6-41所示界面，选择“关闭”按钮后弹出图6-42所示界面。

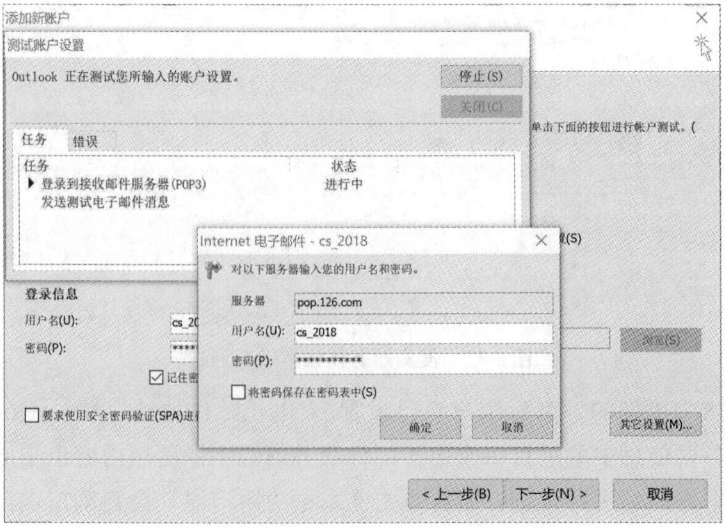

图6-40 测试账户设置

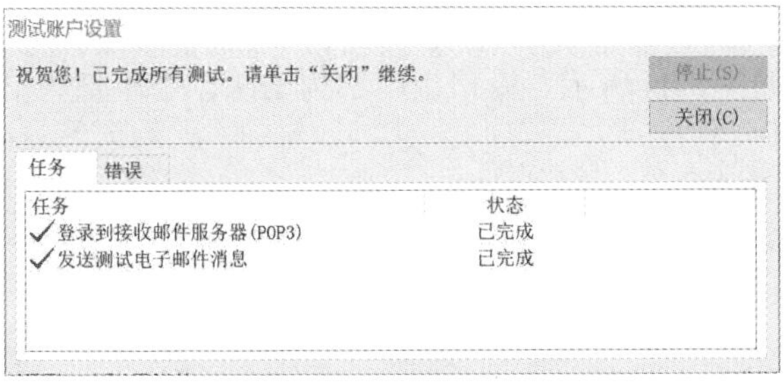

图6-41　设置完成窗口

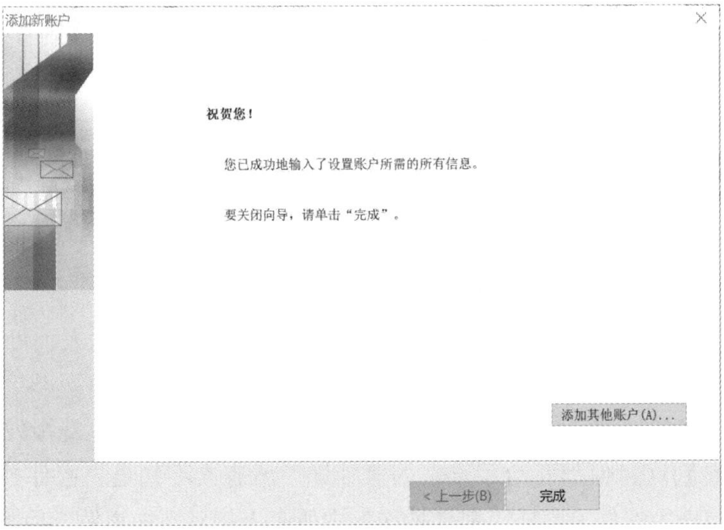

图6-42　添加账户设置完成

完成以上所有操作后，进入Outlook 2010的软件界面，在“文件”→“信息”中的账户信息下就可看到帐户cs_2018@126.com，如图6-43所示。

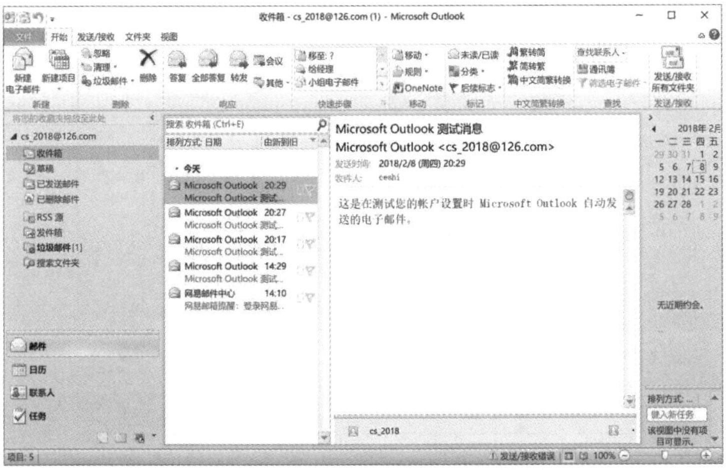

图6-43　Outlook 2010的软件界面

（2）发送电子邮件

使用Outlook给“cs_2018@126.com”发送邮件的操作方法如下。

微视频：
发送电子邮件

首先启动Outlook 2010，单击“开始”选项卡中的“新建电子邮件”按钮，打开撰写新邮件窗口，如图6-44所示。窗口上半部为信头，下半部为信体。依次填入各项内容。

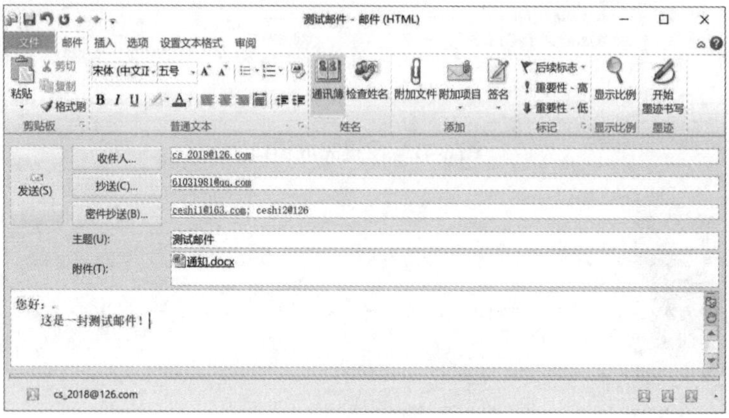

图6-44 “新建电子邮件”窗口

① 收件人　cs_2018@126.com（收件人的E-mail地址）。

② 抄送　61031981@qq.com（同一份邮件发送时同时发给抄送人，可以是多个人，地址间使用分号隔开）。

③ 密件抄送　ceshi1@163.com；ceshi2@126.com（密件抄送是指发件人不希望多个收件人看到这封信都发给了谁，即“抄送”所有人不知道“密件抄送”中地址也接收到了同样的邮件，同样“密件抄送”中所有人相互不知道发送给了对方并且也不知道发送给了“抄送”人）需要使用“密件抄送”可以单击“抄送”按钮，进入如图6-45所示界面进行设置。

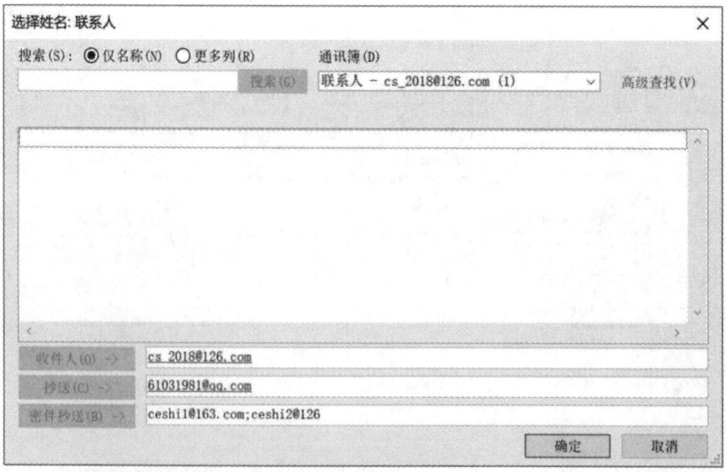

图6-45 密件抄送

④ 主题　测试邮件（邮件的主题）。

⑤ 附件　通知.docx（可以通过邮件一起发送计算机中的其他文件，如word文档、

图片、音频或视频等）使用附件时单击“邮件”选项卡上的“附加文件”按钮，打开“插入文件”对话框选择要添加的附件，单击对话框上的“插入”按钮即可成功添加附件。还可以将需要添加为附件的文件直接拖拽到发送邮件的窗口上，便会自动插入为邮件的附件。

⑥ 邮件主体内容　图6-44中“附件”下方的空白区域为电子邮件的主体内容，可以在此写上相关的邮件内容（邮件内容可以像我们编辑Word文档一样去操作，比如改变字体及颜色、大小、调整对齐格式、甚至插入表格、图形图片等）。

完成以上电子邮件的撰写后单击图6-44窗口中的“发送”按钮，即可完成邮件发送。

（3）接收邮件和阅读邮件

接收电子邮件时，单击工具栏上的“发送/接收”按钮，会弹出一个邮件发送和接收的对话框，当下载完邮件后，就可以查看阅读邮件了。

微视频：接收和阅读邮件

阅读邮件时，先选择Outlook窗口左侧栏中的“收件箱”按钮，打开一个邮件预览窗口，如图6-46所示，中间部分为邮件列表区域，接收到的所有邮件都在此列出，右侧栏为邮件预览区域，在邮件列表区域中选择单击一个邮件，则右侧预览栏中便显示邮件的内容。如果要详细阅读邮件可以双击打开，如我们打开列表区中的邮件“测试邮件”，将弹出阅读邮件窗口，如图6-47所示。

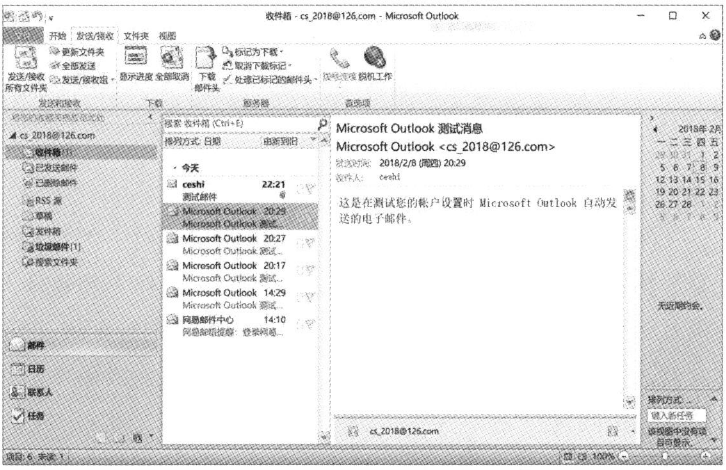

图6-46　邮件预览窗口

（4）附件的阅读和保存

如果要在Outlook窗口中阅读附件，在图6-46中和图6-47窗口中都可以进行，选择单击附件名称，如本示例中的“通知.docx”，在附件下方区域中便可预览出附件的内容。有些附件不是文档的文件无法在Outlook窗口中预览，可以选择双击打开。

微视频：附件的阅读和保存

保存附件时可以在附件上单击鼠标右键选择“另存为”，在打开的

“保存附件”窗口中选择需要保存的位置并单击“保存”按钮即可。如图6-48所示。

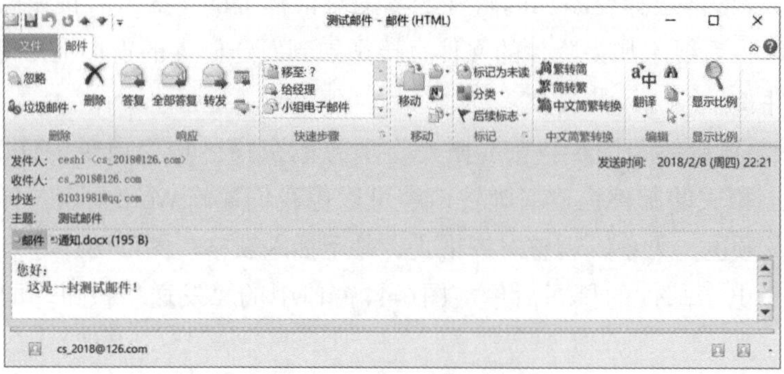

图6-47　阅读邮件窗口

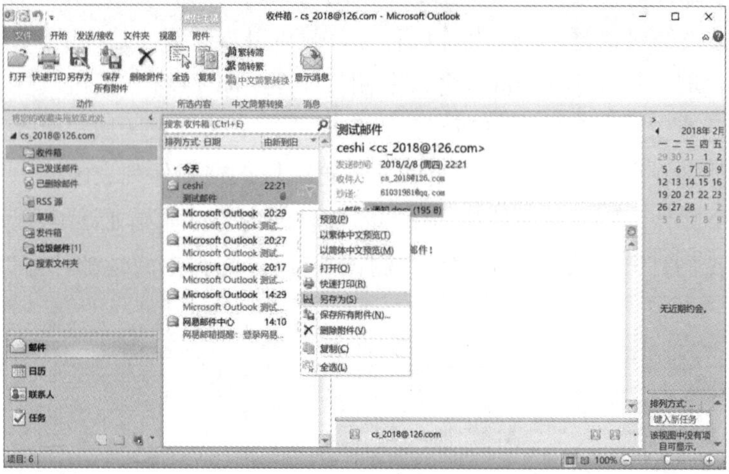

图6-48　保存附件

（5）回复和转发

阅读完邮件需要回复时，在图6-47窗口中单击“答复”或“全部答复”按钮，进入回复窗口，如图6-49所示，发件人和收件人的地址已经由系统自动填好，原信件的内容也在邮件主体内容区域往下空两行显示，此时只需要在两个空行中填写回复内容即可，完成后单击“发送”按钮便可完成回复。

微视频：
回复和转发

如果用户接收到的邮件需要再发给其他人，可以使用“转发”邮件，在图6-47窗口中单击“转发”图标，打开邮件“转发”窗口，如图6-50所示，填入收件人地址或多个地址用分号隔开，同样在邮件主体内容上方自动空出两行，转发者可以添加邮件内容，完成后单击“发送”按钮即可。

（6）使用联系人

为了用户使用更加方便，Outlook提供了功能强大的联系人，可以像普通通讯录一样保存联系人的电子邮件地址、通讯地址、电话号码等信息。

微视频：
使用联系人

① 添加联系人　打开Outlook后选择“开始”选项卡左下角的“联系

人”，进入联系人管理窗口，我们可以看到已经保存好的联系人名片，显示了联系人的姓名、E-mail地址等摘要信息，在联系人名片上双击可以查看详细信息。也可以在名片上单击右键选择“创建”→“电子邮件”对联系直接发送电子邮件。如图6-51所示。

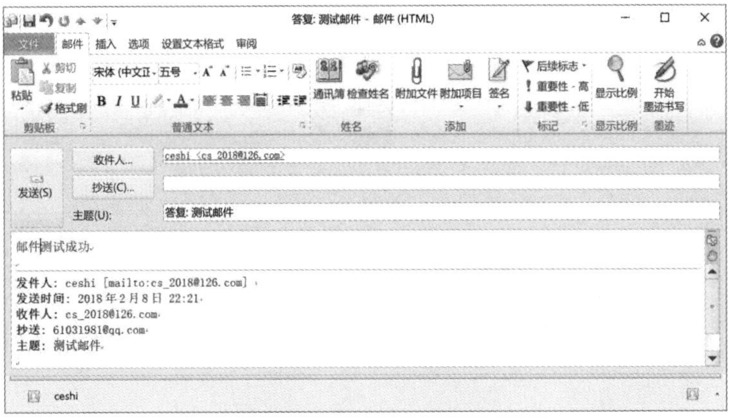

图6-49　邮件回复窗口

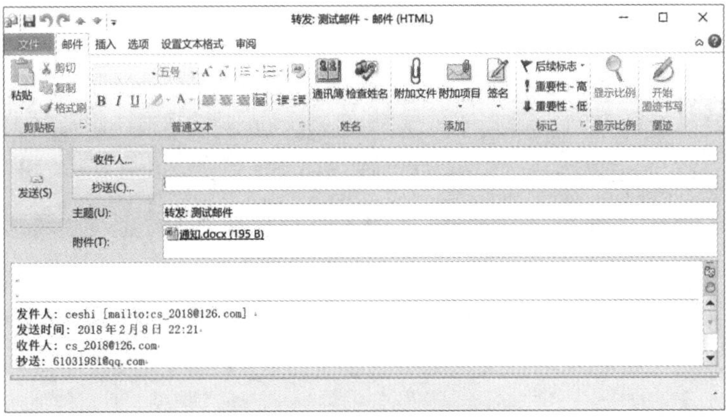

图6-50　邮件“转发”窗口

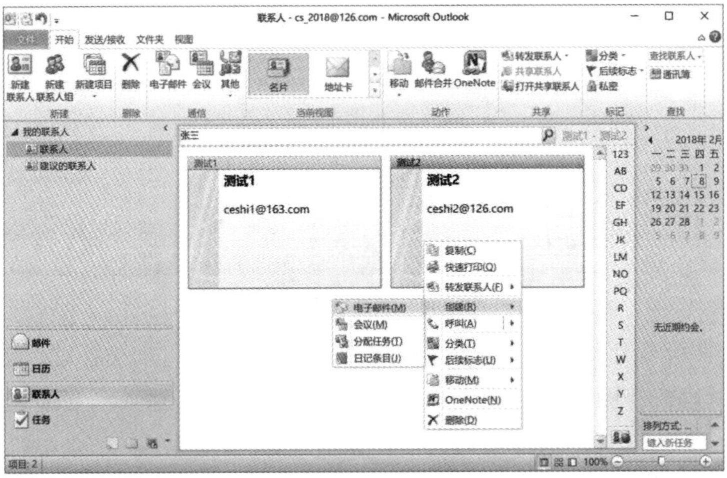

图6-51　联系人窗口

在图6-51窗口上单击“新建联系人”，进入联系人资料填写窗口，用户可以根据自己的需求进行相关资料的填写，资料填写完成后单击“保存并关闭”即可。如图6-52所示。

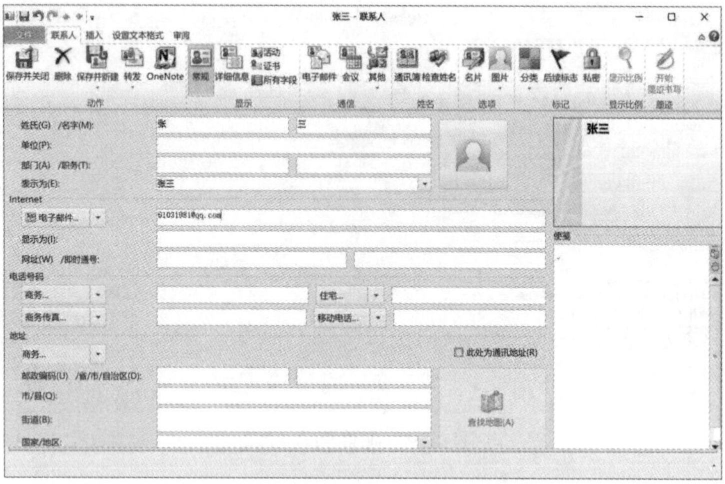

图6-52 “新建联系人”窗口

补充提示

在邮件的预览窗口中，可以在E-mail地址上单击右键，在弹出菜单中选择“添加到Outlook联系人”，进入图6-52界面并已自动填好了相关信息。如图6-53所示。

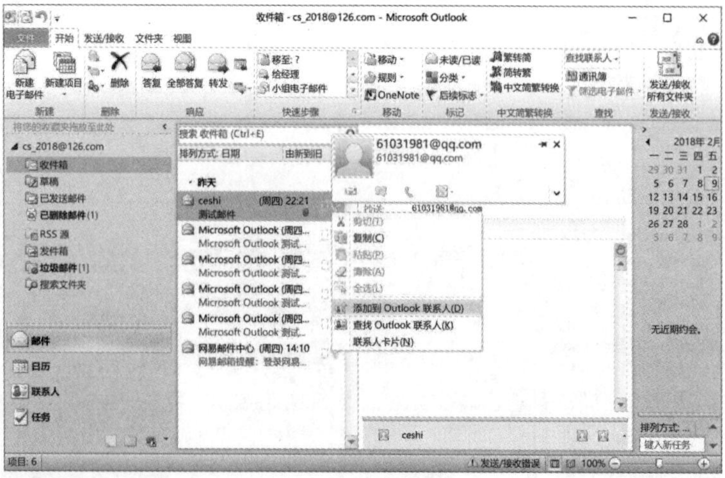

图6-53 快速添加联系人

② 添加联系人组 在Outlook中可以将联系人进行分组归类管理，更加方便了用户的使用和管理。在图6-51窗口中单击“新建联系人组”，进入到联系人组管理界面，如图6-54所示，再选择“添加成员”→“来自Outlook联系人”，进入到“选择成员”窗口对要新建的联系人组添加新的成员。如图6-55所示。

选择“联系人”中的成员直接双击，在下方“成员”右侧会自动添加进去，单击“确定”按钮后返回图6-54窗口中，在“名称”右侧文本框内填入分组名称，然后单击“保存并关闭”，即可完成分组的建立。如图6-56所示。

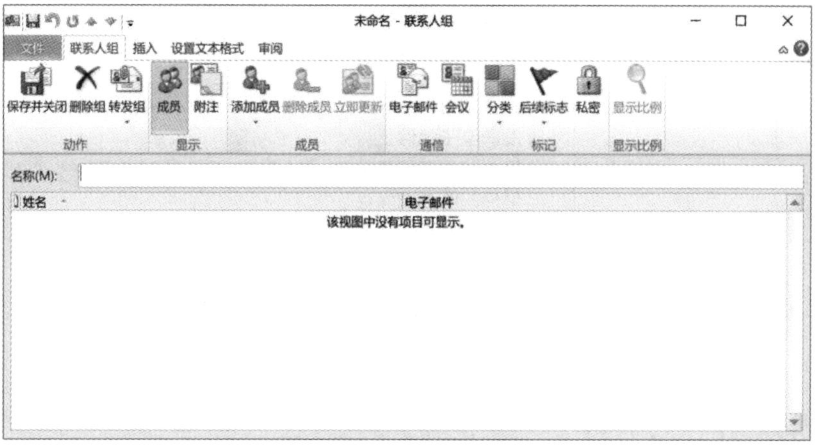

图6-54　联系人组管理

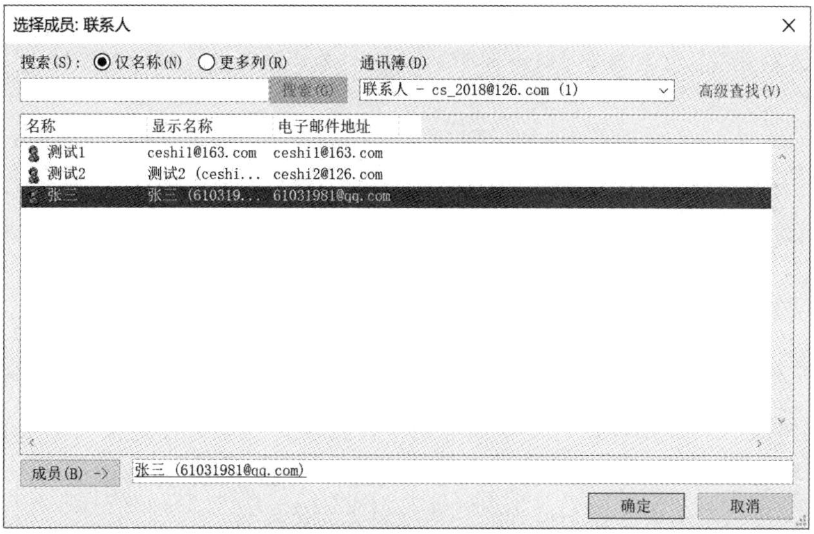

图6-55　选择成员

图6-56　联系人组名称

学习总结

电子邮件	
E-mail概述（了解）	1. 电子邮件地址 2. 电子邮件格式 3. 免费电子邮箱申请
↓ Outlook2010的基本设置（重点）	1. 设置账号 2. 发送电子邮件 3. 接收邮件和阅读邮件 4. 附件的阅读和保存 5. 回复和转发 6. 使用联系人 7. 添加联系人组

课堂测验

操作题

1. 请在自己的计算机上使用Outlook给身边的同学发送一封电子邮件，要求收件人1人、抄送2人、密件抄送2人，并添加一张自己喜欢的图片作为附件发送。

2. 在Outlook中添加至少4个同学的联系人名片，并建立同学联系人组。

6.5 流媒体

6.5.1 流媒体概述

流媒体又叫流式媒体，它是指商家用一个视频传送服务器把节目当成数据包发出，传送到网络上。用户通过解压设备（播放器）对这些数据进行解压后，节目就会像发送前一样显示出来。这个过程的一系列相关的包称为“流”。

流媒体就是指采用流式传输技术在网络上连续实时播放的媒体格式，如音频、视频或多媒体文件。流媒体技术也称流式媒体技术，就是把连续的影像和声音信息经过压缩处理后放在网站服务器上，由视频服务器向用户计算机顺序或实时地传送各个压缩包，让用户一边下载一边观看、收听，而不用等整个压缩文件下载到自己的计算机上才可以观看的网络传输技术。该技术先在使用者端的计算机上创建一个缓冲区，在播放前预先下一段数据作为缓冲，在网络实际连线速度小于播放所耗的速度时，播放程序就会取用一小段缓冲区内的数据，这样可以避免播放的中断，也使得播放品质得以保证。

目前流媒体技术已经广泛应用于多媒体新闻发布、在线直播、网络广告、电子商务、视频点播、远程教育、远程医疗、网络电台、实时视频会议等各方面。

6.5.2 流媒体原理

（1）流式传输的方法

因特网上的音频或视频要实现流式传输有两种方法。

① 实时流式传输　总是实时传送，特别适合现场广播，也支持随机访问，用户可快进或后退以观看后面或前面的内容。但实时流式传输必须保证媒体信号带宽与网络连接匹配，以便传输的内容可被实时观看。

② 顺序流式传输　是顺序下载，在下载文件的同时可观看在线内容，在给定时刻，用户只能观看已下载的部分，而不能跳到还未下载的部分。由于标准的HTTP服务器可发送顺序流式传输的文件，也不需要其他特殊协议，所以顺序流式传输经常被称作HTTP流式传输。顺序流式传输比较适合高质量的短片段，如片头、片尾和广告，由于这种传输方式观看的部分是无损下载的，所以能够保证播放的最终质量。但这也意味着用户在观看前必须经历延时。顺序流式传输不适合长片段和有随机访问要求的情况，如讲座、演说与演示；也不支持现场广播，严格说来，它是一种点播技术。

（2）流媒体传输的网络协议

① 实时传输协议RTP　是在一对一或一对多的传输情况下工作，其目的是提供时间信息和实现流同步，RTP通常使用UDP来传送数据，当应用程序开始会话时将使用两个端口，一个分配给RTP，另一个分配给RTCP。

② 实时传输控制协议RTCP和RTP一起提供流量控制和拥塞控制服务，在RTP回话期间，各参与者周期性地传送RTCP包，RTCP包中包含已发送的数据包数量、丢失的数据包数量等统计资料，因此，服务器可以利用这些信息动态地改变传输速率，甚至改变有效载荷类型。

③ 实时流协议RTSP为一对多应用程序如何有效地通过IP网络传送多媒体数据，RTSP在体系结构中位于RTP和RTSP之上，它使用TCP或RTP完成数据传输。

（3）流式传输过程

① 用户选择一个流媒体服务后，Web浏览器与Web服务器之间交换控制信息，把需要传输的实时数据从原始信息中检索出来。

② Web浏览器启动音/视频客户机程序，使用从Web服务器检索到的相关参数对客户机程序初始化，参数包括目录信息、音/视频数据的编码类型和相关的服务器地址等信息。

③ 客户机程序和服务器之间运行实时流协议，交换音/视频传输所需的控制信息，实时流协议提供播放、快进、快退、暂停等命令。

④ 流媒体服务器通过流协议及TCP/UDP传输协议将音/视频数据传输给客户机程序，一旦数据到达客户机，客户机程序就可以进行播放。

流式传输的实现需要缓存。因为一个实时音视频源或存储的音视频文件在传输中被分解为许多数据包，而网络又是动态变化的，各个包选择的路由可能不相同，因此到达客户端的延时也就不同，甚至先发的数据包有可能后到。为此，需要使用缓存系统来消除延时和抖动的影响，以保证数据包顺序正确，从而使媒体数据能够连续输出。

（4）流媒体播放的四种方式

① 单播方式　一台服务器传送的数据包只能传递给一个客户机，媒体服务器必须向每个用户发送所申请的数据包，多个点对点方式结合。

② 组播方式　允许路由器将数据包复制到多个通道，客户端共享一个数据包，按需提供。

③ 点播方式　客户端与服务器主动连接，用户通过选择内容项目来初始化客户端连接。

④ 广播方式　用户被动接受流，客户端接受流，但不能控制流。数据包的单独一个拷贝发送给网络上的所有用户，不管用户是否需要。

目前的流媒体格式有很多，比如.asf、.rm、.ra、.mpg、.flv等，不同格式的流媒体文件需要不同的播放软件来播放。

常见的流媒体播放软件有RealPlayer、微软公司的Media Player、苹果公司的QuickTime和Macromedia的Shockwave Flash。其中Flash流媒体技术使用矢量图形技术，使得文件下载播放速度明显提高。

学习总结

流媒体	
流媒体概述（了解）	流媒体就是指采用流式传输技术在网络上连续实时播放的媒体格式，如音频、视频或多媒体文件。流媒体技术也称流式媒体技术，就是把连续的影像和声音信息经过压缩处理后放上网站服务器，由视频服务器向用户计算机顺序或实时地传送各个压缩包，让用户一边下载一边观看、收听，而不要等整个压缩文件下载到自己的计算机上才可以观看的网络传输技术。
流媒体原理（了解）	1. 因特网上的音频或视频要实现流式传输有两种方法：实时流式传输和顺序流式传输； 2. 流媒体传输的网络协议：实时传输协议RTP、实时传输控制协议RTCP和实时流协议RTSP； 3. 流式传输过程； 4. 流媒体播放有四种方式：单播方式、组播方式、点播方式和广播方式； 5. 流媒体格式：.asf、.rm、.ra、.mpg、.flv等； 6. 流媒体播放器：RealPlayer、Media Player、QuickTime和Shockwave Flash

课堂测验

简答题

1. 简述流媒体的特点。

2. 简述流媒体的几种播放方式。

课后习题

一、选择题

1. 计算机网络最突出的优点是（　　）。

A. 精度高　B. 共享资源　C. 运算速度快　D. 容量大

2. 一台微型计算机要与局域网连接，必须具有的硬件是（　　）。

A. 集线器　B. 网关　C. 网卡　D. 路由器

3. 为了用ISDN技术实现电话拨号方式接入Internet，除了要具备一条直拨外线和一台性能合适的计算机外，另一个关键硬件设备是（　　）。

A. 网卡　B. 集线器

C. 服务器　D. 内置或外置调制解调器（Modem）

4. 在因特网技术中，缩写ISP的中文全名是（　　）。

A. 因特网服务提供商（Internet Service Provider）

B. 因特网服务产品（Internet Service Product）

C. 因特网服务协议（Internet Service Protoc01）

D. 因特网服务程序（Internet Service Program）

5. 在计算机网络中，英文缩写WAN的中文名是（　　）。

A. 局域网　B. 无线网　C. 广域网　D. 城域网

6. Internet网中不同网络和不同计算机相互通讯的基础是（　　）。

A. ATM　B. TCP/IP　C. Novell　D. X.25

7. 有一域名为bit.edu.cn，根据域名代码的规定，此域名表示（　　）。

A. 政府机关　B. 商业组织　C. 军事部门　D. 教育机构

8. 下列各项中，非法的Internet的IP地址是（　　）。

A. 202.96.12.14　B. 202.196.72.140　C. 112.256.23.8　D. 201.124.38.79

9. 写邮件时，除了发件人地址之外，另一项必须要填写的是（　　）。

A. 信件内容　B. 收件人地址　C. 主题　D. 抄送

10. 下列各项中，正确的电子邮箱地址是（　　）。

A. L202@sina.com　B. TT202#yahoo.com

C. A112.256.23.8　D. K201yahoo.com.cn

二、操作题

1. 某模拟网站的主页地址是：HTTP://LOCALHOST:65531/ExamWeb/INDEX.HTM，打开此主页，浏览“中国地理”页面，将“中国的自然地理数据”的页面内容以文本文件的格式保存到考生目录下，命名为“zgdl.txt”。

2. 接收并阅读来自朋友小赵的邮件（zhaoyu@sohu.com），主题为：“生日快乐”。将邮件中的附件“生日贺卡.jpg”保存到考生文件夹下，并回复该邮件，回复内容为：“贺卡已收到，谢谢你的祝福，也祝你天天幸福快乐！”。

附录 Appendices

附录1　全国计算机等级考试一级计算机基础及MS Office应用考试大纲（2018年版）

• 基本要求

1. 具有微型计算机的基础知识（包括计算机病毒的防治常识）。

2. 了解微型计算机系统的组成和各部分的功能。

3. 了解操作系统的基本功能和作用，掌握 Windows 的基本操作和应用。

4. 了解文字处理的基本知识，熟练掌握文字处理 MS Word 的基本操作和应用，熟练掌握一种汉字（键盘）输入方法。

5. 了解电子表格软件的基本知识，掌握电子表格软件 Excel 的基本操作和应用。

6. 了解多媒体演示软件的基本知识，掌握演示文稿制作软件 PowerPoint 的基本操作和应用。

7. 了解计算机网络的基本概念和因特网（Internet）的初步知识，掌握 IE 浏览器软件和 Outlook Express 软件的基本操作和使用。

• 考试内容

一、计算机基础知识

1. 计算机的发展、类型及其应用领域。

2. 计算机中数据的表示、存储与处理。

3. 多媒体技术的概念与应用。

4. 计算机病毒的概念、特征、分类与防治。

5. 计算机网络的概念、组成和分类；计算机与网络信息安全的概念和防控。

6. 因特网网络服务的概念、原理和应用。

二、操作系统的功能和使用

1. 计算机软、硬件系统的组成及主要技术指标。

2. 操作系统的基本概念、功能、组成及分类。

3. Windows 操作系统的基本概念和常用术语，文件、文件夹、库等。

4. Windows 操作系统的基本操作和应用 ：

（1）桌面外观的设置，基本的网络配置。

（2）熟练掌握资源管理器的操作与应用。

（3）掌握文件、磁盘、显示属性的查看、设置等操作。

（4）中文输入法的安装、删除和选用。

（5）掌握检索文件、查询程序的方法。

（6）了解软、硬件的基本系统工具。

三、文字处理软件的功能和使用

1. Word 的基本概念，Word 的基本功能和运行环境，Word 的启动和退出。

2. 文档的创建、打开、输入、保存等基本操作。

3. 文本的选定、插入与删除、复制与移动、查找与替换等基本编辑技术；多窗口和多文档的编辑。

4. 字体格式设置、段落格式设置、文档页面设置、文档背景设置和文档分栏等基本排版技术。

5. 表格的创建、修改；表格的修饰；表格中数据的输入与编辑；数据的排序和计算。

6. 图形和图片的插入；图形的建立和编辑；文本框、艺术字的使用和编辑。

7. 文档的保护和打印。

四、电子表格软件的功能和使用

1. 电子表格的基本概念和基本功能，Excel 的基本功能、运行环境、启动和退出。

2. 工作簿和工作表的基本概念和基本操作，工作簿和工作表的建立、保存和退出；数据输入和编辑；工作表和单元格的选定、插入、删除、复制、移动；工作表的重命名和工作表窗口的拆分和冻结。

3. 工作表的格式化，包括设置单元格格式、设置列宽和行高、设置条件格式、使用样式、自动套用模式和使用模板等。

4. 单元格绝对地址和相对地址的概念，工作表中公式的输入和复制，常用函数的使用。

5. 图表的建立、编辑和修改以及修饰。

6. 数据清单的概念，数据清单的建立，数据清单内容的排序、筛选、分类汇总，数据合并，数据透视表的建立。

7. 工作表的页面设置、打印预览和打印，工作表中链接的建立。

8. 保护和隐藏工作簿和工作表。

五、PowerPoint 的功能和使用

1. 中文 PowerPoint 的功能、运行环境、启动和退出。

2. 演示文稿的创建、打开、关闭和保存。

3. 演示文稿视图的使用，幻灯片基本操作（版式、插入、移动、复制和删除）。

4. 幻灯片基本制作（文本、图片、艺术字、形状、表格等插入及其格式化）。

5. 演示文稿主题选用与幻灯片背景设置。

6. 演示文稿放映设计（动画设计、放映方式、切换效果）。

7. 演示文稿的打包和打印。

六、因特网（Internet）的初步知识和应用

1. 了解计算机网络的基本概念和因特网的基础知识，主要包括网络硬件和软件，TCP/ IP 协议的工作原理，以及网络应用中常见的概念，如域名、IP 地址、DNS 服务等。

2. 能够熟练掌握浏览器、电子邮件的使用和操作。

• 考试方式

上机考试，考试时长 90 分钟，满分 100 分。

1. 题型及分值

单项选择题（计算机基础知识和网络的基本知识）20 分

Windows 操作系统的使用 10 分

Word 操作 25 分

Excel 操作 20 分

PowerPoint 操作 15 分

浏览器（IE）的简单使用和电子邮件收发 10 分

2. 考试环境

操作系统：中文版 Windows 7

考试环境：Microsoft Office 2010

附录2　课堂测验、课后习题参考答案

第1章

课堂测验

1.1

选择题

1. C　2. B　3. B　4. C　5. C

1.2

选择题

1.C　2. B　3. C　4. B　5. B

1.3

选择题

1.D　2. A　3. A

1.4

选择题

1. B　2. C　3. C

课后习题

选择题

1. A	2. D	3. B	4. A	5. C
6. A	7. C	8. C	9. A	10. C
11. C	12. B	13. D	14. B	15. A
16. A	17. B	18. A	19. B	20. C

第2章

课堂测验

2.1

简答题

1. 一个完整的计算机硬件系统包括：运算器、控制器、存储器、输入设备和输出设备。

2. 机器指令：是指为了让计算机能够按照人的想法正确运行而设计的一系列计算机可以识别并执行的计算机语言。机器指令由操作码和操作数两部分构成。

2.2

简答题

1. 计算机程序设计语言有：机器语言、汇编语言、高级语言。

2. 主要的性能指标：字长、运算速度、主频、存储容量、存取速度、可靠性、兼容性。

2.3

简答题

1. 计算机操作系统的功能：处理器管理、存储器管理、设备管理、文件管理、作业管理。

2. 操作系统的分类：单用户操作系统、批处理操作系统、分时操作系统、实时操作系统、网络操作系统。

2.4

简答题

1. 文件是一个具有名称的信息集合，例如程序、程序所使用的数据或用户创建的文档都可以称为一个文件。文件是Windows操作系统管理数据的基本单位。文件夹是图形用户界面中用以整理和放置文件的容器，在Windows操作系统中用看起来像夹子的图标表示。文件夹是在存储器中用以分类整理文件的一种“容器”，其中可放置文件，也可以放置其他文件夹。

2. 在语言栏处单击鼠标右键，在弹出的菜单中选择“设置”菜单项，此时打开“文本服务和输入语言”对话框，在打开的对话框中的“常规”选项卡，此时左侧列表中列出了当前系统中已添加的输入法，选定要删除的输入法后点击“删除”按钮即可实现删除；点击“添加”按钮，此时打开“添加输入语言”对话框，将语言列表拖动到最后，勾选需要启用的输入法，点击“确定”按钮即可；如果该列表中也没有所需的输入法，则系统中未安装该输入法，可以通过网络搜索并下载所需输入法的安装程序并安装，安装后即可在该列表中看到。

课后习题

一、选择题

1. C 2. C 3. D 4. B 5. C 6. D 7. A 8. B

9. B 10. B

二、操作题

1. 复制文件

（1）打开考生文件夹下DOCT文件夹，选定CHARM.IDX文件；

（2）选择“编辑”|“复制”命令，或按快捷键“Ctrl+C”；

（3）打开考生文件夹下的DEAN文件夹；

（4）选择“编辑”|“粘贴”命令，或按快捷键“Ctrl+V”。

2. 设置文件夹属性

（1）打开考生文件夹下的MICRO文件夹，选定MACRO文件夹；

（2）选择“文件”|“属性”命令，或单击鼠标左键，弹出快捷菜单，选择“属性”命令，即可打开“属性”对话框；

（3）在“属性”对话框中勾选“隐藏”复选框，单击“确定”按钮。

3.移动文件和文件命名

（1）打开考生文件夹下QIDONG文件夹，选定WORD.docx文件；

（2）选择“编辑”|“剪切”命令，或按快捷键“Ctrl+X”；

（3）打开考生文件夹下的EXCEL文件夹；

（4）选择“编辑”|“粘贴”命令，或按快捷键“Ctrl+V”；

（5）选定移动来的文件；

（6）按“F2”键，此时文件（文件夹）的名字处呈现蓝色可编辑状态，编辑名称为题目指定的名称XINGAI.DOC。

4.删除文件

（1）打开考生文件夹下HULIAN文件夹，选定TONGIN.WRI文件；

（2）按“Delete”键，弹出“删除文件”对话框；

（3）单击“是”按钮，将文件（文件夹）删除到回收站。

5.新建文件夹

（1）打开考生文件夹下的TEDIAN文件夹；

（2）选择“文件”|“新建”|“文件夹”命令，或单击鼠标右键，弹出快捷菜单，选择“新建”|“文件夹”命令，即可生成新的文件夹，此时文件（文件夹）的名字处呈现蓝色可编辑状态，编辑名称为题目指定的名称YOUSHI。

第3章

课堂测验

3.1

简答题

1.① Word 2010去除了Word 2007左上方圆形的按钮设计，用一文件选项卡代替。

② 插入选项卡中Word 2010添加了屏幕截图。

③ 在Word 2010中将页眉，页脚，页码等常用选项增大。

④ Word 2010去除了符号右侧的特殊符号一栏。

⑤ 在审阅选项卡中，Word 2010把原来的校对一栏变为校对和语言两栏。

2.①编排文档。

② 强大的制表功能。

③ 自动纠错和检查功能。

④ 模板与向导功能和帮助功能。

⑤ Web工具支持。

⑥ 超强兼容性以及打印功能。

3.2

一、选择题

1. D　2. C　3. D　4. B

二、操作题

操作步骤

步骤1：执行“开始/所有程序/Microsoft office/Microsoft Word 2010”命令，启动Word 2010；在启动的Word 2010窗口点击“文件”菜单里的“保存”菜单项，在打开的“另存为”对话框左侧选择保存位置C盘，在文件名处输入文件名“Word”，点击“保存”按钮。

步骤2：按“Ctrl+Alt”键，切换至熟悉的汉字输入法。

步骤3：录入文档。

步骤4：选中文档第一段，按下“Del”键。

步骤5：选中全部文本（包括标题段），在“开始”选项卡下，单击“编辑”组下拉列表，选择“替换”选项，弹出“查找和替换”对话框，在“查找内容”中输入“计算机网络”，在“替换为”中输入“计算机网络”。单击“更多”按钮，再单击“格式”按钮，在弹出的菜单中选择“字体”选项，弹出“查找字体”对话框。设置“字体颜色”为“红色”，设置“字形”为“加粗”，单击“确定”按钮，再单击“全部替换”按钮，会弹出提示对话框，在该对话框中直接单击“确定”按钮即可完成替换。

3.3

一、选择题

1. C　　2. C　　3. C　　4. C

二、操作题

操作步骤：

步骤1：执行“开始/所有程序/Microsoft office/Microsoft Word 2010”命令，启动Word 2010；在启动的Word 2010窗口点击“文件”菜单里的“打开”菜单项，在打开的“打开”对话框左侧选择打开位置C盘，选择“Word.docx”，点击“打开”按钮。

步骤2：选中标题段文本，在“开始”选项卡下，在“字体”组中，单击右侧的下三角对话框启动器，弹出“字体”对话框，单击“字体”选项卡，在“中文字体”中选择“楷体”，在“字号”中选择“三号”，在“颜色”中选择“红色”，在“字形”中选择“加粗”，单击“确定”按钮。

步骤3：选中标题段文本，在“开始”选项卡下，在“段落”组中，单击“居中”按钮。单击“下框线”下拉列表，选择“边框和底纹”选项，弹出“边框和底纹”对话框。单击“底纹”选项卡，在“颜色”中选择“蓝色”，在“应用于”中选择“文字”，单击“确定”按钮。

步骤4：选中正文所有文本（标题段不要选），在“开始”选项卡下，在“字体”组中，单击右侧的下三角对话框启动器，弹出“字体”对话框，单击“字体”选项卡，在“中文字体”中选择“仿宋”，在“西文字体”中选择“Times New Roman”，字号选择“小四”。单击“确定”按钮。

步骤5：选中正文所有文本（标题段不要选），在“开始”选项卡下，在“段落”组中，单击右侧的下三角对话框启动器，弹出“段落”对话框，单击“缩进和间距”

选项卡，在“特殊格式”中选择“首行缩进”，在“度量值”中选择“2字符”，在“段前间距”中输入“0.5行”，在“行距”中选择“多倍行距”，在“度量值”中输入“1.1”，单击“确定”按钮。

步骤6：选中正文第一段，在“插入”功能区的“文本”分组中，单击“首字下沉”下拉列表，选择“首字下沉”选项，弹出“首字下沉”对话框。单击“下沉”图标，在“下沉行数”中输入“2”，在“距正文”中输入“0.1”，单击“确定”按钮。

步骤7：选中第二段，在“插入”功能区“页”分组中，单击“分页”按钮。

3.4

一、选择题

1. B　　2. A　　3. B　　4. C

二、操作题

操作步骤：

步骤1：执行“开始/所有程序/Microsoft office/Microsoft Word 2010”命令，启动Word 2010；在启动的Word 2010窗口点击“文件”菜单里的“打开”菜单项，在打开的“打开”对话框左侧选择打开位置C盘，选择“Word2.docx”，点击“打开”按钮。

步骤2：在“插入”功能区的“表格”下拉列表中，选择“插入表格”选项，弹出“插入表格”对话框，在“行数”中输入“4”，在“列数”中输入“9”，单击“确定”按钮。

步骤3：单击表格“积分”列第二行，在“布局”功能区“数据”分组中，单击“fx公式”按钮，弹出“公式”对话框，在“公式”文本框中输入“=3*D2+E2”，单击“确定”按钮。

注：公式中的D2与E2表示第二行第四列与第二行第五列，其余单元格也按如此方式，依据此步骤反复进行，直到完成所有行的计算。

步骤4：按住“Ctrl”键选中表格第2列、第7列、第8列，在“表格工具”|“布局”选项卡下，在“单元格大小”组中，单击右侧的下三角对话框启动器，打开“表格属性”对话框，单击“列”选项卡，勾选“指定宽度”，设置其值为“2.1厘米”。同样的操作方式，将其余列宽设置为“1.4厘米”，单击“行”选项卡，勾选“指定高度”，设置其值为“0.6厘米”，单击“确定”按钮。

步骤5：选中表格，单击“开始”功能区“段落”分组中的“居中”按钮，在“表格工具”|“布局”选项卡下的“对齐方式”分组中，单击“水平居中”按钮。

步骤6：单击表格，在“表格工具”|“设计”选项卡下，在“表格样式”组中，选择“内置”表格样式中的“中等深浅底纹1-强调文字颜色1”。

步骤7：把鼠标光标置于表格内，单击“开始”功能区“段落”分组中的“排序”按钮，弹出“排序”对话框，选中“列表”下的“有标题行”单选按钮，选择“主要关键字”为“队名”，选择“类型”为“拼音”，单击“升序”单选按钮，再单击“确定”按钮。

3.5

一、选择题

1. C 2. C 3. B 4. B

二、操作题

操作步骤：

步骤1：执行“开始/所有程序/Microsoft office/Microsoft Word 2010”命令，启动Word 2010；在启动的Word 2010窗口点击“文件”菜单里的“打开”菜单项，在打开的“打开”对话框左侧选择打开位置C盘，选择“Word3.docx”，点击“打开”按钮。

步骤2：选中文章标题段，在“插入”功能区的“文本”分组中，单击“艺术字”下拉列表，选择“填充→白色，渐变轮廓→强调文字颜色1”艺术字样式，在“开始”功能区的“字体”分组中，点击“字体”下拉列表，设置字体为“华文新魏”，点击“字号”下拉列表，设置字号为“48磅”，单击“加粗”按钮。

步骤3：选中艺术字，在“绘图工具”|“格式”选项卡下，在“艺术字样式”组中，单击右侧的下三角对话框启动器，弹出“设置文本效果格式”对话框，在“文本填充”选项中，单击“渐变填充”中的“预设颜色”下拉列表，设置“预设颜色”为“熊熊火焰”，设置“类型”为“射线”，设置“方向”为“中心辐射”，单击“关闭”按钮。

步骤4：选中艺术字，在“绘图工具”|“格式”选项卡下，在“排列”分组中，点击“自动换行”下拉列表，选择“嵌入型”选项。

步骤5：选中文本“徐志摩”，在“开始”选项卡下，在“字体”组中，点击“字体”下拉列表，设置字体为“华文行楷”，点击“字号”下拉列表，设置字体为“三号”，点击“文本效果”下拉列表，设置文本效果为“填充→绿色，强调文字颜色6，轮廓→强调文字颜色6，发光→强调文字颜色6”。

步骤6：将光标置于文档末尾，在“插入”功能区中的“插图”分组中，选择“SmartArt”按钮，在弹出的“选择SmartArt图形”对话框中，选择基本棱锥图。

步骤7：在“SmartArt工具”|“设计”选项卡下，“SmartArt样式”分组中，点击“更改颜色”下拉按钮，设置颜色为“彩色－强调文字颜色”，点击“其他”下拉框，设置SmartArt图形的三维效果为“嵌入”。

3.6

一、选择题

1. B 2. B 3. D 4. C

二、操作题

操作步骤：

步骤1：执行“开始/所有程序/Microsoft office/Microsoft Word 2010”命令，启动Word 2010；在启动的Word 2010窗口点击“文件”菜单里的“打开”菜单项，在打开的“打开”对话框左侧选择打开位置C盘，选择“Word4.docx”，点击“打开”按钮。

步骤2：在“页面布局”功能区的“页面设置”分组中，点击“纸张大小”下拉列表，设置纸张大小为“Letter”，点击“页边距”下拉列表，设置页边距为“适中”。

步骤3：单击“插入”功能区“页眉页脚”分组中的“页眉”下拉列表，选择内置的“空白”选项，输入内容“情绪管理”。

步骤4：单击“插入”功能区“页眉页脚”分组中的“页码”下拉列表，选择“页边距”选项，选择“圆（右侧）”，选中页码数字，单击“开始”功能区“段落”分组中的“居中”按钮。

步骤5：单击“页面布局”功能区“页面背景”分组中的“水印”下拉列表，选择“自定义水印”选项，打开“水印”对话框，选择“文字水印”单选框，在“文字”中输入“情绪管理”，设置字体为“华文新魏”，字号“96磅”颜色“红色”，勾选“半透明”复选框，点击“版式”选项中的“水平”单选框。

步骤6：单击“页面布局”功能区“页面背景”分组中的“页面颜色”下拉列表，选择“主题颜色”为“蓝色，强调文字颜色5，淡色80%”。

3.7

一、选择题

1. A　　2. B　　3. C　　4. C

二、操作题

操作步骤：

步骤1：执行“开始/所有程序/Microsoft office/Microsoft Word 2010”命令，启动Word 2010；在启动的Word 2010窗口点击“文件”菜单里的“打开”菜单项，在打开的“打开”对话框左侧选择打开位置C盘，选择“Word4.docx”，点击“打开”按钮。

步骤2：单击“审阅”功能区“保护”分组中的“限制编辑”按钮，打开“限制格式和编辑”任务窗格，勾选“仅允许在文档中进行此类型的编辑”复选框，在下拉列表中选择“修订”选项，单击“是，启动强制保护”按钮，在弹出的“启动强制保护”对话框中，输入新密码“czt123”，确认密码“czt123”，单击“确定”按钮。

步骤3：单击“文件”选项卡中的打印选项，设置打印份数为5。

课后习题

操作题

1.（1）操作步骤

步骤1：打开素材“WORD.DOCX”文件，按题目要求替换文字。选中全部文本（包括标题段），在“开始”选项卡下，单击“编辑”组下拉列表，选择“替换”选项，弹出“查找和替换”对话框，在“查找内容”中输入“严肃”，在“替换为”中输入“压缩”。单击“全部替换”按钮，会弹出提示对话框，在该对话框中直接单击“确定”按钮即可完成对错词的替换。

步骤2：在“页面布局”选项卡下，单击“页面背景”中“页面颜色”下拉列表，选择标准色“黄色”，完成页面颜色的设置。

（2）操作步骤

步骤1：按题目要求设置标题段字体。选中标题段文本，在“开始”选项卡下，在“字体”组中，单击右侧的下三角对话框启动器，弹出“字体”对话框，单击“字体”选项卡，在“中文字体”中选择“宋体”，在“字号”中选择“小三”，单击“确定”按钮返回到编辑界面中。

步骤2：按题目要求设置标题段对齐属性。选中标题段文本，在“开始”选项卡下，在“段落”组中，单击“居中”按钮。

步骤3：按题目要求设置标题段边框属性。选中标题段文本，在“页面布局”选项卡下的跑“页面背景”组中，单击“页面边框”按钮，在弹出的“边框和底纹”对话框中，选择“边框”选项卡，在“设置”中选择“阴影”选项，在“颜色”中选择“蓝色（标准色）”，在“应用于”选择“段落”。单击“确定”按钮，返回到编辑界面中。

（3）操作步骤

步骤1：按题目要求设置正文字体。选中正文所有文本（标题段不要选），在“开始”选项卡下，在“字体”组中，单击右侧的下三角对话框启动器，弹出“字体”对话框，单击“字体”选项卡，在“中文字体”中选择“楷体”，在“西文字体”中选择“Arial”，字号选择“小四”。单击“确定”按钮返回到编辑界面中。

步骤2：按题目要求设置段落属性和段前间距。选中正文所有文本（标题段不要选），在“开始”选项卡下，在“段落”组中，单击右侧的下三角对话框启动器，弹出“段落”对话框，单击“缩进和间距”选项卡，在“特殊格式”中选择“悬挂缩进”，在“度量值”中选择“2字符”，在“段前间距”中输入“0.5行”。单击“确定”按钮返回编辑界面中。

（4）操作步骤

步骤1：按题目要求将文本转换为表格。选中正文中最后3行文本，在“插入”选项卡下，单击“表格”按钮下拉列表，选择“文本转换成表格”选项。弹出“将文字转换成表格”对话框，默认对话框中的“列数”为4，“行数”为3。单击“确定”按钮。

步骤2：按题目要求为表格自动套用格式。单击表格，在“表格工具”|“设计”选项卡下，在“表格样式”组中，选择“内置”表格样式中的“浅色底纹→强调文字颜色2”。完成表格的设置。

（5）操作步骤

步骤1：按照题目要求设置表格对齐属性。选中表格，在“开始”选项卡下，在“段落”组中，单击“居中”按钮。

步骤2：按照题目要求设置表格列宽。选中表格，在“表格工具”|“布局”选项卡下，在“单元格大小”组中，单击右侧的下三角对话框启动器，打开“表格属性”对话框，单击“列”选项卡，勾选“指定宽度”，设置其值为“3厘米”。单击“确定”按钮返回到编辑界面中。

步骤3：按题目要求设置表格内容对齐方式。选中表格，在“表格工具”|“布局”

选项卡下，在“对齐方式”组中，单击“水平居中”按钮。

步骤4：按题目要求设置单元格底纹。选中整个表格右击，在弹出的快捷菜单中选择“边框和底纹”命令，弹出“边框和底纹”对话框，单击“底纹”选项卡，在“填充”中选择“白色，背景1，深色25%”。单击“确定”按钮完成表格设置。

步骤5：保存文件。

2.（1）① 操作步骤

步骤1：打开素材“WORD1.docx”文件，按题目要求设置标题段字体。选中标题段文本，在“开始”选项卡下，在“字体”组中，单击右侧的下三角对话框启动器，弹出“字体”对话框，单击“字体”选项卡，在“中文字体”中选择“仿宋”，在“字号”中选择“三号”，设置“字形”为“加粗”，单击“确定”按钮返回到编辑界面中。

步骤2：按题目要求设置标题段对齐属性。选中标题段，在“开始”功能区的“段落”分组中，单击“居中”按钮。

步骤3：按题目要求设置标题段段后间距。选中标题段，在“开始”功能区的“段落”分组中，单击右侧的下三角对话框启动器，弹出“段落”对话框。单击“缩进和间距”选项卡，在“段后间距”中输入“0.5行”，单击“确定”按钮。

步骤4：按题目要求设置标题段边框属性。选中标题段，在“开始”功能区的“段落”分组中，单击“下框线”下拉列表，选择“边框和底纹”选项，弹出“边框和底纹”对话框。单击“边框”选项卡，选中“方框”选项，在“颜色”中选择“红色”，在“应用于”中选择“文字”，单击“确定”按钮。

② 操作步骤

步骤1：按题目要求替换文字。选中正文各段（包括标题段），在“开始”功能区的“编辑”分组中，单击“替换”按钮，弹出“查找和替换”对话框。在“查找内容”中输入“轨道”，在“替换为”文本框中输入“轨道”。单击“更多”按钮，再单击“格式”按钮，在弹出的菜单中选择“字体”选项，弹出“查找字体”对话框。设置“下划线线型”为“波浪线”，单击“确定”按钮，再单击“全部替换”按钮，会弹出提示对话框，在该对话框中直接单击“确定”按钮即可完成替换。

步骤2：按题目要求设置正文字体。选中正文所有文本（标题段不要选），在“开始”选项卡下，在“字体”组中，单击右侧的下三角对话框启动器，弹出“字体”对话框，单击“字体”选项卡，在“中文字体”中选择“楷体”，字号选择“五号”。单击“确定”按钮返回到编辑界面中。

步骤3：按题目要求设置段落属性。选中正文所有文本（标题段不要选），在“开始”选项卡下，在“段落”组中，单击右侧的下三角对话框启动器，弹出“段落”对话框，单击“缩进和间距”选项卡，在“左侧缩进”中选择“1字符”，在“右侧缩进”中选择“1字符”，在“特殊格式”中选择“首行缩进”，在“磅值”中选择“2字符”，单击“确定”按钮返回编辑界面中。

步骤4：按题目要求为段落设置分栏。选中正文第三段，在“页面布局”功能区的“页面设置”分组中，单击“分栏”下拉列表，选择“更多分栏”选项，弹出“分栏”对话框，选择“预设”选项组中的“两栏”图标，在“间距”中输入“1.62字符”，勾选“栏宽相等”，勾选“分隔线”，单击“确定”按钮。

③ 操作步骤

步骤1：按题目要求设置页面颜色。在“页面布局”选项卡的“页面背景”组中单击“页面颜色”按钮，在弹出的颜色列表中选择标准色中的“浅绿色”。

步骤2：按题目要求设置页面边框。在“页面布局”选项卡的“页面背景”组中单击“页面边框”按钮，在弹出的“边框和底纹”对话框中“设置”区域选择“阴影”，在“颜色”下拉列表中选择“蓝色”，单击“确定”按钮。

步骤3：在“插入”选项卡的“页眉和页脚”组中单击“页码”按钮，在弹出的下拉菜单中选择“页码底端-普通数字3”，再单击“页码”按钮，在弹出的下拉菜单中选择“设置页码格式”，弹出“页码格式”对话框，选择“起始页码”，输入“3”，单击“确定”按钮。

步骤4：保存文件。

（2）① 操作步骤

步骤1：打开“WORD2.docx”文件，按题目要求插入表格。在“插入”功能区的“表格”下拉列表中，选择“插入表格”选项，弹出“插入表格”对话框，在“行数”中输入“5”，在“列数”中输入“5”，单击“确定”按钮。

步骤2：按照题目要求设置表格对齐属性。选中表格，在“开始”功能区的“段落”分组中，单击“居中”按钮。

步骤3：按照题目要求设置表格列宽。选中表格，在“表格工具”|“布局”选项卡下，在“单元格大小”组中，单击右侧的下三角对话框启动器，打开“表格属性”对话框，单击“列”选项卡，勾选“指定宽度”，设置其值为“2.4厘米”，单击“确定”按钮。

步骤4：按题目要求设置表格外框线和内框线属性。选中表格，在“表格工具”|“设计”选项卡下，在“绘图边框”组中，单击右侧的下三角对话框启动器，打开“边框和底纹”对话框，选择“方框”，在“样式”列表中选择“单实线”，在“颜色”下拉列表中选择“红色”，在“宽度”下拉列表中选择“1.5磅”，单击“自定义”，在“样式”列表中选择“单实线”，在“颜色”下拉列表中选择“绿色”，在“宽度”下拉列表中选择“0.5磅”，单击“预览”区中表格的中心位置，添加内框线，单击“确定”按钮。

② 操作步骤

步骤1：按题目要求为表格的单元格添加对角线。选中表格第1行第1列的单元格，单击表格，在“表格工具”|“设计”选项卡下的“表格样式”分组中，单击“边框”下三角按钮，选择“斜下框线”选项。

步骤2：按题目要求设置表格对角线属性。选中表格第1行第1列的单元格，在“表格工具”|“设计”选项卡下的“绘图边框”分组中，设置“笔画粗细”为“0.75磅”设置“笔样式”为“单实线”，设置“笔颜色”为“绿色”，此时鼠标变为“小蜡笔”形状，绘制左上右下表格对角线。

步骤3：按题目要求合并单元格。选中第1列第3至5行单元格并右击，在弹出的快捷菜单中选择“合并单元格”命令。

步骤4：按题目要求拆分单元格。选中第4列第3行单元格并右击，在弹出的快捷菜单中选择“拆分单元格”命令，弹出“拆分单元格”对话框的“列”中输入“2”，单击“确定”按钮。按照同样的操作拆分第4列第4行和第5行单元格。

步骤5：选中表格，在“表格工具”的“表格样式”组中，单击“底纹”按钮，在弹出的颜色列表中选择“白色，背景1，深色15%”。

步骤6：保存文件。

3.（1）① 操作步骤

步骤1：打开素材“WORD1.docx”文件，按题目要求替换文字。选中全部文本（包括标题段），在“开始”功能区的“编辑”分组中，单击“替换”按钮，弹出“查找和替换”对话框。在“查找内容”中输入“网罗”，在“替换为”文本框中输入“网络”，单击“全部替换”按钮，会弹出提示对话框，在该对话框中直接单击“确定”按钮即可完成对错词的替换。

步骤2：按题目要求设置标题段字体。选中标题段，在“开始”选项卡下，在“字体”组中，单击右侧的下三角对话框启动器，弹出“字体”对话框，单击“字体”选项卡，在“中文字体”中选择“黑体”，在“字号”中选择“二号”，设置“字体颜色”为“红色”，单击“确定”按钮。

步骤3：按题目要求设置标题段对齐属性。选中标题段，在“开始”功能区的“段落”分组中，单击“居中”按钮。

② 操作步骤

步骤1：按题目要求设置正文字体。选中正文各段（标题段不要选），在“开始”选项卡下，在“字体”组中，单击右侧的下三角对话框启动器，弹出“字体”对话框，单击“字体”选项卡，在“中文字体”中选择“宋体”，在“西文字体”中选择“Arial”，设置字号为“小四”，单击“确定”按钮。

步骤2：按题目要求设置段落属性和段前间距。选中正文各段（标题段不要选），在“开始”选项卡下，在“段落”组中，单击右侧的下三角对话框启动器，弹出“段落”对话框，单击“缩进和间距”选项卡，在“特殊格式”中选择“悬挂缩进”，在“度量值”中选择“2字符”，在“段前间距”中输入“0.6行”。单击“确定”按钮返回编辑界面中。

③ 操作步骤

步骤1：按题目要求设置页面纸张大小。在“页面布局”选项卡的“页面设置”

组中单击“纸张大小”下拉列表，选择“16开（18.4×26厘米）”选项。

步骤2：按题目要求设置页边距。在“页面布局”选项卡的“页面设置”组中单击右侧的下三角对话框启动器，弹出“页面设置”对话框，单击“页边距”选项卡，在“页边距”选项组中，在“上”中输入“3”，在“下”中输入“3”，单击“确定”按钮。

步骤3：在“页面布局”选项卡的“页面背景”组中单击“水印”按钮，在弹出的下拉列表中选择“自定义水印”，弹出“水印”对话框，选中“文字水印”单选按钮，在“文字”文本框中输入“教材”，单击“确定”按钮。

步骤4：保存文件。

（2）① 操作步骤

步骤1：打开素材“WORD2.docx”文件，按题目要求在表格最右边增加一列。单击表格的末尾处，在“布局”功能区的“行和列”分组中，单击“在右侧插入”按钮，即可在表格右方增加一空白列，在最后一列的第一行输入列标题“平均成绩”。

步骤2：按题目要求利用公式计算表格平均成绩内容。单击表格最后一列第2行，在“布局”功能区“数据”分组中，单击“fx公式”按钮，弹出“公式”对话框，在“公式”文本框中输入“=AVERAGE（LEFT）”，单击“确定”按钮。

注：AVERAGE（LEFT）中的LEFT表示对左方的数据进行求平均计算，按此步骤反复进行，直到完成所有行的计算。

步骤3：把鼠标光标置于表格内，单击“开始”功能区“段落”分组中的“排序”按钮，弹出“排序”对话框，选中“列表”下的“有标题行”单选按钮，选择“主要关键字”为“平均成绩”，单击“降序”单选按钮，再单击“确定”按钮。

② 操作步骤

步骤1：选中表格，单击“开始”功能区的“段落”分组中的“居中”按钮，则表格居中。

步骤2：在“表格工具”|“布局”功能区下“单元格大小”组中，在“高度”微调框中输入“0.6厘米”，在“宽度”微调框中输入“2.2厘米”。

步骤3：按题目要求设置表格中文字对齐方式。选中表格第一行，在“布局”功能区的“对齐方式”分组中，单击“水平居中”按钮。按同样操作设置其余各行为“中部两端对齐”。

步骤4：按题目要求设置表格外框线和内框线属性。选中表格，在“表格工具”|“设计”选项卡下，在“绘图边框”组中，单击右侧的下三角对话框启动器，打开“边框和底纹”对话框，选择“方框”，在“样式”列表中选择“双细线”，在“颜色”下拉列表中选择“红色”，在“宽度”下拉列表中选择“1.5磅”，单击“自定义”，在“样式”列表中选择“单实线”，在“颜色”下拉列表中选择“红色”，在“宽度”下拉列表中选择“1.0磅”，单击“预览”区中表格的中心位置，添加内框线，单击“确定”按钮。

步骤5：保存文件。

4.（1）① 操作步骤

步骤1：打开素材“WORD1.docx”文件，按题目要求替换文字。选中全部文本（包括标题段），在“开始”功能区的“编辑”分组中，单击“替换”按钮，弹出“查找和替换”对话框。在“查找内容”中输入“电脑”，在“替换为”文本框中输入“计算机”，单击“全部替换”按钮，会弹出提示对话框，在该对话框中直接单击“确定”按钮即可完成对错词的替换。

步骤2：按题目要求设置标题段字体。选中标题段，在“开始”选项卡下，在“字体”组中，单击右侧的下三角对话框启动器，弹出“字体”对话框，单击“字体”选项卡，在“中文字体”中选择“楷体”，在“字号”中选择“三号”，设置“字体颜色”为“蓝色”，单击“确定”按钮。

步骤3：按题目要求设置标题段对齐属性。选中标题段，在“开始”功能区的“段落”分组中，单击“居中”按钮。

步骤4：按题目要求移动文本。选中正文第二段文字，选择“编辑”|“剪切”命令，或者按快捷键“Ctrl+X”，将鼠标移动到第三段的段尾处，按键盘“Enter”键，选择“编辑”|“粘贴”命令，或者按快捷键“Ctrl+V”。

② 操作步骤

步骤1：按题目要求设置正文字体。选中正文各段（标题段不要选），在“开始”选项卡下，在“字体”组中，单击右侧的下三角对话框启动器，弹出“字体”对话框，单击“字体”选项卡，在“中文字体”中选择“宋体”，设置字号为“小四”，单击“确定”按钮。

步骤2：按题目要求设置段落属性和段前间距。选中正文各段（标题段不要选），在“开始”选项卡下，在“段落”组中，单击右侧的下三角对话框启动器，弹出“段落”对话框，单击“缩进和间距”选项卡，在“缩进”选项组中设置“左侧”为“1字符”，设置“右侧”为“1字符”，在“段前间距”中输入“0.5行”，单击“确定”按钮。

③ 操作步骤

步骤1：按题目要求设置首字下沉。选中正文第一段，在“插入”功能区的“文本”分组中，单击“首字下沉”下拉列表，选择“首字下沉”选项，弹出“首字下沉”对话框。单击“下沉”图标，在“下沉行数”中输入“2”，在“距正文”中输入“0.2”，单击“确定”按钮。

步骤2：按题目要求添加项目符号。选中正文后三段，在“开始”功能区的“段落”分组中，单击“项目符号”下拉列表，选择带有“●”图标的项目符号。

步骤3：保存文件。

（2）① 操作步骤

步骤1：打开素材“WORD2.docx”文件，按题目要求插入表格。在“插入”功能区的“表格”下拉列表中，选择“插入表格”选项，弹出“插入表格”对话框，在“行数”中输入“3”，在“列数”中输入“4”，单击“确定”按钮。

步骤2：按照题目要求设置表格列宽和行高。选中表格，在“表格工具”|“布局”选项卡下，在“单元格大小”组中，单击右侧的下三角对话框启动器，打开“表格属性”对话框，单击“列”选项卡，勾选“指定宽度”，设置其值为“2厘米”；单击“行”选项卡，勾选“指定高度”，设置其值为“0.8厘米”，在“行高值是”中选择“固定值”，单击“确定”按钮。

步骤3：按题目要求为表格的单元格添加对角线。选中表格第1行第1列的单元格，单击表格，在“表格工具”|“设计”选项卡下的“表格样式”分组中，单击“边框”下三角按钮，选择“斜下框线”选项。

步骤4：按题目要求拆分单元格。选中第4列第2行单元格并右击，在弹出的快捷菜单中选择“拆分单元格”命令，弹出“拆分单元格”对话框的“列”中输入“2”，单击“确定”按钮。按照同样的操作拆分第4列第3行单元格。

步骤5：按题目要求合并单元格。选中第2列和第3列并右击，在弹出的快捷菜单中选择“合并单元格”命令。

② 操作步骤

步骤1：按题目要求设置表格外框线和内框线属性。选中表格，在“表格工具”|“设计”选项卡下，在“绘图边框”组中，设置“笔画粗细”为“1.5磅”，设置“笔样式”为“双窄线”，设置“笔颜色”为“红色”，此时鼠标变为“小蜡笔”形状，沿着边框线拖动设置外框线的属性。

注：当鼠标单击“绘制表格”按钮后，鼠标变为“小蜡笔”形状，选择相应的线型和宽度，沿边框线拖动“小蜡笔”便可以对边框线属性进行设置。按同样的操作设置内框线为0.5磅红色单实线。

步骤2：按题目要求设置单元格底纹。选中表格第一行，在“设计”功能区的“表格样式”分组中，单击“底纹”下拉列表，选择填充色为“黄色”。

步骤3：保存文件。

5.（1）① 操作步骤

步骤1：打开WORD1.docx文件，按题目要求替换文字。选中全部文本（包括标题段），在“开始”功能区下，单击“编辑”组下拉列表，选择“替换”选项，弹出“查找和替换”对话框，在“查找和替换”对话框的“查找内容”中输入“实”，在“替换为”中输入“石”。单击“全部替换”按钮，会弹出提示对话框，在该对话框中直接单击“确定”按钮即可完成对错词的替换。

步骤2：在“页面布局”功能区下单击“页面背景”组中的“水印”按钮，在弹出的下拉列表框中选择“自定义水印”，弹出“水印”对话框，选中“文字水印”单选按钮，在“文字”文本框中输入“锦绣中国”，单击“确定”按钮。

② 操作步骤

步骤：选中标题段文字（“绍兴东湖”），在“开始”功能区下的“字体”组中，单击右侧的下三角对话框启动器，弹出“字体”对话框，单击“字体”选项卡，在

"中文字体"中选择"黑体"，在"字体颜色"中选择"蓝色"，在"字形"中选择"倾斜"，设置"大小"为"二号"；单击"文字效果"按钮，弹出"设置文本效果格式"对话框，单击"文本填充"下的"无填充"单选按钮，再单击"文本边框"下的"实线"单选按钮，从"颜色"中选择"蓝色"，单击"关闭"按钮后返回"字体"对话框单击"确定"按钮；单击"段落"组中的"居中"按钮。

③ 操作步骤

步骤1：按题目要求设置段后间距。选中正文所有文本（标题段不要选），在"开始"功能区下的"段落"组中，单击右侧的下三角对话框启动器，弹出"段落"对话框，单击"缩进和间距"选项卡，在"间距"下的"段后"中输入"0.5行"，单击"确定"按钮返回到编辑界面中。

步骤2：选中全部正文文本（不包括标题段），在"插入"功能区下的"文本"组中，单击"首字下沉"按钮下拉列表，选择"首字下沉选项"，弹出"首字下沉"对话框，单击"下沉"图标，在"下沉行数"文本框中输入"2行"，在"距正文"文本框中输入"0.2厘米"，单击"确定"按钮返回到编辑界面中。

步骤3：在"插入"功能区下的"页眉和页脚"组中，单击"页码"按钮下拉列表，选择"页面底端"、"普通数字3"选项，在"页脚和页眉工具"|"设计"功能区，单击"页眉和页脚"组中的"页码"下拉按钮，从弹出的下拉列表中选择"设置页码格式"命令，弹出"页码格式"对话框，设置"编号格式"为"Ⅰ、Ⅱ、Ⅲ、…"，单击"确定"按钮。单击"关闭页眉和页脚"按钮。

步骤4：保存文档。

（2）① 操作步骤

步骤1：打开WORD2.docx文件，按题目要求将文本转换为表格。选中正文中后7行文本，在"插入"功能区的"表格"分组中，单击"表格"按钮，选择"文本转换成表格"选项，弹出"将文字转换成表格"对话框，单击"确定"按钮。

步骤2：按照题目要求设置表格对齐属性。选中表格，在"开始"功能区的"段落"分组中，单击"居中"按钮。

步骤3：按题目要求设置表格内容对齐方式。选中表格，在"布局"功能区的"对齐方式"分组中，单击"水平居中"按钮。

步骤4：按题目要求对表格进行排序。选中表格，在"布局"功能区的"数据"分组中，单击"排序"按钮，弹出"排序"对话框，在"列表"中选择"有标题行"，在"主要关键字"中选择"低温（℃）"，在"类型"中选择"数字"，单击"降序"单选按钮，单击"确定"按钮。

② 操作步骤

步骤1：按照题目要求设置表格列宽和行高。选中表格，在"布局"功能区的"单元格大小"分组中，单击下三角对话框启动器，弹出"表格属性"对话框。单击"列"选项卡，勾选"指定宽度"，设置其值为"2.6厘米"；单击"行"选项卡，勾选

“指定高度”，设置其值为“0.5厘米”，在“行高值是”中选择“固定值”，单击“确定”按钮。

步骤2：按题目要求设置表格外框线和内框线属性。选中整个表格，在“设计”功能区的“绘图边框”分组中，单击右下角的控件按钮，打开“边框和底纹”对话框，单击“边框”选项卡，单击“全部”，在“颜色”下拉列表中选择“红色”，在“宽度”下拉列表中选择“1.0磅”，单击“确定”按钮。

步骤3：选中表格第1列，在“表格工具”|“设计”功能区的“表格样式”组中，单击“底纹”按钮，在弹出的下拉列表中选择“标准色”下的“浅绿”。

步骤4：保存文件。

第4章

课堂测验

4.1

简答题

1. Microsoft Excel 2010是一套功能完整、操作简易的电子表格处理软件，它的更主要的功能是可以根据实际需要进行各种数据的计算、组织、统计分析等操作，还可以通过图表、图形等多种形式对处理结果加以形象地显示，更能够方便地与Office 2010其他组件相互调用数据，实现资源共享，广泛应用于管理、财经、金融等领域，具有功能强大、使用灵活方便的特点。而Word中更适合完成文字为主的表格，如成绩表，简历表，学籍表等。

2. 主要包括：制作表格方便快捷、功能强大的计算能力、数据处理及分析、图表制作、数据共享。

4.2

一、选择题

1. C　　2. B　　3. B　　4. D

二、操作题

操作步骤：

步骤1：执行“开始/所有程序/Microsoft office/Microsoft Excel 2010”命令，启动Excel 2010；在启动的Excel 2010窗口点击“文件”菜单里的“保存”菜单项，在打开的“另存为”对话框左侧选择保存位置C盘，在文件名处输入文件名“EXC”，点击“保存”按钮。

步骤2：在工作表标签区域双击“Sheet1”，此时“Sheet1”黑底白字显示，输入新的工作表名称“产品销售情况表”；按照图4-37所示在相应的单元格处输入原始数据。

步骤3：点击第8行的行号选定第8行，点击“开始”选项卡下单元格分组中的“传入”命令按钮插入一行，在新的第8行相应单元格处输入如下内容。

3	南部3	D-2	电冰箱	75	17.55	18

步骤4：点击任意单元格释放选中区域，点击“开始”选项卡下“编辑”分组中的“替换”命令按钮，打开“查找和替换”对话框，在“查找内容”组合框中输入要“电视”，在“替换为”组合框中输入要替换的内容“电视机”，点击“选项”按钮展开对话框，点击“替换为”后面的“格式”按钮显示“替换格式”对话框，点击“字体”选项卡，在其中的“字形”列表框中点击“加粗倾斜”项，点击“颜色”下拉列表框并选择其中标准色中的“红色”后，点击“确定”按钮，点击“查找和替换”对话框中的“全部替换”按钮。

步骤5：点击“文件”菜单里的“保存”菜单项；点击“文件”菜单里的“另存为”菜单项，在打开的“另存为”对话框左侧选择保存位置D盘，在文件名处输入文件名“EXC（备份)”，点击“保存”按钮。

4.3

操作题

操作步骤：

步骤1：启动Excel，在D盘根目录下创建“全国部分城市2000-2004年降水量分布表.xlsx”工作簿文件，并保存。

步骤2：在sheet1工作表中录入如图4-60所示的内容。

步骤3：连续选中A1至F1区域单元格，单击“对齐方式”组中“合并后居中”按钮；单击标题单元格，在“字体”组中“字体”列表中选择“华文行楷”，在“字号”列表中选择“18”；连续选择B2至F2区域，在“字体”组中“字体”列表中选择“华文细黑”，在“字号”列表中选择“12”，单击加粗按钮“”。

步骤4：选中表格中数字区域，单击“对齐方式”组中水平居中按钮“”。

步骤5：选择标题单元格，单击“字体”组中填充按钮“”，弹出的颜色选择框，按要求填充黄色底纹。同理，选中“城市”列，填充绿色底纹；选中表头数据行，在“字体”组中单击“字体颜色”下拉按钮“”，选择红色。

步骤6：选中表格所有内容区域，单击“字体”组右下角启动器，打开“设置单元格格式”对话框，切换至“边框”选项卡，在线条“样式”中选择双实线，单击“预置”中“外边框”按钮；之后再在线条“样式”中选择虚线，单击“预置”中“内部”按钮，单击“确定”后完成边框设置。

步骤7：右键单击标题行，选择“行高”命令，输入“35”，单击“确定”后设置标题行行高；连续选择标题行以外其余各行，同样的操作设置行高为20。

步骤8：选中表格中数据区域，单击“条件格式”下拉按钮选择“突出显示单元格规则”，分别设置“大于750”和“小于550”的格式样式。

步骤9：选中除标题行以外的单元格区域，打开“套用表格格式”下拉列表，选择“浅色”类中的“表样式浅色9”，单击确定。

步骤10：保存文档。

4.4

操作题

1. 操作步骤

步骤1：打开文件，在D3单元格中输入“=B3*C3”，然后按“Enter”键即可计算出总额。将光标置于D3单元格右下角，待光标变为“十”字形状后拖动鼠标至D12单元格，即可完成其他产值的计算。

步骤2：选中B13单元格，在“公式”选项卡的“函数库”分组中单击“自动求和”下拉按钮，在弹出的下拉列表中选择“求和”命令，然后按“Enter”键即可计算出日产量的总计。按照同样的方式计算产值的总计。

步骤3：在E3单元格中输入“=B3/B13”后按“Enter”键，选中E3单元格，将鼠标指针移动到该单元格右下角的填充柄上，当鼠标变为形状时，按住鼠标左键，拖动单元格填充柄到E12单元格处即可完成产量所占百分比的计算。按照同样的方式计算产值所占百分比。

步骤4：选中“产量所占百分比”和“产值所占百分比”两列，右击，在弹出的快捷菜单中选择“设置单元格格式”命令。在弹出的“设置单元格格式”对话框中切换至“数字”选项卡，在“分类”组中选择“百分比”命令，在“示例”中的“小数位数”微调框中输入“1”，然后单击“确定”按钮即可。

步骤5：保存文件。

2. 操作步骤

步骤1：打开文件。

步骤2：计算“销售额（元）”列内容。在D3中输入公式“=B3*C3”并回车，将鼠标移动到D3单元格的右下角，按住鼠标左键不放向右拖动即可计算出其他行的值。

注：当鼠标指针放在已插入公式的单元格的右下角时，它会变为小十字“+”，按住鼠标左键拖动其到相应的单元格即可进行数据的自动填充。

步骤3：按题目要求设置单元格属性。选中D3:D11，在“开始”选项卡的“数字”分组中，单击右侧的下三角对话框启动器，弹出“设置单元格格式”对话框，单击“数字”选项卡，在“分类”列表框中选中“数值”选项，设置“小数位数”为“0”，单击“确定”按钮。

步骤4：计算“销售排名”列内容。在E3单元格中输入公式“=RANK（D3，$D$3:$ D$11，0）”并按回车键，将鼠标移动到E3单元格的右下角，按住鼠标左键不放向下拖动即可计算出其他行的值。

步骤5：选中单元格区域E3:E11，单击“开始”选项卡“样式”分组中的“条件格式”按钮，在弹出的下拉列表中，选择“突出显示单元格规则”中的“小于”，弹出“小于”对话框，在左边的文本框中输入“5”，单击右边文本框的下拉按钮，从弹出的下拉列表框中选择“自定义格式”，弹出“设置单元格格式”对话框，在“字体”选项卡下单击“颜色”下三角按钮，从弹出的列表中选择“标准色”下的“绿色”，单击“确定”按钮返回“小于”对话框后再单击“确定”按钮。

步骤6：保存文件。

4.5

操作题

1.（1）步骤1：打开EXCEL.xlsx文件，按题目要求合并单元格并使内容居中。选中工作表Sheet1中的A1:D1单元格，单击工具栏上的合并和居中按钮。

步骤2：在D3中输入公式“=B3*C3”并回车，将鼠标移动到D3单元格的右下角，按住鼠标左键不放向下拖动即可计算出其他行的值。在D6中输入“=SUM（D3:D5）”。

注：当鼠标指针放在已插入公式的单元格的右下角时，它会变为小十字“+”，按住鼠标左键拖动其到相应的单元格即可进行数据的自动填充。

步骤3：为工作表重命名。将鼠标移动到工作表下方的表名处，双击“Sheet1”并输入“设备购置情况表”。

（2）步骤1：选中“设备购置情况表”工作表的“设备名称”（A2:A5）和“金额”（D2:D5）两列的数据区域，在“插入”功能区的“图表”组中，单击右侧的下三角对话框启动器，弹出“插入图表”对话框，在“条形图”中选择“簇状水平圆柱图”，单击“确定”按钮，即可插入图表。

步骤2：按照题目要求设置图表标题。在插入的图表中，选中图表标题，改为“设备金额图”。

步骤3：按照题目要求设置图例。在“图表工具”|“布局”功能区中，单击“标签”组中的“图例”按钮，在弹出的下拉列表中选择“其他图例选项”，弹出“设置图例格式”对话框，在“图例选项”中选中“图例位置”下的“靠右”单选按钮，单击“关闭”按钮。

步骤4：调整图的大小并移动到指定位置。选中图表，按住鼠标左键单击图表不放并拖动，将其拖动到A8:G23单元格区域内。

步骤5：保存工作簿文件。

2.（1）步骤1：打开EXCEL.xlsx文件，选中A1:E1单元格区域，右击，在弹出的快捷菜单中选择“设置单元格格式”命令。在弹出的“设置单元格格式”对话框中切换至“对齐”选项卡，在“文本控制”组中勾选“合并单元格”复选框。

步骤2：在“文本对齐方式”组中的“水平对齐”下拉列表框中选择“居中”命令。最后单击“确定”按钮即可。

步骤3：在B9单元格中输入“=SUM（B3:B8）”，然后按“Enter”键即可计算出总额。将光标置于B9单元格右下角，待光标变为“十”字形状后横向拖动鼠标至E9单元格，即可完成其他总计的计算。

步骤4：双击“Sheet1”工作表名，输入“连锁店销售情况表”，即可重新命名工作表。

（2）步骤1：选中“连锁店销售情况表”的A2:E8单元格的内容区域，在“插入”选项卡的“图表”分组中单击“柱形图”下拉按钮，在弹出的下拉列表中选择“簇状柱形图”命令，即可完成设置。

步骤2：选中簇状柱形图，在“图表工具”选项卡组“布局”选项卡下的“标签”分组中单击“图例”下拉按钮，在弹出的下拉列表中选择“在右侧显示图例”命令。

步骤3：拖动簇状柱形图，移动至表的A10:G25单元格区域内。

4.6

操作题

1. 步骤1：对工作表进行排序。选中工作表内数据清单内容，单元格A1:G37，在“开始”选项卡“编辑”分组中单击“排序和筛选”按钮，在展开的下拉列表中选择“自定义排序”，打开“排序”对话框，在对话框中设置“主要关键字”为“产品类别”，“次序”为升序，单击“添加条件”按钮，添加“次要关键字”，设置“次要关键字”为“销售额排名”，“次序”为升序，单击“确定”按钮。

步骤2：对工作表进行分类汇总。选中工作表“产品销售情况表”A1:G37单元格，单击“数据”功能区“分级显示”分组中的“分类汇总”按钮，打开“分类汇总”对话框设置，分类字段为“产品类别”，汇总方式为“求和”，勾选汇总项为“销售额（万元）”，勾选“汇总结果显示在数据下方”，单击“确定”按钮。

步骤3：保存工作表。

2. 步骤1：对数据清单内容进行筛选。选中整张数据清单的内容，单元格A1:G37，在“数据”功能区“排序和筛选”分组中单击“筛选”按钮，清单表第一行每一个字段名都出现了一个下拉箭头按钮，单击“销售额排名”字段下拉按钮，在展开的下拉菜单中选择“数字筛选”→“小于或等于”，打开“自定义筛选方式”对话框，设置“销售额排名”为“小于或等于20”，单击“确定”按钮。

步骤2：单击“分公司”字段下拉按钮，在展开的下拉菜单中，取消全选，只勾选“南部”分公司，“南部1”、“南部2”、“南部3”。

步骤3：对工作表进行排序。选中筛选后的数据表显示内容，在“开始”功能区“编辑”分组中，单击“排序和筛选”按钮，在展开的下拉列表中，选择“自定义排序”，打开“排序”对话框，设置“主要关键字”为“销售额排名”的升序，单击“添加条件”按钮，设置“次要关键字”为“分公司”的升序，单击“确定”按钮。

步骤4：保存工作表。

3. 步骤1：鼠标单击“Sheet2”工作表的A3单元格，在“数据”功能区“数据工具”分组中单击“合并计算”按钮，此时弹出“合并计算”对话框，在“函数”下拉列表选择“平均自”，点击“引用位置”文本框右侧的展开按钮点选“Sheet1”工作表中的“A3:B14”数据区域后返回，点击“添加”按钮，再次点击“引用位置”文本框右侧的展开按钮点选“Sheet1”工作表中的“D3:E14”数据区域后返回，点击“添加”按钮，此时“所有引用位置”列表框中的内容显示为两项：

"Sheet1!$A$3:$B$14"、Sheet1!$D$3:$E$14，选定"标签位置"处的"最左列"复选框后，点击"确定"按钮，即可完成合并计算。

步骤2：鼠标单击"Sheet4"工作表的A6单元格，在"插入"功能区的"表格"分组中单击"数据透视表"按钮，点击"表/区域"文本框右侧的数据区域选定按钮选定Sheet3工作表的A1:D25数据区域后返回，此时该文本框自动填入"Sheet3!$A$1:$D$25"参数，点击"确定"按钮，此时在Excel窗口工作区右侧显示"数据透视表字段列表"窗格，鼠标移动至"选择要添加到报表的字段"列表中的"年度"项上按下鼠标左键不放拖动至"报表筛选"列表处，然后释放鼠标，鼠标移动至"选择要添加到报表的字段"列表中的"企业名称"项上按下鼠标左键不放拖动至"行标签"列表处，然后释放鼠标，鼠标移动至"选择要添加到报表的字段"列表中的"地理位置"项上按下鼠标左键不放拖动至"列标签"列表处，然后释放鼠标，鼠标移动至"选择要添加到报表的字段"列表中的"纯利润"项上按下鼠标左键不放拖动至"数值"列表处，然后释放鼠标，点击数值列表中"求和项：纯利润"项，在弹出的菜单中选择"值字段设置"菜单项，在打开的对话框中的"计算类型"列表中选择"平均值"项，然后点击"确定"按钮。

4.7

操作题

略。参照教材中4.7的内容完成。

4.8

操作题

步骤1：打开"页面设置"对话框，设置纸张A4。切换到"页边距"选项卡，对页边距进行设置。

步骤2：切换到"页眉/页脚"选项卡，单击"自定义页眉"按钮，在打开的"页眉"对话框中的"中"文本框中输入"欣欣公司职员登记表"，单击"确定"按钮，页眉设置完成。

步骤3：在"页眉/页脚"选项卡中单击"页脚"下拉列表中的"第1页，共?页"命令。

步骤4：切换到"工作表"选项卡，利用选择器""分别设置打印区域和打印标题。

步骤5：在"页面设置"对话框中单击"打印预览"按钮，在打开的界面中预览效果，在"份数"组合框中输入"10"。

步骤6：保存文档。

课后习题

操作题

1.（1）① 步骤1：打开4课后习题1EXCEL.xlsx文件，选中A1:E1单元格区域并右击，在弹出的快捷菜单中选择"设置单元格格式"命令。在弹出的"设置单元格格式”对话框中切换至“对齐”选项卡，在“文本控制”组中勾选“合并单元格”复选框。

步骤2：在“文本对齐方式”组中的“水平对齐”下拉列表框中选择“居中”命令。最后单击“确定”按钮即可。

步骤3：在B9单元格中输入“=SUM（B3:B8）”，然后按“Enter”键即可计算出总额。将光标置于B9单元格右下角，待光标变为“十”字形状后横向拖动鼠标至E9单元格，即可完成其他总计的计算。

步骤4：双击“Sheet1”工作表名，输入“连锁店销售情况表”，即可重新命名工作表。

② 步骤1：选中“连锁店销售情况表”的A2:E8单元格的内容区域，在“插入”功能区的“图表”组中单击“柱形图”下拉按钮，在弹出的下拉列表中选择“簇状柱形图”命令，即可完成设置。

步骤2：选中簇状柱形图，在“图表工具”功能区“布局”下的“标签”组中单击“图例”下拉按钮，在弹出的下拉列表中选择“在右侧显示图例”命令。

步骤3：拖动簇状柱形图，移动至表的A10:G25单元格区域内。

（2）步骤1：打开4课后习题1EXC.xlsx文件，在“数据”功能区的“排序和筛选”分组中，单击“排序”按钮，弹出“排序”对话框，设置“主要关键字”为“产品名称”，设置“次序”为“降序”；单击“添加条件”按钮，设置“次要关键字”为“分公司”，设置“次序”为“降序”，设置完毕后单击“确定”按钮。

步骤2：在“数据”功能区的“分级显示”分组中，单击“分类汇总”按钮，弹出“分类汇总”对话框，设置“分类字段”为“产品名称”，“汇总方式”为“求和”，勾选“选定汇总项”中的“销售额（万元）”复选框，再勾选“汇总结果显示在数据下方”复选框。

步骤3：单击快速访问工具栏中的“保存”按钮，保存EXC.xlsx工作簿。

2.（1）① 步骤1：打开4课后习题2EXCEL.xlsx文件，按题目要求合并单元格并使内容居中。选中工作表“sheet1”中的A1:F1单元格，单击“开始”功能区的“对齐方式”组中的“合并后居中”按钮。

步骤2：按题目要求计算“总成绩”。在E3单元格中输入公式“=B3*0.5+C3*0.3+D3*0.2”并按回车键，将鼠标移动到E3单元格的右下角，按住鼠标左键不放向下拖动即可计算出其他行的值。

注：当鼠标指针放在已插入公式的单元格的右下角时，会变为实心小十字“+”，按住鼠标左键拖动其到相应的单元格即可进行数据的自动填充。

步骤3：按题目要求设置数字格式。选中单元格E3：E10，单击鼠标右键，在弹出的快捷菜单中选择“设置单元格格式”，打开“设置单元格格式”对话框，在“数字”选项卡下“分类”框中选择“数值”，设置小数位数为1位，单击“确认”按钮。

步骤4：按题目要求计算成绩排名，在F3单元格中输入公式“=RANK.EQ（E3, $E$3：$E$10, 0）”，并按回车键，将鼠标移动到F3单元格的右下角，按住鼠标左键不放向下拖动即可计算出其他行的值。

② 步骤1：按题目要求插入图表。按住“CTRL”键选取“学号”列（A2:A10）和“总成绩”列（E2:E10）数据区域，在“插入”功能区“图表”分组中，单击“柱形图”按钮，在展开的下拉列表中选择“棱锥图”→“簇状棱锥图”。

步骤2：按题目要求输入图表标题。将光标插入图标标题区域，删除默认标题“总成绩”，输入“成绩统计图”。

步骤3：按题目要求设置图例。在“布局”功能区“标签”分组中，单击“图例”按钮，在展开的下拉菜单中选择“无”。

步骤4：按题目要求设置图表主题颜色。单击选中图表中系列，在“表格工具”|“格式”功能区“形状样式”分组中，单击“形状填充”按钮，在展开的下拉列表中选择“主题颜色”为“紫色，强调文字颜色4，深色25%”。

步骤5：按题目要求调整图表的大小并移动到指定位置。按住鼠标左键选中图表，将其拖动到A12:D27单元格区域内。

注：不要超过这个区域。如果图表过大，无法放下，可以将鼠标放在图表的右下角，当鼠标指针变为双向箭头时，按住左键拖动可以将图表缩小到指定大小。

步骤6：保存文件。

（2）步骤1：按题目要求创建数据透视表。打开4课后习题2EXC.xlsx文件，选中表中数据清单内容单元格A1:G37，在“插入”功能区“表格”分组中单击“数据透视表”按钮，在弹出的下拉菜单中选择“数据透视表”，打开创建“数据透视表”对话框，选择“现有工作表”，单击“现有工作表”后面的“扩展”按钮，鼠标变成“十”字后，框选I8:M13单元格区域，再次单击“扩展”按钮后，单击“确定”按钮。

步骤2：按题目要求设置表字段。在打开的数据透视表字段列表中，将字段名称按住鼠标左键拖拽到相应位置。

步骤3：关闭数据透视表字段列表。

步骤4：保存工作簿。

3.（1）①步骤1：打开4课后习题3EXCEL.xlsx文件，按题目要求合并单元格并使内容居中。选中工作表“sheet1”中的A1:D1单元格，单击“开始”功能区的“对齐方式”组中的“合并后居中”按钮。

步骤2：按题目要求计算“增长比例”列内容。在D3单元格中输入公式“=（C3-B3）/C3”并按回车键，将鼠标移动到D3单元格的右下角，按住鼠标左键不放向下拖动即可计算出其他行的值。

注：当鼠标指针放在已插入公式的单元格的右下角时，会变为实心小十字“+”，按住鼠标左键拖动其到相应的单元格即可进行数据的自动填充。

步骤3：按题目要求设置单元格格式。选中D3:D19单元格内容，单击鼠标右键，在弹出的快捷菜单中选择“设置单元格格式”，打开“设置单元格格式”对话框，设置“数字”型为“百分比”，小数位数为“2”，单击“确定”按钮。

步骤4：按题目要求为单元格添加数据条。选中D3:D19单元格内容，“开始”功能区“样式”分组中，单击“条件格式”下拉箭头，在弹出的下拉菜单中选择“数据条”→“实心填充”→“绿色”。

② 步骤1：按题目要求建立“簇状圆锥图”。按住“CTRL”键同时选中“产品名称”列和“增长比例”列数据区域，在“插入”功能区的“图表”组中，单击右侧的下三角对话框启动器，弹出“插入图表”对话框，在“柱形图”中选择“簇状圆锥图”，单击“确定”按钮。

步骤2：按照题目要求设置图表标题。在“布局”功能区的“标签”组中单击“图表标题”按钮，在弹出的下拉列表中选择“图表上方”，即可在图表上方更改图表标题为“产品销售情况图”，在“布局”功能区的“标签”组中单击“图例”按钮，在弹出的下拉列表中选择“在底部显示图例”。

步骤3：按题目要求调整图表的大小并移动到指定位置。按住鼠标左键选中图表，将其拖动到F2:L19单元格区域内。

注：不要超过这个区域。如果图表过大，无法放下，可以将鼠标放在图表的右下角，当鼠标指针变为双向箭头时，按住左键拖动可以将图表缩小到指定大小。

步骤4：按题目要求为工作表重命名。将鼠标移动到工作表下方的表名处，双击“sheet1”并输入“近两年销售情况表”。

步骤5：保存工作表。

（2）步骤1：打开4课后习题3EXC.xlsx文件，按题目要求为表格排序。选中工作表“产品销售情况表”A1:G37单元格，在“开始”功能区“编辑”分组中，单击“排序和筛选”下拉箭头，在弹出的下拉菜单中选择“自定义排序”，打开“排序”对话框，“主要关键字”选择“季度”，“次序”为“升序”，然后，单击“添加条件”按钮，添加“次要关键字”，选择“销售额（万元）”，“次序”为“降序”，单击“确定”按钮。

步骤2：按题目要求对表格进行分类汇总。选中工作表“产品销售情况表”A1∶G37单元格，单击“数据”功能区“分级显示”分组中的“分类汇总”按钮，打开“分类汇总”对话框设置，分类字段为“季度”，汇总方式为“求和”，勾选汇总项为“销售额（万元）”，勾选“汇总结果显示在数据下方”，单击“确定”按钮。

步骤3：保存工作表。

4.（1）① 步骤1：打开4课后习题4EXCEL.xlsx文件，按题目要求合并单元格并使内容居中。选中工作表sheet1中的A1:D1单元格，单击“开始”功能区的“对齐方式”组中的“合并后居中”按钮。

步骤2：按题目要求计算“增长比例”列内容。在D3单元格中输入公式“=（C3-B3）/C3”并按回车键，将鼠标移动到D3单元格的右下角，按住鼠标左键不放向下拖动即可计算出其他行的值。

注：当鼠标指针放在已插入公式的单元格的右下角时，会变为实心小十字“+”，按住鼠标左键拖动其到相应的单元格即可进行数据的自动填充。

步骤3：按题目要求设置单元格格式。选中D3:D19单元格内容，单击鼠标右键，在弹出的快捷菜单中选择“设置单元格格式”，打开“设置单元格格式”对话框，设置“数字”型为“百分比”，小数位数为“2”，单击“确定”按钮。

步骤4：按题目要求为单元格添加数据条。选中D3:D19单元格内容，“开始”功能区“样式”分组中，单击“条件格式”下拉箭头，在弹出的下拉菜单中选择“数据条”→“实心填充”→“绿色”。

② 步骤1：按题目要求建立“簇状圆锥图”。按住“CTRL”键同时选中“产品名称”列和“增长比例”列数据区域，在“插入”功能区的“图表”组中，单击右侧的下三角对话框启动器，弹出“插入图表”对话框，在“柱形图”中选择“簇状圆锥图”，单击“确定”按钮。

步骤2：按照题目要求设置图表标题。在“布局”功能区的“标签”组中单击“图表标题”按钮，在弹出的下拉列表中选择“图表上方”，即可在图表上方更改图表标题为“产品销售情况图”，在“布局”功能区的“标签”组中单击“图例”按钮，在弹出的下拉列表中选择“在底部显示图例”。

步骤3：按题目要求调整图表的大小并移动到指定位置。按住鼠标左键选中图表，将其拖动到F2:L19单元格区域内。

注：不要超过这个区域。如果图表过大，无法放下，可以将鼠标放在图表的右下角，当鼠标指针变为双向箭头时，按住左键拖动可以将图表缩小到指定大小。

步骤4：按题目要求为工作表重命名。将鼠标移动到工作表下方的表名处，双击“sheet1”并输入“近两年销售情况表”。

步骤5：保存工作表。

（2）步骤1：打开4课后习题4EXC.xlsx文件，按题目要求为表格排序。选中工作表“产品销售情况表”A1:G37单元格，在“开始”功能区“编辑”分组中，单击“排序和筛选”下拉箭头，在弹出的下拉菜单中选择“自定义排序”，打开“排序”对话框，“主要关键字”选择“季度”，“次序”为“升序”，然后，单击“添加条件”按钮，添加“次要关键字”，选择“销售额（万元）”，“次序”为“降序”，单击“确定”按钮。

步骤2：按题目要求对表格进行分类汇总。选中工作表“产品销售情况表”A1:G37单元格，单击“数据”功能区“分级显示”分组中的“分类汇总”按钮，打开“分类汇总”对话框设置，分类字段为“季度”，汇总方式为“求和”，勾选汇总项为“销售额（万元）”，勾选“汇总结果显示在数据下方”，单击“确定”按钮。

步骤3：保存工作表。

第5章

课堂测验

5.1

选择题

1. C　　2. D　　3. B　　4. B　　5. B

5.2

选择题

1. B　　2. B

5.3

选择题

1. A　　2. A　　3. B　　4. C　　5. B　　6. D

5.4

选择题

1. A　　2. B　　3. D

课后习题

操作题

1. 操作步骤

（1）解题步骤

步骤1：打开演示文稿源文件1.pptx，按题目要求设置幻灯片主题。在“设计”功能区“主题”分组中，在主是题预览区域里单击选择“奥斯汀”主题。

步骤2：按题目要求设置幻灯片切换方案。按住“Ctrl”键选中所有幻灯片，在“切换”功能区“切换到此幻灯片”分组中，在切换样式孖预览区域里选择切换方案为“推进”，单击右侧的“效果选项”按钮，在弹出的下拉列表中选择“自顶部”。

步骤3：按题目要求设置幻灯片放映方式。在“幻灯片放映映”功能区“设置”分组中，单击“设置幻灯片放映”按钮，打开“设置放映方式”对话框，选择放映方式为“观众自行浏览”，单击“确定”按钮。

（2）解题步骤

步骤1：按题目要求设置幻灯片版式。选中第二张幻灯片，在“开始”功能区的“幻灯片”组中，单击“版式”按钮，在下拉列表中选择“两栏内容”，在标题区域输入“全面公开政府‘三公’经费”。

步骤2：按题目要求设置字体。选中左侧文本文字内容，在“开始”功能区“字体”分组中，单击右下角的三角对话框启动器，打开“字体”对话框，设置“中文字体”为“仿宋”，“大小”为23，单击“确定”按钮。

步骤3：按题目要求插入图片。光标插入右侧内容区，单击“插入”功能区“图像”分组中“图片”按钮，打开“插入图片”对话框，找到并选中图片ppt1.png并选中，单击“插入”按钮。

步骤4：按题目要求设置图片动画。选中插入的图片，在“动画”功能区的“动画”组中，单击右侧“其他”下三角按钮，在展开的效果样式库中选择“进入”→“旋转”。

步骤5：按题目要求新建幻灯片。将光标移动到第一张幻灯片之前，在“插入”功能区“幻灯片”分组中单击“新建幻灯片”按钮，在展开的下拉列表中选择“标题和内容”。

步骤6：按题目要求插入表格。光标插入在新建幻灯片的内容区域，在“插入”功能区“表格”分组中单击“表格”按钮，在展开的下拉列表中选择“插入表格”，打开“插入表格”对话框，插入一个个3行5列的表格，单击“确定”按钮。

步骤7：按题目要求设置表格属性。选中表格，在“表格工具”|“布局”功能区“单元格大小”分组中设置高度为3cm。

步骤8：按题目要求设置表格属性。选中表格，在“表格工具”|“布局”功能区“对齐方式”分组中分别单击“垂直居中”按钮和“居中”按钮。

步骤9：在表格中按题目要求录入相应内容。

步骤10：按题目要求输入内容。在新增幻灯片的标题栏区域，输入“北京市政府某部门‘三公’经费财政拨款情况”。

步骤11：单击“视图”功能区“演示文稿视图”分组中的“备注页”按钮，在打开的备注视图中，在备注区域输入“财政拨款是指当年‘三公’经费的预算数”；输入完成后，单击“普通视图”。

步骤12：按题目要求移动幻灯片的位置。选中第三张幻灯片，单击鼠标右键，在弹出的快捷菜单中选择“剪切”命令，将光标移动到第1张幻灯片之前，单击鼠标右键，在弹出的快捷菜单中选择“粘贴”命

步骤13：按题目要求删除幻灯片。选中第三张幻灯片，按下“Delete”删除。

步骤14：按题目要求新建幻灯片并设置版式输入标题。将光标移动到第一张幻灯片之前，在“开始”功能区“幻灯片”分组中单击“新建幻灯片”按钮，在展开的下拉列表中选择“标是题幻灯片”；在新增幻灯片中，在主标题区域输入“全面公开政府‘三公’经费”，在副标题区域输入“2015年之前实现全国市、县级政府全面公开‘三公’经费”。

步骤15：保存演示文稿。

2. 操作步骤

（1）解题步骤

步骤1：打开有源文件2.pptx文件，按题目要求设置主题。在“设计”功能区“主题”分组中，选择“凤舞九天”主题样式。

步骤2：按题目要求设置幻灯片切换方案。按住“Ctrl”键选中所有幻灯片，在切换功能区的“切换到此幻灯片”组中，单击右侧“其他”下三角按钮，在展开的效果样式库的“华丽型”选项组中选择“棋盘”效果。

步骤3：按题目要求设置幻灯片切换效果。按住“Ctrl”键选中所有幻灯片，在“切换”功能区的“切换到此幻灯片”组中，单击“效果选项”按钮，在弹出的下拉列表中选择“自顶部”。

（2）解题步骤

步骤1：按是题目要求设置幻灯片，选中第三张幻灯片。在“开始”功能区的“幻灯片”组中，单击“版式”按钮，在下拉列表中选择“两栏内容”；在标题栏中输

入“你一个月赚多少才饿不死？”；选中左侧文本内容，在“开始”功能区“字体”分组中，设置字体为“仿宋”。

步骤2：按题目要求插入图片。光标插入右侧文本框，在“插入”功能区“图像”分组中单击“图片”按钮，打开“插入图片”对话框，找到并选中ppt2.png图片并选中，单击“插入”按钮。

步骤3：按题目要求设置图片动画。选中插入的图片，在“动画”功能区的“动画”组中，单击右侧“其他”下三角按钮，在展开的效果样式库中选择“进入”→“翻转式由远及近”。

步骤4：按题目要求插入幻灯片。光标移动到第二张和第三张幻灯片之间，单击一下鼠标左键，在“开始”功能区“幻灯片”分组中单击“新建幻灯片”按钮，在展开的下拉列表中选择“标题和内容”。

步骤5：按题目要求插入表格。光标插入在新建幻灯片的内容区域，在“插入”功能区“表格”分组中单击“表格”按钮，在展开的下拉列表中选择“插入表格”，打开“插入表格”对话框，设置“列数”为2，“行数”为8，单击“确定”按钮。

步骤6：按题目要求输入表格内容。在表格中按题目要求录入相应内容和表格标题，如附图2-1所示。

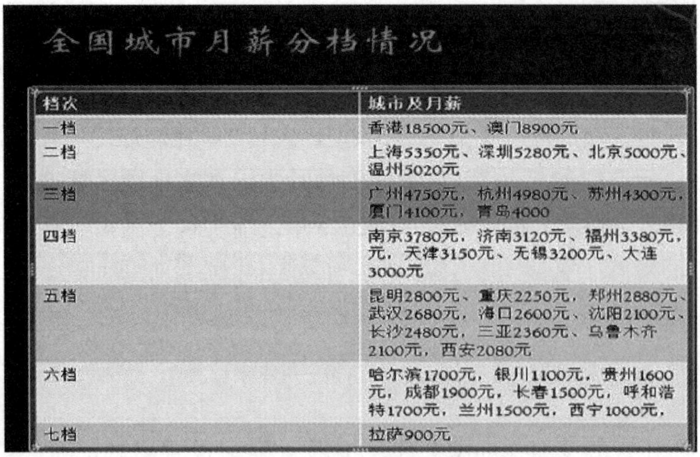
全国城市月薪分档情况

档次	城市及月薪
一档	香港18500元、澳门8900元
二档	上海5350元、深圳5280元、北京5000元、温州5020元
三档	广州4750元，杭州4980元、苏州4300元，厦门4100元，青岛4000
四档	南京3780元，济南3120元、福州3380元，元，天津3150元、无锡3200元、大连3000元
五档	昆明2800元、重庆2250元，郑州2880元、武汉2680元，海口2600元、沈阳2100元、长沙2480元，三亚2360元、乌鲁木齐2100元，西安2080元
六档	哈尔滨1700元，银川1100元，贵州1600元，成都1900元，长春1500元，呼和浩特1700元，兰州1500元，西宁1000元，
七档	拉萨900元

附图2-1　录入内容和标题

步骤7：按题目要求移动幻灯片的位置。选中第四张幻灯片，单击鼠标右键，在弹出的快捷菜单中选择“剪切”命令，将鼠标光标移动到第1张幻灯片之前，单击鼠标右键，在弹出的快捷菜单中选择“粘贴”命令。

步骤8：按题目要求删除幻灯片。选中第二张幻灯片，按下“Deletet”键删除。

步骤9：按题目要求输入幻灯片标题。在第二张幻灯片的标题区域输入“全国月薪分为七档”。

步骤10：按题目要求新建幻灯片并设置版式输入标题。将光标移动到第一张幻灯片之前，在“开始”功能区“幻灯片”分组中单击“新建幻灯片”下拉按钮，在展开的下拉列表中选择“标题幻灯片”；在新增幻灯片中，在主标题区域输入“你一个月赚多少钱才饿不死？”，在副标题区域输入“全国城市月薪分为七档”。

步骤11：保存演示文稿。

3. 操作步骤

（1）解题步骤

步骤1：打开源文件3.pptx文件，按是题目要求设置幻灯片主是题。在“设计”功能区“主题”分组中，在主题预览区域单击右侧“其他”下三角按钮，在展开的主题中选择“模块”主题样式。

步骤2：按题目要求设置幻灯片切换方式。按住“Ctrl”键选中所有幻灯片，在“切换”功能区的“切换到此幻灯片”组中，单击右侧“其他”下三角按钮，在展开的效果样式库的“动态内容”选项组中选择“旋转”效果。

步骤3：按题目要求设置幻灯片的切换效果。按住“Ctrl”键选中所有幻灯片，在“切换”功能区的“切换到此幻灯片”组中，单击“效果选项”下拉按钮，在弹出的下拉列表中选择“自顶部”。

（2）解题步骤

步骤1：按题目要求设置幻灯片版式并输入标题内容。选中第二张幻灯片，在“开始”功能区的“幻灯片”组中，单击“版式”按钮，在下拉列表中选择“两栏内容”，在标题文本框中输入内容“世界第一高人苏丹克森”。

步骤2：按题目要求设置文本字体。选中第二张幻灯片左侧文本内容，在“开始”功能区“字体”分组中，在“字号”中输入“25”，按一下回车键。

步骤3：按题目要求插入图片。光标插入第二张幻灯片右侧文本框中，在“插入”功能区“图像”分组中单击“图片”按钮，找到并选中ppt3.png图片并选中，单击“插入”按钮。

步骤4：按题目要求移动幻灯片的位置。选中第一张幻灯片，单击鼠标右键，在弹出的快捷菜单中选择“剪切”，将光标移动到第一张幻灯片之后，单击鼠标右键，在弹出的快捷菜单中选择“粘贴”。

步骤5：按题目要求设置幻灯片版式并输入标是题内容。选中第二张幻灯片，在“开始”功能区的“幻灯片”组中，单击“版式”按钮，在下拉列表中选择“标题和竖排文字”，在标题文本框中输入内容“土耳其文化与美食节”。

步骤6：按题目要求新建指定版式的幻灯片，并插入艺术字。光标移动到第一张幻灯片之前，单击一下鼠标左键，在“开始”功能区“幻灯片”分组中单击“新建幻灯片”下拉按钮，在展开的下拉列表中选择“空白”；在新建的空白幻灯片中，在“插入”功能区“文本”分组中单击“艺术字”按钮，在展开的下拉列表中选择样式为“填充→红色，强调文字颜色6，暖色粗糙棱台”的艺术字，如附图2-2所示。

步骤7：按题目要求输入艺术字内容。在艺术字编辑区域，删除默认文字“请在此放置您的文字”，输入文字“世界第一高人苏丹克森”。

步骤8：按题目要求设置艺术字的位置。选中插入的艺术字，单击鼠标右键，在弹出的快捷菜单中选择“设置形状格式”命令，打开“设置形状格式”对话框，在对话框中选择“位置”选项卡，按要求设置“水平：2.5厘米，自：左上角”“垂直：5.3厘米，自：左上角”，如附图2-3所示，单击“关闭”按钮。

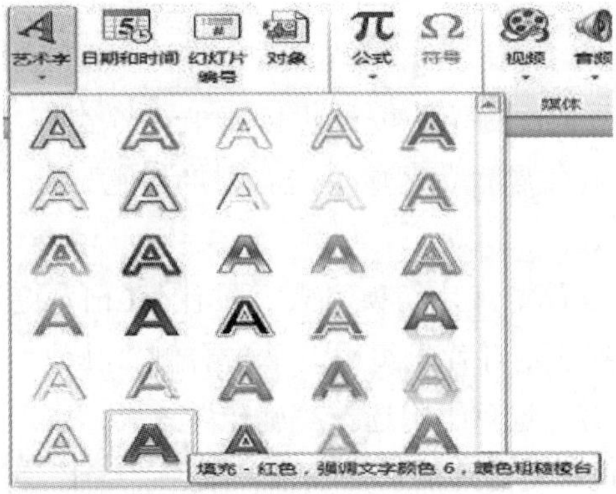

附图2-2 插入艺术字

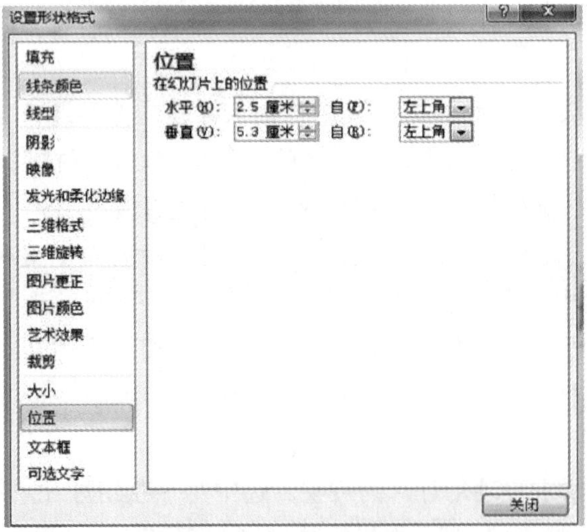

附图2-3 设置艺术字位置

步骤9：按题目要求设置艺术字的大小。选中插入的艺术字，单击鼠标右键，在弹出的快捷菜单中选择“设置形状格式”命令，打开“设置形状格式”对话框，在对话框中选择“大小”选项卡，按要求设置“高度”为“6.77厘米”，如附图2-4所示，单击“关闭”按钮。

步骤10：选中艺术字，在“绘图工具”|“格式”功能区的“艺术字样式”分组中，单击“文本效果”按钮，在展开的下拉列表中选择“转换→弯曲→双波形1”。

步骤11：按题目要求设置艺术字动画效果。选中艺术字，在“动画”功能区的“动画”组中，单击右侧“其他”下三角按钮，在展开的效果样式库中选择“强调”→“波浪形”；单击“效果选项”下拉按钮，在弹出的下拉列表中选择“整批发送”。

步骤12：按题目要求设置幻灯片纹理填充。在第一张幻灯片空白区域单击鼠标右键，在弹出的快捷菜单中选择“设置背景格式”，打开“设置背景格式”对话框，在“填充”选项卡下选择“图片或纹理填充”，单击“纹理”按钮，在展开的下拉列表中选择“水滴”纹理，单击“关闭”按钮，如附图2-5所示。

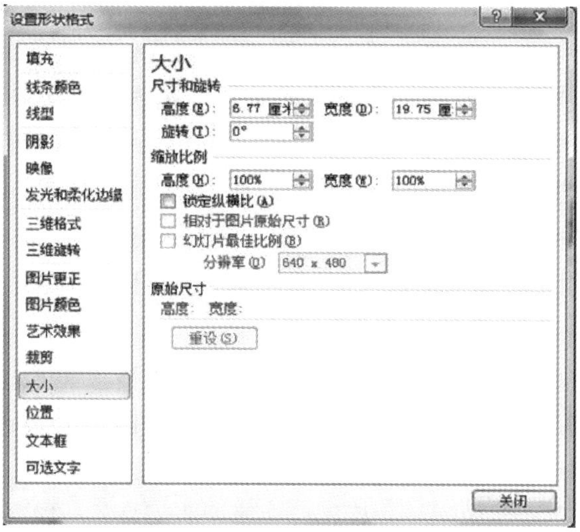

附图2-4 设置艺术字大小

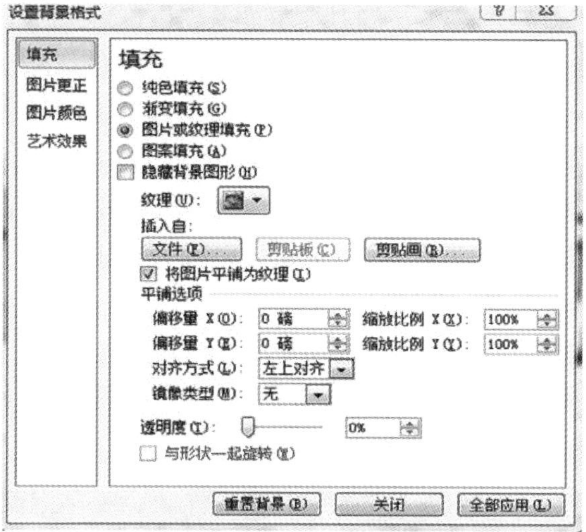

附图2-5 设置幻灯片纹理填充

步骤13：保存演示文稿。

4. 操作步骤

（1）解题步骤

步骤1：打开源文件4.pptx文件，按题目要求设置全部幻灯片主题。在“设计”功能区“主题”分组中，在主题预览区域单击右侧“其他”下三角按钮，在展开的主题中选择“时装设计”主题样式。

步骤2：按题目要求设置全部幻灯片切换方案。按住“Ctrl”键选中所有幻灯片，在“切换”功能区的“切换到此幻灯片”组中，单击右侧“其他”下三角按钮，在展开的效果样式库的“华丽型”→“百叶窗”。

步骤3：按题目要求设置效果选项。按住“Ctrl”键选中所有幻灯片，在“切换”

功能区的“切换到此幻灯片”组中，单击“效果选项”按钮，在下拉列表中选择“水平”效果。

（2）解题步骤

步骤1：按题目要求设置幻灯片版式并输入标题内容。选中第二张幻灯片，在“开始”功能区的“幻灯片”组中，单击“版式”按钮，在下拉列表中选择“两栏内容”，在标题行输入内容“火爆的‘十一’黄金周”。

步骤2：按题目要求插入图片。光标插入第二张幻灯片右侧文本框内，在“插入”功能区“图像”分组中单击“图片”按钮，弹出“插入图片”对话框，找到并选中ppt4.png图片，单击“插入”按钮完成图片插入。

步骤3：按题目要求新建指定版式的幻灯片。光标移动到第三张幻灯片之后，单击一下鼠标左键，在“开始”功能区“幻灯片”分组中单击“新建幻灯片”下拉按钮，在下拉列表中选择“标题和内容”。

步骤4：按题目要求输入幻灯片标题。在第四张幻灯片标题区域输入内容“中国员工难以带薪休假的原因”。

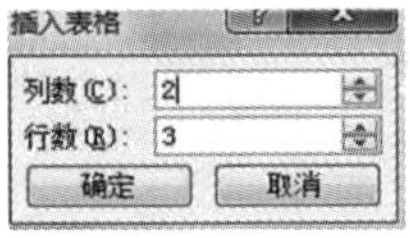

附图2-6 插入表格

步骤5：按题目要求插入表格。光标插入到第四张幻灯片的内容区域，在“插入”功能区“表格”分组中单击“表格”按钮，在下拉列表中选择“插入表格”，打开“插入表格”对话框，设置“列数”为2，“行数”为3，如附图2-6所示，单击“确定”按钮。

步骤6：按题目要求在表格中输入相应的内容，如附图2-7所示。

步骤7：按题目要求删除指定的幻灯片。选中第一张幻灯片，按下“Delete”键删除该幻灯片。

步骤8：按题目要求设置幻灯片版式并输入标题内容。选中第二张幻灯片，在“开始”功能区的“幻灯片”组中，单击“版式”按钮，在下拉列表中选择“比较”，在标题区域输入内容“黄金周‘人山人海之痛’”。

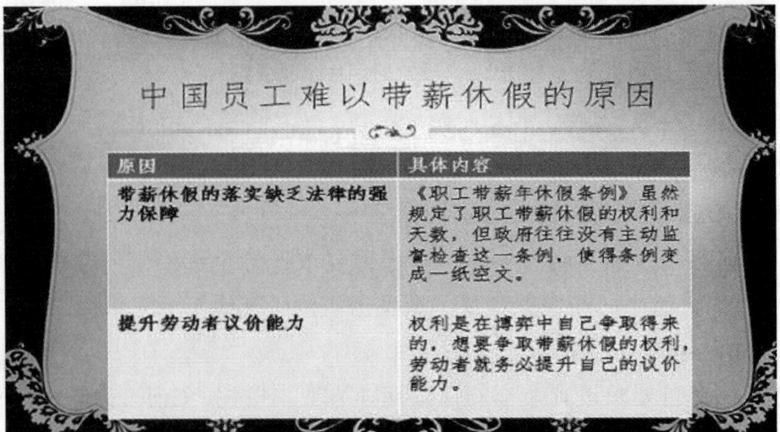

附图2-7 在表格中输入内容

步骤9：按题目要求插入图片。光标插入第二张幻灯片右侧文本框中，在“插入”

功能区“图像”分组中单击“图片”按钮，弹出“插入图片”对话框，找到并选中ppt4. png图片，单击“插入”按钮完成图片插入。

步骤10：按题目要求设置文本进入动画。选中第二张幻灯片左侧编辑区文本内容，在“动画”功能区的“动画”组中，单击右侧“其他”下三角按钮，在展开的效果样式库中选择“进入”→“轮子”，单击“效果选项”按钮，在下拉列表中选择“4轮辐图案”。

步骤11：按题目要求设置图片进入动画。选中插入的图片 ppt4. png，在“动画”功能区的“动画”组中，单击右侧“其他”下三角按钮，在展开的效果样式库中选择“进入”→“轮子”，单击“效果选项”按钮，在下拉列表中选择“4轮辐图案”。

步骤12：按题目要求设置动画播放顺序。选中第二张幻灯片左侧编辑区域文本内容，在“动画”功能区“计时”分组中，在“对动画重新排序”选项区单击“向前移动”，幻灯片上显示文字的动画播放序号为1，图片的播放序号为2，如附图2-8所示。

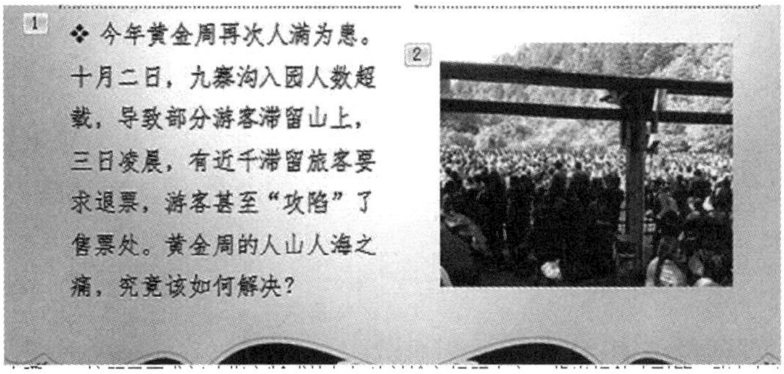

附图2-8　设置动画播放顺序

步骤13：按题目要求新建指定版式的幻灯片并输入标题内容。将光标移动到第一张幻灯片之前，单击鼠标左键，在“开始”功能区“幻灯片”分组中单击“新建幻灯片”下拉按钮，在下拉列表中选择“标题幻灯片”；在新增幻灯片中，在“主标题”区域输入“如何改变‘人山人海’的中国式旅游”，在“副标题”区域输入“根本方法是落实带薪休假”。

步骤14：保存文档。

第6章

课堂测验

6.1

简答题

1. 计算机网络的分类：局域网（LAN）、城域网（MAN）、广域网（WAN）。

2. 计算机网络的硬件设备有：网络服务器、网络工作站、传输介质、网络连接设备。

6.2

简答题

1. TCP/IP为传输控制协议/因特网互联协议，又称为网络通信协议，是因特网最基本的协议和Internet国际互联网络的基础。

2.

网络类别	IP地址范围	最大主机数	私有IP地址范围
A	0.0.0.0～127.255.255.255	16777214	10.0.0.0～10.255.255.255
B	128.0.0.0～191.255.255.255	65534	172.16.0.0～172.31.255.255
C	192.0.0.0～223.255.255.255	254	192.168.0.0～192.168.255.255

6.3

操作题

1. 具体操作

① 打开需要保存的页面。

② 按“Alt”键显示菜单栏（当菜单栏在隐藏时），单击“文件”→“另存为”命令，打开“保存网页”对话框，或使用快捷键“Ctrl+S”。

③ 选择要保存文件的路径。

④ 在文件名框内输入文件名。

⑤ 在保存类型中，根据需要可以选择“网页，全部”“Web档案单个文件”“网页，仅HTML”“文本文件”四种类型之一。文本文件类型比较节省存储空间，但只能保存文字信息，不能保存图片等多媒体信息。

2. 具体操作

① 在页面中显示的图片上单击鼠标右键。

② 在弹出的菜单上选择“图片另存为”，单击打开“保存图片”对话框。

③ 在对话框内选择要保存图片的路径，输入图片名称。

④ 单击“保存”按钮进行图片保存。

6.4

操作题

1. 具体操作

① 收件人：cs_2018@126.com（给别人发件时填写其他收件人的E-mail地址）。

② 抄送：61031981@qq.com（同一份邮件发送时同时发给抄送人，可以是多个人，地址间使用分号隔开）。

③ 密件抄送：ceshi1@163.com；ceshi2@126.com（密件抄送是指发件人不希望多个收件人看到这封信都发给了谁，即“抄送”所有人不知道“密件抄送”中地址也接收到了同样的邮件，同样“密件抄送”中所有人相互不知道发送给了对方并且也不知道发送给了“抄送”人）需要使用“密件抄送”可以单击“抄送”按钮。

④ 主题：测试邮件。

⑤ 附件：通知.docx（可以通过邮件一起发送计算机中的其他文件，如word文档、图片、音频或视频等）使用附件时单击“邮件”选项卡上的“附加文件”按钮，打开“插入文件”对话框选择要添加的附件，单击对话框上的“插入”按钮即可成功添加附件。还可以将需要添加为附件的文件直接拖拽到发送邮件的窗口上，便会自动插入

为邮件的附件。

⑥ 邮件主体内容："附件"下方的空白区域为电子邮件的主体内容，可以在此写上相关的邮件内容（邮件内容可以像我们编辑Word文档一样去操作，比如改变字体及颜色、大小、调整对齐格式、甚至插入表格、图形图片等）。完成以上电子邮件的撰写后单击窗口中的"发送"按钮，即可完成邮件发送。

2. 窗口上单击"新建联系人"，进入联系人资料填写窗口，用户可以根据自己的需求进行相关资料的填写，资料填写完成后单击"保存并关闭"即可。

6.5

简答题

1. 流媒体就是指采用流式传输技术在网络上连续实时播放的媒体格式，如音频、视频或多媒体文件。流媒体技术也称流式媒体技术。所谓流媒体技术就是把连续的影像和声音信息经过压缩处理后放上网站服务器，由视频服务器向用户计算机顺序或实时地传送各个压缩包，让用户一边下载一边观看、收听，而不要等整个压缩文件下载到自己的计算机上才可以观看的网络传输技术。

2. 流媒体播放有四种方式：单播方式、组播方式、点播方式和广播方式。

课后习题

一、选择题

1. B　2. C　3. D　4. A　5. C　6. B　7. D　8. C

9. B　10. A

二、操作题

1. 操作步骤

（1）单击"启动Internet Explorer仿真"按钮，启动浏览器。

（2）在"地址栏"中输入网址"HTTP://LOCALHOST：65531/ExamWeb/INDEX.HTM"，并按回车键，从中单击"中国地理"链接，再在打开的页面中单击"中国的自然地理数据"链接，打开"中国的自然地理数据"页面。

（3）单击浏览器中的"文件"|"另存为"命令，弹出"另存为"对话框，保存位置选择考生文件夹，在"文件名"中输入"zgdl"，"保存类型"选择"文本文件(*.txt)"，单击"保存"按钮。最后关闭浏览器。

2. 操作步骤

（1）单击"启动Outlook Express仿真"按钮，启动"Outlook Express仿真"，单击"发送/接收所有文件夹"按钮，接收邮件，单击邮件可查看邮件详细信息。

（2）单击出现的附件或单击"附件"按钮，弹出"另存为"对话框，保存位置选择考生文件夹，然后单击"保存"按钮。

（3）单击"答复"按钮，弹出"WriteEmail"对话框，在邮件内容中输入"贺卡已收到，谢谢你的祝福，也祝你天天幸福快乐！"，单击"发送"按钮。最后关闭Outlook。

附录3　无纸化上机指导

一、登录

1. 启动考试系统

在开始菜单中点击“NCRE考试系统”即可启动考试系统客户端，显示登录界面，如附图3-1、附图3-2所示。

2. 登录并自动抽题

输入准考证号后，核对考生信息无误点“下一步”按钮，进入系统自动抽题。

附图3-1　开始菜单“NCRE考试系统”菜单项

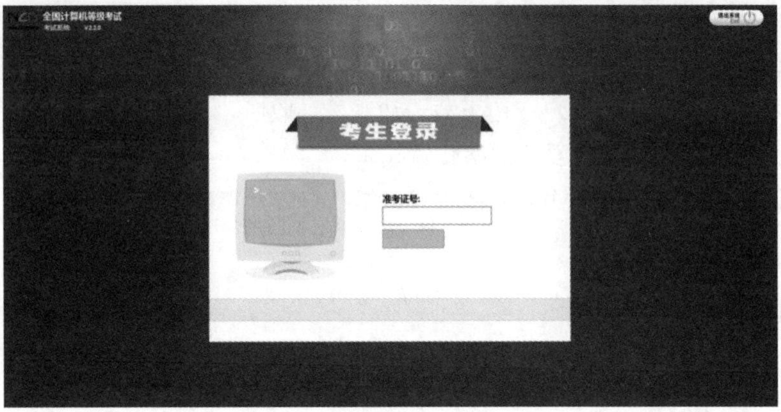

附图3-2　登录界面

3. 查看介绍和须知

系统抽完题后，在此界面可以查看考试内容简介和考试须知内容，确认了解后，勾选“已阅读”，点击“开始考试并计时”即可开始正式考试，如附图3-3所示。

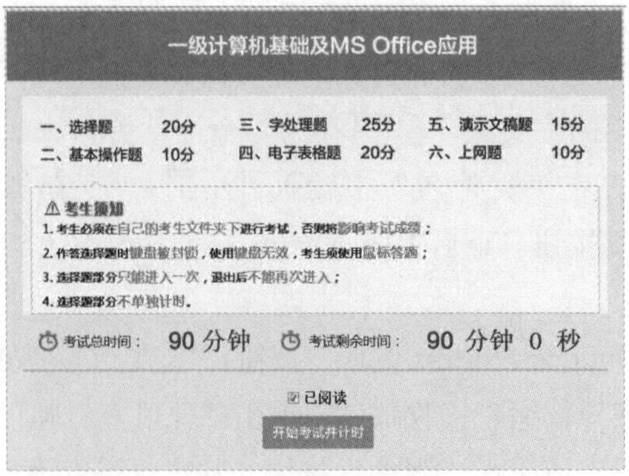

附图3-3　查看考试内容简介和考试须知内容

二、考试

1. 考试主界面

开始考试后，考试主界面如附图3-4所示。

2. 考生信息和考试科目信息

考试科目信息和考生身份信息显示在界面上面的导航条，考生可以在此核对信息是否正确，如附图3-5所示。

点击考试准考证号或者考生姓名，能看到考生身份证信息。

3. 查看帮助

点击考试系统右上角的“帮助”按钮，可以查看系统帮助。如附图3-6所示。

附图3-4　考试主界面

附图3-5　考试主界面上方导航条

附图3-6　帮助

4. 查看考试剩余时间

查看考试主界面右上角，即可看到当前考生的考试剩余时间，如附图3-7所示，考生可以根据该信息合理安排考试节奏。考试结束前5分钟考试系统会给考生弹出一个提示框提醒考生，如附图3-8所示。

附图3-7　查看剩余时间

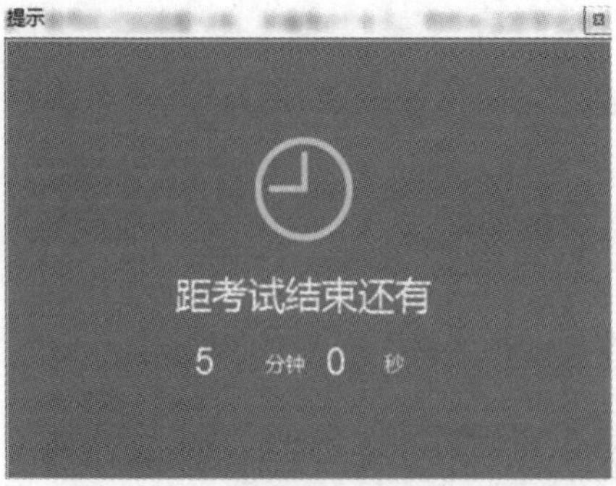

附图3-8　考试结束前5分钟提醒

5.考生文件夹

点击考试系统右上角的“考生文件夹”按钮，可以进入考生文件夹，如附图3-9所示。

6.隐藏试题

点击考试系统右上角的“隐藏试题”按钮，可以将试题窗口隐藏，点击“显示试题”则可恢复显示。

7.作答进度

点击考试系统右上角的“作答进度”按钮，可以查看当前答题情况，如附图3-10所示，点击未作答的题号可以直接进入该题（已交卷的选择题不能再次进入）。

附图3-9　进入考生文件夹

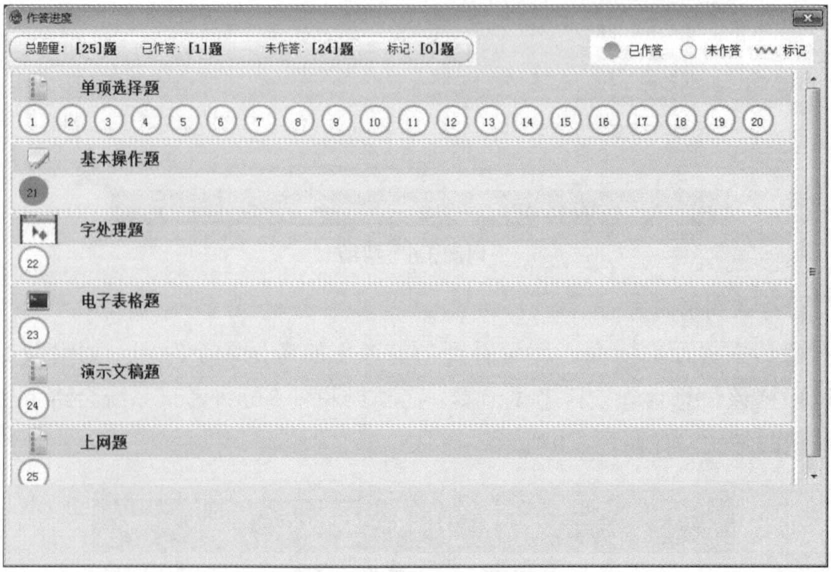

附图3-10　查看当前答题情况

8. 在不同题型中切换

点击考试系统窗口上方的相应按钮即可完成提醒切换，如附图3-11所示。

附图3-11　题型切换

9. 选择题试题切换

对于选择题题型，作答完一道题后，可以点击“下一题”按钮进行翻页，如附图3-12所示。

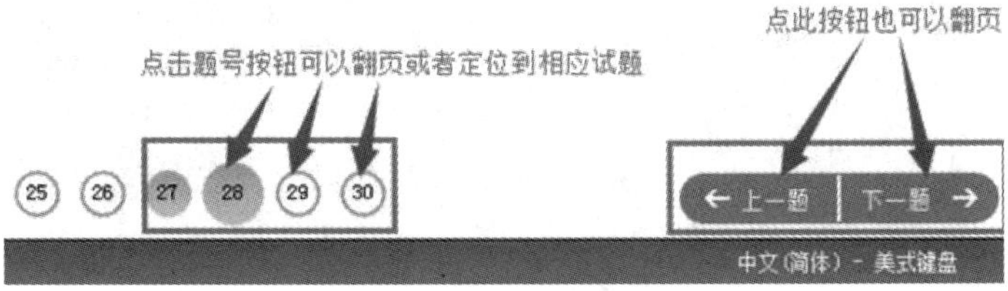

附图3-12　选择题翻页

三、交卷

如果考生要提前结束考试并交卷，则在屏幕顶部显示窗口中选择“交卷”按钮，考试系统将弹出考生作答的统计信息及是否要交卷处理的提示信息框，如附图3-13所示，此时考生如果选择“确定”按钮，则会提示考生再次确认，如果选择“是”则考试系统进行交卷处理，选择“取消”按钮则返回考试界面，继续进行考试。

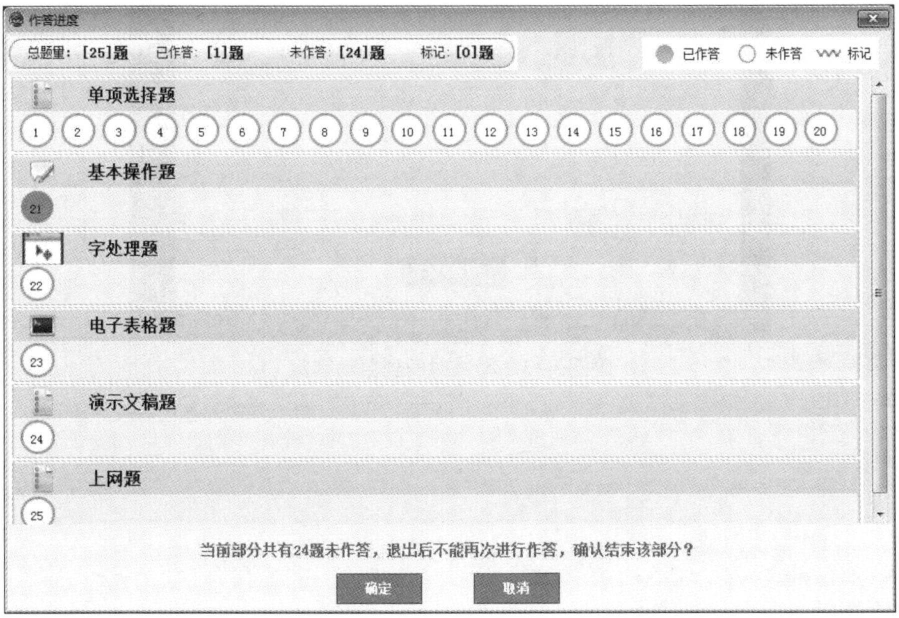

附图3-13　主动交卷

系统进行交卷处理后会锁住屏幕，并显示“考试结束，请监考老师输入结束密码”，如附图3-14所示，此时即提交成功。

附图3-14　提交成功

注意：如果考试时间用完之前考生没有交卷，时间到后系统会自动锁定，不能再进行答题，如附图3-15所示。管理员或者监考老师输入密码解锁，在延时的范围内再执行交卷操作。

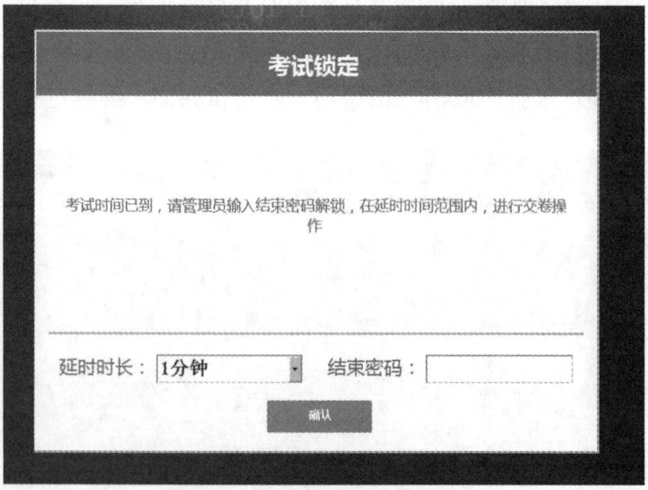

附图3-15　考试时间到自动锁定

附录4　全国计算机等级考试一级计算机基础及 MS Office应用考试样题

（注：样题的“考生文件夹”见本书配套资源）

一、选择题（共20题，每题1分，共20分）

1. 一个字长为6位的无符号二进制数能表示的十进制数值范围是（　　）。

A. 0 ～ 64　　B. 0 ～ 63　　C. 1 ～ 64　　D. 1 ～ 63

2. Intemet实现了分布在世界各地的各类网络的互联，其最基础和核心的协议是（　　）。

A. HTTP　　B. TCP/IP　　C. HTML　　D. FTP

3. 假设邮件服务器的地址是email.bj163.com，则用尸正确的电子邮箱地址的格式是（　　）。

A. 用户名#email.bj163.com　　B. 用户名@email.bj163.com

C. 用户名email.bj163.com　　D. 用户名$email.bj163.com

4. 下列说法中，正确的是（　　）。

A. 只要将高级程序语言编写的源程序文件（如try.c）的扩展名更改为.exe，则它就成为可执行文件了

B. 高档计算机可以直接执行用高级程序语言编写的程序

C. 源程序只有经过编译和链接后才能成为可执行程序

D. 用高级程序语言编写的程序可移植性和可读性都很差

5. 计算机技术中，下列不是度量存储器容量的单位是（　　）。

A. KB　　B. MB　　C. GHz　　D. GB

6. 能保存网页地址的文件夹是（　　）。

A. 收件箱　　B. 公文包　　C. 我的文档　　D. 收藏夹

7. 根据汉字国标GB 2312—80的规定，一个汉字的内码码长为（　　）。

A. 8bit　　B. 12bit　　C. 16bit　　D. 24bit

8. 十进制数101转换成二进制数是（　　）。

A. 01101011　　B. 01100011　　C. 01100101　　D. 01101010

9. 下列选项中，既可作为输入设备又可作为输出设备的是（　　）。

A. 扫描仪　　B. 绘图仪　　C. 鼠标器　　D. 磁盘驱动器

10. 操作系统的主要功能是（　　）。

A. 对用户的数据文件进行管理，为用户管理文件提供方便

B. 对计算机的所有资源进行统一控制和管理，为用户使用计算机提供方便

C. 对源程序进行编译和运行

D. 对汇编语言程序进行翻译

11. 已知a=00111000B和b=2FH，则两者比较的正确不等式是（　　）。

A. a＞b　　B. a=b　　C. a　　D. 不能比较

12. 在下列字符中，其ASCII码值最小的一个是（　　）。

A. 9　　B. P　　C. Z　　D. a

13. 下列叙述中，正确的是（　　）。

A. 所有计算机病毒只在可执行文件中传染

B. 计算机病毒主要通过读/写移动存储器或Internet网络进行传播

C. 只要把带病毒的优盘设置成只读状态，那么此盘上的病毒就不会因读盘而传染给另一台计算机

D. 计算机病毒是由于光盘表面不清洁而造成的

14. Modem是计算机通过电话线接入Internet时所必需的硬件，它的功能是（　　）。

A. 只将数字信号转换为模拟信号　　B. 只将模拟信号转换为数字信号

C. 为了在上网的同时能打电话　　D. 将模拟信号和数字信号互相转换

15. 下列叙述中，错误的是（　　）。

A. 内存储器一般由ROM和RAM组成

B. RAM中存储的数据一旦断电就全部丢失

C. CPU可以直接存取硬盘中的数据

D. 存储在ROM中的数据断电后也不会丢失

16. 计算机网络的主要目标是实现（　　）。

A. 数据处理　　B. 文献检索

C. 快速通信和资源共享　　D. 共享文件

17. 办公室自动化（OA）是计算机的一大应用领域，按计算机应用的分类，它属于（　　）。

A. 科学计算　　B. 辅助设计　　C. 实时控制　　D. 数据处理

18. 组成一个完整的计算机系统应该包括（　　）。

A. 主机、鼠标器、键盘和显示器

B. 系统软件和应用软件

C. 主机、显示器、键盘和音箱等外部设备

D. 硬件系统和软件系统

19. 为了提高软件开发效率，开发软件时应尽量采用（　　）。

A. 汇编语言　　B. 机器语言　　C. 指令系统　　D. 高级语言

20. 按照数的进位制概念，下列各数中正确的八进制数是（　　）。

A. 8707　　B. 1101　　C. 4109　　D. 10BF

二、基本操作题（10分）

1. 将考生文件夹下DOCT文件夹中的文件CHAR_M.IDX复制到考生文件夹下

DEAN文件夹中。

2.将考生文件夹下MICRO文件夹中的文件夹MACRO设置为隐藏属性。

3.将考生文件夹下QIDONG文件夹中的文件WORD. doc移动到考生文件夹下EXCEL文件夹中，并将该文件改名为XINGAI.doc。

4.将考生文件夹下HULIAN文件夹中的文件TONGXIN.wri删除。

5.在考生文件夹下TEDIAN文件夹中建立一个新文件夹YOUSHI。

三、字处理（**25**分）

在考生文件夹下，打开文档WORD.docx，按照要求完成下列操作并以该文件名（WORD.docx）保存文档。

1.将文中所有错词“立刻”替换为“理科”；将页面颜色填充效果设置为：渐变，预设颜色为“薄雾浓云”。

2.将标题段文字（“本市高考录取分数线确定”）设置为三号红色黑体、居中、加黄色底纹。

3.设置正文各段（“本报讯……8月24日至29日。”）首行缩进2字符、1.2倍行距、段前间距0.2行；将正文第一段文字（“本报讯……较为少见。”）中的“本报讯”三字设置为楷体、加粗。

4.将文中最后7行文字转换成一个7行3列的表格；设置表格列宽为2.5厘米、表格居中；设置表格所有文字水平居中。

5.将表格第1列中的第2行和第3行、第4行和第5行、第6行和第7行的单元格合并；并设置表格底纹为“水绿色，强调文字颜色5，淡色40%”。

四、电子表格（**20**分）

1.打开考生文件夹下的工作簿文件EXCEL.xlsx。

（1）将工作表“Sheetl”的Al：G1单元格合并为一个单元格且内容居中对齐，计算“总计”行和“合计”列单元格的内容，计算合计“占总计比例”列的内容（百分比型，小数位数为0），数据按“占总计比例”的降序次序进行排序（不包括“总计”行）。

（2）选取A2：A5和F2：F5单元格区域建立“簇状圆柱图”，插入到工作表的A17：G33单元格区域，删除图例，图表标题为“产品销售统计图”，将工作表命名为“商品销售数量情况表”。

2.打开工作簿文件EXC.xlsx，对工作表“选修课程成绩单”内的数据清单的内容进行筛选，条件是“系别”为“计算机”并且“课程名称”为“计算机图形学”，筛选后的结果显示在原有区域，工作表名不变。

五、演示文稿（**15**分）

打开考生文件夹下的演示文稿yswg.pptx，按照下列要求完成对此文稿的修饰并保存。

1.使用“网格”主题修饰全文，全部幻灯片切换方案为“涡流”，效果选项为“自顶部”。

2.第二张幻灯片的版式改为“两栏内容”，标题为“‘鹅防’，安防工作新亮点”，左侧内容区的文本设置为“黑体”，右侧内容区域插入考生文件夹中图片ppt1.png。

移动第一张幻灯片，使之成为第三张幻灯片，幻灯片版式改为“标题和竖排文字”，标题为“不用能源的雷达—大鹅的故事”。

在第一张幻灯片前插入版式为“空白”的新幻灯片，并在位置（水平：0.9cm，自：左上角，垂直：6.2cm，自：左上角）插入样式为“填充→白色，渐变轮廓→强调文字颜色1”的艺术字“‘鹅防’，安防工作新亮点”，艺术字高度为7cm。艺术字文字效果为“转换-弯曲-倒V形”。艺术字的动画设置为“强调”“陀螺旋”，效果选项为“数量→旋转两周”。第一张幻灯片的背景设置为“花束”纹理，且隐藏背景图形。

第三张幻灯片的版式改为“比较”，标题为“大鹅，安防的新帮手”，右侧内容区域插入考生文件夹中图片ppt2.png。备注区插入文本：“一般一家居民养一条狗，入侵者可以丢药包子毒死狗，而鹅一养一群，其晚上视力不好，入侵者没法喂药，想要放倒很难”。

六、上网题（**10**分）

1.某模拟网站的主页地址是：HTTP://LOCALHOST：65531/ExamWeb/INDEX.HTM，打开此主页，浏览“中国地理”页面，将“中国的自然地理数据”的页面内容以文本文件的格式保存到考生目录下，命名为“zgdl.txt”。

2.接收并阅读来自朋友小赵的邮件（zhaoyu@sohu.com），主题为：“生日快乐”。将邮件中的附件“生日贺卡.jpg”保存到考生文件夹下，并回复该邮件，回复内容为：“贺卡已收到，谢谢你 的祝福，也祝你天天幸福快乐！”

参考文献

Reference

[1] 宋贤钧，等．计算机应用基础[M]．北京：高等教育出版社，2015．

[2] 王文剑，谭红叶．计算机科学导论[M]．北京：清华大学出版社，2016．

[3] 瞿中，等．计算机科学导论（第4版）[M]．清华大学出版社，2014．

[4] 任泰明，文晖．计算机应用基础教程[M]．北京：高等教育出版社，2012．

[5] 新思路教育科技研究中心组编．新思路2018版全国计算机等级考试一级教程：计算机基础及MS Office应用[M]．成都：电子科技大学出版社，2014．

[6] 敖冰峰，林罗龙．一级MS Office教程[M]．北京：中国水利水电出版社，2009．

[7] 全国计算机等级考试命题研究中心，未来教育教学与研究中心．全国计算机等级考试一本通一级计算机基础及MS Office 应用[M]．北京：人民邮电出版社，2016．

[8] 全国计算机等级考试命题研究组．全国计算机等级考试上级考试与题库解析一级MS Office[M]．北京：北京邮电大学出版社，2015．

[9] 张彦，苏红旗，于双元，刘桂山，王永滨．全国计算机等考试一级教程——计算机基础及MS Office应用（2018年版）[M]．北京：高等教育出版社，2017．